大数据视野下
工程造价生态系统

张 泓 张振明 编著

厦门大学出版社
国家一级出版社
全国百佳图书出版单位

图书在版编目（CIP）数据

大数据视野下工程造价生态系统 / 张泓，张振明编著. -- 厦门：厦门大学出版社，2024.6
ISBN 978-7-5615-9189-5

Ⅰ. ①大… Ⅱ. ①张… ②张… Ⅲ. ①工程造价 Ⅳ. ①F285

中国国家版本馆CIP数据核字(2023)第237047号

责任编辑　陈进才
美术编辑　蒋卓群
技术编辑　许克华

出版发行　厦门大学出版社
社　　址　厦门市软件园二期望海路39号
邮政编码　361008
总　　机　0592-2181111　0592-2181406(传真)
营销中心　0592-2184458　0592-2181365
网　　址　http://www.xmupress.com
邮　　箱　xmup@xmupress.com
印　　刷　厦门市金凯龙包装科技有限公司

开本　787 mm×1 092 mm　1/16
印张　18.75
插页　2
字数　480 千字
版次　2024 年 6 月第 1 版
印次　2024 年 6 月第 1 次印刷
定价　78.00 元

本书如有印装质量问题请直接寄承印厂调换

厦门大学出版社
微信二维码

厦门大学出版社
微博二维码

序　　言

　　张泓先生问我能否抽空为专著写序,那时我正在归纳总结全国第二次地名普查大数据应用的得失。张泓先生与张振明老师合著的《大数据视野下工程造价生态系统》,是继《工程造价咨询实务》之后的第二本专著,这本专著为国内建设工程造价领域洞见了新的视野,是理论和实操相结合的力作。

　　2012年,张泓先生首先提出建设工程造价信息化应提升层次,由传统的产品模式转换为现代的服务模式。为此,他率先开发建设工程造价的云服务体系;采用造价会员制体系,融入电子商务元素,配套相关电商平台。多年来的领先实践,让他在建设工程造价生态体系中占据了大数据视野的制高点。

　　工程造价管理模式是动态演化发展的。面对建设项目类型多样化、规模大型化、要素多元化、管理信息化的趋势,作者从大数据和生态学的视角,对建设工程造价行业进行剖析。在数据驱动工程造价的管理转型中,提供了全新的视角和系统思维,从理论和实践层面,构建与传统工程造价管理不同的生态应用模式:

　　第一,本书系统梳理了工程造价管理的运行和演化轨迹,阐述了管理模式生成、变革与移植的内驱过程,引申出功能定位及行为方式,从而决定了数据基因的构造模式和特色,具有强烈的时代感。

　　第二,本书引入了生态学思想和原理,探讨了工程造价管理与大数据生态之间的内在逻辑关系。相较于传统模式以数据为载体、服务计算为驱动的全面工程造价管理活动,本书表现出更多的新内涵、新特点和新趋势,并首次探讨了工程造价群体、管理资源和环境的生态规律。

　　第三,本书从理论和技术层面,深入探讨基于大数据工程造价生态系统的实现机理。首先,提出了基于数据驱动的一体化集成服务机制的实现路径和方法,对设计和实施的融合起了重要推动作用;其次,剖析了生态系统建设的关键问题,从工程造价业务场景,到业务功能组织,再到具体服务分割,多层面地构建生态系统的体系;再次,本书研究了生态系统的实现机理,对实施方法进行多方面分析,既是微服务功能组件的整合过程,也是管理、技术和业务能力与网络信息的融合过程,还是业务定制实施和优化服务的全面过程,为应用场景的创新突破提供了良好的借鉴思路。

　　第四,本书研究了工程造价业务驱动的数据集成实现方式,剖析了基于数据化转型的可持续工程造价管理，探讨了数据化应用的顶层设计，拓宽了可持续发展的生态建设途径，同时，对数据管理和治理体系进行深入研究，对工程造价全面管理不仅非常必要，且具有启发意义。

全书内容丰富、体系完整、结构清晰，从理念、技术、场景等方面，对大数据视野下生态学与工程造价管理的融合发展，进行了深入的研究，涵盖了理论分析和实践案例，对工程造价行业创新和应用实践具有重要参考作用。

每一本专著都有个人的品位，品位来自外界推动和自我成长，是视野、情感和思想的塑造，也是组织行为、潜能和灵魂的进化。有些事情发生在过去，有些事情将发生在未来，张泓先生这本合著的专著，搭建的正是现在通向未来的桥梁，他也用才情书写了匠心独运的炙热感受。

2018年，张泓先生再次率先提出：建设工程造价应由地上走入地下，在基于BIM"量价费"一体化数据体系的支持下，传统的"建设工程造价"需要进一步提升为"投资动态管控"。为此，他创新性地将相关思想和工程方法论，应用于机场、交通枢纽以及地铁站等重要基建工程，为国内业界提供了领先实践的样板工程，让我们有了惊奇的想象空间以及敬畏和崇高的感受。

"理论"可能属于专家，"体系"可能属于学者，"原创"可能属于大师，在艰辛探索的过程中，即使有鲜明务实的"观点"，同样是业界唯真唯上的体验：我们从不苛求结论的完美，因为它无法摆脱时代和环境的局限，随时间或者过时，或者由整体变成局部，或者由正确变成错误，甚至从错误中挖掘出正确的内涵……但孜孜不倦的独立探索激情，会使我们不断反省和总结，且不因以上不足有所褪色。

2020年，张泓先生针对"大拆大建"的城市开发模式已经不适应城市高质量全面发展的需求，又一次率先提出传统建设工程造价"建"的方法论，需转换为"保、留、修、改、拆、迁、建"精细化城市更新方法论，为城市更新的实践赋予了新的内涵。为此，在2023年中国测绘学会城市地下管线年会论坛上，他站在大数据视野的高度向业界呼吁：建设工程造价需要"从地上走到地下，从粗放走向精细"。

大数据是新技术、新模式发展的必然产物，数据已经上升为和土地、劳动力、资本、技术同样高度的生产力要素，并正在深刻改变着社会生活方式、商业生态和企业运作模式，成为国家重要战略型资源。"我思故我在。"一个认真严谨的人，能够长期地实践和迭代；一个思维自由的人，能够勇敢地想象和创造。借新书出版之际，祝贺张泓先生和张振明老师。

教授级高级工程师
国务院全国第二次地名普查领导小组办公室顾问
2024 年 1 月 26 日

目　录

第一章　大数据概述 …………………………………………………… 1

　　第一节　涌动的大数据时代 ………………………………………… 1
　　第二节　大数据的基本理念 ………………………………………… 6
　　第三节　大数据和云计算 …………………………………………… 29
　　第四节　大数据背后的思维 ………………………………………… 31

第二章　大数据视角下工程造价管理模式的演化 …………………… 43

　　第一节　工程造价管理的历史演进 ………………………………… 43
　　第二节　工程造价管理模式与工程造价管理体系 ………………… 49
　　第三节　大数据视角下工程造价管理模式演化机制 ……………… 58

第三章　工程造价生态系统的形成 …………………………………… 66

　　第一节　生态学的引入 ……………………………………………… 66
　　第二节　工程造价管理的生态相似性 ……………………………… 69
　　第三节　大数据生态系统 …………………………………………… 72
　　第四节　工程造价生态系统 ………………………………………… 75
　　第五节　工程造价生态系统与大数据生态系统的关系 …………… 82

第四章　工程造价生态系统结构属性与适宜性分析 ………………… 85

　　第一节　工程造价生态系统结构 …………………………………… 85
　　第二节　工程造价生态系统的生态属性 …………………………… 96
　　第三节　工程造价生态系统适宜性分析 …………………………… 108

第五章　基于大数据工程造价生态系统的实现机理 ………………… 120

　　第一节　大数据对工程造价生态系统的影响 ……………………… 120

第二节	基于大数据工程造价生态系统的实现路径	123
第三节	基于大数据工程造价生态系统建设	132
第四节	工程造价生态系统服务平台的实现机理	138
第五节	基于大数据工程造价生态系统的实施方法	155

第六章 基于大数据服务的工程造价生态系统运作机制 … 159

第一节	工程造价生态系统运行机制描述	159
第二节	基于大数据服务应用新模式	163
第三节	基于大数据服务的工程造价生态系统运作的特点	171
第四节	基于大数据分布式服务计算的形成机理	173
第五节	基于大数据服务的工程造价生态系统运行	184

第七章 数据集成驱动可持续工程造价管理 … 191

第一节	数据集成驱动与工程造价生态系统可持续发展	191
第二节	工程造价数据组织与集成的描述机制	202
第三节	面向工程造价管理的工程造价数据资源集成的必要性	228
第四节	数据化转型的可持续工程造价管理	237

第八章 基于工程造价生态系统的工程造价数据管理与治理 … 252

第一节	建立数据驱动的管理体系	252
第二节	工程造价数据治理	254
第三节	工程造价数据技术管理	259
第四节	工程造价数据安全管理	262
第五节	工程造价数据工作流管理	264

第九章 基于大数据工程造价生态之应用案例 … 270

第一节	财政投融资项目智能辅助审核模式	270
第二节	智慧市政项目投资管控平台	274
第三节	轨道交通工程造价指标投资管控模式	275
第四节	地下综合管廊投资管控平台	278
第五节	智慧工程造价监管服务平台	282
第六节	机场工程 BIM 计量计价服务应用	285

参考文献 … 293

第一章 大数据概述

　　大数据是云计算、移动互联网和物联网等新技术、新模式发展的必然产物,已经成为当今各领域重要的基础性战略资源,正在深刻改变着社会生活方式、商业生态和企业运作模式。大数据技术的发展和应用,将对每一个行业产生深远的影响,促进传统产业转型升级,必将形成巨大的社会价值和产业空间。大数据互联网环境下,数据驱动的工程造价管理发生了新变化,具体应用场景技术的发展为工程造价管理服务带来了变革和创新。大数据促使越来越多的工程造价管理人员,从以管理流程为主的线性决策模式逐渐向以数据为中心的扁平化决策模式转变,使得以组织机构为中心的工程造价管理中各参与方的角色和相关信息流向更趋于多元和交互发展,这就需要掌握大数据的应用分析技术与方法,需要从大数据中挖掘有用的信息,提升管理水平和工作效率。

第一节 涌动的大数据时代

　　大数据已经成为社会经济领域中炙手可热的一个词汇,没有人可以躲过涌动的大数据时代的冲击。大数据时代的来临,使数据正以前所未有的速度在不断地增长和累积,各个行业都在密切关注大数据问题,并对其产生兴趣。从而催生了数据科学的逐步形成,使我们能够利用新方法来探索发现,从数据中抽取信息、发现知识,因此由人工智能、云计算、物联网主导的时代,平台化、生态化必然将成为行业的转型方向。

一、数据与数据科学

　　分析数据,取得对数据和具体业务的理解,从而进一步指导我们解决具体的应用问题,是数据科学的核心任务。数据的客观性,使得它会呈现真实性,能展现规律,能预见未来。这些问题需要数据科学来进行说明。

1. 数据定义

　　数据,是比文字出现更早的工具,在数千年的人类文明历史中,记载着人类活动。人类通过结绳记事、烽火狼烟、语言和符号等媒介来记录数据,在数据的陪伴下走向今天,走向未来。数据就如同空气和水一样,自然而然地存在于我们的周围。我们每天坐在互联网终端前或者利用移动互联网进行搜索、购物、传送信息、对话交谈、发视频或图片等,都在不经意地制造和使用数据。因此,我们每一个人既是数据的消费者,也是数据的生产者,数据已经渗透到生活和工作的方方面面,每天都在生成海量数据,就像涓滴水珠汇聚成了人类生活的海洋。可以这样说,数据在驱动着这个世界,已经嵌入我们的生活和工作之中,成为人类的宝贵资源。那么,什么是数据?数据就是在现实世界中通过观察、实验或计算得出的客观结果。而在计算机科学中,数据的定义是指所有能输入计算机并被计算机程序处理的符号的总称,是具有一定意义的数字、字母、符号和模拟量的统称。事实上,数据有多种表现形式,最简单的表现形式为数字,也可以表现为文字、图像、音频、视频或其他计算机可以识别和处理的形式,数据来源也可以是社会数据、个人数据、物质数据,还可以是一种对象特征的观测或测量结果。它可以帮助人们不断拓展对客观世界的认识,是社会生活、科学研究、生产、设计、管理等所有操作中不可缺少的要素。[①]

2. 数据科学

大数据的浪潮,催生了数据学科的兴起,人们普遍认为这门学科正在逐步形成,其知识体系仍在创立之中。2001 年,贝尔实验室科学家威廉·克里富兰(William S. Cleveland)在他的文章"Data Science: An Action Plan to Expand the Field of Statistics"中将数据科学作为一门独立的学科论述,把统计学领域的数据延伸到先进的计算数据。并确立了数据科学的 6 个技术范畴,包括多学科洞察、数据模型与分析方法、数据计算、数据学教程、评价工具和理论。已故图灵奖得主吉姆·格雷(Jim Gray)在 2007 年提出了科学研究的第四范式是数据密集型科学,他在观察并总结人类的科学研究史基础上,得出科学研究将从实验科学、理论科学,逐步发展到数据科学的结论。数据科学是对数据进行分析,抽取信息和知识的过程,提供指导和支持的基本原则和方法的科学。[②] 数据科学的核心是分析海量数据,并从中提取知识。它提供了一种强大的新方法来探索发现,为揭示现实世界中不同现象背后的变化规律提供了一种新的见解来源。数据科学是以各类数据为研究对象,并以数学、数据统计、计算机科学、机器学习、数据仓库、数据挖掘、数据可视化等为理论基础,建立在对数据预处理、数据管理、数据计算、数据的不同状态、属性及其变化规律等活动上的交叉性学科。数据科学的研究对象是大数据,为了实现从数据到信息、从数据到知识和从数据到智能的转化,需要从深层次上梳理关键的数据分析处理技术,解析它们的相互关联关系;在实际应用中,以数据驱动、数据业务化、数据产品开发和数据生态系统建设整个数据科学的迭代过程,需要大量的数据分析方法和工具,给予我们观察问题、解决问题的一套完整的思想框架和知识体系,实践中还需要借助数据挖掘、机器学习、并行处理技术等现代计算技术才能实现。从上述的数据科学概念可以看出其两个主要内涵:一是研究数据的各种类型、状态、属性、组织形式、变化方式和变化规律;二是为科学研究提供一种数据方法来揭示各种事物的现象和规律。

二、数据、信息、知识与智能的关系

数据、信息、知识与智能既相互关联又有区别,注意正确理解它们之间的含义对于深入理解大数据的意义和价值具有重要作用。

数据体现的是一个对过程、状态或结果的记录,本身没有直接表达特定含义。如数值 12,当我们看到这个数值时并不知道它表示什么意思,是表示住宅楼的檐高,还是表示塔吊升起的高度,还是另有其他意思,必须与它所处的场景相联系才能准确地理解其意思。

信息则是包含在数据之中的能够为我们理解和加工处理后得到的结论,是对数据作出的可理解的解释。信息是具有实际意义的数据,如"塔吊升起 12 米高度""住宅楼的檐高 12 米",它融入了人们数据处理后的数据呈现方式。信息发挥的作用在工程造价领域里表

---

① 汤羽、林迪、范爱华、吴薇薇:《大数据分析与计算》,清华大学出版社,2018 年版,第 2 页。
② 覃雄派、陈跃国、杜小勇:《数据科学概论》,中国人民大学出版社,2018 年版,第 1 页。

现为提供要素市场的价格、建筑工程项目成本构成、建设项目的指标、工程造价指数等资讯，可以帮助工程造价管理人员减少工程造价决策过程中的不确定性，但是如何理解这些信息、如何运用这些信息，它在工程造价全过程中起到什么作用，都是由工程造价技术人员所做的决策和行动来决定的，这些决策和行动的正确性以及效果则完全因人而异。同样的信息，由于经验与知识水平的差异性，认识和理解可能不一样，就会有截然不同的效果。

而知识则是在信息的基础上，反映出规律性的内涵，它一般表示为关系、表达式或模型，具有产生行动的能力和应用的判断力，能指导行动并在实践应用中发挥作用。如"大部分塔吊升起的高度超过12米"就是一种知识。任何知识所表述的运动状态及其变化方式，都具有形式、内容、价值3个基本要素，能在一定范围内指导我们的实践。随着现代信息技术的发展，我们正在加快进入知识经济时代，目前兴起的大数据应用可以看成是知识应用的一个方面，所以工程造价管理行业不能满足当前的信息处理应用阶段的信息化现状，需要不断提升工程造价管理行业信息化应用的深度，向基于知识的现代信息技术应用迈进。

智能是以知识为基础的，知识是一切智能行为的基础。智能是指个体对客观事物进行合理分析和判断，并自适应地对变化的环境进行响应的一种能力。如"自动调节塔吊升起的高度，让施工的高楼达到想要的高度位置"。智能包括环境感知能力、逻辑推理能力、策略规划能力、行动能力和自学能力，这5种能力是判断一个对象或系统是否具有智能的主要特征。智能的核心之一在于知识，因此智能常常表现为知识获取能力、知识处理能力和知识运用能力。[①]

从某种维度看，它们之间关系的概念模型可以被看作"数据—信息—知识—智能"金字塔模型，这个模型是一个量级由大到小、价值由低到高的数据模型。图1-1给出了数据、信息、知识和智能的关系和区别。

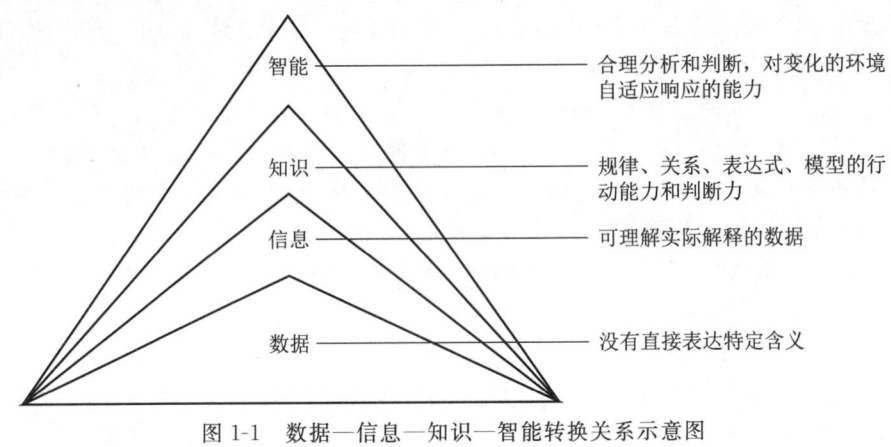

图1-1　数据—信息—知识—智能转换关系示意图

三、大数据演进的背景

大数据演进的背景是与信息技术和专业技术、信息技术产业和各行业领域紧密融合而发展起来的，有着广阔的应用需求。在20世纪90年代，数字化时代的预言，给了我们诸多的启示，但是随着时间的推移，人们越来越多地意识到数据对各行业领域的重要性，为人们在应用场景中获得深刻、全面的洞察能力提供了前所未有的空间与潜力。

---

① 李兴善，石勇，张玲玲：《从信息爆炸到智能知识管理》，科学出版社，2010版，第38页。

1. 数字化时代的预言

在20世纪90年代，数字化浪潮的磅礴气势对我们的工作、管理和生活的冲击，是任何时间、任何地点都能感受到的。数字化浪潮之所以有这样的威力，能够应用到所有的领域，是和当时计算机的多媒体化、网络化分不开的。站在20多年后的今天，我们回望过去，才发现前人关于数字化时代的预言，随着互联网的逐渐成熟、信息技术发展进程的不断提升正——实现，并且比他们预想的还要快得多。这使我们认识到每一次技术进步都带来了各个领域发展的革命性变化，总有一些领先人物或企业能率先敏锐地感知到变化，提早拥抱新技术趋势。让我们简单地一起回顾数字化时代的那几件事，目的是使我们能够跟上数据化时代的步伐，增强数据意识，提升数据能力，为数据化转型做好准备。

1995年，尼古拉·尼葛洛庞帝的《数字化生存》出版，这是一部有关信息技术革命的未来学著作，当时在世界各地引起轰动。这本书的前言开宗明义地写道："计算不再只和计算机有关，它决定我们的生存。"[①]贯穿该书的一个核心思想是比特，作为"信息的DNA"，正迅速取代原子而成为人类社会的基本元素，尼葛洛庞帝说："在广大浩瀚的宇宙中，数字化生存能使每个人变得更容易接近，让弱小孤寂者也能发出他们的心声。"他成功预测了数字科技对人类生活方式、工作和教育的影响，其中的一些预言已经实现。尼葛洛庞帝在如此宽广的层面上启发我们对今日世界和它的奇妙未来的认识：生产力要素的数字化渗透、生产关系的数字化重构、经济活动走向全面数字化以及人们通过数字政务、数字商务等活动体现出全新的数字化政治和经济等极具前瞻性的洞见。

1999年，比尔·盖茨的《未来时速：数字神经系统与商务新思维》问世，他在书中提出了一个新的思维概念——数字神经系统，这本书的内容覆盖了企业三个主要领域，即商务、知识管理和企业运作，其核心思想是：一个组织必须使用数字信息流，才能快速地思考和运作，感知其所处的环境，迅速察觉竞争者的挑战和客户的需求，作出及时的反应，才能够在已经到来的数字化时代取得成功。他说："数字工具扩大了使我们在世界上成为独特物种的那些能力：思考能力、表达思想的能力、按照那些思想来通力合作的能力"。[②] 他告诉人们：一个数字神经系统能帮助企业重新定义自身及其在未来的作用，走向数字化将是在21世纪成功的关键。

2001年，张继焦、吕江辉编著的《数字化管理：应对挑战 掌控未来》出版，认为数字化是一场引领时代的新型管理模式的变化，对于将来企业的发展起到标志性的作用和影响。书中引用了大量的国内发展情况进行说明阐释，预测了数字化发展状况和未来前景。他在书中认为，企业越来越发展在日趋分工细化和开放合作的年代，仅仅依靠自己的资源参与市场竞争往往显得很被动，必须把同经营过程有关的多方面资源纳入一个整体的企业价值链中。书中全面分析企业实现数字化管理的意义、原则、程序和操作方法，对不同行业的数字化管理系统，分别给予列举和论述分析。强调数字化管理系统运行的整体性和信息共享性，对企业物流、资金流、信息流等进行一体化整合和集成化，改变运作方式，以适应市场的快速多变。他告诉人们：数字化管理时代的序幕已经拉开。

然而在数字化时代，各个行业在应用的过程中，由于数据量巨大，种类繁多、结构复杂的数据已经远远超越了传统的计算技术所能处理的范围，面对大量的各种类型的数据，如何合理、高效、充分地管理和使用这些数据，使之能够给人们在完成一些应用时带来更大的效益

[①] 尼古拉·尼葛洛庞帝：《数字化生存》，胡泳、范海燕泽，海南出版社，1996年版，第15页。
[②] 比尔·盖茨：《未来时速：数字神经系统与商务新思维》，蒋显璟、姜明译，北京大学出版社，1999年版，第394页。

和价值,逐渐成为人们共同关注的问题,在这种背景下,大数据应运而生。

2. 大数据产生的背景

大数据是随着海量数据快速增长和网络计算技术迅猛发展而兴起的。一般认为大数据发展源于 Google 在 2003 年发表的"MapReduce"一文。而实际上这篇论文只是把一类大数据问题抽象化,从而建立了一套实用的计算模型,极大地促进了大数据技术的发展。

2008 年,随着互联网和电子商务的快速发展,雅虎、谷歌等大型互联网和电子商务公司在解决他们的业务问题时遇到了处理的数据量很大、数据的种类很多和数据的流动速度很快,不能用传统的技术手段来解决等问题,大数据的理念和技术正是在这种背景下被他们不断开发出来并应用于实际。2008 年年末,美国业界组织计算社区联盟,发表了一份有影响力的白皮书《大数据计算:在商务、科学和社会领域创建革命性突破》,它使人们的思维不再只局限于数据处理的机器,并提出:大数据真正重要的是新用途和新见解,而非数据本身。此组织可以说是最早提出大数据概念的机构。

大约从 2009 年开始,"大数据"才成为互联网信息技术行业的流行词汇。美国互联网数据中心指出,互联网上的数据每年将增长 50%,每两年便将翻一番,而目前世界上 90% 以上的数据是最近几年才产生的。此外,数据又并非单纯指人们在互联网上发布的信息,全世界的工业设备、汽车、电表上有着无数的数码传感器,随时测量和传递着有关位置、运动、震动、温度、湿度乃至空气中化学物质的变化,也产生了海量的数据信息。

而在 2012 年,数据的爆炸性增长就跨越了其临界点,越来越多的行业认识到数据尤其是大数据的影响力。有人把 2012 年称为"大数据的跨界年度",从此大数据进入主流大众的视野,逐渐走进各行各业。我们分析得知,大量数据的产生是计算机和网络通信技术广泛应用的必然结果,特别是移动互联网、云计算、物联网、社交网络等新兴信息通信技术与信息感知方式的发展和变化,起到了催化剂的作用,它缘于三种趋势的合力。

(1)大量数据的产生缘于信息技术的扩展

随着移动互联网、云计算、物联网、社交网络的发展,不管是管理部门、企业还是个人,都从数据的使用者变成了数据的生产者,每时每刻都在产生大量的新数据,各种各样的数据不断膨胀,规模迅速扩张。这都缘于互联网向移动互联网、物联网等新的信息技术的扩展,移动互联网的发展让更多人成为数据的生产者,视频、传感器、智能设备和 RFID 等技术的发展产生了巨大的数据量。这给大数据的产生提供了一个良好的环境,各行各业将引发下一波的转变。所以,新技术的不断涌现也成为推动大数据发展的动力。

(2)许多行业提供更先进的、更个性化定制的服务,缘于加强对大数据的应用

在互联网的环境下,海量数据的原始积累变得更容易,基于大数据的"精准服务"深刻地改变了传统的服务模式,许多行业加强对大数据的应用,洞悉客户的偏好和需求,精准地提供定制服务、预约服务、个性化服务等。随着"互联网+"服务的不断演进,人们都在利用大数据产生利益,反过来,驱动大数据转型升级进程的各行各业就成了催生大数据时代到来的中坚力量。以建筑产业为例,许多企业处于拥抱数据化的前夜,大数据、云计算、建筑信息模型、物联网、电子商务等信息技术支撑建筑产业发展向引领产业现代化变革跨越,有识企业在持续地增加大数据的投入,内化数据能力,外化数据资产,深耕数据技术,掌握核心技术,挖掘有价值数据以获得新知识、新的洞察,这是建筑产业大数据应用的发展趋势。所以哪家企业能通过技术创新与管理创新,带动企业与人员能力的提升,最终实现建造过程的精益、绿色、智能化先进服务,运维过程的智慧、低碳、集约化的定制服务,利用大数据带来的智慧

来发展业务,就能抢占先机,产生利益,催生建筑产业链的提升。

(3)许多行业缘于对大数据投资

许多行业对大数据业务产生了浓厚的兴趣,激发着大数据企业的生产热情,纷纷加大了对大数据的投资,大数据领域成功融资的企业数量逐年增加,获得资本市场的高度青睐,因而更容易获得投资机构的资金支持。各大企业对大数据的投入不断增加,不仅设立自己的大数据研发和应用中心,还通过并购等方式加大对大数据产业的布局。因此,这给大数据的发展提供了前所未有的良机。

总的来说,大数据的产生既是时代发展的结果,也是利益驱使的结果。它越来越成为人类发展过程中的一种意识、一种观念、一种文化,无论是国家还是企业,都希望从大数据的发展应用中获得较高的回报。因此,大数据时代的来到,标志着人类发展又到了一个新的阶段。在这个阶段,我们需要唤醒数据意识、积淀数据文化。

第二节 大数据的基本理念

进入大数据时代,首先需要数据理念、数据意识、数据思维等文化层面的构建。其次需要数据采集与治理、数据处理与集成、数据存储与计算、数据挖掘与分析、数据可视与展现等技术层面体现的基础。再次需要针对不同领域的大数据应用模式、商业模式研究等实践层面创造价值。在农业社会,土地是核心资源;在工业时代,能源是核心资源;在信息时代,信息是核心资源;而进入 DT(data technology)时代,大数据成为战略资源。数据从来没有像今天这样重要,谁掌握了数据、掌握了核心技术、活用了先进的大数据技术,谁就赢得了市场。

一、大数据的概念

"大"首先是指数据容量庞大,需要处理来自服务器、手机、移动设备、传感器、社会媒体等的数据集达到 PB 级别、EB 级别甚至 ZB 级别;其次是指数据类型大,数据来自各种各样数据源,其种类和格式繁多、结构复杂,都是异构型的数据,囊括了结构化数据、半结构化数据、非结构化数据、多媒体数据、文本数据、数据库数据等。这些数据早已远远超越了传统技术所能处理的范畴。

1. 大数据定义

当前,关于大数据的定义还没有一个统一的说法,不同的机构、企业和专家从不同角度对大数据进行诠释。

国际数据公司(IDC)是研究大数据及其影响的先驱,在其 2011 年的报告中指出:大数据技术描述了一个技术和体系的新时代,被设计用于从大规模、多样化的数据中通过高速捕获、发展和分析技术提取数据的价值。[1]

2011 年,全球管理咨询公司麦肯锡(McKinsey)给出了大数据的定义:大数据是指大小超出了常规数据库软件工具收集、存储、管理和分析能力的数据集。[2]

美国国家标准和技术研究院(NIST)则认为:大数据是指由于数据的容量、数据的获取速度或者数据的表示限制了使用传统关系方法对数据的分析处理能力,需要使用扩展的机

---

[1] 刘汝焯、戴佳筑、何玉洁:《大数据应用分析与方法》,清华大学出版社,2018 年版,第 2 页。
[2] 段云峰、张韬:《走近大数据》,人民邮电出版社,2018 年版,第 11 页。

制以提高数据处理效率的技术。[①]

美国高德纳咨询公司(Gartner)对大数据的定义:大数据是指需要新处理模式才能具有更强的决策力、洞察发现力和流程优化能力的海量、高增长率和多样化的信息资产。

维基百科(Wikipedia)定义大数据为:数据集规模超过了目前常用软件工具,在可接受时间范围内进行采集、管理及处理的水平。

百度百科对大数据的定义:大数据,或称巨量资料,指的是所涉及的资料量规模巨大到无法通过目前主流软件工具,在合理时间内达到撷取、管理、处理并整理成为帮助企业经营决策更积极目的的资讯。

著名的大数据专家维克托·迈尔-舍恩伯格在其经典著作《大数据时代》中指出:大数据是当今社会所独有的一种新型能力,以一种前所未有的方式,通过对海量数据进行分析,获得有巨大价值的产品和服务,或深刻的洞见。

总结上述大数据的定义,都充分肯定了在数据特征方面表现出数据量巨大、数据类型多、流动速度快、数据潜在价值大和数据真实性,并且需要注意大数据处理的问题已超出了传统常规计算工具和架构,必须采用另一种方式来解决。

2. 大数据内涵

从上面对大数据的定义可以看出,目前尚未具有统一的描述,不同的定义基本上都是从大数据的特征出发,通过对大数据特征的阐述和归纳试图给出其定义。其实大数据的内涵是数据对象、技术与应用三者的统一,我们从三维度的角度来进行解析,如图1-2所示。这里我们将大数据内涵收敛到只对大数据的特征进行说明,而对大数据特征的完整理解应包含三个方面的内容,即数据特征、技术特征与应用特征。

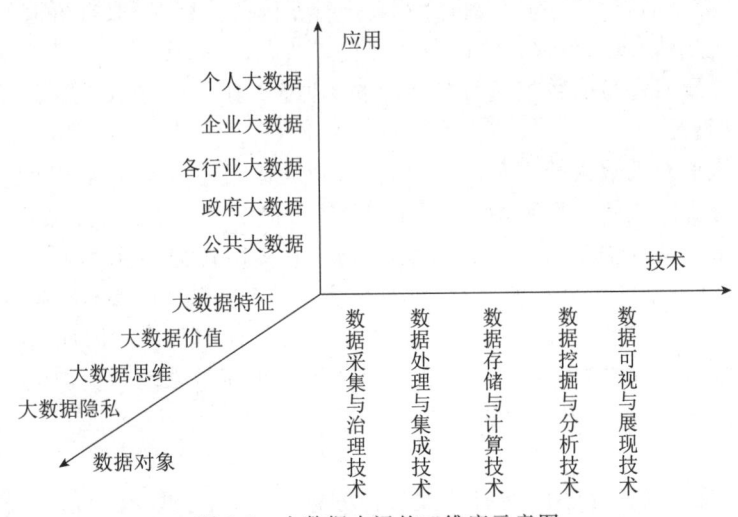

图1-2 大数据内涵的三维度示意图

(1)数据特征

目前业界普遍引用国际数据公司(IDC)提出的4个基本特征来描述数据特征,分别是数据容量巨大(volume)、数据种类繁多(variety)、数据速度快(velocity)和数据价值大(value),

---

① 刘汝焯、戴佳筑、何玉洁:《大数据应用分析技术与方法》,清华大学出版社,2018年版,第2页。

从这"4V"特征可以看出,其主要关注的是大数据的构成特征,下面分别对其进行说明。

①数据容量巨大

数据容量巨大是指大数据的数据量本身非常巨大,从 TB 级别跃升至 PB 级别。其巨大存储量,对传统的数据存储技术提出了新的挑战,也是区别于传统数据最显著的特征。

②数据种类繁多

数据种类繁多是指大数据的数据种类具有多样性、异构性,结构复杂。除了以往传统的数据以结构化数据为主外,还包括各类非结构化数据和半结构化数据,如文本、视频、图片、音频、网络日志等各种复杂结构的数据。这些数据类型、来源等的多样化,说明数据不再是单一的文本形式或者结构化数据库中的表,还有图像、声音和视频等非结构化数据以及 HTML 网页和 XML 文档等半结构化数据,其非结构化数据和半结构化数据所占的比例呈现越来越大的趋势,使得存储、处理难度更高,必须采用新的存储架构和计算模型以及挖掘技术来应对大数据的多元化、异构性难题。

③数据速度快

数据速度快是指大数据能够快速化地满足实时性的处理需求。目前,许多数据的应用需求要求实时响应、实时处理和实时反馈,而对大数据的快速处理分析,将为各行业实时洞察市场变化、迅速作出响应、把握市场先机提供决策支持。当人与人、人与机器之间的信息交流互动时,不可避免地带来数据交换,这时数据交换的关键是降低延迟,以实时性的方式完成数据交换的任务。

④数据价值大

数据价值大是大数据的终极意义所在,是大规模整体数据体现价值的特性,也是数据特征里最关键的一点。只要合理利用数据并对其进行正确的分析,提取有价值的信息,将信息转化为知识,发现规律,就会带来很高的价值回报。然而,大数据的价值虽然巨大,但价值密度却很低,往往需要对海量的数据进行挖掘分析,才能得到真正有用的知识,最终用知识促成正确的决策和行动。

另外,随着人们对大数据的不断深入研究,认为大数据还应具有第 5 个特征,即真实性(veracity)。阿姆斯特丹大学的 Yuri Demchenko 等人提出了大数据体系架构的 5V 特征,即在上述 4V 的基础上增加真实性特征。从本质上讲,真实性其实是指大数据的可信性或者价值所在。由于大数据中的信息来源广泛、种类繁多,存在着不可靠或不准确的可能性,所以我们无论用什么方式计算得出的大数据决策方案都没有任何价值。因此,在试图获得大规模的数据时,必须剔除和控制这些不可靠或不准确的数据所带来的负面影响,才能更好地解释决策方案和有效地预测客观事物的变化。

(2)技术特征

大数据技术是指从各种各样类型的大规模数据中,快速获取有价值信息的技术能力。解决大数据问题的核心是大数据技术,把数学算法运用到海量的数据上来预测事情发生的可能性。适用于大数据的技术,包括大规模并行处理数据库、数据挖掘、分布式文件系统、分布式数据库、云计算平台、互联网和可扩展的存储系统。大数据的数据特征表明它的计算分析在技术与方法的层面上有别于传统的计算体系,具有其独特的技术特征。

①采用全样本数据集为计算对象

大数据技术可以分析更多的数据,有时甚至可以处理好某个特别现象相关的所有数据,而不再依赖随机采样。大数据计算可用全体数据集替代随机抽样数据进行分析,这就避免了只计算一个数据子集带来的缺陷,使我们能够专注于计算模型和算法的改进,从而提高计算结果的准确性和可靠性。

②采用数据的深度分析方法

大数据计算能够处理比较大的数据量,能对不同类型的数据进行处理,其计算模式可分为实时计算和非实时计算、流计算和批处理。同时可采用一系列有效的智能计算算法,主要是数据挖掘和机器学习方法。机器学习是一种通过一定规模的数据集驱动计算,生成模型,然后使用模型进行预测的方法。而数据挖掘可以认为是机器学习算法在数据库上的应用,很多数据挖掘中的算法是机器学习算法在数据库上的优化。显然,利用大数据技术可以通过训练数据集的反复迭代计算来改进预测算法的性能,使其提高预测输出结果的精度。

③可采集类型繁杂的数据

大数据技术可对不同类型的数据进行采集,包括结构化、半结构化、非结构化。由于数据源具有更复杂的多样性,数据采集的形式也变得更加复杂而多样,大数据技术可实现数据从源端到目的端的处理过程,其采集的方式有软件接口对接方式、开放数据库方式和基于底层数据交换的数据直接采集方式。

④可存储巨量数据

容量大且类型多的数据不仅要提供容量大的数据存储空间,又要满足多种文件的高效存储,大数据技术采用分布式存储系统的方式存放数据。因此能够很好地支持非结构化或异构数据的存储和处理,充分体现在处理超大规模数据集上的优越性。最典型的大数据存储技术有三种,即采用大规模并行处理架构的新型数据库集群,基于 Hadoop 的技术扩展和封装来实现存储、分析和支撑以及高性能大数据一体机。

⑤采用多层次的分层结构

大数据技术采用开放标准和开放式架构,它是按照其功能和作用分别纳入不同的层级,在每一个层级上,大数据计算兼容水平方向扩展的多种技术和标准,而不是绑定于某一种特定技术。大数据计算需要处理类型繁杂的数据与数据源的复杂性以及大数据应用的多样性,决定了大数据技术更多倾向于采用开放式标准和架构。

(3)应用特征

大数据应用是指对特定的大数据集合,集成应用大数据技术,获得有价值信息的行为。对于不同领域、不同企业的不同业务,甚至同一领域不同企业的相同业务来说,由于其业务需求、数据集合和分析挖掘目标存在差异,所运用的大数据技术和大数据信息系统也可能有着相当大的不同。唯有坚持"对象、技术、应用"三位一体同步发展,才能充分实现大数据的价值。这里所说的对象指的是数据,它是应用的核心;而技术是指计算体系和方法,是基本、是前提,是应用必不可少的工具。数据驱动为大数据广泛应用提供了与传统不一样的应用模式,传统的思维模式与习惯做法将面临新的挑战,基于数据思维、数据驱动的理念和实践将是各个应用领域创造价值的原动力,因此大数据具有其不一样的应用特征。

①生产要素性

生产要素性是对经济活动中投入资源的一种抽象表达。作为生产要素的数据,其重要性只是到了大数据时代才被社会各界广泛关注,以大数据为代表的信息资源正朝着生产要素的形态演进,将和其他生产要素一起,融入经济价值创造过程之中,变革经济社会形态,形成新的先进生产力。它除了具有一般生产要素的特点外,还有自己要素演变的重要特征,大数据能够借助市场力量实现流动配置,完成价值增值、要素复制及无限使用。大数据越来成为经济发展的决定性力量,其他要素的配置都将以数据要素为核心,形成数据主导型的资源配置方式和改变全行业格局的特点。因此,大数据既是"显微镜",通过精确掌握各应用行业或个人的最细微的细节,可以对个体特征进行精准画像和服务;又是"望远镜",通过收集全样本的历史数据,从大数据中寻找模式并计算,就可以预测发展趋势。

②计算模式多样化

针对不同应用场景的需求,大数据可提供多种的计算模式来满足需要。目前,大数据处理主要采用的计算模式有批处理模式、图计算模式、交互式计算模式、流计算模式、内存计算模式以及大规模并行处理模式。这些计算模式各有侧重,针对不同数据类型、不同处理方式,需要采用不同的计算模型来提供计算范式和数据处理模式。

③高可扩展性

大数据的扩展特征具体包括数据结构的扩展、数据价值的扩展和数据体量的扩展。数据结构的扩展不仅包含结构化数据和半结构化数据,而且还包含非结构化数据。数据实体因不同的特征属性和关系而具有异构性,这些多源异构数据的应用超出了传统的数据形态和现有技术手段的处理能力;数据价值的扩展表现为大数据提高了数据的有用性,降低了数据的使用成本。其应用的业务价值表现为发现过去没有发现的数据潜在价值。通过不同数据集的整合创造新的数据价值,数据跨界融合创造新的价值。数据体量的扩展不仅表现为数据量巨大并以异构状态存在的多维度特征,还表现为大数据具有富媒体文件与实时多媒体数据的属性和全数据多态性的属性。

④资源虚拟化

大数据的虚拟化,是将大数据的工作负载运行或迁移到虚拟化的基础环境中。通过虚拟化技术,可以将物理基础资源集中起来,虚拟出计算节点、存储设备和网络设备,形成共享虚拟资源池,从而达到低成本且充分有效地使用资源的目的。通过大数据的虚拟化,可以减少服务器数量、快速部署集群、灵活管理和提高利用率,还可以实现动态的IT基础设施环境,达到大大降低IT基础架构的复杂度和运维成本、快速响应业务需求变化等目的,为应用单位实行数据自动化和业务连续性提供必要的坚实基础。

⑤可重用性

大数据应用平台具备实时计算环境所具备的可重用性,在单点故障情况下保证系统应用的可用性,节点故障时转移故障和继续流程的能力。同时可以被行业的不同应用单位、个人重复使用,并且也是具有重复使用价值的。

⑥高可靠性冗余

大数据环境下,数据的可靠性已经越来越受到重视,所以数据的冗余已成为一个重要问题。现在的系统应用都是大规模并且需要长时间稳定运行的,而信息的数量和可靠性正是现在大多数应用单位考虑的问题,需要对系统的数据冗余程度的可靠性进行详细的分析。而冗余的策略中备份数据数目和系统的可靠性密切相关,如果设置太少,就会发生在突发情况下数据丢失和不易恢复的情况,如果备份设置太多,就会造成存储成本的提高和资源的利用不合理。因此,大数据应用平台各部分能够采用多重备份,使用冗余设计甚至容错设计,高效地消除数据冗余,使之确保稳定持续的系统连接,既能满足关键业务对系统性能的要求,又能提高数据可用性和可靠性,使存储空间的利用率更低,从而提升系统效率。

⑦易用性

系统功能的整个操作表现为易见、易学和易用,能满足业务应用、管理和技术人员的操作习惯。大数据平台具有可编程性，能够支持不同编程工具和语言的集成，具备集成编译环境。实现更多大数据处理方法和工具的简易化和自动化，可采用可视化和人机交互技术，能够较完整地参与整个分析过程，有效地提升易用性。

⑦开放性

大数据应用平台能够满足计算和存储分布到许多计算节点以及不同地理位置和可能异构的计算节点，能够识别和整合不同技术和开发的工具与应用。所提供的服务和基本信息是开放式的，任何人都可以调用该服务，并且有许多模块化的标准支持其实现。同时可支持多种计算设备、计算协议和计算架构。

3. 大数据原理模拟

大数据的原理很简单，我们可以从统计学原理得到启迪，样本选取得越多，通过寻找和挖掘现象，把现象变成可用数字标识的数据，并把大量数据进行汇总，从而得到的统计结果就越接近真实的结果。其核心思想是把大量具备一定偶然性的事件汇总，从中找出规律。而大数据的核心功能是预测，其本质除了模型体现的智能算法，其实都是各种统计分析应用。所以大数据的基本原理也是用大量的数据信息进行统计，从看似没有关联的事件中获取有价值的规律。例如一个水池里有多少鱼是可以量化的，数数就知道了，而在河流里有多少鱼是无法量化的。当我们采集到的具体数据越来越多，最后得到的信息也越来越多，掌握的数据足够多时，就可以完美地描绘这个事物的特征，把它数据化了。所以，数据可以帮助我们将一切业务量化，只要我们能够找到观察问题的方式，并从一个新的角度去衡量它，那么在实际应用中就可以帮助我们获得有价值的解决方案。为了能够方便地理解大数据的原理，这里我们用一个简单的工程项目的竣工结算审核的业务内容，来模拟业务需求场景及其解决方案的大数据原理。竣工结算审核的业务需求场景及其解决方案示例如图 1-3 所示。

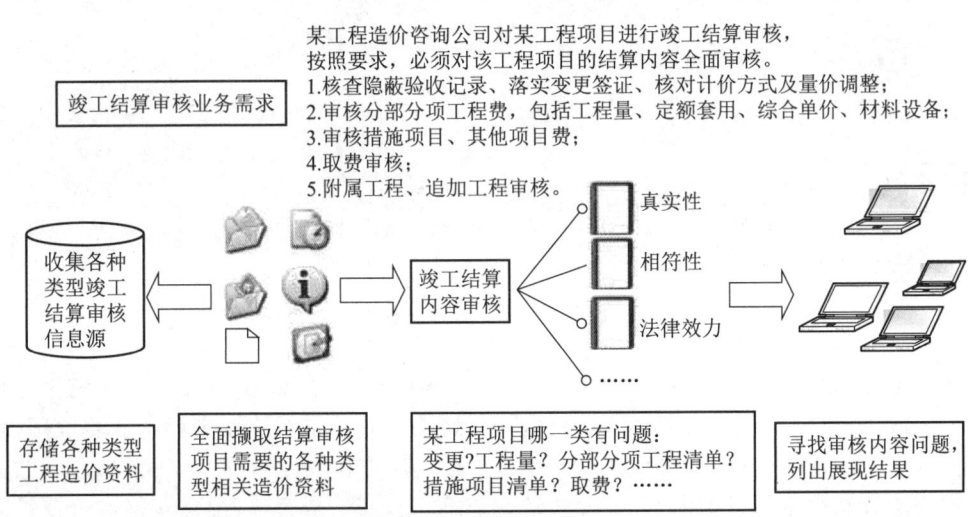

图 1-3 竣工结算审核业务需求场景及其解决方案示意图

按照图 1-3 所示，对于竣工结算审核业务需求场景及其解决方案的基本原理：首先应根据存储的各种类型的工程造价资料，按照工程项目的特征，全面撷取涉及结算审核项目的各种类型的相关造价资料；其次参加审核的各专业工程造价人员应熟悉审核资料、审核的范围与具体内容，熟悉合同约定及主要条款、有关工程造价计价依据及相关规定，了解审核的目的;再次根据项目工程的具体情况和要求进行逐项审核,审查其真实性、相符性及具有的法律效力,对竣工结算的各类内容按照相关工程造价问题进行计算、分析;最后将审核的基本情况进行归纳整理,形成书面材料,出具审核报告。

根据竣工结算审核业务需求场景及其解决方案的基本原理,如果我们运用大数据进行智能审核的模拟,可把图 1-3 所示的解决方案转化为使用大数据来解决竣工结算审核业务需求场景,这样就可以变换成大数据业务需求解决方法的情景,如图 1-4 所示。从图中可以看出,该大数据业务需求解决方法所使用的技术可进行如下归纳:

(1)存储和管理各种类型工程造价大数据的技术,它提供了竣工结算审核业务需求场景的各类数据源;

(2)撷取工程项目需要的相关工程造价资料是大数据获取与治理技术,它提供了竣工结算审核业务需求场景大数据生效基础数据;

(3)工程项目竣工结算审核内容的适用场景是大数据计算、挖掘、分析技术,它给大数据提供了各种各样的智慧算法和计算分析模型;

(4)审核内容、问题展现、结果是大数据可视化展现技术,它呈现了人与大数据信息直接分析结果,增强了对问题特征的真实性、相符性及法律效力的理解和效果。

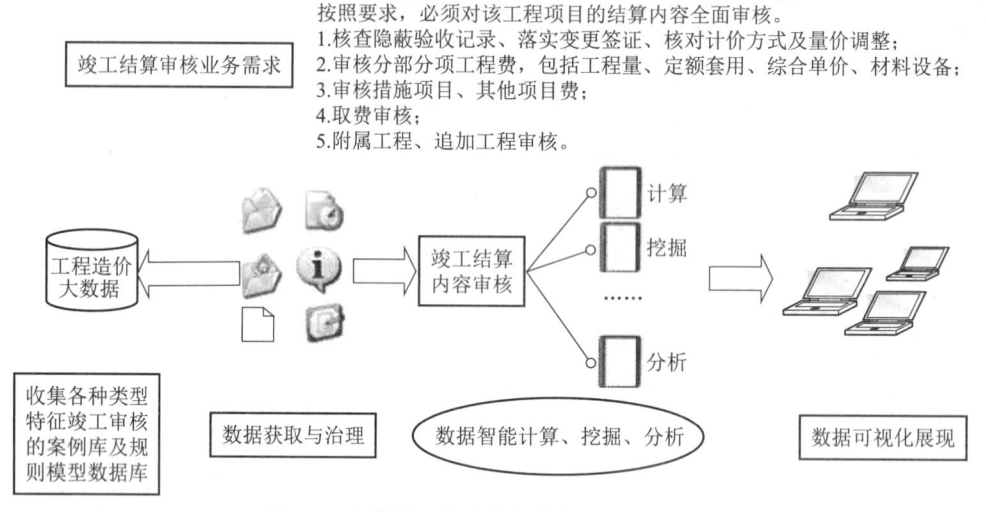

图 1-4 大数据业务需求解决方法归纳示意图

通过上述对大数据业务需求解决方法生效原理的模拟,可以看出大数据的应用原理是数据成为应用的核心驱动力,而大数据技术在对这些含有意义的数据进行专业化处理时,关键是要有一个清晰明确的思维模式,这样才能形成解决方案的生效场景。所以,在大数据业务需求解决方法生效的过程中,思维方式是一个纲,是思路、是灵魂,统领获得有价值解决方案的一切活动。

二、大数据计算体系

大数据的计算体系涉及软件分层化、技术复杂、应用繁多,而大数据处理关键技术一般包括:大数据采集、大数据预处理、大数据存储及管理、大数据分析及挖掘、大数据展现和应用。所以其本质可归纳为 4 个层次,即:数据基础层、数据管理层、数据分析处理层、数据应用层。图 1-5 给出了基于上述 4 个层次的大数据计算体系的基本框架。

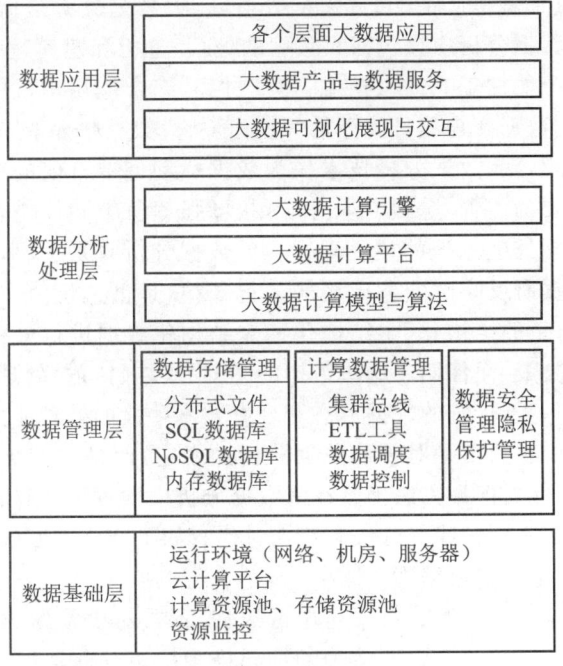

图 1-5　大数据计算体系基本框架示意图

可以看出基本框架图的每一层内又包括提供计算体系不同功能服务的模块,包含共性技术与标准,而大数据计算平台是大数据各个层面的核心龙头,它以云计算为基础环境,以服务模式为总体架构,覆盖大数据应用全过程,对大数据的所有分析与处理都需要在高性能的计算平台上进行;共性技术与标准是大数据分析与处理的知识与技术基础,支持多源异构海量数据的采集、存储、集成、处理、分析、可视化展现、交互式应用,涉及大数据应用体系的各个层面,为各层应用的实现提供关键技术支撑。

三、大数据分析

大数据分析是建立在数据驱动基础上的加工、处理、挖掘过程,应具备较丰富的计算方法和实时的计算能力、处理非结构化数据和提升数据融合价值等能力,并突出各个层面的业务应用所发挥价值的一种应用场景。

1. 大数据分析的概念

在大数据还没有出现之前,数据分析就已经存在了。什么叫数据分析?通常流行的说法,即数据分析是指用适当的统计分析方法对收集来的大量数据进行分析,提取有用信息和形成结论而对数据加以详细研究和概括总结的过程。在各种层面的应用中,数据分析可以帮助人们作出对问题的判断,以便采取行动决策,使问题得到解答。数据分析的数学基础很早以前已经确立了,随着计算机的产生才使数据计算的实际操作成为现实,并使数据分析技术得以推广。数据分析是数学与计算机科学相结合的产物。现如今,各个行业所记录的各种数据越来越多,随着数据的剧增,消耗的存储空间越来越大,数据管理的难度也越来越高,在数据思维、数据处理方式、数据分析等方面带来根本性的变化,正在演变为不可或缺的潜在价值。通过数据驱动来揭示普遍规律的过程，能够从这些种类繁多的大量数据中挖掘有用的关联价值，这个过程就是所谓的"大数据分析"。大数据分析是指对规模巨大的数据进行分析。而广义的大数据分析应该包括大数据的处理、分析和建模过程等，即大数据分析是指建立在大数据基础上的加工、分析、挖掘、建模过程，综合应用丰富的计算方法、实时的计算能力、处理非结构化数据和自我价值评估等能力，从大数据中提取有价值的知识而对大数据加以深入研究的过程。大数据分析技术作为数据驱动创造价值的关键手段，在大数据应用场景中占有极其重要的位置，是提升业务应用、增强竞争力和促进企业发展的基石，而大数据分析是整个大数据处理流程的核心因素。大数据分析只是手段，并不是目的。大数据分析的目的是发现数据所反映的业务应用的运行规律，是创造价值。决策是大数据管理与分析的重要目标，对海量的结构化、半结构化和非结构化数据进行分析，获得分析和预测结果即为大数据驱动的决策，而伴随着这些数据的感知、集结、传输、处理和应用的是大数据分析和管理技术，它已超越了传统的数据形态和现有技术手段的处理能力。

大数据分析场景展现的不是对传统数据分析的否定，而是对传统数据分析的继承和发展，传统的统计分析和数据挖掘方法仍然在大数据分析中发挥重要作用。那么，大数据分析与传统数据分析有什么区别？我们可从大数据时代有如下四个方面的转变知道。

（1）从随机抽样到全样本数据集

全样本数据集意味着所分析的数据是全部数据，不再对少量的样本数据进行抽取的过程。传统的数据管理方法倾向于数据精确的抽样推理决策并获取因果关系，而全样本数据集可以有效地解决传统的随机抽样自身存在的缺陷，大数据用全体数据替代随机抽样数据进行分析，从而体现分析价值的准确性和可信性。

（2）从因果关系到相关关系

因果关系是指具有相互依赖、相互联系的关系中最严格的一种关系，一般可表达为准确的数学模型。相关关系是指现象或概念之间确实存在着联系，但其关联是不严格固定的或数量关系是不完全确定的一种相互依存关系。在大数据的应用分析中，大数据分析与传统的方法有所不同，不再寻找因果关系而是相关关系。知道哪两个现象有相关性即可，而不用了解背后相关性的原因。因为在相关性分析中，是否分析原因，意义不是很大。只要将符合自己的意志的现象或概念放在一起，解决想要解决的问题就可以了，不再热衷于分析其背后的原因或寻找它们的因果关系。因此，相关分析是大数据分析的重要内容。

（3）从单一数据来源到数据融合

传统的数据分析对象大多局限在同一来源的数据中，大部分都是结构化数据，而大数据分析强调拓展分治策略，融合海量的结构化、半结构化和非结构化数据，由于每一类型的数据来源都有它的局限性和片面性，只有对各种类型的数据源进行融合才能反映事物的全貌。因为多源、异构数据的融合可揭示事物中某些属性同时出现的规律和模式，其价值往往隐藏在各种融合数据的关联之中。

（4）从数据可视化辅助到强调可视化解释

可视化分析在传统数据分析中只是一种辅助分析手段，而在大数据环境下，数据内容更加复杂，对数据可视化工具提出了更高要求，更加强调大数据可视化分析的应用解释。大数据的数据内容多源异构和复杂多变，可视化分析能把计算结果以简单直观的方式展现出来，有利于用户发现和掌握其中的规律，并使其理解和使用。因此大数据的展现技术，以及数据的交互技术在大数据分析中占据重要的位置。

2. 大数据的分析方法

尽管目标和应用领域不同,但其各个层面的应用都涉及大数据。因这些大数据的属性,包括数量、速度、多样性等等都呈现了大数据不断增长的复杂性,所以,大数据的分析方法在各个层面的应用领域就显得尤为重要,可以说是最终信息是否有价值的决定性因素。很多数据分析需要借助模型和算法,但一些分析就只是数据驱动的相关性统计。基于此,一些常用的大数据分析方法都能适用各个层面的应用,这就要看你如何选择,什么样的分析方法才能适应业务应用,需要根据具体业务问题及实际情况进行判断。大数据的分析方法包括三个基本方面的内容,这些方法随着大数据的发展,其内涵和外延也在不断发展和变化。

(1)统计分析方法

概括而言,所谓统计分析方法是指用以收集、整理、分析数据和由数据得出结论的一系列方法。统计分析方法是一种从微观结构上来研究事物的宏观性质及其规律的独特的方法。统计分析方法通常可分为两类:描述统计分析方法和推断统计分析方法。描述统计分析方法是指运用图表和分类的方式对数据进行处理显示,进而对数据进行定量的综合概括的统计方法。推断统计分析方法是指根据样本数据去推断总体数量测度的方法。统计分析方法包括描述分析、相关分析、假设检验、回归分析、聚类分析、方差分析、判别分析、主成分分析、因子分析、时间序列分析、生存分析以及其他分析方法。由于统计数据繁多且错综复杂,若要合理地选择统计分析方法去处理,必须根据专业知识与数据的实际情况,确定数据特征,正确判断统计数据所对应的类型,灵活地选择统计分析方法,这样才能根据选用的统计分析方法的适宜条件进行统计量值计算。

(2)数据挖掘技术

简单地讲,数据挖掘技术就是从海量数据中智能地、自动地抽取隐含的、事先未知的、用户可能感兴趣的和对决策有潜在价值的知识和规则。数据挖掘最大的特点就是具有分析海量数据的能力,其目的是从这些海量数据中发现有意义的模式和规律。为了保证数据挖掘结果的价值,必须了解数据、理解数据,这一点至关重要,因为它能将数据转化为用户能够清楚理解的有意义的见解,能够广泛地解决许多应用领域的问题。在数据挖掘领域,最擅长的是分类问题、预测问题、估计问题、关联问题,还可以处理其他形式的数据挖掘问题。目前,数据挖掘技术和方法很多,这些技术和方法将分别从不同的角度进行数据挖掘和知识发现。根据数据挖掘方法分,可粗分为:统计方法、机器学习方法、智能信息处理方法和数据库方法。统计方法有回归分析、聚类分析、判别分析、相关分析等方法;机器学习方法有归纳学习方法、基于范例的推理CBR、贝叶斯网络、支持向量机等方法;智能信息处理方法有神经网络、模糊集及粗糙集、遗传算法、人工免疫方法、信息融合、深度学习等方法;数据库方法主要是基于可视化的多维数据分析、面向属性的归纳方法。

(3)可视化分析技术

数据可视化技术是一种将数据转换成几何图形或图像表示的技术,它能够直观地展现数据,提供自然的人机交互的方式。数据可视化是技术与艺术的完美结合,主要是借助图形化手段,清晰有效地传达与沟通信息,帮助组织、理解、探索和解释数据,从而实现对于相当稀疏而又复杂的数据集的深入洞察。数据可视化模式可分为科学可视化和信息可视化两种模式。科学可视化主要面向自然科学和工程领域实验、探测活动,对计算模拟所产生的数据进行建模、操作和处理,重点探索如何有效地呈现数据的几何、拓扑和形状特征。信息可视化需要处理的数据类型是抽象的、非结构化的,如文本、图表、层次结构、地图、软件等。信息可视化数据通常不具有空间中位置的属性,因此要根据特定数据分析的需求,决定数据元素在空间的布局。在传统的数据可视化应用中,由于数据规模较小并且单一,可以设计良好的映射和交互技术,就能达到很好的可视化效果。而在大数据时代,面对海量多源、异构的大数据,传统的数据可视化已不能清晰展现它们了,随着大数据应用的不断发展和普及,许多适用于大数据的可视化分析工具不断出现,使得可视化过程的各个环节能够直观地展示数据,同时能够非常容易被用户所接受,就如同看图说话一样简单明了,提高了数据分析的效果和准确性,更容易发现规律。

3. 大数据分析工具简介

随着大数据的不断发展,需求的不断增多和提升,大数据的使用工具也变得更为重要,在应用的适配中市面上出现了各类的大数据分析工具,由于在大数据分析工作中分别有数据存储、数据报表、数据分析、数据展现等几个分析层次,针对不同层次就有不同的分析工具进行工作,所以在应用过程中应根据层次对分析工具有所选择。大数据的各类分析工具归根结底还是数据,其根源还是始于数据的存储,因此,存储数据对于大数据分析工具就变得至关重要。下面简单对四大类型的大数据分析工具进行介绍。

(1)数据统计类分析工具

①Excel

Excel是一个电子表格软件,也是数据分析的基础工具,方便好用,容易操作,并且功能多,为我们提供了很多的函数计算方法,因此被广泛地使用,但它只适合做简单的统计,一旦数据量过大,Excel将不能满足要求。

②SPSS

不同于Excel,SPSS是一款真正的统计软件。它的主要功能是统计分析,可以进行数据的基本管理和汇总、预处理和统计分析模型的计算。SPSS最早由几个大学生编写完成,由于具有很高的处理效率,迅速流行于全球,成为很受欢迎的统计分析软件。在1999年,SPSS公司收购了著名的商业数据挖掘软件Clementine的母公司,将Clementine纳入麾下。在2009年7月28日,IBM公司宣布用12亿美元收购分析软件提供商SPSS公司。SPSS为IBM公司推出的一系列用于统计分析运算、数据挖掘、预测分析和决策支持任务的软件产品及相关服务的总称。SPSS统计分析过程包括描述性统计、均值比较、一般线性模型、相关分析、回归分析、对数线性模型、聚类分析、数据简化、生存分析、时间序列分析、多重响应等几大类,每类中又分好几个统计过程,而且每个过程中又允许用户选择不同的方法及参数。SPSS也有专门的绘图系统,可以根据数据绘制各种图形。

③SAS

SAS是全球最大的软件公司之一,是由美国北卡罗莱州立大学1966年开发的统计分析软件。其间经历了许多版本,并经过多年的完善和发展,已被誉为国际上统计分析领域的标准软件。SAS把数据存取、管理、分析和展现有机地融为一体,提供了从基本统计数据的计算到各种试验设计的方差分析、相关回归分析以及多变数分析等多种统计分析方法,其分析技术先进、可靠。许多过程同时提供了多种算法和选项。

④R

R是用于统计分析的一种语言、一种软件、一个系统,由奥克兰大学首提。R是用于统计分析、绘图的语言和操作环境,这里使用环境是为了说明R的定位是一个完善、统一的系统。R是属于GNU系统的一个自由、免费、源代码开放的软件,是一个用于统计计算和统计制图的优秀工具,但是随着这几年的快速发展,它的功能范围已经得到了极大的扩展,如自然语言处理、机器学习领域、生物信息学领域等。所以,与其说 R 是一种统计软件,还不如说 R 是一种数学计算的环境,因为 R 并不是仅仅提供一些集成的统计工具,更大量的是它提供各种数学计算、统计计算的函数,能灵活机动地进行数据分析,甚至能创造出符合需要的新的统计计算方法。

⑤Stata

Stata 软件是 Statacorp 于 1985 年推出的,是一套为其使用者提供数据分析、数据管理以及绘制专业图表的完整及整合性的统计软件。作为一个小型的统计软件,它提供许许多多功能,具有参数估计、t 检验、相关与回归分析、方差分析、交互效应模型、缺项数据的处理、正态性检验、变量变换等统计分析能力,还提供了多元统计分析中所需的矩阵基本运算。其统计分析能力远远超过了 SPSS,在许多方面也超过了 SAS。由于 Stata 在分析时是将数据全部读入内存,在计算全部完成后才和磁盘交换数据,因此计算速度极快,Stata 也是采用命令行方式来操作,但使用上远比 SAS 简单。其生存数据分析、纵向数据分析等模块的功能甚至超过了 SAS。用 Stata 绘制的统计图形相当精美,很有特色,如直方图、条形图、百分条图、百分圆图、散点图、散点图矩阵、星形图、分位数图。这些图形的巧妙应用,可以满足绝大多数用户的统计作图要求。在有些非绘图命令中,也提供了专门绘制某种图形的功能,如在生存分析中,提供了绘制生存曲线图,回归分析中提供了残差图等。同时,它具有很强的程序语言功能,用户可以充分发挥自己的创造性思维,熟练应用各种技巧,真正做到随心所欲。事实上,Stata 的 ado 文件(高级统计部分)都是用 Stata 自己的语言编写的。

(2)数据挖掘类分析工具

①RapidMiner

RapidMiner 是用 Java 语言编写的,通过基于模板的框架提供先进的分析技术。它是数据挖掘、机器学习和对数据进行预测分析的开源软件。可视化的界面,让用户不必再自行编写代码即可运行和分析数据产品,相当方便和简单。RapidMiner 除了内嵌数据挖掘和机器学习功能外,还提供如数据预处理和可视化、预测分析和统计建模、评估和部署功能。另外,还可以与 R 软件进行协同工作,通过 R 扩展它的数据分析功能。

②Mahout

Mahout 是一个基于 Hadoop 的分布式数据挖掘开源项目,提供了在大规模集群上对大数据进行深度分析的能力。Mahout 包含数据挖掘和机器学习许多算法实现,包括聚类、分类、协同过滤等。在被处理的数据很大时,Mahout 的目标是作为机器学习工具的一个选择。

③Spark MLlib

Spark MLlib 是 Apache Spark 的开源机器学习程序库,可在 Spark 框架上并行计算,程序库包含许多通用的机器学习与数据挖掘算法,其支持的算法包括分类、回归、聚类、协同过滤、矩阵降维、特征提取与变换、频繁模式挖掘以及基本最优化算法等。由于运行在 Spark 平台上,对数据进行分析的编程变得更加容易,利用 Spark 的高性能和大规模数据处理能力,某些数据分析任务比 Hadoop 上的 MapReduce 实现性能提高了很多。

④Weka

Weka 的全名是怀卡托智能分析环境,是一个开源的数据挖掘工作平台,集合了大量能承担数据挖掘任务的机器学习算法,在 Weka 平台上实现了数据预处理、分类、聚类、回归、关联规则分析等机器学习和数据挖掘算法,用户不仅可以在 Weka 的工作平台交互式界面上可视化地进行分析,而且可以调用 Weka 的 Java 开发包,编写自己的数据分析软件,可以支持文本挖掘、可视化和网格计算等功能。

⑤IBM SPSS Modeler

这是一个业界领先的数据挖掘平台,具有直观的操作界面,数据准备也自动化完成,同时还具备成熟完备的数据预测分析模型,一般来说,当我们需要对数据进行分析处理的时候,都会用到这款工具。IBM SPSS Modeler 是一组数据挖掘工具,通过这些工具可以采用业务技术快速建立预测性模型,并将其应用于业务活动,从而改进决策过程。IBM SPSS Modeler 提供了各种借助机器学习、人工智能和统计学的建模方法,是一种功能强大的技术,它能评估和比较多种不同建模方法,并按有效性顺序对它们进行排序。这样,我们可以在单次建模运行中尝试多种方法。在数据挖掘过程中的每一阶段,均可通过 IBM SPSS Modeler 使用界面的建模选项板中的方法,每种方法各有所长,可适用于解决特定类型的问题。这样我们可以根据数据生成新的信息以及开发特定业务预测模型,建模算法可确保得到强大而准确的模型。模型结果可以方便地部署、读入数据库和各种其他应用程序中。

(3) 深度学习类分析工具

①Python

Python 被称为"胶水语言",是一种面向对象的解释型计算机程序设计语言,从 1989 年荷兰人 Guido van Rossum 发明 Python 到 2017 年的编程语言排行冠军。Python 是一种功能强大的通用语言,它具有一组完善的、丰富的和容易使用的工具库,能够把用其他语言的模块融合起来,完成许多常见任务。它的语法简洁清晰,语法中最有特色的一条就是采用缩进来定义语句块,也就是说要求强制使用空格作为缩进。Python 支持命令式编程、面向对象程序设计、函数式编程、面向切面编程、泛型编程等多种编程范式。当人们在编写 Python 程序时,并不是什么都从头做起,而是有很多的第三方库可以使用。下面列出几种进行介绍,掌握这些常用库及其各自不同用途,对于我们学习应用操作都非常重要。

a. Scikit-learn

Scikit-learn 是 Python 中著名的开源机器学习框架,它支持主流的有监督机器学习方法和无监督机器学习方法。有监督机器学习方法包括通用的线性模型、支持向量机、决策树、贝叶斯方法等。无监督机器学习方法包括聚类、因子分析、主成分分析、无监督神经网络等。

b. Pandas

Pandas 是开源的 Python 库,提供易于使用的数据结构和数据分析工具,擅长数据预处理,对时间序列分析提供了很好的支持。

c. NumPy

NumPy 是 Python 的开源科学数值计算扩展库,支持矩阵数据、矢量处理、线性代数、傅立叶变换、随机数等功能。

d. Matplotlib

Matplotlib 是 Python 中与 MATLAB 类似的专业绘图工具库,主要支持 2D 图像绘制。用户可以使用 Matplotlib 生成高质量的图形,并且可以以多样化的格式进行输出。Matplotlib是用 Python 语言编写的,它使用了 NumPy 及其他函数库,并且经过优化,即便对比较大的数组进行图形化绘制,其性能也是可以接受的。Matplotlib 提供了面向对象的编程接口,用户只需编写寥寥几句代码,就可以对数据进行图形绘制,看到数据的可视化效果。Matplotlib 提供完全的定制能力,包括设定线型、字体属性、坐标轴属性等。还提供了众多的图形类型,供用户选择,包括柱状图、误差图、散点图、功效谱图、直方图等。

e. PIL

PIL 库可以为 Python 提供强大的图形处理能力和广泛的图形文件格式支持,是基于 Python 的图像处理的强有力工具。

f. SciPy

SciPy 是集 NumPy、matplob、Pandas 等于一体的 Python 开源生态系统,支持文件输入输出、线性代数运算、傅立叶变换、微积分、数理统计与随机过程、图像处理等功能。

g. Jupyter Notebook

Jupyter Notebook 是一个开源的 Web 应用程序,支持文本、代码、方程、可视化的创建和分享,可以实现数据清理和转换、数值模拟、统计建模、数据可视化、机器学习等。

②Caffe

Caffe 框架诞生于 2013 年,使用 C++语言编写,可以在 CPU 和 GPU 之间无缝切换运行,目前支持命令行,提供了 MATLAB 和 Python 语言接口,接口清晰,是深度学习的流行框架之一。它是一个专注于图像分类的工具包,具有优秀的卷积神经网络模型,可以从数据输入到输出逐层定义整个网络,各个网络层之间的数据传输,通过 BLOB 对象进行封装,BLOB 的内容是多维数组。Caffe 采用随机梯度下降算法,进行神经网络的训练。Caffe 可以应用在图像分析、计算机视觉、语音识别、机器翻译、机器人等众多领域。

③TensorFlow

TensorFlow 是 Google 在 2015 年开源的第二代深度学习平台,它具有灵活的架构,用户使用相同的 API 开发程序,可以部署到移动设备、台式机以及服务器集群等不同的平台上。TensorFlow 是一种编写机器学习算法的界面,也可以编译执行机器学习算法的代码,且算法可以几乎不用更改地被运行在多种异构系统上。TensorFlow 内建有广泛的深度学习支持,但却更有普遍性,几乎任何可以用计算流程图表示的计算都能使用 TensorFlow 计算。目前,TensorFlow 支持卷积神经网络(CNN)、循环神经网络(RNN)、长短期记忆网络(Long Short-Term Memory,LSTM)等神经网络结构,这些网络结构中图像识别、语音识别、自然语言处理、机器翻译等领域得到了广泛应用。

④微软 CNTK

微软同样提出了很多基于深度学习的系统,包括微软 CNTK。微软 CNTK 主要支持循环神经网络和卷积神经网络,是面向语音识别、图像处理的框架,具有 Python 和 C++接口,支持 64 位的 Windows、Linux 系统和跨平台的 CPU/GPU 部署,但不支持移动端的 ARM 架构。

⑤MXNet

MXNet 是亚马逊(Amazon)选择的深度学习库,起源于卡耐基梅隆大学和华盛顿大学的实验室,它支持卷积神经网络(CNN)、循环神经网络(RNN)和生成对抗网络(GAN),尤其在自然语言处理 NLP 领域性能良好,支持 Python、R、C++、Scala、MATLAB 等多种编程语言,2017 年为 Apache 孵化的开源项目。

(4)数据可视化类分析工具

数据可视化类分析工具可分为两种类型:一类是用于分析结果展现类,另一类是用于开发集成类。分析结果展现类主要是探索式数据分析以及结果友好呈现,而开发集成类是将数据信息通过图表的形式在 Web 以及移动终端上展现。

①Gephi

Gephi 是一款开源免费跨平台基于 JVM 的复杂网络分析软件,能够解决网络分析的许多需求,功能强大,并且容易学习,因此很受大家的欢迎。它主要用于各种网络和复杂系统,动态和分层图的交互可视化与探测开源工具,是进行社交图谱数据可视化分析的工具,它能描绘出相对于网络中的其他节点,两个节点之间是如何相关联的。可应用于探索式数据分析、链接分析、社交网络分析以及生物网络分析等领域。它不但能处理大规模数据集并生成相当精美的可视化图形,还能对数据进行清洗和分类。

②Tableau

在数据可视化的领域,Tableau 一直都处于行业的领先位置,它可以帮助人们快速分析、可视化并分享信息。可视化技术是 Tableau 的核心,它可将数据运算与美观的图表完美地嫁接在一起,提供了一个非常新颖和简洁易用的操作界面,使用户在处理大规模的多维数据时,可以从不同角度和设置看到数据所呈现的规律,其自动生成的图表,既能准确反映数据特征,也能达到专业美术编辑的可视化水平。Tableau 提供了非常友好的可视化界面,它的程序很容易上手,用户只需通过点击鼠标和简单拖放,就能迅速创建好各种图表。Tableau 支持多种的大数据源,拥有较多的可视化图表类型,轻松实现数据融合,能够在不同数据源之间来回切换分析,操作简单,容易上手,非常适合应用人员使用。同时,提供了多种应用编程接口来扩展其数据分析的能力,充分利用 R 语言强大的统计分析和数据挖掘功能,提升 Tableau 在数据处理和高级分析方面的能力。

③Silk

Silk 的功能和 Tableau 基本一致,用户可以将它理解为 Tableau 的简化版,无需任何的编程操作就能实现数据的可视化,非常简单和易于操作。

④D3.js

D3.js 的全称是 Data Driven Documents,是一个用动态图形显示数据的 JavaScript 库,一个数据可视化工具。D3 能够把数据与 HTML、CSS 和 SVG 等技术结合起来,在网页上实现数据的可视化,并且创造出可交互的数据图表。D3 提供了各种简单易用的函数,简化了 JavaScript 操作数据的难度。可将可视化的复杂步骤精简到若干简单的函数,用户只需输入必要的数据,就能够渲染出各种炫丽的图形,大大减少了用户的工作量。D3 非常快,而且开销很小。D3 支持大型数据的处理,提供动态交互。

⑤ECharts

ECharts 是一个纯 JavaScript 的图表库,可以流畅地运行在 PC 和移动设备上,兼容当前绝大部分浏览器,底层依赖轻量级的 Canvas 类库 Zrender,提供直观、生动、可交互、可高度个性化定制的数据可视化图表,提供常规的折线图、柱状图、散点图、饼图、K 线图,用于统计的盒形图等,并支持图与图之间的混搭。

四、数据中心与区块链

一个数据中心的主要目的是运行应用来处理业务和运作的组织数据。而数据中心是云计算的实现平台,随着云计算的发展,数据中心已经从原本的数据存储节点转变为面向服务和应用的核心节点。然而目前的数据流通已经严重制约了社会整体大数据价值的发挥,数

第一章　大数据概述

据的开放、共享、流通和隐私保护等问题,人们已经意识到这些问题阻碍了大数据的快速发展。究其原因,是因为现在的数据库、云计算、数据中心等信息技术都是基于为中心化服务的思想而设立的,这必然导致数据高度集中,形成数据垄断。因此,如何在数据所有权和数据共享之间找到合适的平衡点将是大数据生态健康发展的核心问题之一,而运用区块链技术能够揭示大数据生态健康发展中所面临问题的改变。

1. 数据中心

维基百科给出的数据中心的定义是"一整套复杂的设施。它不仅仅包括计算机系统和其他与之配套的设备(例如通信和存储系统),还包含冗余的数据通信连接、环境控制设备、监控设备以及各种安全装置"。目前,数据中心在各个行业应用的层面上都发挥至关重要的作用,承载着企事业单位的许许多多关键业务,为用户提供及时可靠的数据存储、数据检索、数据分析及发掘高性能计算等服务。所以,数据中心建设是构建各个应用服务体系的关键措施,作为大数据存储、检索、计算和分析的承载地,对它的管理显得尤其重要。

随着 IT 架构正在经历从"以网络为核心"向"以数据为核心"的转变,各企事业单位也经历了数据分散到集中的过程。大数据中心将是一个能够高效利用能源和空间的数据中心,并支持各行业获得可持续发展的计算环境。因此,数据中心需要满足服务计算提出的应用要求,保证服务的高可靠性、高效率,降低企事业单位构建和运营数据中心成本,实现绿色节能目标。数据中心架构分为服务和管理两大部分。在服务方面,主要以提供用户基于大数据的各种服务为主;在管理方面,主要以大数据的管理层为主,它的功能是确保整个数据中心能够安全、稳定地运行,并且能够被有效管理。为此,数据中心部署和应用的关键技术主要包括网络架构设计、虚拟化技术、网络融合技术、安全技术及节能技术等。大数据在各个行业内部,首先要解决各种异构数据源的汇集问题,各个业务系统比较繁杂,表现为不同的子系统,数据中心就是要整合这些子系统的各种数据,对相关业务进行自动化流程管理,提供数据处理能力以及服务能力。例如,工程造价数据中心的规划建设是根据业务应用的具体情况要求,其设计框架分为服务和管理两大部分。服务层次架构共包含 5 个层面:基础设施层、信息资源层、应用支撑层、业务应用层和门户接入层。在管理方面,主要以云管理层为主,它的功能是确保整个数据中心能够安全、稳定地运行,并且能够被有效管理,其保障体系包括信息安全体系、标准规范体系、运维管理体系。整个数据中心建设的总体框架如图 1-6 所示。

2. 区块链

区块链思想的出现,正向人类社会的未来滑翔,是呈现在我们面前最深邃的一片谷地,它还只是一个崭新的领域,正在蓬勃发展。区块链到底是什么?比特币为什么这么值钱?区块链作为一项新兴技术,至今不过近二十年,但是其价值就在于试图通过技术手段降低社会信任成本,并提高社会生产效率,它让各个组织、机构建立起天然的互信体系。

(1)区块链的概念

区块链的概念首次出现在 2008 年一位化名为中本聪(Satoshi Nakamoto)的人,在"metzdowd.com"(密码朋克)网站发表的一篇名为《比特币:一种点对点的电子现金系统》的论文中。在论文中,中本聪详细描述了如何创建一套去中心化的电子交易体系,且这种体系不需要创建在交易双方相互信任的基础之上,提出一种完全通过点对点技术实现电子现金系统的概念,基于密码学原理而不基于信用,使达成一致的双方,能够直接进行支付,从而不

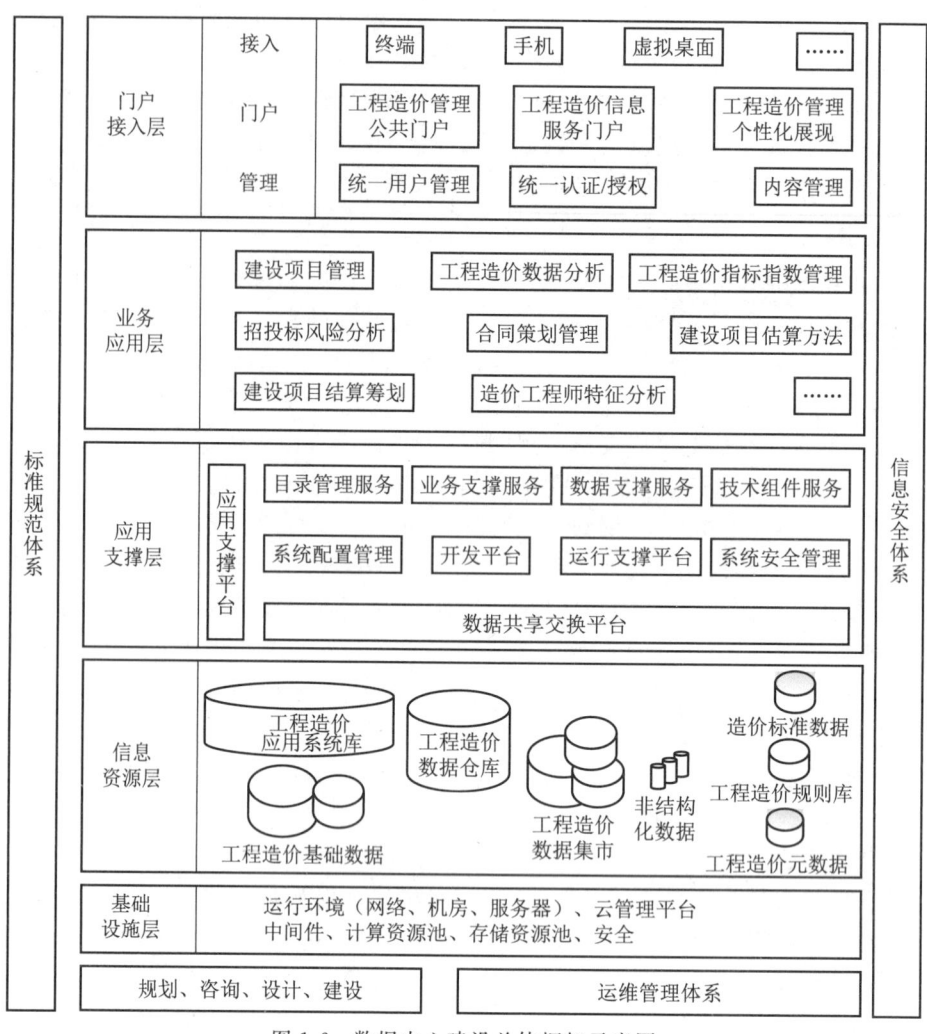

图 1-6 数据中心建设总体框架示意图

需要第三方参与,实现点对点支付,不要求通过任何金融机构。在该论文中提出区块链技术是构建比特币数据结构与交易信息加密传输的基础技术,该技术实现了比特币的挖矿与交易。2009 年 1 月 3 日,在位于芬兰赫尔辛基的一个小型服务器上,中本聪挖出了比特币的第一个区块,即创世区块(Genesis Block),并获得了 50 个比特币的奖励。区块链 1.0 时代——以比特币为代表的加密数字货币时期,正式拉开序幕。随着区块链的逐步发展,区块链已经超越了数字货币领域,在多个方面都拓展出了其独特的应用价值,并且已经表现出了可以重塑社会各个方面及运作方式的潜力。目前由区块链技术所带来的进化方式已经从以比特币为代表的区块链 1.0 演变为区块链 3.0,即区块链 1.0 主要是指以比特币为代表的数字化货币,实现了去中心化支付和交易,主要场景包含货币转移、汇兑和支付系统等;区块链 2.0 拓展至数字化货币与智能合约相结合,以太坊(Ethereum)实现了智能合约,让应用变得更丰富,应用主要在经济、市场、金融等领域,可以涵盖例如股票、债券、期货、贷款、按揭、产权、智能合约等方面;区块链 3.0 则对应的是分布式社会,已超越货币、金融、市场以外的应用,为各行各业提出去中心化解决方法,力图实现"可编程的商业经济",即通过区块链对每一个互联网中代表价值的信息和字节进行产权确认、计量和存储,从而实现数据资产在区块链上可被追踪、控制和交易,主要应用在政府、健康、科学、文化和艺术等方面。目前,有人提出了区块链4.0,描绘区块链4.0主要解决效率低下、能耗高、隐私保护、监管难题等实际面临的问题,通过优化提升各个层面的协议和机制,提供行业基础设施开发平台,将区块链技术与真实商业社会完美结合,致力于构建一个完整的去中心化的商业应用系统。而且区块链4.0未来将与超级计算、人工智能、大数据采集和分析等领域深度结合,最终建立虚拟城市。

(2)区块链定义

对于区块链的定义,互联网上从技术、应用等角度都有不同的说法。下面列出几种区块链的定义。

百度百科对区块链从狭义和广义给出了如下定义:

"狭义来讲,区块链是一种按照时间顺序将数据区块以顺序相连的方式组合成的一种链式数据结构,并以密码学方式保证的不可篡改和不可伪造的分布式账本。"

"广义来讲,区块链技术是利用块链式数据结构来验证与存储数据、利用分布式节点共识算法来生成和更新数据、利用密码学的方式保证数据传输和访问的安全、利用由自动化脚本代码组成的智能合约来编程和操作数据的一种全新的分布式基础架构与计算方式。"

维基百科对区块链是这样定义的:

"区块链技术基于去中心化的对等网络,用开源软件把密码学原理、时序数据和共识机制相结合,来保障分布式数据库中各节点的连贯和持续,使信息能即时验证、可追溯,但难以篡改和无法屏蔽,从而创造了一套隐私、高效、安全的共享价值体系。"

有人提出对区块链的解释:"区块链结合了分布式数据存储、点对点传输、共识机制、加密算法等计算机技术,基于密码学的可实现信任化的信息存储和处理的结构与技术,是一个共享的分布式账本,其中的交易通过数据块永久记录,所交易的历史记录包括从最早发生的块到最新的块,因此称之为区块链。"①

有人提出对区块链通俗的理解:"一种不可篡改的去中心化分布式账本。"②

可以看出上述对于区块链的定义大同小异,基本上都阐述了一个去中心化的分布式价值传递存储机制。从数据的角度来看:区块链是一种分布式数据库,它是把区块以链的方式组合在一起的数据结构,体现了数据的分布式记录和存储。从效果的角度来看:区块链可以记录事件顺序和驱动数据的时间戳建立共识,并且生成的数据记录是不可篡改的、可追本溯源的、可信任的、不可逆链条的数据库,这个数据库是去中心化存储且数据安全能够得到有效保证。为了便于理解区块链,以下几个核心内容必须弄明白:

①一种特殊的数据库

任何需要存储的信息,都可以写入区块链,也可以从里面读取,所以它是数据库;任何人都可以加入区块链网络,成为一个节点,每个节点存储都是独立的、地位等同的,而且任何一个节点所有记录的数据将保存在整个数据库中,可以向任何一个节点搜索引擎数据,因为所有节点最后都会同步,保证区块链一致,这就是数据库特殊的地方。

②由区块和链组成

---

① 叶开:《Token经济设计模式》,机械工业出版社,2018年版,第2页。
② 陈维贤:《区块链社区运营与生态建设》,机械工业出版社,2018年版,第3页。

区块很像数据库的记录,每次写入数据,就是创建一个区块。每个区块通过特定的信息链接到上一区块的后面,前后顺连来呈现一套完整的数据,区块链就是区块以链的方式组合在一起,以这种方式形成的数据库我们称之为区块链数据库。

区块是在区块链网络上承载永久记录的数据文件的数据集合。每个区块结构分为区块头和区块体两个部分:区块头记录当前区块的多项元信息,用于链接到前面的块并且为区块链数据库提供完整性的保证;区块体则包含了经过验证的、块创建过程中发生的价值交换的所有记录。由于每一个区块的块头都包含了前一个区块的数据压缩值,必定按时间顺序跟随在前一个区块之后连接在一起,这种所有区块包含前一个区块引用的结构让现存的区块集合形成了一种链式数据结构。区块链的结构提供了系统全部历史数据的一个数据库,这个数据库记录了每一个区块中的一个时间戳,在链上形成了一个不可篡改、不可伪造、不能删除的区块链数据库。

③去中心化的分布式结构

区块链的节点都记录并存储所有的数据,其验证、记账、维护、更新和传输等过程都是基于分布式结构体系,采用共识算法而不是中心结构来构建分布式节点间的信任关系,通过分布式记账确定信息数据内容,让价值交换的信息通过分布式传播发送给链网,从而完全去中心化的结构设置使数据能实时记录,并在每一个参与数据存储的网络节点中更新,这就极大地提高了数据库的安全性。

④非对称加密算法

非对称加密算法是一个函数,通过使用一个加密钥匙,将原来的明文文件或数据转化成一串不可读的密文代码。加密流程是不可逆的,只有持有对应的解密钥匙才能将该加密信息解密成可阅读的明文。[①] 这就是说,在非对称加密算法中,需要两个密钥,由对应唯一性密钥组成的加密算法,如常见的加密算法有 RSA、Elgamal、背包算法、Rabin、D-H、椭圆曲线加密算法(ECC)和椭圆曲线数字签名算法(ECDSA)。如果在"加密"和"解密"的过程中分别使用两个密码,加密时的密码其中一个密钥是公开的,所有人都可以用公开的密钥为自己来加密一段信息,在解密时,被加密过的信息只有拥有相应密钥的人才能够解密。公开的密钥称为公钥,不公开的密钥称为私钥。在区块链系统的使用场景中,所有的规则事先都以信任算法程序的形式表述出来,存储在区块链上的交易信息是公开的,而账户身份信息是高度加密的,只有在数据拥有者授权的情况下才有机会访问到,从而可以建立互信,不需要求助第三方机构来进行交易背书,保证了数据的安全和个人的隐私。

⑤智能合约

智能合约是一种以信息化方式传播、验证或执行合同的计算机协议,它将可编程语言的业务规则编码到区块上,并由网络的参与者实施。[②] 也可理解为脚本,在一个去中心化的环境下,所有的协议都需要提前取得共识,那脚本的引入就显得不可或缺了。一个脚本本质上是众多指令的列表,这些指令记录在每一次的价值交换活动中,当一个预先编好的条件被触发时,会立即执行相应的合同条款。其工作原理是利用程序算法替代人执行合同,可视作一段部署在区块链上可自动运行的程序,通过数据本身的内容形成触发事件来驱动智能合约自动执行一些预先定义好的规则和条款。智能合约是区块链技术的一种应用,其涵盖的范

---

① 叶开:《Token 经济设计模式》,机械工业出版社,2018 年版,第 4 页。
② 叶开:《Token 经济设计模式》,机械工业出版社,2018 年版,第 7 页。

围包括编程语言、编译器、虚拟机、事件、状态机、容错机制等。其中对应用程序开发影响较大的是编程语言和智能合约的执行引擎,即虚拟机。

通过上述内容,我们可以明白区块链是一种去中心化、去信任、开放性、不可篡改的分布式数据库,是一串使用密码学方法相关联产生的数据块,每个数据块都包含了一次网络交易信息,用于验证其信息的有效性和生成下一个区块。基于数据和数据驱动的服务,区块链提供了一种可信、防篡改的技术体系,保障高质量的数据在应用场景的循环。

(3) 区块链通用技术的业务需求

区块链技术是一定背景和技术发展下的必然产物,它并不是一种单一的技术,而是多种技术组合创新的结果,这些技术与数据库巧妙地组合在一起,形成了一种新的数据记录、存储、传播和表达的方式。对于区块链业务应用的技术需求,除了利用块链式数据结构来验证与存储数据、利用分布式节点共识算法来生成和更新数据、利用密码学的方式保证数据传输和访问的安全、利用由自动化脚本代码组成的智能合约来编程和操作数据等通用技术外,还包括以下几方面的通用技术需求。

① 模块化与中间件

为了减少区块链应用开发的技术负担,提高效率,避免重复工作,缩短开发周期,并且减少维护、运行和管理的工作量,区块链系统的核心功能应实现模块化、可移植的接口和可扩展通信协议。统一的 API 和区块数据格式,方便灵活的关键组件属性配置,可以便捷地构建上层应用,实现不同区块链的相互操作,满足大量应用的需要。

② 经济合理

以核心应用场景为驱动,在满足需求的前提下,对于技术选型,一般尽可能降低成本消耗和技术复杂度,规避高能耗的技术方案。

③ 数据侧管理

从数据管理角度看,区块链的本质是构建在对等网络上,设计科学合理的结构化数据管理方法,提供统一的多管理入口,具备全局化控制的功能,通过选择区块链数据算法对分布式结构进行管理。由于区块链的不可篡改数据,必然伴随着数据存储的膨胀,在管理权限、数据节点分布、数据可信度、数据标注、数据一致性等问题上采用在同一管理界面下进行维护,减少烦琐工作,降低成本方式的同时,安全性问题也能得到有效解决。

④ 隐私保护

区块链技术的应用场景需要保障数据存储、数据交流和数据应用等多方面的隐私安全,应该采用基于密码学的多级加密算法机制,在数据隐私保护、位置隐私保护和身份隐私保护等一些具体选择上,可实现模块化可拔插的架构模式,方便用户按照具体业务的场景,规避隐私暴露。

⑤ 内外安全性

在区块链安全性机制的设计上,既要考虑传统区块链面对面各成员之间的信任问题,同时还要解决联盟成员的准入准出的内外安全管理机制。这就需要围绕内外层面构建安全体系,整体保障系统的安全性和高效性。对应的技术要素可采用算法和现实约束相结合的方式,制定风险模型,对抗非区块链节点的外部攻击和信息窃取,建立内部区块链节点之间的信息安全防护,参与应用运行的参与人员、交易节点、交易数据应事前受控、事后审计。

⑥ 提高共识效率

由于在点对点网络中,网络延迟现象较为严重,为了在区块链的应用实践中保证系统满足不同程度的数据一致性,解决各节点对记录达成共识的方案,应集成高性能的可靠共识算法,兼容智能合约执行环境,选择合适的共识算法来提高效率,实现不同的应用场景下通过使用不同的共识算法,使得去中心化系统中的各个节点高效地达成共识,并能对区块链节点、账本、交易和智能合约等进行高效管理。

⑦可视化

采用设计可视化的方法和工具,可以充分展示数据模式、趋势和相关性,还可将数据以视觉形式呈现,满足数据搜索、浏览、异动提醒等市场需求,让区块链的数据及价值更加直观、透明和高效地展现,提升对数据交互的控制能力。

⑧信息监管

信息监管是区块链系统的关键组成部分,可以实时监控区块链系统健康状态,实时查询区块链节点的区块生成状态,是保证区块链系统健康稳定的关键。能实现区块链监控、区块列表、智能合约管理等区块链系统监控、智能合约编写诸功能于一体,方便运维管控。

(4)区块链应用

区块链是群体智慧、互联网思维的技术实现,是一个价值互联网。对于传统行业来说,很多应用场景的问题,不论企业的规模大小和以往运营的成功失败,可基于共识建立一个虚拟的基于共识协议的区块链组织,将异构数据资源进行融合,引导资源配置更加高效和合理,去掉对核心企业的依赖实现更加公平普惠。基于建筑产业的工程造价行业特点和业务属性可以建立工程造价的专属链,每一个链内的节点机构,还是保留自己原有运行的业务系统,只需要增加一个区块链的模块,就可以实现去中心化的共享分布式数据库,在行业共识的基础上,实现工程造价管理和监督、过程咨询、纠纷协调解决、数据溯源等约定好的数据的上链,体现了一定的普惠、公平、透明。它实现了一个行业内的共识,作为工程造价行业链的信用基础,共同记录存储工程造价行业的时间轴数据库,不仅赋能给机构或企业,也为个人进行赋能,使其都可以作为一个分布式的节点参与到服务平台的专属区块链中,其能量会被挖掘和放大,发挥出与在传统业务环境中完全不同的价值。目前,区块链技术已在许多相关行业中得到应用,下面我们针对工程造价行业的应用场景,进行几方面简单的潜在展望。

①用智能合约解构和自动执行实际业务

合约是区块链结构的基础,而信息流是实际业务的核心,用合约的结构思想来解构实际业务、数字化流程和协议使任何信息交流沟通的工程造价管理成为可能,通过智能合约预先制定规则、协议和条款来解构工程造价管理业务,采用智能合约技术将工程造价管理业务活动规则以代码形式写入区块链并自动化执行,并通过区块链降低资源配置成本,增加促进数据流动和周转的安全性。

a. 将工程造价 BIM 模型系统与区块链技术结合可促进智能合约的使用,采用集成项目交付(integrated project delivery,IPD)模式,通过 BIM 与智能合约的结合,可在事先协议或植入的规则合约基础上执行交换信息或减少不必要的烦琐核对,去支持 BIM 项目的表达、沟通、讨论、决策,有助于各干系人紧密协作,协调和化解各种问题。

b. 利用区块链技术和工程造价数据积累的链联应用,通过建立预先定义的合适执行规则,在 P2P 平台上,由于其不可篡改、去中心化、非对称加密,天然适合所有参与者。对工程造价数据积累信任的场景,能够实现工程造价数据的存储、传递、控制和管理,将分散的工程造价数据库连接起来,通过记录数据块的时间戳顺序线性补充到时间轴数据库。智能合约的形式使得工程造价数据积累在整个生命周期中具备了限制性和可控性,有效避免执行中存在道德风险、操作风险和信用风险等违约现象。工程造价数据的完整性、透明性和可验证性,为基于工程造价的大数据分析提供更多的工程造价数据源,提高工程造价质量,降低数据交互不均衡等问题,使得大数据征信成为可能。

c.智能合约是一种具有状态、事件驱动和遵守一定协议标准,并运行在区块链上的模块化、可重用、自动执行的脚本。可将工程造价相关法律法规及其业务规则编码到区块链上,形成计算机协议,并由网络的参与者实施,实现在一定触发条件下,以事件或业务执行的方式,按代码规则处理和操作区块链数据,把那些公共的合规性要求抽取出来,形成各个业务都通用的规则条款算力。为了支持工程造价的业务处理,可把通用的合约条款、规则条款、法律条款实现作为一种服务,来实现基于这些合约条款、规则条款、法律条款对工程造价问题或工程造价业务执行自动进行配置的合规性验证。

②达成分层共识机制、可追溯和难以篡改

共识机制是区块链建立信任的基石。共识是指网络节点遵守一个共同的规则,通过异步交互对某些问题达成一致、得到结果的过程。由于工程造价相关干系人都可以变成区块链中的一个节点,所以工程造价管理的整个业务过程的每一个环节都可以形成一个记账的分层的分布式数据库,其利用共识机制能够实现在完全不信任的各方干系人之间建立一种信任关系,使每一个环节的数据记录可以被传递,并且不可篡改和完整追溯,便于监管和审计工程造价业务流程、工程造价信息流、工程造价确权等,参与业务各方干系人就不必担心因某一方篡改合约、数据库或者利益分配不对称问题等未能达成一致,不能满足不同程度的工程造价数据一致性,引起不必要的纠纷。

a.在全过程工程造价管理中,各参与方之间可形成统一的状态账本,利用区块链分布式数据存储可以完整保留整个业务过程的每一个环节所产生的信息凭据,可以保障海量数据记录的可追溯、透明、防篡改,在确保数据准确性的同时实现了工程造价精准定位,提高了数据监管处理效率和安全性。

b.通过共识算法来保证建设工程招投标过程数据一致性,以高效、规范的方式进行数据组织,便于相关方进行基于权限的相关交易的快速同步,还可依赖于分布式身份证等技术进行辅助安全确认验证,对历史交易进行快速查找和回溯。

c.通过区块链技术与物联网技术融合,建立市场要素价格分布式信息库,实现对市场要素价格信息全生命周期的追溯。在原材料采购方面,采用物联网技术,在设备、建筑材料采购、运输过程中进行数据采集和监控,并对录入区块链中的分布式市场要素价格信息库进行跟踪。在项目工程使用过程中,通过工程造价 BIM 模型系统与区块链溯源系统的数据通路,使建设项目各相关干系人及企业内部不同专业组都可以进行实时价格信息的查询和监测、评估,其材料、设备溯源系统设有监管节点,只有通过监管节点的安全确认验证才能进入市场。一旦材料、设备出现质量等其他问题,还可以通过材料、设备标签上的溯源码进行全程追溯,查出该材料、设备的生产企业、产地等全部流通信息,避免由于资料不全、责任不明等给质量处理带来的困难,使问题得到更快解决。

d.基于区块链的激励机制和共识机制,极大地拓展了工程造价信息获取的来源渠道。在加密算法机制的前提下,基于预先约定的规则向所有参与区块链网络的参与者收集需要的工程造价数据,协同共享,进行信息验证和数据保真,对不符合预先规则的无效数据,通过共识机制予以排除。

③提升吞吐量和计算效率的分布式结构

由于区块链是去中心化的存储和运算的模式,这就有助于利用区块链分布式的算力对数据进行处理。分布式记账确定的信息数据内容由不同位置的多个节点共同完成,并且通过横向扩展分布式数据库,让价值交换的信息通过分布式传播发送给链网,从而提升了吞吐量和计算效率。工程造价管理中的工程造价咨询服务环节往往表现出多区域、长时间跨度的现象,通过引入点对点连接的方式可以解决咨询服务环节信息沟通交流问题。由于它是一个开放的分布式注册表,而且每一个节点记录的都是完整的账目,因此网络上的每个人都可以参与核查监督和共同为其作证,同时,区块链数据的难以篡改性也保证了数据的真实性。

a. 工程造价竣工结算审核主要是审核工程造价成果文件,涉及的各相关干系人以及经济关系和法律关系、设计图纸及施工条件等因素,在审核成果文件的过程中,可采用区块链分布式账本技术,提高审核工程造价数据交互效率和各相关干系人协调工作的效率。区块链技术可以将结算审核工作流程和结算审核计价流程各个环节之间相互联系融合起来,利用区块链的溯源和难以篡改的特点,将结算审核的依据、合规合法审核的内容、计算过程等信息资料内容接入区块链平台网络中,可以有效确保各个环节公开透明,使相关人员能够灵活、便捷地溯源结算审核的全流程数据。

b. 工程造价咨询项目过程管理不是独立的一次性事件,它们是贯穿工程造价咨询项目的每个阶段,按照一个有序的工作内容延伸,专业技术和工作强度有所变化,并相互重叠的活动。根据工程造价咨询项目的特点设置多个专业工作岗位,来完成整个过程的咨询服务,可利用区块链的分布式协调模式,实现资源共享,以点对点直接互联的方式进行信息沟通和数据传输,运用分布式数据的安全性、可信性、追溯性和流通性,按时间顺序记录工程造价咨询项目过程管理的事件,利用区块链的共识机制实现分布式数据标注,选出标注最准确的节点并给予一定的奖励,这样就可以提高专业人员的工作效率和荣誉感。

3. 大数据与区块链的关系

大数据与区块链不仅拥有各自的特点,还能相互利用和相互促进。大数据与区块链的融合发展和应用,可以帮助我们更好地实现大数据的应用,也解决了各种数据之间横向迁移时的壁垒,形成无标签化的数据结构。区块链是一种具有可信任性、安全性和不可篡改性的分布式数据库,为大数据分析应用提供了一种非常有效的支撑,能让更多的数据被释放出来,推进数据的海量增长;区块链也能找到自己在现实中的落脚点,获得更好的发展。所以,大数据与区块链的深度融合及相互赋能,可以补齐相互的短板,全面提升应用价值。

(1) 更好地完善数据采集

大数据的数据采集环节,需要打破数据孤岛,形成一个开放的数据采集生态系统,采用通用的通信协议和区块链网络数据接口进行采集。由于区块链旨在通过点对点连接的方式,保证网络中的多个节点共享真实的采集记录,是一个开放的分布式注册表,具有不可篡改、全历史记录的分布式数据库,因此通过网络上的每一个节点进行数据采集,运用数据集成工具融合集成每一个节点数据,可以有效解决大数据采集遇到的问题。而这会驱使相关需求方,特别是行业联盟推动打破数据孤岛,形成关键数据的完整、透明、可追溯、不可篡改并多方可信任的数据采集链条。

(2) 保障数据源可信

大数据融合区块链技术将会有助于实现数据存储和处理的可信性。区块链以其可信任性、安全性和不可篡改性,实现数据的加密,让更多数据被解放出来,推进数据的海量增长,不仅可以保障数据的真实、安全、可信,也极大地降低信用成本,实现大数据的可靠安全存储;数据处理可信性主要是数据处理的正确性与处理过程及结果可审计和可溯源,区块链的可追溯性使得大数据处理的每一步记录都可以留存在区块链上,保证了大数据处理结果的正确性和数据挖掘的效果。借助区块链具有自校性,可对数据处理过程进行逐一审计,随时查看每一步记录处理的账本,解决了相互信用校验的成本。

(3)计算算法与模型方法共享

数据规模的不断增长,使得大数据算法的改进没有止境,大数据需要新处理模式才能具有更强的决策力、洞察发现力和流程优化能力来专业化处理海量、异构、多样化的数据。而区块链能够发挥基础信息设施的作用,一方面将链上各节点的计算算法与模型方法汇聚为众智,另一方面共享个体的计算算法与模型方法,可以通过跨链互操作技术运用区块链网络平台。从行业的角度看,所有个人和机构重复研究计算算法与模型方法是一件浪费行业生产力的事情,而且不同生态之间没有交互。区块链技术能够助力计算算法与模型方法的共享,通过提供一个基于共识的或智能合约的机制,解决不同生态之间的跨平台算法调用,从而选取具有针对性的最优算法实现大数据处理。

(4)数据资产化实现交易

数据要体现价值,必须经过提炼、挖掘和分析,当一切经营都数据化时,数据就成为资产,它是互联网泛在化的一种资本体现,其作用不仅局限于应用和服务本身,而且具有内在的金融价值,将数据放在区块链上,通过流通使大数据发挥出更大的价值。在区块链网络上,可以将大数据作为数字资产进行流通,实现大数据在更加广泛的领域应用及变现,充分发挥大数据的经济价值。而数字资产化后可以通过区块链技术实现其资产的注册、确权和交易,帮助建立数据交易市场。大数据资产基于去中心化的区块链,利用智能合约机制实现与数据交易相关业务处理逻辑,在完成逻辑编写后自动进行,可提供对数据全自动交易和后续的账务流转环节的服务。

第三节 大数据和云计算

大数据的概念在很多情况下总是和云计算的概念联系起来,因为大数据的落地,必须有云作为基础架构提供海量数据处理和存储能力,才能顺畅实施。云计算既是技术,也是一种服务模式;大数据既是技术和应用形态,也代表一种思维方式和商业模式。

一、云计算

云计算是网格计算、分布式计算、并行计算、效用技术等计算机技术和网络技术发展融合的产物,是一种新计算模式。它把互联网与智能设备、数据安全和海量存储、基础设施和业务工作、IT资源和契约式服务等与人们的各项活动融为一体,用户可以动态申请配置计算资源,实现即插即用式的并行计算模式,从而支持各种应用程序的运转,无须为烦琐的细节而烦恼,能够更加专注于自己的业务,有利于提高效率,降低成本和技术创新。云计算是一种基于互联网的计算方式,通过这种方式,共享的软硬件资源和信息可以按需提供给计算机和其他设备,它的核心思想是将大量用网络连接的计算资源统一管理和调度,构成一个计算资源池向用户提供按需使用的资源服务。云计算具有超大规模、虚拟化、高可靠性、通用性、高扩展性、按需服务、极其廉价的特点。

二、大数据和云计算的关系

实际上,大数据和云计算是两个不同的概念,有着本质的区别。大数据更多的是面向业务,主要结合业务去分析数据的价值,从而改变了业务的应用;而云计算更多看重的是它的技术属性,看重的是它的技术能力。有关大数据和云计算的关系简要描述如下。

(1)大数据是数据,是资源,是处理与集成、存储与计算、挖掘与分析、展现与应用的基石。而云计算是一种计算方式、计算工具、计算模型和计算方法,即服务计算。一般情况下,大数据采用云计算的方式才能完成有效计算。

(2)大数据是一门研究数据的各种类型、状态、属性及其变化规律的独立学科。它以数据统计、机器学习、数据可视化等为理论基础,利用统计学知识、应用数学和计算机技术为自然科学和社会科学研究提供一种新的数据方法和技术手段,形成一套自己的基本价值。而云计算只是一种计算模式,不可能形成一套自己的基本理论体系,仅能将各种资源以服务的形式提供计算理念和计算方式。

(3)大数据的范围十分广泛,可细分为大数据管理、大数据技术、大数据科学和大数据工程等。而云计算只是一种基于网络的、按需获取计算资源服务的新计算模式,可以为大数据问题集提供一种有效的计算模型、方法或者算法等重要的有效手段。

总的来说,大数据与云计算的关系必然是深度融合,云计算为大数据提供了高弹性、可扩展的基础设施支撑环境以及数据服务的高效业务模式,大数据处理离不开云计算技术。我们可通过图 1-7 来说明大数据与云计算之间的关系,两者结合后会产生如下的效应:可以提供更多基于海量业务数据的创新型服务;通过云计算技术的不断发展降低大数据业务的创新成本。

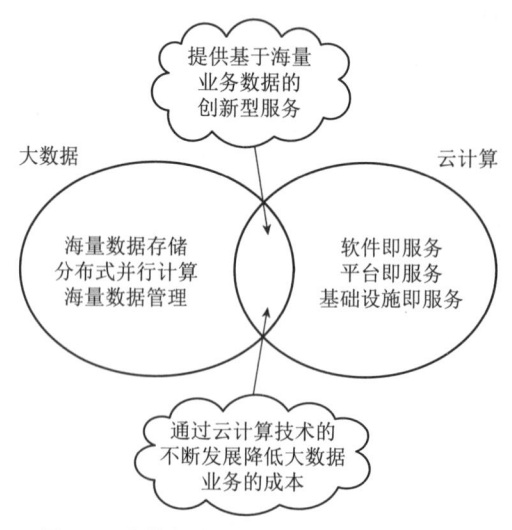

图 1-7 大数据与云计算之间的关系示意图

第四节　大数据背后的思维

人类历史的发展表明,思维方式的状况和变革,都是同社会实践发展水平的提高、科学文化背景联系在一起的,是社会发展中的各种思想文化要素的综合反映。从网络化思维方式的角度看待信息交流是人们社会行动的一种基本形式。网络化概念的提出,标志着人们观察和思考问题方式的转变,为人们收集和传递信息提供了良好的工具和手段。随着互联网进程的推进,在移动互联网技术的驱动下,世界迈入了"互联网＋"时代,使得各个行业间信息交互融合形成新的行业生态,这种变化又会推动互联网在技术上的创新和思维模式上更深一层的改变。而基于互联网的大数据,其精髓不仅仅是技术层面,还有思维层面的转变。"互联网＋"时代需要更多的开放、融合、协作和共赢,去中心化、分布式、自组织、去平台化的互联网生态将成为主流。

一、从互联网思维到智能思维

互联网思维的核心是链接,改变了传统的时间和空间限制,提高了沟通和资源配置效率,最终转化为可数据化的流量;人工智能思维则是通过大数据总结过去的经验,并用以预测未来,可以更快更准地找到方向。在商业模式上,互联网思维是术,能发现表象的链接存在,人工智能思维是道,能挖掘内在联系。因此,我们需要从互联网思维向人工智能思维转型,这是思维、伦理、商业等模式的升级。

1. 互联网思维

互联网思维就是符合互联网时代本质特征的思维方式,它是用互联网的方式去想问题。要实现"互联网＋",需要先实现互联网思维。而"互联网思维"一词最早是由百度公司提出的,其对于产品的创新和指导意义越来越多地被业界、学者所认可,"互联网思维"这个词也演变成了多个不同的解释。百度百科是这样定义互联网思维的:互联网,就是在(移动)互联网、大数据、云计算等科技不断发展的背景下,对市场、对用户、对产品、对企业价值链乃至对整个商业生态进行重新审视的思考方式。

人们将互联网思维的精髓总结为4个核心观点和9大要点,4个核心观点为用户至上、体验为王、免费的商业模式、颠覆式创新;9大要点为用户思维、简约思维、极致思维、迭代思维、流量思维、社会化思维、大数据思维、平台思维、跨界思维。互联网时代的商业思维是一种民主化的思维,是所有行业都要深思和深刻领悟的时代议题。利用互联网思维,能帮助企业快速提升创新能力和核心竞争力,体现在战略、业务和组织三个层面。而互联网思维的出现对于大数据领域而言,意味着重新审视发展利用大数据分析的表现形式,意味着战略制定和商业模式设计、业务开展、组织设计和企业文化建设都要以用户为中心,意味着对多主体共赢互利生态圈的平台思维给予充分尊重,意味着用跨界融合思维突破传统惯性思维成为一种新的常态等。

2. 大数据思维

大数据的核心是把数学算法运用到海量的数据上来预测事情发生的可能性。大数据的精髓不仅仅是技术层面,而且还要有一个清晰明确的思维层面。当我们对数据展开分析时,运用分析工具,掌握分析技术和方法,都是十分必要的。还必须有清晰的分析思路,这些分析思路将会改变我们理解和组建大数据解决方案的方法。下面结合工程造价行业的实际对大数据思维进行概括，以便有个重新审视和拓宽视野的思考方式。

(1) 确立数据量化的基本思维模式

在传统的工程造价管理活动中，从业者普遍都认为，在处理一些工程造价问题时，有些成果文件可以量化，而有些成果文件不能够量化。现在，我们需要转变这个思维模式，随着大数据技术的发展，要避免陷入不确定性及无法分析的泥潭，应该从已经知道的问题开始提问，按照自己的意念得到想要的结果。我们总是期待能够将一些看似无关的数据整合起来为计算提供服务，这就要通过搜集大量已完工的各种工程造价数据甚至现象所产生的所有大数据，并执行大数据计算，这样就能在一定程度上找出规律，从语意上理解工程造价问题甚至现象，评测我们已了解工程造价问题的数量，量化那些似乎根本不可量化的工程造价问题的重要步骤。大数据是理解整个自然现象、理解各种心理现象、实现不同物种甚至现象之间进行意念交流的唯一桥梁，一切都保存在互联网的数据库中，当你有一天需要的时候，就能够将这些数据调出来，对其进行数字化。

(2) 确立数据处理尽量不再依赖于随机采样的转变方式

在大数据时代可以分析更多的工程造价数据，有时甚至可以处理好某个特别现象相关的所有工程造价数据。如果处理能力足够，就不应该随机采样，应该用全体数据替代随机抽样数据进行分析。在大数据环境下，通过采样，可以把规模变小，以便利用现有的技术手段进行数据管理和分析，然而在某些应用中，采样将导致信息的丢失。因此，思维方式要从精确思维向容错思维转变，当你拥有海量数据时，绝对的精准度不是追求的主要目标，适当忽略微观层面上的精确度，容许一定程度的错误与混杂，反而可以在宏观层面上捕捉到非常新颖且有价值的观点、知识和洞察力。

(3) 确立因果关系向相关关系的转变方法

因果关系是指具有相互依赖、相互联系的关系中最严格的一种关系。因与果在时间上是先后相继的，它们之间存在固定的定量关系，因此，一般可表达为准确的数学模型。相关关系是指现象或概念之间确实存在着联系，但其关联是不严格固定或数量关系是不完全确定的一种相互依存关系。相关关系之间的变化也存在相应的大致的规律性，这种一般在统计的意义上才能成立。在实际的应用中，相关关系是普遍存在的、最常见的一类基本关系，因此，相关关系是数据分析的主要对象，在各种实际应用中，几乎都在研究各种类型的相关关系。在大数据的应用分析中，全面工程造价管理的工程造价数据分析和业务咨询服务与传统的方法有所不同，不再寻找因果关系而是寻找相关关系，知道哪两个现象有相关性即可，而不用了解背后相关性产生的原因。因为在相关性分析中，是否分析原因，意义不是很大。只要将按照自己的意念形成的现象或概念放在一起，共同解决想要解决的工程造价问题就可以了，不再热衷于追求分析其背后的原因或寻找它们的因果关系。所以，在大数据背景下，思维方式要从因果思维转向相关思维，这可以帮助我们转换原先形成的传统思维模式，打破固有偏见，从而更好地分享大数据带来的深刻洞见。

(4) 确立数据驱动的理念

工程造价管理服务的本质，首先应该是标准化、数据化，才能使各种各样的数据既反映管理服务的效果，也能看出工程造价管理的分析细节。其次要求工程造价数据分析从联机分析处理和报表向数据发现转变，从定性分析向大数据分析转变，从结构化数据向多结构化数据转变，驱动管理服务各个环节管理的变革。数据驱动是干系人构建精细化工程造价管理的基础,可以帮助干系人梳理全过程工程造价管理的问题,掌握建设市场发展动向,进行各种理性判断,避免盲目决策。大数据技术和思维改变了传统的工程造价管理服务生态,从而可以带来更全面的认识,可以更清楚地发现在工程造价管理服务过程中无法揭示的细节信息。数据驱动为大数据的广泛应用提供了与传统不一样的应用模式,传统的思维模式与习惯做法将面临新的挑战,基于数据思维、数据驱动的理念和实践将是各个应用领域创造价值的原动力。

3. 从自然思维到智能思维的转变

人类智能的核心是思维和意识,没有思维就没有人类智能。有了思维,人类才能形成各种较复杂的意向,从而主导人的活动。随着互联网不断向万物互联进化,人们将以多种更为紧密和更有价值的方式连接在一起,将会获得语境感知、增强的处理能力和更好的感应能力,生活将变得更加智能化,更有效率。而大数据思维最关键的转变在于从自然思维转向智能思维,使得大数据像具有生命力一样,极大地改变了我们从所有数据获得洞察力和智能的能力。

(1)智能

所谓智能是指个体对客观事物进行合理分析和判断,并灵活自适应地对变化的环境进行响应的一种能力。人们在认识与改造客观世界的活动中,将感觉、记忆、回忆、思维、语言、行为的整个过程称为智能过程,智能是智力和能力的表现,包括感知能力、思维能力和行为能力。人的智能的核心之一在于知识,因此智能常常表现为知识获取能力、知识处理能力和知识运用能力。智能往往通过观察、记忆、想象、思考、判断等表现出来。

人工智能是用计算机模型模拟思维功能的科学。它是用计算机模仿与人的智能有关的复杂活动,诸如判断、图像识别、语言理解、学习、规划和问题求解等。在人工智能的研究中,为了使计算机具有类似于人的智能,必须有能力做三件事:知识存储、用存储的知识解决问题、通过经验获取新的知识。因此,一个人工智能系统具有三个关键部分:知识表示、知识推理和知识学习。随着计算机技术的不断加强、人类对智能处理技术的深入研究,人工智能能够模拟越来越多的人的思维和行动,具有越来越强的智能性和协作能力,并具有越来越重要的意义。

所有智能活动,即理解和解决问题的能力,甚至学习能力,都完全依靠知识。因此,知识将是决定一个智能系统性能是否优越的主要因素。

(2)智能思维

信息是事物存在和运动的千差万别的表现,知识是事物存在方式和运动规律的本质表述,智能则是运用知识解决问题的能力。物联网、云计算、社会计算、可视技术等的突破与发展,促进了智能科学技术的发展,智能化已成为当前新技术、新产品的发展方向和显著标志。大数据时代将带来深刻的思维转变,大数据不仅能改变每个人的日常生活和工作方式,还能改变商业组织和社会组织的运行方式。大数据系统能够自动地搜索所有相关的数据信息,并主动、立体、有逻辑地分析数据、做出判断、提供洞见,因而,无疑也就具有了类似人类的智能思维能力和预测未来的能力,它将有效推进机器思维方式由自然思维转向智能思维。因此,我们应该从互联网思维转向智能思维,让人工智能思维去指导日常工作,这才是大数据思维转变的关键所在、核心内容。

(3)推动人工智能思维的跃迁

通俗来讲,人工智能思维就是借助人工智能的知识去引导自己的做事方法以及工作模式的一种能力。人工智能思维的一切都是建立在大数据的基础上，是"平台＋数据＋应用"的综合思维模式，它最强大之处就是可用于未来预测。大数据时代各个行业都用数据思维进行转型和创新，由于外部的变化极其快，所以我们需要从互联网思维向人工智能思维转变，从互联网思维跃升到人工智能思维。不同时代的人们有着不同的思维方式，人工智能时代同样如此。人工智能思维方式，其核心是人工智能思维方法，这反映了当前以深度学习和增强学习为基础的人工智能技术强大的特征提取和寻找全局最优解的能力。深度学习和增强学习算法有助于人工智能技术摆脱对人类经验的依赖，从而为人类探索未知事物提供了极其重要的工具。现在我们的决策模式、做事模式都在慢慢地改变。比如之前的决策很大程度上是基于人的经验的，而现在很多的决策慢慢依赖于数据，因为一旦数据量大，它反映的现实会比经验更加真实。

智能的本质可以从思维规律和思维方法的研究中得到，所以，人工智能思维是一种深度学习模式，解决人与万物链接的问题，即人能通过数据读懂万物的密码，核心是通过逻辑和算法发现和总结万物的规律，并不断验证，求真去伪。在广泛的实际应用中，人工智能能为人们提供智能化工具，让人们更高效地完成各类工作任务，从而提高生产力和生产效率。为了满足自身的数字经济活动需要，在DT时代，人工智能应具有数据思维、分类思维、迭代思维、形象思维、假设思维等五类思维方式。

①数据思维

数据思维是根据数据的量化来思考事物的一种思维模式。数据思维要求能理性地对数据进行处理和分析，讲究逻辑推理。人工智能应用包含三个关键点，即数据、算法、计算能力。所以，如果没有数据思维，没有数据化度量，人工智能就无法解决应用问题。数据越多，价值就越大，只要有数据的支持，就可以从不同的角度迅速发现问题出在哪里。要摆脱场景驱动、情感驱动、文化驱动，用数据佐证、管理、决策、创新，重视数据就是改变思维。在深度学习的过程中，关键要有一个清晰明确的大数据分析思路，通过算法、大数据和数据计算，深度学习才能更多地感知和理解，才能使数据创造智能。

②分类思维

分类思维也可以认为是结构化思维。在实践中，大量的人工智能应用算法都涉及分类，我们通常需要根据不同的特征给数据打标签、构建数据画像，进而做数据的分层，然后有针对性地提供适合每种业务问题的服务。为了从数据中揭示机关特征，应该掌握分类的原理和方法，正确合理地利用分类解决问题。在DT时代，我们不再是经验驱动而是数据驱动，因为一旦数据量大，它反映的现实会比经验更加真实。所以分类思维也是数据分类思维。为了实现数据共享和提高处理效率，必须遵循约定的分类原则和方法，把具有某种共同属性或特征的数据集归并在一起，通过其类别的属性或特征来对数据集进行区别，然后确定各个数据集之间的关系，形成一个有条理的分类结构体系，这样才能使人工智能数据高效利用。一定要用数据分类思维去指导日常工作，将这种数据创造智能的思维贯穿到人类思维的每一个角落，才能使人们重新塑造人工智能时代的思维习惯和行为特征。

③迭代思维

人工智能思维里一个很重要的点是迭代思维，这种思维模式与增强学习比较相似。迭代思维是不追求完美，允许产品或服务有不足，在吸取反馈的情况下，不断试错，持续完善产品或服务的思维。迭代思维是关于创新流程的思维，允许产品或服务出现缺点，不断试错，运用演替思想，不断优化，在持续的迭代中完善产品或服务，同时要最小化试错成本。这里的迭代思维,更偏重迭代的意识,意味着我们必须及时甚至实时关注用户要求,掌握用户需求的变化,看准了前面这一步是可以走的,马上再看下一步,用快速迭代、快速试错、快速修改的方法,一直往前去完善产品或服务。

④形象思维

形象思维有时也可称为直感思维,它是以直观形象和表象为支柱的思维过程。形象思维内在的逻辑机制是形象观念间的类属关系,它通过独具个性的特殊形象来表现事物的本质。因此,形象观念作为形象思维的逻辑起点,其内涵就隐含在具体个性的特殊形象中的某一类事物。形象思维能够运用联想和想象使头脑中原有信息之间产生联系,使外部新的信息与头脑中原有贮存的信息形成对比。而大数据的优势在于能够促进感性认识、形象思维的模仿,使人工智能体现感性认识、形象思维,而不是逻辑思维、理性认识。但在系统思维的过程中并不排斥理性认识、逻辑思维,深度学习可以促进感性认识和理性认识的结合、形象思维和逻辑思维的结合。

⑤假设思维

假设是运用思维、想象,对所考虑的问题的本质或规律的初步设想或推测。假设思维是数学中经常用到的一种推测性的思维方法。假设思维一般分为三个步骤,即定义问题、了解事实,并形成假设/验证假设。在 DT 时代,假设驱动是数据分析领域最为重要的概念,人工智能算法的构建可以用先提出假设后验证的方法去分析数据的思路。而这种假设驱动需要一定的技巧,需要以神经网络相关知识为基础,让机器模拟人类大脑思考问题的方式,引导机器解决实际问题。这种假设驱动的方法目标性很强,而且知道每一次往哪个方向做改进,从而让你的假设和最终的结果可以逐渐地靠近,最后使用训练集数据对模型进行验证。

4. 互联网思维与人工智能思维的区别

互联网思维打破传统的时间和空间限制,大大拓宽沟通渠道,丰富沟通方式,让一切链接成为可能,大大提高资源配置效率,实现了资源的流通、利用,体现规模与流量;人工智能思维则是通过大数据总结过去的经验,并用以预测未来,并且能够利用数据不断自我更新和提升,避免了人为干扰和误判的可能性,将大大提高资源的综合利用效率,可以更快更准地找对方向。人工智能思维既是一种科学工具,也是一种先进的思维方式。

(1)链接与数据的区别

互联网思维重链接,人工智能思维重数据。互联网本质是链接,其价值也在于链接,链接是商业化的主要工具和载体,链接打破了时间、空间的限制,使得所有人链接成一体,产生了强大的聚合能力,提高了人际沟通和资源配置效率。人工智能的基础要点是数据,或者说要有数感,追求的是隐藏在数据中的各种并联关系,体现的是数感意识,其思维是将以往的经验知识与一切活动形成的碎片化数据积累到一定的规模,挖掘分析之前看不到的相互关联的内在关系,找到商机,提出方向,预测未来,产生价值。

(2)局部与全局的区别

互联网思维重局部,人工智能思维重全局。互联网思维是对数据进行局部处理,引用了人类经验的思维。人类经验由于样本空间大小的限制,信息不充分,往往无法发现隐含的关系,进行决策时可理解为局部最优解。对个人而言,个人经验就是个人视角下的局部最优解,解决的是点上问题。人工智能思维针对的是全局场景、全部数据,可以突破局部限制。通过深度学习和增强学习,人工智能算法表现得更加符合实际,能解决全局问题,这反映了当前以深度学习为基础的人工智能技术强大的特征提取和寻找全局最优解的能力。

(3)流通与加工的区别

互联网思维重流通,人工智能思维重加工。数据就像空气和水一样,在我们周围自然而然地存在着。互联网时代,只是将数据以传输与分享获取为主,互联网成为人们实时互动、交流的载体,让数据的搜集和获取更加便捷,但它只能判断是否存在、错对等简单关系。人工智能可以分析研究数据,摆脱对人类经验的依赖,通过量化计算,发现人类缺乏了解或缺乏大量数据标注的领域。人工智能深度学习可以通过海量数据展现更有用的数据特征能力,发现一切事物之间存在的联系,不仅能判断对与错,而且能发现它们之间的联系规律。

二、大数据思维的核心原理

大数据与传统数据不同,它不是抽样数据,而是全局数据。大数据的价值在于对海量数据进行分布式数据挖掘,这必须依托云计算的分布式处理、分布式数据库和云存储、虚拟化技术。因此,大数据发展必须是数据、技术、思维三大要素的联动,它不仅取决于大数据资源的扩展和大数据技术的应用,更取决于大数据思维的形成。如果没有大数据思维,即使拥有了海量的数据,也无法发挥它们的价值。大数据思维主要在看似无关联的事物中找到其间的相关性,并进行逻辑分析和定量化处理,将自然思维转向智能思维,使得大数据具有生命力,获得类似于人类的智能。用大数据思维方式思考问题、解决问题是当下各个行业的潮流。大数据思维是客观存在的,大数据思维是新的思维观,要保证大数据思维洞察力的有效进行,发挥人的思维潜能,就需要掌握大数据思维的方法。我们应该首先对大数据思维的形成原理有一个基本了解。而它的思维原理是什么?这里我们结合实际大概从以下几方面来概括大数据思维的核心原理。

1. 数据驱动原理

大数据时代,计算模式也发生了转变。伴随着人类文明的演进和需求的变迁,人类进行计算时的运用工具和计算模式,也经历了由简单到复杂,由低级向高级的发展转变过程。现阶段互联网的内涵已扩展至移动互联网、物联网、云计算、大数据、人工智能、虚拟现实等核心信息技术的集合,已从流程驱动模式转变为数据驱动模式。数据就是资源、财富、竞争力。因此,在思维的层面上,要运用数据驱动的计算模式来思考问题和解决问题,应用大数据众多技术和方法进行数据分析,提出科学假设,引导人们发现规律,找到创新的源泉。大数据下,存储和计算都体现了以数据为驱动的理念,这就是数据驱动计算模式思维的转变。Hadoop体系的分布式计算框架已经是以数据为驱动的范式,而非结构化数据及分析需求,改变从简单增量到架构变化,需要新的统计思路和计算方法。用数据驱动思维方式思考问题,解决问题,以数据为核心的数字化转型,反映了当下许多行业的变革,反映了组织的IT架构和业务架构必须进行重塑,数据已成为智能化的基础,数据比流程更重要,所以数据驱动的计算模式思维的核心在于数据。数据驱动原理是指大数据思维将各种数据计算模式、挖掘技术流程应用于实际决策过程,使实际决策完全依赖于大数据的分析和预测,避免任何由经验性决策所引起的洞察失败。数据驱动计算模式、挖掘技术的基础在于从大量多源、异构、动态、碎片化、不确定及稀疏的数据源中开发出深层次信息,从而建立有效的大数据分析和预测模型,进而掌握市场发展动向。

2. 数据价值原理

大数据的价值是与数据数量的汇集和数据分类的种类密切相关的。一般来看,数据的容量越大,数据分类的种类越多,获得的知识就越多,能够发挥的潜在价值也越大。大数据的价值也与它传播和共享的范围有关,使用大数据的行业从业者越多,范围越广,数据的价值就越大,同时,数据的价值发现过程与具体的应用场景有着密切的关系,在不同场景下,同样的数据就会产生不同的价值。大数据价值的充分发挥,必须运用数据价值思维方式思考问题,才能使行业从业者在一些应用场景按照特征对数据进行分类和估值,进而让行业从业者更好地对业务进行决策,对未来进行很好的预测,又能对不同的数据进行有机融合,做出洞察。而这又必须依赖于大数据处理的手段和工具,依赖于大数据的分析和挖掘技术,更好的分析工具和算法能够使应用场景获得更为准确的数据信息,也更能发挥数据价值。所以大数据并不在"大",而在于"有用",价值含量、挖掘成本比数量更为重要。所谓数据价值原理,是指大数据思维是随着应用场景的认识活动的深入而不断变化的过程。其实数据价值贯穿了从构建到解读的全过程,行业从业者应该扬弃传统的功能,让价值转变为数据,在不同应用场景中,必须有一个正确、清晰的思维模式,运用创造性思维从层面上进行数据解释、数据分析才能产生价值。不管大数据的核心价值是不是预测,基于大数据形成决策的模式已经为不同的应用场景带来了不同的价值。

3. 全数据原理

数据抽样是对数据按一定方法进行采样。就是在总体数据样本中按抽样方法进行数据采样,而采样的目的就是用最少的数据得到最多的信息。在大数据时代,当行业从业者可以获得海量数据的时候,要分析与某事物相关的所有数据,就不是依靠分析少量的数据样本了,数据抽样就没有什么意义了,数据抽样毕竟具有随机性,会丧失一些微观细节的信息,甚至还会失去对某些特定子类别进行进一步特征发现的能力。目前计算机系统已经具备了足够大的数据采集能力、存储能力和计算能力,数据处理技术也发生了根本性的改变,因此我们的方法和思维也要跟上这种改变。所以需要关注全数据样本而不是随机数据抽样。全数据意味着样本=总体,它是指我们能对数据进行深度探讨,而数据采样几乎无法达到这样的效果。大数据就是全量数据,拥有全部或者几乎全部的数据,就能够从不同的角度,更细致地观察研究数据的方方面面,使我们能够看得见、摸得着规律,能清楚分析任何细微层面上的情况,有足够的能力来把握未来,从而做出自己的决定,而采样忽视了细节考察,其微观上的未知事物和规律还没有被真正挖掘,从数据抽样中得到的结论总是有水分的,而从全数据样本中得到的结论水分就很少。大数据越大,真实性也就越大,因为大数据包含了全部的信息,这些东西所讲的实际上就是背后的思维方式。所谓全数据原理,是指大数据思维的形成仰仗海量数据对微观层面的判断和挖掘,追索未知事物和规律。从数据抽样转变为全数据样本,关键是要有一个清晰明确的思路,树立用全数据样本思维方式思考问题、解决问题的意识,才可以有效地解决传统的随机抽样自身存在的缺陷。

4. 数据效率原理

大数据时代,人类仍然面临着大量复杂的、无法用简单的、确定性的方法予以解决的问题或对象,要求我们重新审视精确性的优劣。而混沌理论揭示了一种重要现象,即现代科学在其充分精确化的过程中,已经认识到了精确化的代价。大数据思维有点像混沌思维,确定与不确定交织在一起,对应着现实事物的复杂、无序或混乱,而在思维中,混沌更大程度上反映了界限的模糊。大数据标志着人类在寻求量化和数据洞见的应用场景上转变了传统的思维方式,过去不可计量、存储、分析和共享的很多事物都被数据化了,拥有大量的数据和更多不那么精确的数据让我们的思维方式从精确思维向容错思维转变,从关注精确度向关注效率转变。所谓数据效率原理,是指大数据思维是随着应用场景的认识活动而形成一个新的角度衡量界限,不管数据精准度如何,只要数据量足够多,总能尽快地找出事物的本质和规律。尽快就是解决问题的洞察力效率,大数据不仅让我们不再期待精确性,也让我们无法实现精确性,绝对的精准度不是追求的主要目标,适当忽略微观层面上的精确度,容许一定程度的不精确与混杂,反而可以在宏观层面上快速洞见到非常新颖且有价值的规律。大数据能够让行业从业者在快速变化的市场中知道市场需求,能够让行业从业者快速预测、快速决策、快速创新、快速定制,使行业从业者的决策更科学,更能关注效率的提高。也就是说,快速就是效率、预测就是效率、预见就是效率、变革就是效率、创新就是效率、应用就是效率,效率就是价值,而这一切离不开大数据思维。运用数据效率思维方式思考问题,找出事物的本质和规律,是混沌思维最有价值的启示,只要大数据分析指出可能性,就会有相应的结果,从而为行业从业者快速决策、快速动作、抢占先机、提高效率。

5. 数据相关性原理

数据相关性是指数据之间存在某种关系。应用场景中许多事物间存在着相互依存性、联系性和制约性,不同事物的相关关系即是这些关系的一种表现。相关性是统计上的概念,数据多了,足够显著,它们之间的变化也存在相应的规律性,这种规律性一般在统计的意义上才能成立,即具备统计的规律性。大数据思维一个最突出的特点,就是从传统的因果思维转向相关思维,传统的因果思维是说一定要找到一个原因,推出一个结果来。而大数据没有必要找到原因,不需要科学的手段来证明这个事件和那个事件之间有一个必然、先后关联发生的因果规律,它只需要知道出现某种迹象的时候,能够按照一般的情况或意念现象放在一起,不论这种数据联系是不是必然的,是否满足严格的条件,只要发现这种迹象存在的意义,我们都可以从相关关系入手进行处理。在实际的应用中,相关关系是普遍存在的、最常见的一类基本关系,因此,相关关系是大数据思维的主要对象,在这个不确定的大数据背景下,等我们去找到准确的因果关系,再去办事的时候,这个事情早已经不值得办了。所谓数据相关性原理,是指大数据思维按照一般的情况或意念现象揭示认识活动各要素之间的关系的原理。用关注相关性思维方式来思考问题,解决问题,不需要找到中间非常紧密的、明确的因果关系,而只需要找到相关关系,只需要找到迹象就可以了,不用了解背后相关性的原因。因为在相关性分析中,是否分析原因,意义不是很大。所以,在大数据背景下,过去寻找原因的信念正在被广泛存在着的相关性所取代,由探求因果关系变成充分利用大数据快速挖掘事物间的相关关系。思维方式从因果思维转向相关思维,不是不要因果关系,因果关系还是基础,科学的基石还是要的。

6. 数据交合原理

数据交合是指将洞见的应用场景的总体数据要素按照不同标准分解成若干类,每一类作为一条坐标轴,然后根据应用场景的各种活动相关的用途,把各种坐标的注标点有机地结合起来,由各种坐标的相交合构成数据反应场,从而进行创新的一种思维方法。在大数据环境下,数据具有多源、异构、动态、碎片化、不确定及稀疏等特点,这些数据所带来的交互感应效应,只有进行交合才能揭示数据中某些新的联系和嬗变规律,而相交合构成数据反应场突出地表现出创新思维活动的特征。我们可以在矢量标串起的信息序列上找到许多坐标点,每一个坐标点都是两个或多个要素数据的组合,其价值往往隐藏在各种交合数据的关联之中,我们可以利用这些嬗变的新联系数据展现给我们的精细、精准、关联与智能,从产生的新信息中,选择合适和需要的有趣结果。数据交合可以像生物那样"繁殖",从全方位、多角度的特征表现甚至是跨界关联的微小特征表现按一定层次和序列逐步展开,专注地细致分析这些应用场景,将其应用场景放到要素构成的多维立体空间里考察。应用场景的一些平时并不留心在意的细微特征,经过这样的条分缕析便会产生众多的创造性思维设想,为洞见提供了一系列可参考的"形象数据"。所谓数据交合原理,是指大数据思维在应用场景的数据交合中进行创新的思维技巧。数据交合原理的提出,其内涵基于以下两条:其一,相交合构成数据反应场,可以产生新的洞见;其二,相交合构成数据反应场,可以产生新的联系。数据交合原理是一种在大数据环境下的发散性思维,可以改变我们的思维习惯,提高我们的思维能力,扩展思维层次,使我们的思维从无序状态转入有序状态,从抽象状态变为具体的形象的思维状态,能使我们自觉调整智能结构,拓宽视野,提高智力层次,更新思维方式。数据交合是一种辐射式数据组合,借助于简单的形式思维工具,即数据标和数据场,使相交合构成数据反应场并产生了许多新信息、新联系、新转换,一旦把新的思维方式和现在大规模的数据融合在一起,将会颠覆很多我们原有的思维。所以让数据说话,能够变成数据的东西越来越多,能够发现大数据能干很多很有意思的事情。

7. 数据智能原理

数据智能意味着应用场景从业务数据化走向业务智能化,数据智能的标志是数据驱动决策,让机器具备推理等认知能力。大数据能够指导决策,是借助数据化去改变业务,依靠数据来解决问题。人们对业务场景的洞察,单纯靠简单的数据统计已经不足以满足需要,因此,出现了大量数据挖掘、数据建模等人工智能算法的需求。百度百科对数据智能是这样定义的:"数据智能是指基于大数据引擎,通过大规模机器学习和深度学习等技术,对海量数据进行处理、分析和挖掘,提取数据中所包含的有价值的信息和知识,使数据具有智能,并通过建立模型寻找现有问题的解决方案以及实现预测等。"我们不能固守传统的思维模式和方法,应该摒弃传统的思维方式,重视数据,从互联网思维回归商业本质的核心,强化算法,自觉运用人工智能思维,切实转变方式,站在业务场景的角度用数据重塑核心竞争力,重视数据就是改变思维;科学合理的算法,为业务场景赋能弹性的计算能力,可以使我们突破思维局限,在更大的范围、更多的维度中,发现新的场景与关系。所谓数据智能原理,是指大数据思维在应用场景的数据赋能中引导现有问题的解决方案以及实现预测。大数据为人工智能发展提供了基础资源,人工智能技术的核心就在于通过计算挖掘出隐蔽在大数据背后的规律,对具体场景问题进行预测和判断。大数据思维主要是在应用场景的解决问题过程中表现出来的,而解决问题的关键是发现问题,其发现问题的过程主要通过多元化的思维视角方式训练出成功的人工智能算法,需要运算力和大量的数据,其中最重要的就是数据量要足够大。数据量规模要足够大,才能产生智能的数据基础,还要考虑"数据化"而非"数字化"的思维,需要将大数据通过采集、清洗、标注等处理工作后,才能作为人工智能算法模型训练的数据,这样就会精准的认知和推理,才会有智能产生,使数据创造智能。

8. 数据客制化原理

所谓数据客制化,是指根据不同客户、不同需求,用数据驱动进行量身定制的一种个性化服务。通俗而言,客制化是指用数据驱动满足客户个性化的潜在需求。大数据驱动下的大规模个性化需求形态是基于大数据分析,从海量数据中提炼量身定制的服务,在一定的空间中准确识别个性化特征,对不同客户提供不同的服务策略和服务内容,能够帮助客户建立自己所需的个人资源集,个性化定制并将共性内容进行聚合,形成与客户需求的时空个性化、方式个性化和内容个性化的服务,实现大规模个性化需求的靶向精准思维创新,打造数据客制化服务以拓展应用场景的服务体系。时过境迁,大数据的发展推动着思维方式的转变,也标志着市场已经进入客制化服务时代,以市场为中心的理念正在被以客户为中心的理念所替代。所谓数据客制化原理,是指大数据思维在应用场景的认识活动中完全按照客户的需要提供个性化服务的过程。打造客制化服务,满足客户的多样化需求,就要改变传统的经营手段和思维理念,通过数据驱动深入分析客户来发现、满足客户的需求,并对客户的价值进行不断地挖掘,在应用场景的认识活动中追求达到客制化的目的,给客户提供一个个性化的解决方案。用定制服务思维方式思考问题、解决问题,以提高客户满意度为起点,以追求客户满意度为终点,实现产品服务的个性化定制,增强客户个性化体验。

三、区块链思维

任何一种解释,都会强调互联网思维中最重要的三个方面:开放式、自主化、体验化。而区块链技术的"去中心化、高度透明、集体维护"正好体现了"开放式、自主化"的互联网特征。区块链与一些互联网产品重视互联网思维在功能创新上的应用不同,它是从底层技术上对于互联网思维的一种应用,目的是从互联网的生态逻辑层面承载更多功能,而不是简单创造更好的用户体验吸引更多用户,颠覆性更强,受益范围更广。我们从技术应用的角度来说明区块链思维的概念,区块链思维是基于区块链技术体系而衍生出的分析与解决问题的一种系统性的思考方式。有人说,区块链思维是共赢的思维;也有人说,区块链思维其实是社群思维。不管是共赢的思维还是社群的思维,其本质都是一样的,都是将利益相关体绑定后,为共同的利益而自发贡献自己的价值。

1. 区块链思维的切入点

区块链的运营思维与互联网的运营思维有所不同,区块链技术最大的看点在于它的运行机制,通过技术的融合,完成资源的公平配置,搭建激励体系,从而确保社区的目标一致、社群的行为规范。区块链思维过程,同时也是区块链价值的实现过程,这给我们洞察问题、分析与解决问题提供了一种切入点和思考路径。每一种切入点的实现,都对应着区块链的价值表达。

(1)技术架构的最佳配置

区块链技术架构的形式有多种,应该根据自己的业务需求做出思考,运用架构进化的思想,进行不同的调整,选择一个符合实际的最佳配置,构建一个健壮、强大的软件系统,在满足需求的前提下,一般要尽可能降低技术复杂度,规避高能耗的技术方案,提高系统效率,降低系统成本。在业务需求明确的情况下,切入点就是判断区块链技术是否能够给出合适的解决方案;在业务需求不明确的情况下,切入点就是要从区块链技术的业务场景去分析哪些业务需求适合用区块链技术去解决。总之,要转变传统的不断提高设备性能以提高算力的思路,构建分布式设施基础网络平台,从而便捷地实现分布式计算,进一步提高区块链的工作效率。

(2)达成共识的运营效率

共识机制是区块链建立信任的基石,是区块链系统中各个节点达成一致的策略和方法,应该从思维的方式去考虑系统类型及应用场景的不同灵活选取,不同类型的区块链出于不同的考虑会选择不同的共识算法或者采用共识算法的组合。从业务应用场景看,共识算法的实现应该考虑应用环境、性能等诸多要求,根据运行环境和信任分级,达成适用的共识是区块链应用落地应当思考的重要因素之一。所以,一个区块链共识机制设计的思路直接决定了系统的可扩展性、运营效率、运行成本、安全性、稳定性,决定了系统存在的价值。区块链思维的切入点需要达成共识,才能避免业务产品或服务运营过程中的障碍,提高运营效率。

(3) 社群行为的规范契约

规范契约是区块链规定的一种行为规则,社群都按照条款去执行,是用以缔约和履行的工具。社群行为的契约活动应视为其所有人思维和行为的运用,按照预先设置的阈值而采取的普适行动,使区块链网络的不同节点运行的结果一致,从而导致共识达成。区块链的智能合约是以计算机语言而非法律语言记录,不但可以自动实现预先设定好的运作模式,而且当一个预先编好的条件被触发时,智能合约将执行相应的合同条款。区块链思维的切入点必须形成一种社群协作范式,实现社群活动运行规则的自动执行合约。

2. 区块链思维的逻辑视角

区块链利用分布式数据存储、点对点传输、共识机制、加密算法等技术,具备去中心化、去信任、开放性、自治性、信息不可篡改、匿名性等特性。利用这些技术你会从中发现很多创业机会,在构建商业模式时我们同样必须具备区块链思维方式。区块链思维与互联网思维一样,也是从传统商业社会中延伸出来,实现了原有互联网和商业不够重视或无法落地的需求,进而形成了一套商业逻辑。所以我们认为,区块链思维是技术和应用的底层逻辑,只有对区块链有了正确的思维方式,技术和应用才能更好地发挥它应有的效果和价值,也才能判断符合社会习惯和商业原则的应用场景,从而更有效地提供解决方案。对区块链思维进行进一步拆解后可以发现,区块链思维的逻辑有三个:

(1) 分布式思维

分布式其实就是去中介化,本质上的表述是权责利的去中介化,分布式思维就是去除中介人思维。从治理来说,区块链是治理去中心化;从架构来说,区块链是架构去中心化。区块链是分布式网络,其任意节点的权利和义务都是均等的,完全可能通过分布式自治的方式实现去中介化,以建立一种联合的互信生态体系。分布式思维是通过技术、协议、制度形成有效地去中心化的商业逻辑,因此,分布式治理和分布式协作将是区块链的重要组织形态,这种协作方式可以导致个体价值被充分确认和激励,从而使分布式治理机制和分布式协作机制体现明显的效率优势,是决定一个区块链互信生态体系如何基于效率提升思考应用的根本。去中介化、自制、开放、透明是区块链的底层逻辑,同时赋予个体丰富的能力。所以,分布式思维是区块链时代组织、治理和协作的重要思维方式。

(2) 代码化思维

在区块链的场景中,智能合约本质上是一套以业务规则的数字形式定义的承诺,包括合约参与方履行这些承诺的协议。这意味着合约需要将可编语言的业务规则编码写入计算机可执行的代码中,实现了某种算法的代码,以事件或事务的方式,按代码规则自动处理和操作区块链网络中不同节点之间的数据交易,一切都是代码,代码即法律,可以理解为协议代码化,通过代码约束协议执行。在区块链上运行的以计算机代码形式展现的智能合约,通过代码来记账,通过代码来执行协议,通过代码来进行计算,具有承诺、协议、数字形式的要素,实现去中心化。代码化思维追求的是合作的透明度,提高履约率并降低信用风险。

（3）共识性思维

区块链就是以共识为基石来构建的，出发点和落脚点都是共识。区块链思维从共识出发，在数据确权的前提下，通过每个角色的计算能力、自愿交换，在实现分散决策的同时，完成资源的有效配置。只有达成共识才能开启交易、合作与社区，如果共识破裂，链也就可能分叉。而区块链共识的达成更多地通过平等、自愿、公平的方式，这种共识性思维实际上包含了去中心化的自由信仰，给予现实经济更多的指向性。因此，在区块链运行机制下，如果没有共识的思维，那么建立一个共享、共赢的互信体系是不可能的，这说明共识性思维是区块链时代非常重要的思维方式。

3. 区块链思维与大数据思维的关系

区块链的责权分布式思维、协议代码化思维、经济共识性思维都是从原有商业思维中发展出来的，是互联网思维的进一步拓展。大数据思维要求大数据运算升级到代码层面，进而出现代码化思维；为了构建分布式管理平台以实现平台战略，出现分布式思维；共识性思维是用户思维和流量思维的前站。区块链的这三大思维逻辑支撑着去中心化的自由民主思想，推动实体经济数字化、数字资产私有化转变，推动社会组织向分布式社区制转变。大数据思维是理解和组建大数据解决方案的基础，在数据驱动的时代，大数据是一种生产资料，区块链是一种生产关系，而人工智能是一种生产力，当它们相互融合时，可以在这三者上通过深度创造思维将洞见的应用场景进行交合赋能。区块链技术能保证数据可信、可追溯、安全和不可篡改，有助于在保护大数据隐私的情况下实现数据共享，为人工智能建模和应用提供高质量的数据，满足其计算需求。我们要习惯运用区块链思维去提升区块链数据的价值和使用空间，保证大数据分析结果的正确性和数据挖掘的效果，使得应用场景获得前所未有的强信任背书。

第二章 大数据视角下工程造价管理模式的演化

历史仍然在延伸,每个时代都荡涤着污浊,沉积着精华,折射着文明。回顾历史发展的每一个阶段,都有它的核心资源,影响着社会,推动着进步。鉴古知今,每个人在历史的门前都应该回眸远望,在工程造价管理发展和演化的轨迹上凝神静思,无论是留存下来,还是成为废弃印迹,都永恒传达着匠人的精神。不管如何,寻根溯源可以吸取历史的养分,了解工程造价管理运行和演化的轨迹,挖掘其中蕴含着的优秀的造价文化内涵,使我们能在 DT(Date Technology,数据处理技术)时代得到工程造价管理模式变革的启迪。在工程造价管理的历史演进中,工程造价管理模式形成的早期,有关数据驱动的思想始终未能成为工程造价管理经验的总结者或工程造价管理理论的开拓者的一个兴奋点。大数据在工程造价管理中的地位有个认识逐步深化,思想逐步演化的过程。当历史迈入一个 DT 时代,面向未来,应该思考如何将历史造价文化的传统与现代交相辉映,进而进行工程造价管理范式的创造变革。

第一节 工程造价管理的历史演进

工程造价管理是一个动态的过程,是和一定历史时期内的社会生产力与科学技术水平密切相关的,它和工程建设活动过程是同步进行的。在工程造价管理领域里,不同的历史阶段,工程造价管理的水平有所不同,它与所处社会的经济基础、文化环境等因素紧密相连。从历史发展和发展连续性来说,人们对工程造价管理的认识是随着时代的发展、生产力的提高和管理科学理论、科学技术水平的不断进步而逐步建立起来的。这里我们将以历史的视角来了解工程造价管理的演进过程。

一、我国古代工程造价管理的历史

中华民族对工程造价管理有着比较悠久的历史,在我国的封建社会,生产规模狭小、技术水平低下的小作坊生产条件下,工匠们在长期劳动中会积累沉淀某种产品所需要的知识和技能,也获得生产某件产品所需要投入的工效和材料多少的经验。这些存在于工匠们的头脑中的建筑和建筑管理方面的经验,也常运用于每个朝代的规模宏大的土木工程中,再经过官员的归纳、整理,逐步形成了土木工程施工管理和工程造价管理的理论与方法的初始形态。从我国有文字可考的历史来看,在商朝的甲骨文卜辞中,已有"工"这一词,即当时管工匠的官吏；周朝设有掌管营造工作的"司空"；西汉时期出现建筑用砖模数；另据《辑古算经》的记载，唐朝开始应用标准设计，并计算夯筑城台的用工定额，当时称为"功"；公元1103年宋代李诫所著《营造法式》一书共36卷，3555条，包括释名、制度、功限、料例、图样共五部分，其中"功限"就是现在的劳动定额，"料例"就是材料消耗定额，《营造法式》汇集了北宋以前的技术精华，吸收了历史工匠的经验，对控制工料消耗，加强设计监督和施工管理起了很大的作用，对历代建筑技术和经济的发展有重要的影响，并一直沿用到明清。该书是人类采用定额进行工程造价管理最早的明文规定和文字记录之一；元朝曾试用减柱法以节约木材、扩大空间；明朝著有《营造正式》(又名《鲁班经》)，总结了我国古代南方民间建筑的丰富经验，曾在江南民间广泛流传，有很大的影响；公元1734年清朝工部颁布了《工程做法》一书共计74卷，是书记载了京城内各项建筑工程的具体规范，共分木作工料、石作工料、瓦作工料、土作工料、油作工料、画作工料、裱作工料等8类，各项做活标准、做法、计工、用料及物料价格、工价等均予开列说明。这些具体规定统一了宫式建筑的构件模数和用料标准，也是一部主要计算工料的书籍，它的许多内容都说明了工料的计算方法。《工程做法》这本著作体现了中华民族对工程造价管理理论与方法方面所作的历史贡献。这些都表明，由于建筑活动消耗巨大，历代都对如何提高建筑经济效益的问题已经有所重视。如北宋时期丁渭修复皇宫工程中采用的挖沟取土、以沟运料、废料填沟的办法，其中也包括算工、算料方面的方法和经验；又如始作于清乾隆年间、成于道光年间的内府装帧手抄孤本《圆明园匠作则例》，该套书共两函48册，详细介绍了营建圆明园时的成规定律，记录了圆明园的全部修建细则，书中详细记录了营建圆明园所用材料的类别、规格、价值、用工等数据，同时还记录了当时的匠作分类及其相关工艺与制作技术。涉及建筑、园林、工艺、材料、人工经费等内容，涵盖修建圆明园所用之木、石、瓦、土、油、漆、装修、画、裱、佛像、铜锡、珐琅、营房、船只的用料和用工规格，是管家从工匠的几十个工程做法经验中总结出来，形成了一套完整的书。我国在古时，如何把握工程质量和造型、工程管理等，如建筑构造、尺寸的比例关系、土的调料、基础的调料、彩画的做法、瓦的摆放，甚至糊顶棚的规矩，都是以例为则，做了详细的记录，相当于我国传统的建筑方法，一般为工匠师徒相传，可谓古代管理工程和提高效益的范例。这说明了我们伟大的中华民族早在几千年前就已经创立了工程造价管理理论与方法的一些雏形，为人类随后的年代里加深对工程造价管理理论和方法的认识作出了发展的贡献。

二、国外工程造价管理的演化过程

工程造价管理是随着社会生产力、市场经济和现代管理科学的发展而产生发展的。世界上各发达国家都非常重视工程造价管理。英国称工程造价管理为工料测量，早在16世纪至18世纪，随着设计与施工分离形成各自独立的专业，出现了专业人员负责建设工程的工料测量和进行估价。1773年在爱丁堡出现了第一本工料测量规则，于1775年得到法律认可。1868年3月23日成立了英国测量师学会，其中最大的一个分会是工料测量师分会。这一工程造价管理专业协会的创立，标志着现代工程造价管理专业的正式诞生。随之，1878年在英国颁布的《市政房屋管理条例(修正案)》中，测量师地位得到了法律承认，1881年维多利亚女皇准予皇家注册，1921年皇家赐予荣誉，从20世纪的三四十年代，工程造价管理从一般的工程造价确定和简单的工程造价控制的初始阶段,开始向重视投资效益的评估、重视工程项目的经济和财务分析等方向发展,有许多工程造价管理理论和方法在这一时期得以创建和采用,使得工程造价管理得到发展。到了1946年,一个全国性的最高学术团体英国皇家特许测量师学会(RICS)成立。发展到1965年已形成全英统一的工程量标准计量规则和工程造价体系,使工程造价管理形成了一个科学化、规范化的颇有影响力的独立专业。

1951年,澳大利亚工料测量师协会(AIQS)也宣告正式成立。1956年,美国成立了"美国造价工程师协会"(AACE)。1959年,加拿大也宣告正式成立工料测量师协会(CIQS)。在这一时期前后,其他一些发达国家的工程造价管理协会也相继成立。成立的这些工程造价管理协会积极组织本协会的专业人员,对工程造价管理中的工程造价确定和控制、工程风险造价的管理等许多方面的理论和方法展开了全面研究。同时,这些协会还与一些大专院校和专业研究团体合作,深入地进行工程造价管理理论体系与方法论方面的研究。在创立了工程造价管理理论与方法体系的基础上,发达国家的一些大专院校相继建立了相应的工程造价管理专业教育,开始全面培养工程造价管理方面的专门人才。这使得在20世纪五六十年代,工程造价管理从理论与方法的研究,到专业人才的培养和管理实践推广等各方面都有很大的发展,我们把它称为传统工程造价管理的理论和技术方法。

从20世纪七八十年代起,各国的造价师工程协会先后开始了自己的造价工程师执业资格的认证工作,纷纷推出了自己的造价工程师或工料测量师资质认证所必须完成的专业课程教育以及实践经验和培训的基本要求。各国的工程造价管理协会和学术机构先后开始了对于建设工程造价管理新模式和新方法的探索工作。这些对于工程造价管理学科的发展起了很大的推动作用。与此同时,美国国防部、能源部等政府部门也开始提出了"工程项目造价与工期控制系统的规范",这一规范经过反复修订而成为现在最新的挣值管理的技术方法,这是一种造价和工期集成管理的理论与方法。英国政府在这一时期也制定了类似的规范和标准。1976年由美国的造价工程师协会、英国的造价工程师协会、荷兰的造价工程师协会以及墨西哥的经济、财务与造价工程学会发起成立国际造价工程联合会(ICEC)。这一联合会成立后,在联合全世界的造价工程师及其协会、工料测量师及其协会和项目经理及其协会三方面的专业人员和专业协会方面,在推进工程造价管理理论与方法的研究和实践方面都做了大量工作,提高了人类对工程造价管理理论、方法和实践的全面认识。20世纪七八十年代的这些变化,使得这一时期在工程造价管理的各个方面得到了全面发展。所以20世纪80年代被认为是建设工程造价管理进入现代阶段的起点。

经过了多年的努力,到20世纪80年代末和90年代初,人们对工程造价管理理论与实践的研究进入了综合与集成的阶段。各国纷纷在改进现有工程造价确定与控制理论和方法的基础上,借助其他管理领域在理论与方法上最新的发展,开始了对工程造价管理进行更为深入而全面的研究。在这一时期中,以英国工程造价管理学界为主,提出了"全生命周期造价管理"的工程项目投资评估与造价管理的理论与方法。英国皇家特许测量师协会为促进这一先进的工程造价管理的理论与方法的研究、完善和提高而付出了很大的努力。90年代初,以美国工程造价管理学界为主,推出了"全面造价管理"这一涉及工程项目战略资产管理、工程项目造价管理的概念和理论。1991年曾任AACE会长的理查德·威斯特尼在

AACE西雅图年会上代表协会提出全面工程造价管理(TCM)的新思想。美国造价工程师协会为推动自身发展和工程造价管理理论与时间的进步，在这一方面开展了一系列的研究和探讨，在工程造价管理领域全面造价管理理论与方法的创立与发展上作出了巨大的努力。还于1992年更名为"国际全面造价管理促进协会"，1993年应国会议员John Gorenment要求，AACE专门成立了协会的政府联络委员会，AACE于1994年举行了把全面工程造价管理运用于政府工作的专题会议，使全面工程造价管理参与了政府部门的管理咨询和决策论证工作。如：审查评估美国商业部的《高级民用技术发展规划》，审查评估美国农业委员会的《南方农业发展纲要》议案，审查评估《1993年减少环境风险条例》，审查美国政府行动委员会下属立法与国家安全委员会的《1993年价值工程系统应用法令》等。副总统办公室还要求AACE为如何降低政府费用、改进政府工作等方面提供咨询。由此可见，全面工程造价管理不局限于基本建设领域，而是跨越于各行业的管理与决策工作，其研究内容和范围十分广泛，使工程造价管理学科具有很强的生命力和广阔的发展前景。

但是，自20世纪90年代初提出工程项目全面造价管理的概念后，全世界对于全面造价管理的研究仍然处在有关概念和原理的研究上。在1998年6月于美国新新纳提举行的国际全面造价管理促进协会1998年度的学术学会上，国际全面造价管理促进协会仍然把这次会议的主题定为"全面造价管理——21世纪的工程造价管理技术"。这一主题一方面告诉我们，全面造价管理的理论和技术方法是面向未来的，另一方面也告诉我们全面造价管理的理论和方法至今尚未成熟，但是它是21世纪的工程造价管理的主流方法。在这一年会的整个会议期间，与会各国工程造价管理界的专业人士所发表的学术论文，多数也仍然是处于对全面造价管理基本概念的定义和全面造价管理范畴的界定方面。因此，可以说90年代是工程造价管理步入全面造价管理的阶段。随着时间的脚步慢慢移到了21世纪，新技术不断发展和演进，AACE每次年会都吸引了全球许多个国家的专业人士参会，大会组织来自全球各地的专业人士对改进项目管理、计划以及更有效的商业实践技术等内容进行探讨。会议组织方还专门开设了专业会议分会场，就专业领域问题进行研究探讨，还组织了充满活力和创新的展览，展示了行业的最新科技成果，同时还创造了很多机会让同行们在全面造价管理方面进行充分的交流和沟通。从工程造价管理专业领域进行研究探讨的内容来看，主要有项目管理、建筑信息模型(BIM)、索赔和争议解决、策划和进度计划、成本和进度控制、概预算、挣值管理、决策和风险管理、成本工程技能和知识、全面造价管理(TCM)、专业发展、信息技术或信息模型在项目成本管理中的应用等。这说明在全面造价管理的过程中注意到了工程造价相关的技术问题、管理方法及信息技术或信息模型对未来的发展。

从1976年成立国际造价工程联合会(ICEC)到2018年止，已召开了11届世界大会，在推进国际工程造价管理活动和发展的协调组织，为各国工程造价管理协会的利益而促进相互间的合作上，已经取得了很大的进展。从每届世界大会的主题可以看出都是围绕全面造价管理方面进行充分的研究和交流，以及一致认为应正视新技术对工程造价行业带来的影响和冲击，主动适应新技术变革，拓展从业人员的知识结构，更好地服务工程造价行业发展，持续提升国际工程造价咨询创新技术的应用、标准化水平的提升、高质量的发展，同时应促进工程造价科学领域的信息交流与传播。如第7届世界大会的主题是"工程造价管理的不断创新与可持续发展",第 9 届世界大会的主题是"重建工程的全面造价管理"以及第 11 届世界大会的主题是"从起步到繁荣——动态变化的建筑环境"。目前 ICEC 共有四个区域性分会,第一区域包括南、北美洲;第二区域包括欧洲和中东;第三区域是非洲;第四区域覆盖整个亚太地区。这样,ICEC 除了每两年一次的全体代表大会外,还有定期举行的区域性会议。ICEC 能够从造价工程的当前和未来需要出发,在教育、培训、认证、术语、协会或学会以及其他方面做些工作。作为一个真正的世界性组织,能够就大家关心的问题按统一的基调发表意见,并能肩负使命,带领造价工程以一个名副其实、颇具效力的专业形象进入 21 世纪。

亚太区工料测量师协会(PAQS)是国际造价工程联合会(ICEC)的区域性分会,截至 2019 年已召开了 23 届年会及国际专业峰会。它是推进亚太地区工料测量和工程造价专业发展的重要力量,其目的是加强 PAQS 会员组织内部的经常性对话与交流;鼓励地区内工料测量与工程造价专业的横向合作;深入研究和探讨亚太地区工料测量与工程造价的实践活动,为各会员组织提供专业领域的支持与协助;通过区域内各专业组织之间有关科研、教育及专业标准制定的合作,进一步推动区域内工料测量与工程造价的专业发展。

三、我国工程造价管理体制发展过程

我国在改革开放之前 30 年,长期实行计划经济,基本建设领域也不例外,工程造价管理实行从苏联引进并消化吸收的基本建设概预算定额管理制度,概预算编制的依据是"量价合一"的概算、预算定额。1957 年颁布了一系列有关管理规定,建立健全了概预算工作制度,确定了概预算在基本建设工作中的地位,对概预算的编制原则、内容、方法和审批、修正方法和程序等作了规定,确立对概预算编制依据实行集中管理为主的分级管理原则,先后成立了标准定额局(处)和各地分支定额管理机构,这与高度集中的计划经济是相适用的,曾对确定和控制工程造价,起了一定的奠定基础作用。与早期国外的建筑师主导模式相似,我国工程建设领域也是技术主导的模式,概预算人员只能消极、被动地反映设计成果的经济价值。1966 年至 1976 年,基本建设概预算定额管理制度遭到严重破坏,概预算和定额管理机构被撤销,大量基础资料被销毁。1973 年编制了《关于基本建设概算管理办法》,但没有办法实行。改革开放后,随着国家经济中心的转移,日益强调投资效益,为恢复与重建工程造价管理制度提供了良好条件。1983 年 8 月成立基本建设标准定额局,组织制定工程概预算定额、费用标准及工作制度。概预算定额统一归口,1988 年划归建设部,成立标准定额司,各省市、各部委建立了定额管理站,全国颁布一系列推动概预算管理和定额管理发展的文件,并多次修订、公布了预算定额、概算定额、估算指标。尤其是在 20 世纪 80 年代后期,基本建设体制发生重大变化,投资渠道多元化;投资主体多元化;投资方式多样化;资金来源分散化;投资决策分权化;设计、施工单位经营自主化以及建设实施与产品销售市场化等。同时,1985 年成立了中国工程建设概预算定额委员会,1990 年在此基础上成立了中国建设工程造价管理协会,使得全过程工程造价管理概念逐渐为广大工程造价管理人员所接受,对推动建筑业改革起到了促进作用。进入 90 年代以后,随着经济体制改革的深入和市场经济体制的建立,我国的工程造价管理改革面临着很多方面的机遇和挑战,许多工程造价管理研究者和

工作者进行了大胆的探索，先后提出了全过程、全方位进行工程造价控制和动态管理，即"合理确定，有效控制"、"量价"分离、"控制量，指导价，竞争费"的概念。随后，国家改变对定额管理的方式，实行了人工、材料、机械等消耗量水平的控制，对价格实行动态管理和信息指导，调整费用定额项目划分，以利于企业内部经营机制的转换和对外开展竞争。与此同时，提出制定全国统一的基础定额，做到"三统一"，即统一定额项目划分、统一计量单位、统一工程量计算规则，向国际惯例靠拢，有利于建立国内统一的建设市场和适应对外开放。由于市场经济的不断发展，工程管理基本制度的确立，工程索赔、工程项目可行性研究、项目融资等一批新业务的出现，客观上需要同时具备工程计量与计价、通晓经济法与工程造价管理的一批人才协助业主在投资等经济领域进行项目管理；同时为了应付国际经济一体化，以及我国加入WTO后面临国外建筑业进入我国的竞争压力，也必须要求具有一批高层次的人才通晓国际惯例。在这种形势下，通过认真准备和组织论证，我国于1996年公布了工程造价师考试大纲以及相应的准入制度规定等文件，建立了既有我国特点，又向国际惯例靠拢的注册工程造价师制度，对学科的建设与发展起了重要作用，标志着工程造价已经发展成为一个独立的、完整的学科体系。从1997年至其后一段时间，我国的工程造价管理改革进一步深化，基本思路一是区别政府投资和非政府投资工程，采取不同的管理方式。对于政府投资工程，应以建设行政主管部门发布的指导性的消耗量标准为依据，按市场价格编制标底，并以此为基础，实行在合理幅度内确定中标价的定价方式。非政府投资的工程，承发包双方在遵守国家有关法律、法规规定的基础上，由双方在合同中确定。二是积极推进适合社会主义市场经济体制、建立适应国际市场竞争的工程计价依据，制定统一项目划分、计量单位、工程量计算规则；在制度上明确推行工程量清单报价，并尽快制定适应工程量清单报价的有关计价办法。逐步建立起国家宏观调控，企业法人对建设项目的全过程负责，强化建筑企业经营管理和成本管理，充分发挥协会和中介组织作用的中国特色的工程造价管理体制，即"宏观调控，市场竞争，合同定价，依法结算"。近年来，相继颁布了《价格法》《建筑法》《合同法》《招标投标法》等一系列法律、法规，为进一步深化工程造价管理改革提供了法律依据，并且提出了许多新的课题；我国加入世界贸易组织（WTO）后，将会提高工程造价管理的总体水平，与国际惯例接轨，加快工程造价管理市场化进程。工程造价管理改革的另一目标是规范工程造价咨询市场，建立工程造价咨询专业责任制度和已有的工程造价师签字制度。2000年相继出台了《工程造价咨询单位资质管理办法》和《工程造价师注册管理办法》，这些规章实际上已说明了工程造价管理的特殊性。随着建设市场发展并逐步完善，工程造价管理体制改革的最终目标是通过市场竞争形成工程价格，以法律、法规、标准、规则、计价定额、价格信息等计价依据规范各方的行为、调整各自利益。从2003年颁布的国家标准《建设工程工程量清单计价规范》到2013年《建设工程工程量清单计价规范》的出台，标志着工程造价管理体制进一步完善，适应了建设市场的发展，建立了统一市场计价规则，提升了工程计价依据市场化服务水平，多元化工程造价信息服务方式，健全全过程的工程造价监督管理体系，推动了工程造价生态环境整体发展。

四、我国工程计价方式的演化

工程计价是工程造价管理的重要组成部分。从历史的角度分析,我国工程计价方式的演变和发展,经历了两种模式:传统的定额计价模式和目前所使用的工程量清单计价模式。从定额计价模式到工程量清单计价模式持续改进的过程中,经历了三个关键阶段。

第一阶段(1949—1985年)

这一阶段属于计划经济阶段,实行的是政府定价,属于定额计价模式,国家是这一计价方式的决策主体,计价依据使用国家有关部门规定的计价指标和定额标准进行工程计价。

第二阶段(1986—2002年)

这一阶段属于双轨制改革阶段,实行的是政府指导价,本质上仍属于定额计价模式,国家提出了生产资料价格的双轨制,打破了统一价格的供给模式,传统的建筑产品价格形成机制和表现形式不再适应经济体制改革的要求,暴露了计价依据的缺陷,为适应建设市场的需要,改进计价依据不合理的地方,要素价格不再完全统一,提出了实行"量价分离"和"统一量、指导价、竞争费"的计价原则,其目的是使建筑产品价格的计算结果尽量符合市场实际,与这一时期相适应的计价模式被越来越多的各个工程参与方所接受,并平衡了工程参与各方的利益。

第三阶段(2003年至今)

这一阶段属于有计划的市场经济阶段,实行的是市场调节价为主,属于工程量清单计价模式,标志着建筑产品价格从政府指导价向政府宏观指导下,实现充分的市场竞争,建设市场要素价格基本放开过渡,打破了仅依据定额计价模式来计价的政府指导价属性。实行工程量清单计价,以法律、法规、标准、规则、计价定额、价格信息等计价依据规范各个工程参与方行为和市场秩序,使建筑产品价格实现了市场调节价。在这一阶段,在工程造价管理全过程活动中,并存着不同的计价方式与方法的选择,投资决策和设计阶段,沿用定额计价方式;交易、施工和结算阶段实行工程量清单计价方式,要素价格自主确定。

因此,在不同时期、不同条件下,工程计价方式和方法随着社会经济发展的新常态、科学技术的进步、工程造价监督管理体系的完善和工程计价依据营造的环境,将会不断改变和完善,也会发生着深刻的变革。

第二节 工程造价管理模式与工程造价管理体系

工程造价管理模式的认识是随着时代的发展,社会的进步和管理科学的不断拓展而逐渐演化和展开的。从20世纪80年代开始,工程造价管理的理论和方法进入了综合与集成的现代项目管理阶段,由此导致了在这一阶段产生了三种主要的工程造价管理模式,即全生命周期工程造价管理模式、全过程工程造价管理模式和全面工程造价管理模式。而工程造价管理模式的采纳适用,关键是建立一个健全和完善的工程造价管理体系。从历史的演化进程来看,工程造价管理体系有一个形成和发展的过程。工程造价管理体系的建立和完善是建设市场不断深化发展的结果,是适应经济发展新常态的工程造价机制,为工程造价管理模式的运行创造基础条件,促进了工程造价资源的优化配置,实现全面工程造价生态环境的演进。

一、工程造价管理模式

按照历史制度变迁的视角分析,工程造价管理模式的选择不是某些人所能决定的,它与各国的适用性和具体所处的社会经济基础、建设市场的发育、政治文化环境等因素紧密相连的,在不同时代背景、不同管理制度和不同经济状态下工程造价管理模式也各不相同。下面对三种不同的工程造价管理模式进行分析。

1. 全生命周期工程造价管理模式

全生命周期工程造价管理是一种符合项目整个全生命周期内的工程造价管理方式,实现建设期、运营期和拆除期等阶段总费用最小化的方法。全生命周期工程造价管理模式的核心思想是通过综合考虑项目全生命周期中以最小的造价争取实现项目价值的最大化。全生命周期工程造价管理特点主要包括:一是工程造价管理的时域,即贯穿了决策及项目可行性研究阶段、设计阶段、交易阶段、施工阶段、运营及维护阶段和拆除或更新阶段,与项目的整个生命周期密切相关;二是工程造价管理目标,即实现全生命周期总成本的最小化;三是工程造价管理的内容,即全生命周期成本分析和全生命周期成本管理。

全生命周期工程造价管理不仅要考虑项目的建设期工程造价,而且还要考虑未来的运营及维护期工程造价,自项目投资决策开始,就把建设工程造价与未来的运营及维护费用一次性加以综合考虑,使它们的成本达到最佳的平衡。它的主要优势通过全生命周期工程造价管理的实际发展场景,充分考虑了项目成本最小化原则,为项目投资决策的确定提供了重要的参考依据;增强了项目施工材料选择的合理性,在保证项目施工质量的前提下加大了全生命周期内项目成本最小化目标实现的概率;可以对项目施工组织设计方案做出科学评价,有利于完善施工方案,确保施工计划的顺利实施。

通过分析可知全生命周期工程造价管理模式的适用性为:

(1)在项目投资决策阶段的一种分析工具

在项目投资决策阶段的工程造价管理中,需要全面性地考虑全生命周期理念,重视社会成本对工程造价的影响,充分考虑建造和运营维护的造价,通过全面统筹加强项目成本的控制和管理,实现更为科学合理地选择决策备选方案的一种数学方法。

(2)在项目设计阶段的一种指导思想

在项目设计阶段的工程造价管理中,加强对全生命周期理念的理解,提高设计阶段工程管理质量的同时,指导设计方案进行优选,全面考虑建设项目成本和价值最大化,使设计方案在项目全生命周期内达到最优。它是通过计算项目整个服务期的所有成本,帮助设计者提升项目的价值,以确定设计方案的一种技术方法。

总之,全生命周期工程造价管理模式的核心思想是统筹考虑项目建设与运营这两个方面的成本并帮助相关人员提升项目的价值,在项目全生命周期中进行成本管理的审计跟踪。所以这种工程造价管理的模式主要是一种分析与指导项目投资决策和项目设计的方法,它的适用性的主要优势是通过科学的计划和设计,综合考虑项目全生命周期的各种因素,使总成本得到优化。

2. 全过程工程造价管理模式

全过程工程造价管理模式是一种按照基于活动和过程进行合理确定与有效控制项目全过程工程造价的方法。它是依据建设阶段进行多次计价,从整个计价过程来看,投资决策阶段编制投资估算、设计阶段编制概算和施工图预算、交易阶段确定承包合同价、合同实施阶段编制竣工结算价和竣工决算阶段编制竣工决算,这个过程是从粗到细、由浅入深,最后确定工程实际造价。全过程工程造价管理模式的核心思想是一套基于活动过程的项目造价确定和控制。全过程工程造价管理特点主要包括:一是工程造价管理的时域,即贯穿了投资决策阶段、设计阶段、交易阶段、施工阶段、竣工结算阶段,与项目整个建设期的过程密切相关;二是工程造价管理目标,即实现全过程工程造价的合理确定和有效控制;三是工程造价管理的内容,即基于活动过程的成本核算原理开展项目造价确定的方法,按照基于活动的管理原理开展项目造价的过程控制方法。

全过程工程造价管理模式不仅要考虑基于活动的造价确定方法,而且还要考虑基于过程的造价控制方法。基于活动的造价确定方法的作用是分析和确定项目每个阶段具体活动的造价,这些不同阶段的项目造价确定方法都需要通过一系列基本活动的合理性分析方法,然后根据不同阶段分析确定基本活动所占用和消耗的资源并收集与确定各种资源的市场要素价格信息,最终依据其基本原理去确定项目的工程造价。而基于过程的造价控制方法则是按照基于具体活动的管理方法去开展项目造价的动态控制,以降低和消除项目的资源浪费与低效活动,注重从项目活动过程的不断完善及持续改进的动态方法进行循环控制,从而减少资源消耗与占用,最终实现对项目造价的全面控制。

通过分析可知全过程工程造价管理模式的适用性为:

(1)基于活动和过程的方法去确定和控制项目的造价

全过程工程造价管理主要包括项目投资筹划开始到项目实施结束为止,适用使用基于活动和过程的方法来确定和控制项目造价。全过程工程造价管理在各项具体活动的造价构成上,必须按照项目的过程与活动的组成与分解的规律去实现全过程工程造价管理,强调建设前期对工程造价的事前分析与确定,注重建设实施阶段对工程造价的事中控制与反馈管理,同时将全要素工程造价管理贯穿于全过程之中,解决项目建设过程中纵、横向信息不对称等问题,使各阶段工程造价管理的结果相互之间有紧密的联系,从而节约交易费用。

(2)注重项目全过程中各项具体活动的成本确定与控制

全过程工程造价管理适用对影响工程造价的各种因素进行全面的动态分析、评价与控制,由于各阶段的工程造价管理都基于一系列的具体活动过程与作业活动而形成,不同项目会有不同的活动内容、不同的活动数量、不同的活动方法,这些覆盖与造价有关的各方面因素的不同是造成项目资源占用与消耗有很大的差别的原因,所以只有采用不同的作业方法和技术去开展必要的具体活动或作业管理,才能实现合理确定和有效控制工程造价。

总之,全过程工程造价管理模式的核心思想是一套基于活动的方法做好工程造价的确定和控制。这种管理模式适用于使用基于活动的造价确定方法,它将一个项目的全部工作分解成一系列的具体活动,然后分别确定出每项活动消耗或占用的资源,最终根据这些资源及其价格信息确定出一个项目全过程的造价。同时也适用于使用基于过程的造价控制方法,它强调项目造价控制必须从项目活动内容、数量和方法的控制入手,通过削减不必要的项目活动和改进低效的活动方法去减少资源消耗,进而实现对工程造价的全面控制和最小化控制。

3. 全面工程造价管理模式

全面工程造价管理模式是一种按照整个管理过程中以造价工程和造价管理的原理,使用专业知识和最新技术与工程经验和判断相结合,采用全面的方法对项目投入的全部资源进行全生命周期的造价管理。它主要依据工程造价管理的客观规律和现实需求,对造价或成本进行全面的过程管理。由于工程造价的确定依据和影响工程造价的因素,均处于动态变化的场景之中,往往与实际情况发生偏差。所以必须运用全面集成管理的思想和方法,注重依据信息实时掌握影响工程造价各种要素的变化,并对此作出相应的响应予以调控。全面工程造价管理模式的核心思想是一套随着项目生命周期实施过程中对目标的动态变化,采取相应措施,使项目在进展过程中的工程造价不断得到优化。全面工程造价管理特点主要包括:一是工程造价管理的时域,即贯穿了项目整个生命周期,与项目整个建设期和运营维护的过程密切相关;二是工程造价管理目标,即实现项目工程造价的合理控制和资源的合理利用以及实现项目相关利益主体的工程造价管理利益最大化;三是工程造价管理的内容,即全生命周期工程造价管理、全过程工程造价管理、全要素工程造价管理、全方位工程造价管理和全风险工程造价管理。可有机地构成一个整体进行全面集成管理,共同构造一套全面工程造价管理方法的整体解决方案,有利于实现全面工程造价管理的服务计算目标。

全面工程造价管理是由许多前后接续的阶段和驱动各种各样具体活动过程及各种资源管理构成的,每项活动过程都受到造价、工期、质量、HSE(Health、Safety、Environment)的影响,在项目与业务工作流程获得的过程中有较大的风险性和不确定性,整个工程造价的过程管理由多个不同的利益主体共同合作完成,它提供了一个多功能的独特管理技术。因此,全面工程造价管理模式首先需要全面考虑建设期和运营维护期的两种成本,必须融合多方面的经验、技术和知识,才能满足项目的动态变化以及更好地描述工程造价管理专业范畴实际需要的具体技术方法。随着数字化时代的出现和发展,基于项目全生命期一体化管理的全面工程造价管理服务体系,需要一个有效的整合过程技术对这样的服务体系提供支持,才能使全面工程造价管理的价值最大化。

通过分析可知全面工程造价管理模式的适用性为:
(1)可完善项目建设前期的一种事前管理工具

可用来对整个项目的建设前期制订出详细的实施计划,在评价、分析和设计建设项目时要考虑项目建造和运营维护这两种成本,明确工程造价管理的监控方案。实行全面工程造价管理的目的就是降低项目的投资,因此,全面工程造价管理模式适用于投资决策阶段和设计阶段在项目决策、项目方案的具体选择以及设计方案的优化方面完整具体、覆盖全面的工程造价控制,编制的实施计划能渗透到项目的全生命周期,做到降低成本实现既定的造价目标。

(2)可用来分析、评价、确定和控制项目的工程造价。

适用于在项目工程造价管理中全面考虑各种要素的影响,依照工程造价管理的活动规律和过程控制的要求来进行分析、确定和控制工程造价。可对确定性和不确定性的工程造价全面集成管理,实时地掌握工程造价各影响因素的变化,并及时做出反应,使每个活动过程的结果都能接受评价。因此,全面工程造价管理模式适用于有效的多功能及多技能整合对工程造价管理的活动规律和过程控制提供支持,随着时间或各阶段推移产生的动态变化,可持续不断地改进确定性、不确定性和风险性的工程造价,并对实际情况发生的偏差,作出相应的响应予以调控,使项目在进展过程中的工程造价不断得到优化。

二、工程造价管理体系

工程造价管理存在的最基本前提,是要满足建设项目存在对它提出的一个最基本需求,这就是说工程造价管理要保证建设项目处在活动的动态变化过程中,对各种要素及其关系具有协调力。而这个协调力的实现必须通过各种必要的手段,建立建设市场运行的一般准则,规范各类建设市场的运行,约束工程造价管理主体的行为,保证建设市场运行的有序化,所以必须建立一个健全和完善的工程造价管理体系。从上面阐述的工程造价管理的演化过程来看,工程造价管理体系有一个形成和发展的过程,与当时所处的背景是相适应的。在进入数据驱动的 DT 时代,我们应当追求一种新的思维模式,才能从工程造价业务生态体系到技术生态体系,从工程造价知识学习到工程造价实践,从工程造价管理治理到工程造价管理应用,洞察工程造价管理体系的全景视图。

1. 体系基本概念

《辞海》对体系的解释为:"体系是指若干有关事物互相联系、互相制约而构成的一个整体。"抽象地说,就是一个系统,一个整体,有一定的完整性、独特性和自主性。显然,这个体系是由若干个部分组合而成的,是以某种秩序、相互依赖、相互关联的链接在一起,因此这若干个部分都在系统中处于特定的位置,因而它们之间和整个系统都有某种确定的关系。例如,一栋房子,它是由许多部分组成的,有基础、墙、门、窗、柱、梁、板、房间、阳台以及各种装饰和设备等。然而这些部分的组成,不是随意地堆砌起来的,而是经过仔细的设计,按照一定的规范和顺序有秩序有结构有组织地建筑起来,不能随便打乱而是以某种秩序、相互依赖、相互关联的构成一个整体,它遵循建造房子的自然法则。这样我们可以把这栋房子看着一个体系或系统,一个建筑体系,其自身由多个自主的、嵌入的系统构成,这些自主的、嵌入的系统在技术、环境、地理区域、运作方式以及概念框架方面是不同的。

综上所述,体系是相互协作的系统的集成,这些组成系统中在协同交互过程中实现信息的交换与共享,并具备两个层次的附加特性界定:一是体系运作层面的自主性特征;二是体系组成系统管理层面的自主性特征。

2. 工程造价管理体系的理解

工程造价管理体系就是在工程造价管理范围内或同类的事物按照一定的秩序和内在相

互联系组合而成的一个整体。这个工程造价管理体系贯穿于建设项目全过程，要求各相关组织或人员依据职责分工完成各自的工程造价管理任务的同时，彼此之间进行协同工作，实现对建设项目全要素造价的集成管理和监控。工程造价管理体系是体系的重要组成部分，它与其他体系相比具有独特性，在建设项目的运作过程中，如果去掉组成工程造价管理体系的任何一个系统将会在很大程度上影响体系整体的效能或能力。在数据驱动的DT时代，建设项目运作的相关人员经常面临着众多的数据，活动过程频繁交互与关联，全过程和全方位表现出的涌现效应的问题处理显得较为棘手，这就需要从解决建设项目运作问题的角度来对工程造价管理体系进行认识、分析和理解体系涌现模式的演化特征。为此，我们给出了工程造价管理体系的特性：

(1) 集合性

集合就是将具有某种属性的一些对象看作一个全体，由多个自主的、嵌入的对象构成。而形成的工程造价管理体系来源于多个自主的、嵌入的对象并体现有特定功能的有机整体，是工程造价管理活动的必然产物。从系统的观点来看，工程造价管理体系是由两个以上的可以相互区别的子系统结合而成的，这些子系统有机地聚集起来形成建设项目运作的相关工程造价管理的综合体，随着工程造价行业的发展，工程造价管理体系的集合性日益明显，任何一个孤立的子系统很难在工程造价管理活动的过程中独自发挥效应。

(2) 目的性

由人所建造的工程造价管理体系总有一定的整体目的性，是为使在工程造价管理活动的过程中具备一定的功能而进行的组合，是原来各组成部分不具备或不完全具备的，只是在体系形成后才表现出来而具备的。从这个层面上讲，工程造价管理体系内各个子系统都是为了一个共同的目的形成的，而非各子系统功能的简单叠加。建造工程造价管理体系的目的是规范工程造价管理活动，使该行业规范有序、持续发展，以发挥最大的效用。

(3) 涌现性

工程造价管理体系的整体性与涌现性是交织在一起的，只有在体系形成整体后才涌现出来，它是各个子系统所形成的一种特定的功能模式，在功能的执行以实现其建设项目的工程造价管理目标过程中所表现出的行为是其各子系统所不具备或不能表现出的行为，就是说涌现特性的各类特征完全不同于组成子系统的各类特征，这些行为是整个工程造价管理体系的涌现特性，是一种质变。因此，工程造价管理体系的涌现行为是体系的基本特征和构建体系的主要目标。

(4) 独立性

工程造价管理体系被分解为各个子系统，其各个子系统能够独立有效运作，也可在构建形成体系过程中各个子系统能被独立获取，而工程造价管理体系仍然保持持续运作的状态。

(5) 关联性

工程造价管理体系所组成的若干系统是按照一定的方式、一定关系组合起来的，各个子系统存在着内在联系，它们之间的关联不是决定与被决定的关系，而是相互依赖、相互制约、互相补充、互相协调的关系。这里所说的工程造价管理体系各个子系统之间的关联性只是从某种性质方面来确定。

(6)环境适应性

任何体系都存在于一定环境中,工程造价管理体系也是在一定的环境作用下产生和发展的,在构建工程造价管理体系时,要区分哪些是体系内部环境要素,哪些是外部环境要素,需要从更高的层次和更宏观的视角来认识,才能得出体系的边界。工程造价管理体系和外部环境要素的关联决定了体系如何适应环境,由于工程造价管理体系依赖其外部环境一般是整体性的和全面性的,所以必须适应外部环境及其变化,才能作出迅速有效的反应。各种外部环境要素的变化,会对工程造价管理体系的目标、过程、方法的构建产生一定的影响,因此体系的建设应与外部环境相互调适而实现有效配合,能够形成统一的对所处环境的适应,将会减少各种矛盾的冲突,实现工程造价管理体系目标的平衡问题,使自身的能力得到发挥,使工程造价管理体系在所处环境中得到改善。

3. 工程造价管理体系的内容

工程造价管理是一个系统工程,具有整体性、全过程、全方位、动态性等性质特征。它是以建设项目为对象,以建设项目的造价确定和控制为主要内容,涉及建设项目的技术与经济活动以及经营与管理工作的一个独特的管理行业。工程造价管理既涵盖宏观层次的建设项目投资管理,又涵盖微观层次的建设项目成本或费用管理。根据我国现阶段工程造价管理活动过程的特点,工程造价管理体系的内容包括工程造价管理的相关法律法规、管理标准、计价定额和计价信息等。[①] 工程造价管理体系总体框架,如图 2-1 所示。

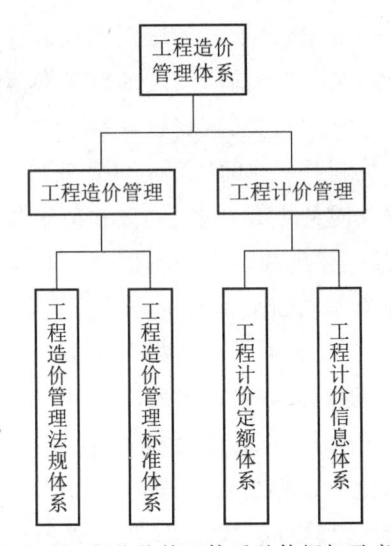

图 2-1 工程造价管理体系总体框架示意图

工程造价管理体系由工程造价管理和工程计价管理两个方面组成,其中工程造价管理包括工程造价管理法规体系与工程造价管理标准体系;工程计价管理包括工程计价定额体系与工程计价信息体系。工程造价管理法规体系主要包括工程造价管理的法律、法规和规范性文件;工程造价管理标准体系主要包括统一工程造价管理基本术语和费用构成等的基础标准、规

---

① 中国建设工程造价管理协会、吴佐民:《中国工程造价管理体系研究报告》,中国建筑工业出版社,2014年版,第72页。

范工程造价管理与项目划分和计算规则等管理规范、规范各类工程造价成果文件编制的操作规程、规范工程造价咨询质量和档案的质量标准、规范工程造价指数发布和信息交换等的信息标准;工程计价定额体系依据建设工程的阶段不同,纵向划分为估算指标、概算定额和预算定额,按照建设项目的性质不同又分为全国统一的房屋建筑及市政工程、通用安装工程计价定额,此外还包括铁路、公路、冶金、建材、水利、港口、机场等各专业工程计价定额,地方的建筑工程、装饰工程、市政工程、园林绿化工程等计价定额;工程计价信息体系包括建设工程造价指数和建设工程人工、设备、材料、施工机械价格信息和建设工程综合指标信息。

一个完整的工程造价管理体系不仅包括上述的工程造价管理法规体系、工程造价管理标准体系、工程计价定额体系和工程计价信息体系,还应囊括工程造价管理组织体系和工程造价文化体系。在这个体系中,其功能的执行是实现建设项目合理确定和有效控制的工程造价目标过程中所表现出的持续行为运作,这些涌现行为是以工程造价管理法规体系为依据,以工程造价管理标准体系与工程计价定额体系为核心内容,以工程计价信息体系为服务手段,融合了工程造价管理组织体系和背景环境所关注的因素以及这些因素在体系中可能表现出不同的行为实体,同时还需要工程造价文化体系贯穿于活动过程中。

4. 数据驱动的全面工程造价管理体系

大数据技术的应用场景在于它使科学从过去的假设驱动型转化为数据驱动型。基于建设项目全生命期一体化管理的全面工程造价管理体系,需要数据提供全方位、全过程服务,精准量化整合过程技术与方法的需求,为这样的全面工程造价管理体系提供支持和指导运行过程,才能使全面工程造价管理在许多前后接续的阶段和驱动各种各样具体活动过程及各种资源管理中运用具体的技术与方法,实现建设项目工程造价的合理控制和资源合理利用的价值以及实现建设项目相关利益主体的工程造价管理利益最大化。一个数据驱动的全面工程造价管理体系会以一种及时的方式获取、处理和使用各种各样的工程造价数据来洞见建设项目的工程造价问题,并创建解决工程造价问题的方案。针对全面工程造价管理的综合概念,从内容看,建设全面工程造价管理体系融合了建设工程全生命期、全过程、全要素、全方位造价管理的内涵,其中,全生命期管理为根本的指导思想,渗透于全过程、全要素、全方位造价管理的各个方面。[①] 随着大数据技术的发展,数据驱动为全面工程造价管理广泛应用提供了与传统不一样的应用模式,它的理念和实践将是建设项目进行全面工程造价管理的继承和发展。数据驱动的全面工程造价管理体系以工程造价数据融合支撑平台为基础,在数据驱动的全面工程造价管理形成过程中实现建设项目需求的全面工程造价管理洞察,建设项目模式的工程造价服务计算推荐,通过全方位的各方管理主体融合联盟的互动沟通,汇聚造价能力,实现建设项目工程造价的合理确定和有效控制以及资源的合理利用,从而实现建设项目相关利益主体各自的工程造价管理目标。工程造价行业已经越来越意识到数据驱动对全面工程造价管理的重要性,在加强和贯彻建设项目全生命期过程中的全要素、全风险、全方位的工程造价管理,必须结合不同层次的应用场景和对应技术解决方案,整合

---

① 刘伊生:《建设工程全面造价管理—模式·制度·组织·队伍》,中国建筑工业出版社,2010年版,第6页。

工程造价生态系统,让数据驱动实现自动化的处理。

数据驱动的全面工程造价管理体系框架如图2-2所示。它概述为"一个基础、两个智能、三位一体"。

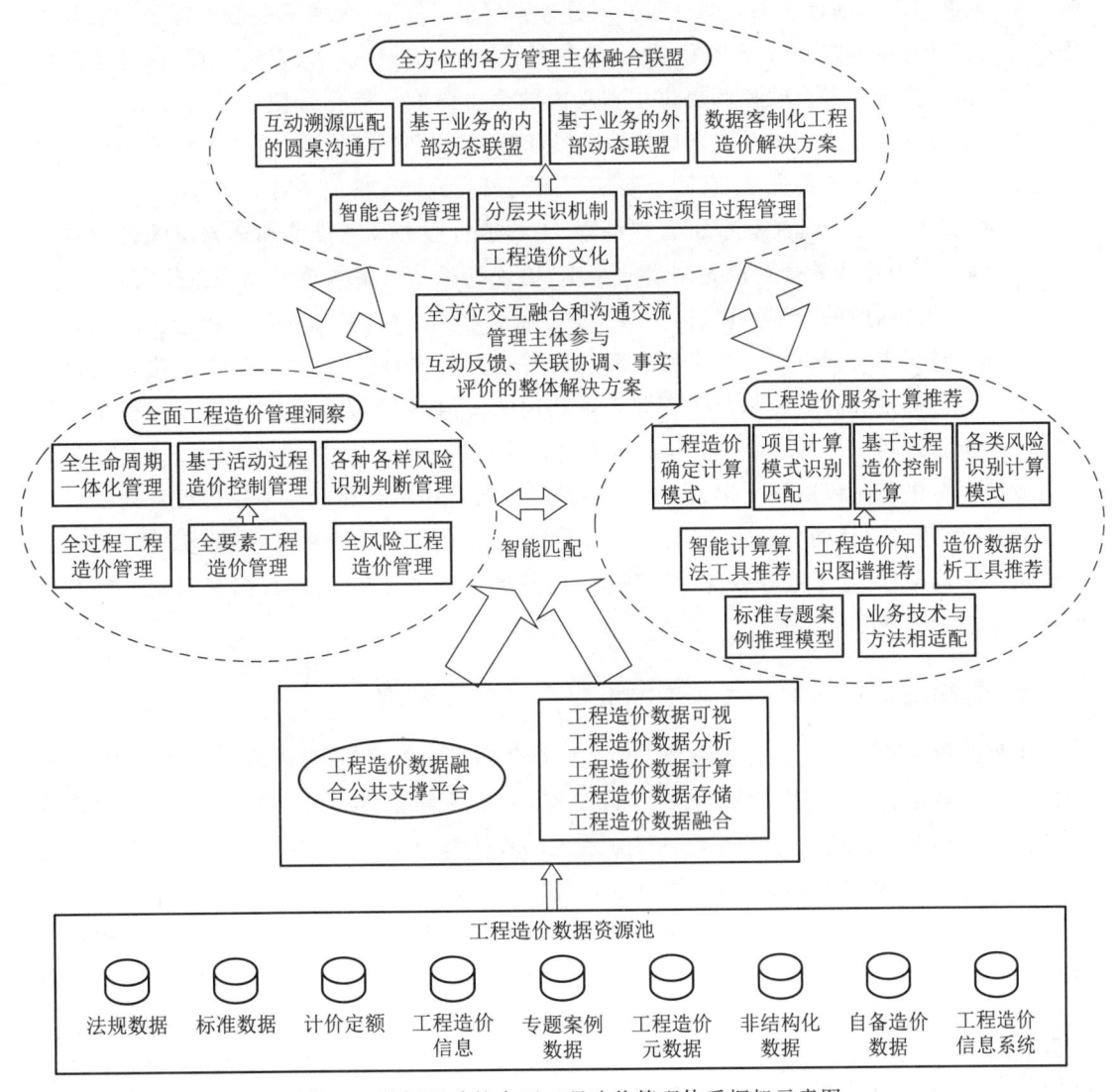

图 2-2 数据驱动的全面工程造价管理体系框架示意图

"一个基础"就是以工程造价数据资源池为基础,工程造价数据资源池源自工程造价行业的各个信息管理系统,通过工程造价数据融合、存储、计算、分析和可视化,形成工程造价数据融合公共支撑平台。

"两个智能"是指基于工程造价数据融合公共支撑平台,实现全面工程造价管理洞察和工程造价服务计算推荐。全面工程造价管理洞察是指通过工程造价数据融合公共支撑平台数据进行全过程工程造价管理、全要素工程造价管理、全风险工程造价管理,实现全生命周期一体化管理、基于活动过程造价控制管理和各种各样风险识别判断管理。工程造价服务计算推荐是指通过工程造价数据融合公共支撑平台数据进行智能计算算法工具推荐、工程造价知识图谱推荐、造价数据分析工具推荐、标准专题案例推理模型、业务技术与方法相适配，形成面向建设项目的工程造价确定计算模式、项目计算模式识别匹配、基于过程造价控制计算、各类风险识别计算模式的针对性服务计算模型。同时，全面工程造价管理洞察与工程造价服务计算推荐之间智能匹配，融合多方面的经验、知识、技术、方法和算法，为建设项目工程造价合理确定和有效控制提供了多功能的全生命期一体化管理技术与方法，为建设项目工程造价的动态变化以及在前后接续阶段和各种各样具体活动过程及各种资源管理中提供了有效的具体技术与方法，有利于实现全面工程造价管理的服务计算目标。

"三位一体"是指全面工程造价管理洞察、工程造价服务计算推荐和全方位的各方管理主体融合联盟，根据智能合约预先制定的规则、协议和条款来解构全面工程造价管理业务，达成内外部动态联盟的分层共识机制，相互交互融合和沟通交流，涌现出工程造价问题互动反馈、关联协调、事实评价的一套全面工程造价管理方法的整体解决方案，实现建设项目工程造价的合理确定和有效控制及其资源合理利用的价值，从而达到建设项目相关利益主体的工程造价管理相应目标。而全方位的各方管理主体融合联盟是指通过工程造价数据融合公共支撑平台进行工程造价文化、智能合约管理、分层共识机制和标注项目过程管理的引导配置，将同属建设项目而分布于不同区域不同管理主体的干系人聚集在一起，实现互动溯源匹配的圆桌沟通厅、基于业务内动态联盟、基于业务外部动态联盟、数据客制化工程造价解决方案的生效场景。

三、工程造价管理模式与工程造价管理体系的关系

工程造价管理模式具有代表整个工程造价行业的管理理念、管理思想与思维方式，从宏观的角度来规范、简化工程造价行业的实际工作，使其习惯化、制度化、规律化。而工程造价管理体系是整个工程造价行业的某一部分系统的具体运行方式，相对于工程造价管理模式来说，工程造价管理体系相对微观，体现在具体的运作层面上。

依据系统论观点，工程造价管理模式与工程造价管理体系之间存在着相互联系、相互作用、相互依赖的关系，它们都是工程造价管理行为的运作方式，都需要理解为系统地设计和运行，在现实操作层面上描述了问题的解决方案的核心，对于当时特定的历史背景下产生重要的影响。与工程造价行业所处社会的经济基础、政治文化环境等因素紧密相连的工程造价管理模式有助于工程造价管理体系的顺利操作与运行，同时科学地设计工程造价管理体系也会促进工程造价管理模式作用的发挥，工程造价管理体系运作机制和管理方式是工程造价管理模式最重要体现。

第三节　大数据视角下工程造价管理模式演化机制

从信息技术和工程造价行业的演变过程看，工程造价管理模式应当随着经济形态、投资体制、政治文化环境等因素的改变，表现为一个相匹配的不断演变过程。以大数据分析的视角，对当前工程造价管理模式的演化机制进行梳理，我们发现，大数据对于工程造价管理模

式的发展变化有着较大的影响，它能够对工程造价管理活动过程的知识信息进行承袭和存储，为全面工程造价管理提供最佳解决方案。

一、工程造价管理模式的演化

从上面对三种工程造价管理模式的分析可以看出，由于国情的不同，历史背景与经济基础的不同，工程造价管理制度的不同，政治文化环境因素的不同，表现出不同的工程造价管理模式路径。具体而言，工程造价管理模式是在一定的时空和既定管理场景下逐步建立和加深的，具有对历史背景和社会环境的依赖性，从时间维度看，工程造价管理模式的形成是各项活动的演化的结果，而且需要随着内外环境因素的变化对现有的工程造价管理模式进行相应的变革。从空间维度看，工程造价管理模式既可以对已存在的模式进行借鉴和模仿，又受到模式生成时既定管理场景的制约，这决定了工程造价管理模式在移植过程中要根据管理场景的差异而加以变化。我国的工程造价管理模式演化是从计划经济时期的定额计价模式，发展到目前所使用的工程量清单计价模式，20世纪80年代提出的全过程工程造价管理模式在工程造价确定和控制实践中，从开始的定额管理到工程造价管理的演化，到现在为止，这种工程造价管理的思想仍然在我国工程造价行业中运用执行，只不过在时空的维度上对当时的工程造价管理背景进行相应的改造和变革，根据工程造价管理活动场景的演化而加以变化，这些变化受多种因素的影响，除了技术因素外，还有政策、法规、管理规范、市场环境、政治文化环境、工程计价定额等因素。我们从历史的角度能够比较系统地知道全过程工程造价管理模式沿着时间轴线去建构和变革在不同历史条件下其存在状态、实施过程、产生效果的渐变过程，在这个过程中，不同历史时期的生产力水平、社会政治环境、社会经济基础、建设市场的发育、工程造价管理制度、人的思维认识能力等要素对工程造价管理活动的产生、实施和结果都发挥着重要作用。然而在实施全过程工程造价管理模式的演变过程中，按照约束手段所追寻的管理目标，存在着基于法规、标准、计价定额和信息服务的四种工程造价的管理形式，它符合我国当前工程造价领域的运行机制。在工程造价管理的演化过程中，工程造价管理的各类本源性活动是最基本的关系实体。随着这些活动的演化，设计于其中的工程造价管理模式与工程造价管理体系也随之演化。这说明了工程造价管理模式形成的具体过程及结果，是伴随着历史的延伸发展和环境等多种因素的动态性嵌入，其演化是依据时空及环境因素的变化，由其各类本源性活动的不断深化发展所内在构造的工程造价管理模式的生成、变革与移植过程。

二、工程造价管理模式演化的基因分析

自然界的生物在漫长的演化过程中，基因起了关键的作用。基因是具有DNA分子中一些含有遗传信息的片段。它决定了生物的性状，不同的基因具有不同的碱基序列，这些序列以编码形式形成遗传信息。而DNA的基本功能，就是作为生物遗传信息复制的模板和基因转录的模板，它是生命遗传繁殖的物质基础，也是个体活动的基础。DNA通过复制，将基因信息代代相传，并且在复制的过程中会产生变异，从而产生物种进化。因此，基因就成为生物演化分析的基本单位。从工程造价业态的发展来看，工程造价管理发展模式与自然界的

生物进化的历程同构,工程造价管理模式一般是在继承原来的关键要素的基础上一步步演化成大数据视角下的工程造价管理模式,要研究这种演化过程中的内在构造及其运行规律,也需要借鉴类似于生物演化中"基因"的复制实体,这就是隐藏在工程造价管理模式背后的"管理基因"。这种复制实体和生物体上的基因是相类似的,好像是生物有机体的遗传基因,在工程造价管理模式变迁中发挥着作用,要认识工程造价管理模式的演化还需要从基因层面,解读基因密码,了解工程造价管理模式的碱基序列,"管理基因"正是决定了工程造价管理模式的演化过程。通过审视工程造价行业的发展历史,工程造价管理模式的演化其实是各种计价依据和规则、法规、规范、制度、工作流程及方式、技术手段和方法、造价文化等要素之间的演化,其模式的结构、状态、特性、行为和功能等方面发生的变化,是随着"管理基因"的生成、传递、变异与移植的进化过程。这里所说的"管理基因"就是DT时代的数据基因,它是工程造价行业运作或解决工程造价问题及其行为背后的基础,这背后所体现的是数据驱动的一种模式。大数据时代,数据已经成为工程造价行业不可或缺的生产要素,互联网大数据实际上已突破了工程造价管理活动的局限,信息技术也就成为工程造价管理业务的重要组成部分,工程造价数据正在重塑工程造价行业的资源观,工程造价大数据是基于链接和关系层面,更精准地反映、认识、掌握工程造价管理模式,数据基因是大数据语意链接的基石,将重构工程造价管理模式的思维方式、感知内外资源能力和价值转化能力。工程造价管理模式是以工程造价的合理确定和有效控制为核心的一系列活动,是一种包含了一系列要素及其关系的连贯性而组成的工程造价知识体系,阐明了建设项目的不同相关利益主体的工程造价管理活动逻辑和思维方式。而工程造价管理模式功能定位及行为方式决定了数据基因的构造模式、构造特点,它受建设项目情境约束,是工程造价管理活动内可识别的、重复的、多层级相关利益主体之间相互依赖的行为模式。基于互联网大数据技术的发展,在特定时空条件约束下,工程造价行业在每一个阶段的各类工程造价管理活动都会形成一套行之有效的工程造价知识体系,从而根据这种工程造价知识体系以形成合适的运作或行事方式,正是这种基因突变与重组所形成的新的基因决定了工程造价管理模式进行变革、表达和不断得到发展。随着时间的推移,在工程造价管理模式的演化过程中,必须扬弃不适应的工程造价管理行业运作或解决工程造价问题及其行为方式,这就需要建立一套适应新形势条件下的工程造价数据基因,这套工程造价数据基因所组成的层次结构,应当在任何时空的各类本源性活动都具有一定的关系实体,能够作为载体承袭并执行传递工程造价能力和知识信息,能够选择、复制、交叉、变异机理的交互操作,并具有学习效应的获得性遗传特征,是影响着工程造价管理行为的遗传因子。

三、工程造价数据基因概念体系的构成

工程造价数据基因是在特定时空条件约束下的工程造价管理情景平台上,承担着建设项目的多层级工程造价管理行为人形成各类活动集体性行为场域的知识体系。它是实现数据驱动在工程造价管理活动中赋予服务计算所共同遵守的关联规则、行为契约和共识机制。大数据视野下,使多层级工程造价管理行为人对工程造价管理活动的认知需要深入到数据基因层面,因为工程造价管理模式的本源结构取决于数据基因的选择性表达。多层级工程

造价管理行为人对建设项目的类型不管是外观描述，还是结构解析，在工程造价管理活动的过程中，都是工程造价管理模式深入到数据基因层面的一种清晰明确的思维模式与服务计算模式所形成解决方案的生效场景。工程造价数据基因反映了工程造价管理活动最根本的性状，通过工程造价数据基因的作用，多层级工程造价管理行为人对建设项目的工程造价合理确定和有效控制的一系列活动的共同理解和认识，实质上形成了一张作业导图来指引工程造价管理行为人解决工程造价问题的一系列活动过程的共享交互元素。所以工程造价数据基因不仅由显性工程造价规则要素构成，也包括隐性工程造价规则要素，同时还涉及多层级工程造价管理行为人的工程造价管理活动和工程造价管理环境，这四个要素一同构成了工程造价数据基因概念体系，如图2-3所示。

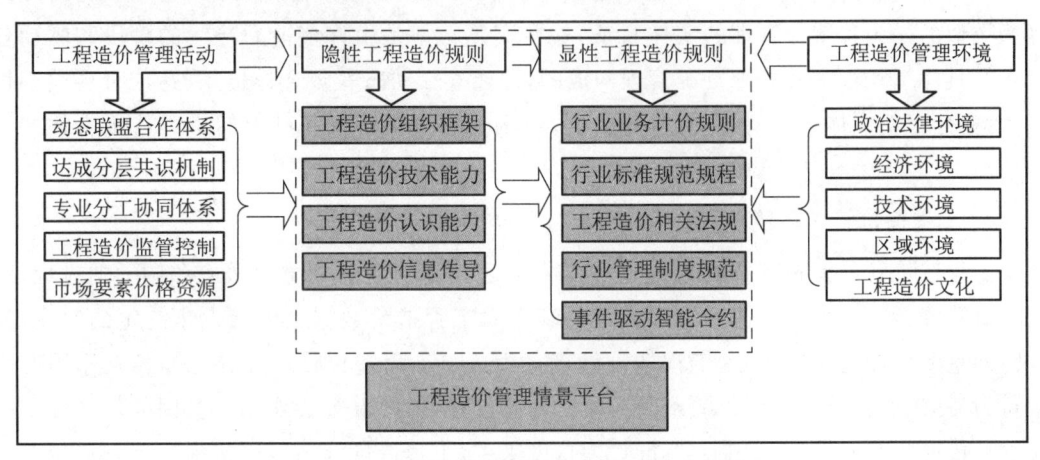

图2-3 工程造价数据基因概念体系示意图

1. 显性工程造价规则

显性工程造价规则是指多层级工程造价管理行为人进行的一系列各类活动可识别的、重复的、共同遵守的相关较为明确的基础依据知识体系。它承担着建设项目活动的工程造价确定和控制所赋予服务计算的基础依据知识的行为场域，为了使多层级工程造价管理行为人各类活动能够顺利进行实施操作，一般都会制定具有过程性、重复依赖性和关联应用的核心数据基因体系。显性工程造价规则可根据其内容逻辑上的相对独立性分成不同种类、不同专业领域的主导基础依据知识体系，它主要包括行业业务计价规则、行业标准规范规程、行业管理制度规范、事件驱动智能合约等。

2. 隐性工程造价规则

隐性工程造价规则也可称内隐工程造价规则、默会工程造价规则，主要是指在多层级工程造价管理行为人进行的一系列各类活动的合作过程中，利用区块链互信生态知识体系的分布式治理和社群协作范式的组织形态，将洞见的应用场景进行交合赋能所指导的具体实践行为模式。它所表现为社群所掌握的技术经验、计算造价诀窍、操作过程以及多层级工程造价管理行为人的集体性默契、协作能力、洞察力、感悟等技术性与认识性的隐性工程造价知识，主要包括工程造价组织框架、工程造价技术能力、工程造价认识能力、工程造价信息传导等。显性工程造价规则的基础依据知识体系贯穿在建设项目的工程造价确定和控制活动的各个方面,由基础依据知识体系连接起来的四大隐性工程造价规则遗传密码,通过无数种组合方法形成社群协作范式的组织性状的独特性。工程造价组织框架、工程造价技术能力、工程造价认识能力、工程造价信息传导共同构成虚拟的基于共识协议的区块链组织的核心密码体系,决定了组织性状 DNA 构造的知识体系特质,潜藏于社群的内隐规范、外化隐性工程造价知识为共同的利益而发挥出自己完全不同的价值。

3. 工程造价管理活动

工程造价数据基因必须依附在工程造价管理的具体活动中,基于过程最表象的层级是工程造价管理各类本源性活动最基本的实体特征。与生物的表层的形态、生理和行为方式等相类似的是工程造价管理的实体特征,这些实体特征是由许多前后接续的阶段和驱动各种各样具体活动过程及各种资源管理构成的,即建立在动态联盟合作体系、达成分层共识机制、专业分工协同体系、工程造价监管控制、市场要素价格资源基础上的工程造价管理的具体活动。

4. 工程造价管理环境

工程造价管理模式随着时间的演化而发生变异,取决于对环境的适应和调适的过程,工程造价管理行为人的工程造价管理所处的环境对工程造价数据基因会发生一定的改变,具有时间重要性和路径依赖性,工程造价管理行为人与工程造价管理环境之间相互作用产生了行为持续、创新或质上变化的不断演化的动态过程,发挥着重要作用。基因的传递性是一切物种传递的本源,那么从工程造价管理角度来讲,工程造价管理传递实则为工程造价数据基因的传递,工程造价管理历史演进而传承下来的规律,在工程造价管理环境快速更迭的今天,大数据的处理与运用是为了发现规律,工程造价数据基因产生的市场条件和当下的工程造价管理环境一般有所不同,这就要与工程造价管理环境进行互动,确定工程造价数据基因所产生的工程造价管理环境状况,使得工程造价数据基因与当下的工程造价管理环境相吻合。工程造价管理行为人需要审视当下的工程造价管理环境,主要包括政治法律环境、经济环境、技术环境、区域环境、工程造价文化等,不时地去了解工程造价管理环境,感知工程造价管理环境。

四、工程造价数据基因演化情境

工程造价数据基因作为多层级工程造价管理行为人在工程造价管理情景平台上实践活动的行为场域,其本身也是动态联盟合作体系之间互动运行的操作模式,承担着建设项目的工程造价管理在许多前后接续的阶段和驱动各种各样具体活动过程中层级构造所赋予的特定功能。在特定的时空背景下,工程造价数据基因是具有情境依赖性的,即工程造价数据基因演化过程中工程造价数据基因与环境的关系匹配源于工程造价数据基因与具体的工程造价管理情景的互动而产生并发展演进的。工程造价数据基因作为一种工程造价管理模式演化的指导规则,可实现在工程造价管理情景平台下动态联盟合作体系的各个角色自由搜寻、抽取、编辑、复制、服务计算以及关联应用的核心密码体系,是实现工程造价数据分布式共享交换、创新应用的底层和关联规则。因此,工程造价数据基因演化的驱动因素不仅受到工程造价管理环境变化的影响,而且作为一种显性和隐性工程造价规则的知识体系,它本身也依附于工程造价管理行为人角色的选择和工程造价知识特征。这说明一个完整的工程造价数据基因演化过程需要注意工程造价管理环境与工程造价管理情景依赖特性两个方面因素的影响:当工程造价管理环境发生变化时,其因素就成为工程造价数据基因演化的诱因,必须通过学习和创新来搜寻新的与当前工程造价管理环境匹配的工程造价数据基因,这是聚变的演化与工程造价管理行为人的主观能动性相互协调、共同作用的结果,如果疏忽将会对工程造价数据基因的演化产生不适应的影响;任何一种工程造价数据基因的演化都依赖于建立在角色定位和工程造价生态思维、工程造价专业思维的认知观点基础上的工程造价管理行为人的理解,其主观能动性和自我适用性学习对工程造价数据基因的演化具有工程造价管理情景的重要性,因为工程造价管理情景不同,就会导致工程造价数据基因在应用到具体工程造价管理情景关系活动中,有可能会出现不够完整和遗失的部分,将会对工程造价管理模式的健康、持续发展的演化路径的选择产生影响。由此,可以从工程造价管理环境与工程造价管理情景两个方面的驱动因素的共同作用构建一个新的工程造价数据基因演化情境,如图2-4所示。

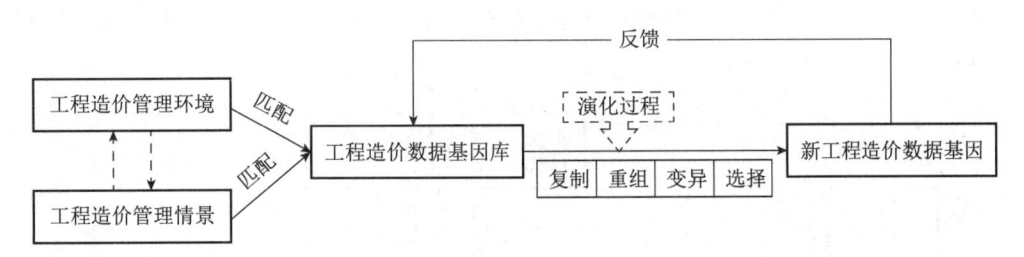

图2-4 工程造价数据基因演化情境示意图

生物基因的遗传、变异和选择是自然环境作用的结果,其每一次进化都是为了适应环境,当产生变异或重组都会引起生物体的生命过程的演变,它是随时间而发生一系列不可逆的改变,并导致相应表型的改变,从而使生物对其生存环境的相对适应。工程造价数据基因演化情境具有与生物相似的形态特征,当工程造价数据基因的变化适应了工程造价管理环境与工程造价管理情景的变化时,工程造价管理活动的运作方式就能获得可持续发展。而不同之处在于工程造价数据基因所表现的是主观能动性和创造价值的能力,由于工程造价管理环境总是处于不断的变动之中,工程造价数据基因也会不断地在遗传的基础上产生重组和变异,通过不断反馈学习、创新与工程造价管理情景选择,不适应的工程造价数据基因就不断向适应的工程造价数据基因变迁。运用工程造价大数据处理并寻找工程造价数据基因演化的规律,审视当下的工程造价管理环境与工程造价管理情景,并找到其中的变与不变,确定工程造价数据基因所产生的情境状况,逐一改变某些条件要素,使之相吻合,优化已有工程造价数据基因,形成适配的工程造价数据基因集,实现整体内处于动态平衡状态,螺旋上升,层层递进,工程造价数据基因的演化情境传承着匠人的痕迹而不断进化。

五、工程造价管理模式演化机制的分析框架

从以上对工程造价管理模式演化、工程造价数据基因演化和情境的分析，其演化的首要基础就是在历史的进程中不断发生变化，而动力和机制是演化的两个决定因素。动力就是引擎，是发生变化的根本原因，在动力的作用下如何保证工程造价管理模式和工程造价数据基因的演化方向，这就是机制问题。无论是工程造价数据基因还是工程造价管理模式，其演化都是在一定的时空条件下展开的，而且受到工程造价管理环境因素和工程造价管理行为人能动性以及适应性学习的共同作用。随着时间的推移，决定了工程造价管理环境因素和工程造价管理行为人能动性以及适应性学习都是动态变化的，这种变化为工程造价数据基因和工程造价管理模式的演化提供了动力，而在工程造价管理情景活动场域中，工程造价管理模式的形成与变异是在历史进程中的工程造价管理的各类本源性活动发生的，其存在状态必然受工程造价管理环境因素的影响，多层级工程造价管理行为人在实践活动中的行为场域与工程造价管理情景互动的过程中得以产生并发展演进的。因此，作为工程造价管理环境因素和能动性以及适应性学习的共同作用的结果，工程造价管理模式也必将沿着某种特定的轨迹运行下去，体现出不同的特征。工程造价管理模式演化机制是指随着时空条件和环境因素的变化，工程造价管理模式生成、变革以及移植的内在机理和实现方式。可形成如下分析框架，如图 2-5 所示。

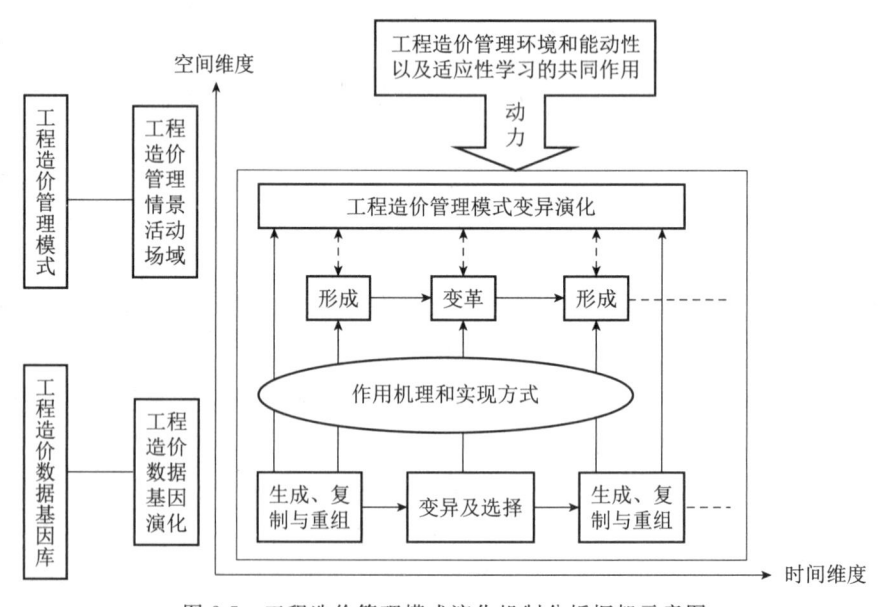

图 2-5　工程造价管理模式演化机制分析框架示意图

由图 2-5 可知，工程造价管理模式演化机制应该包括三个方面的内容：其一，工程造价管理模式结构的构成要素及其联系方式；其二，要素之间关系的发生过程；其三，工程造价管理模式的内在本质和运行规律。从这个意义上看，工程造价管理模式变革演化的形成、选择、复制、交叉、变异机理之间存在着相互作用。在工程造价管理模式演化机制分析上，工程造价数据基因生成、复制与重组内在决定了工程造价管理模式的形成与移植，工程造价数据

基因的变异及选择内在决定了工程造价管理模式的变革,而工程造价数据基因的作用机理和实现方式是从数据中挖掘出隐藏在背后的规律,使工程造价数据基因的复制或重组所形成的新的工程造价数据基因能在工程造价管理模式的特定轨迹下进行表达、生成,大数据的处理与运用可以在历史的轴线上去寻找工程造价管理模式的踪迹,使我们在工程造价管理情景中随着工程造价管理环境因素的变化更深一步地进行工程造价数据基因的变异及选择,工程造价数据驱动在工程造价管理模式结构的构成要素及其之间关系的识别和判断的发生过程中,从工程造价数据基因库当中分析潜在变异规律,利用这个规律对工程造价管理模式的内在本质和运行规律进行预测,发挥着最大化的价值。

第三章　工程造价生态系统的形成

工程造价业作为咨询性服务行业，面对经济发展的新常态，建设项目类型的多样化、规模的大型化、要素多元化、项目管理信息化等发展趋势，常规工程造价管理模式难以准确把握工程的投资效益和营造良好的发展环境。而仅通过传统信息化的思维和技术已经不能满足基于活动与过程的市场决定工程造价机制和市场经济相适应的工程造价监督管理体系，必须用相应的互联网和大数据思维来重新审视，持续地改变运作模式。生态学理论的引入以及其在工程造价行业的应用，为建设项目的全面工程造价管理和工程造价生态管理的融合找到了新思路，生态问题也成为工程造价管理活动中需要考虑的因素。

第一节　生态学的引入

大数据正以超过人们预期的那样迅猛发展，数据已经渗透到生活和工作的方方面面，随着数据日积月累，需求的应用场景变得越来越丰富，从而使工程造价管理面临着挑战。而生态学理论的引入以及其在工程造价行业方面的应用，为建设项目的全面工程造价管理找到了新的思维路径，随着政策、文件和标准的进一步规范，工程造价行业将从传统的工程造价管理，向工程造价数据驱动的、全面以数据为基础的工程造价生态发展。

一、生态学的基本原理

生态是现代科学的一个概念。所谓生态，通常是指生物的生存状态。现在一般是指生物在一定的自然环境下生存和发展的状态，也指生物的生理特性和生活习性。任何生物的生存、活动、繁殖都需要一定的空间、物质与能量，在长期进化过程中，逐渐形成对周围环境某些物理条件和化学成分的特殊需要。各种生物所需的物质、能量以及它们所适应的理化条件是不同的，这种特性称为物种的生态特性。生态学是研究有机体与环境之间相互关系及其作用机理的科学。生态学经历了一百多年的发展，研究的对象已逐渐从个体、群体水平拓展到群落、生态系统的水平上，已经从生物学、自然科学扩展到人类学、社会学，不仅从生态研究延伸到经济技术，而且延伸到社会制度和国际关系结构研究，并一直追溯到文化、伦理和哲学等广泛的领域。随着人类活动范围的扩大与多样化，人类与环境的关系问题越来越突出，迫切需要掌握生态学理论来调整人与自然、资源以及环境的关系，协调社会经济发展和生态环境的关系，达到人类社会可持续发展的目的。

生态学的基本原理来源于自然，其研究的主要内容是生物与环境之间的关系，所以，生态学的基本原理也体现着生物与环境之间的相互关系与规律，主要有以下几个方面。

1. 整体有序原理

生态系统是由许多组成成分构成的,各组成成分相互联系,在一定条件下相互作用和协作而形成有序的并具有一定功能的自组织结构。系统发展目标是整体功能的完善,而不是组成成分的增长,各种组成成分的增长都必须服从系统整体功能的需要,是一种集体效应。如人类与自然整体性,动物与自然整体性。各组成成分具有自身的作用和功能,任何组成成分作为整体的一个因素的作用与作为孤立的单个成分的作用,有着本质的区别。在正常情况下,个体在整体中所起的作用大于离开整体时所起的作用。

2. 物质循环再生原理

自然生态系统的结构和功能是对称的,它具有完整的生产者、消费者、分解者结构,可以自我完成以"生产—消费—分解—再生产"为特征的物质循环功能,能量和信息流动畅通,系统对其自身状态能够进行有效调控,能在生态系统中循环往复,分层次多级利用,从而处于良性的发展状态,维持系统的物质循环再生过程。

3. 物种多样性原理

物种多样性包括两个方面:一方面是指一定区域内物种的丰富程度,可称为区域物种多样性;另一方面是指生态学方面的物种分布的均匀程度,可称为生态多样性或群落多样性。

生物多样性是指各种各样的生物及其与环境形成的生态复合体,以及与此相关的各种生态过程的总和。物种必须有多样化结构和多样性成分才能提高稳定性、输入输出畅通,才能增强调节补偿控制机能,物种越丰富,营养链的数目越大,其自我调节、自我控制的能力就越强,生态系统的抵抗力和稳定性就越高。

4. 协调与平衡原理

协调主要指生物与环境的协调,平衡是指种群数量与环境的负载能力要平衡。协调与平衡原理主要考虑物种与环境的适应性,即物种要有适当的生存环境和环境容纳量。生态平衡过程的实质就是对生态资源的摄取、分配、利用、再生与更新相适应的过程。生物一方面从环境中摄取物质,另一方面又向环境中返还物质,以补偿环境的损失,使结构和功能能够协调稳定地维持和发挥。生态平衡是一种动态平衡,在自然环境条件下,它能够自我调节和维持自己的正常功能,并能在最大程度上克服和消除外来的干扰,保持自身的平衡状态。

生态学的基本原理是适合人类与环境协调发展的原理,因而其应用是模仿自然生态系统的生物生产、能量流动、物质循环和信息传递而建立起人类社会组织,以自然能量流动为主,尽量减少人工附加能源,寻求以尽量小的消耗产生最大的综合效益,解决人类面临的各种环境危机。目前,生态学已继承并拓展了个体生态、种群生态、群落生态、系统生态的基本原理,并进一步在景观生态、区域生态及全球生态等理论生态领域拓展,逐渐形成了一系列理论生态学的学科分支。

二、生态学思想的渗透

生态学的基本思想及其分析方法以强大的生命力向其他学科交叉渗透与融合,形成了与自然科学和社会科学相交叉的边缘学科,使其在社会学、经济学、人类学等领域得到不断的拓展,特别是近代的数学、物理、化学和工程技术向生态学渗透,大大拓展了人们认识自身,认识自然界和社会的视野,尤其是定量化研究与技术手段的发展,促进了数学生态学、化学生态学、信息生态学以及农业生态学、林业生态学、气象生态学、海洋生态学等的研究发展。随着科学技术的进步,信息与计算机技术、遥感技术、3S技术、现代测试技术、模型模拟技术、数据管理方法等多种技术综合应用的集成化技术体系,使生态学在宏观和微观的生态系统领域中的技术手段的应用上发生了根本性变化,强有力地推动了生态学在各个应用领域的发展,使得生态学思想和理论成为社会、经济、人类、文化、伦理和哲学等广阔应用研究的桥梁,并提供思维范式,成为一种科学研究的认识论和方法论。进入21世纪以来,在大数据、物联网、区块链、人工智能为代表的新一代技术的发展,以及社会需求多样的环境下,当前生态表现出一系列新的特点,突出表现为生态学研究内容的重新定位和研究对象的不断拓展,加速了各领域之间的不断融合,新平台、新模式、新业态不断涌现,推动人类从信息互联网步入价值互联网时代,引发组织形态和协作方式的变革,我们应当遵循生态规律,坚持大数据思维,构筑生态基石,打造互赖、互依、共生的生态系统。

三、生态学在工程造价行业中的引入

生态学的基本原理来源于自然,生态现象和过程遵循着自然规律,在人与自然相互作用的过程中,通过对自然的逐步深入认识,揭示和把握了其中的生态现象及生态变化规律,逐渐建立了满足人的合理需求的各种体系。生态学的基本观点是适应观、选择观、整体观、层次观、动态观、进化观和协同观。在生态学发展的进程中,许多理论和方法已经被广泛应用于其他学科领域,这些学科领域主要借助成熟的生态学原理与技术及相关学科的知识来研究异质要素之间的关系与发展规律,形成了新的交叉学科研究领域,如将自然生态学的思想和理论引入企业管理来解释企业组织及其与环境之间的关系所形成的企业生态学;用组织理论应用生态学的思想和理论来研究社会组织所形成的组织生态学;将生态学的思想和理论引入商业演化规律的研究后出现的商业生态学;将生态学的理论引入公共行政运行的研究后所形成的行政生态学;将生态学的理论引入知识体系的形态结构、演化机理及其与环境关系的研究所形成的知识生态学等众多的交叉学科。运用生态学的思想和理论引申出这些众多的交叉学科为人类科学进步起到了巨大的推动作用。

工程造价行业和自然界一样都有着微妙的关系,自然界中各物种、种群、群落的生物关系也可在工程造价行业中找到灵感。在工程造价业态的发展过程中,我们可以把生态学中的生物与环境的关系、物种之间的关系、种群的规律、群落的规律或是生态系统的思想和原理引入工程造价行业中来,工程造价管理发展模式如果按照生态现象和过程的规律而动,则生生不息的工程造价管理模式演化也可呈现,这与自然界的生物进化的历程同构,并且具有与生物的表层的形态、生理和行为方式等相似的特征。所以,我们把生态学思想和原理引入以及其在工程造价行业中的应用,可为建设项目的全面工程造价管理融合分析和认识内在现象及各类本源性活动机理之间的内在关系、了解和掌握运行规律、工程造价管理机制服务、工程造价监管控制等找到新思路,在大数据视野下生态问题也成为工程造价管理活动中需要考虑的因素。通过审视工程造价管理模式的结构、状态、特性、行为和功能等方面的内容,我们知道在工程造价管理中有包括资源、群体和环境的内容。其中群体从微观到宏观分为个体、种群和群落,这与自然界的生物群体的层次划分是一致的,具有高度相似性的特征。同时,这个有机体必须依赖于自身所利用的资源,并与所处的环境发生交互,以求产生作用和得到发展。因此就有一个包含工程造价管理群体和工程造价管理的各种资源与工程造价

管理环境的生态系统,这个生态系统在工程造价行业中我们把它称为工程造价生态系统。

第二节 工程造价管理的生态相似性

对工程造价管理的生态问题进行深入研究,是建立数据驱动的工程造价生态系统的客观要求,有利于加深对工程造价生态系统的规律性认识。因此,就有必要与自然生态系统进行具体的生态相似性论证。我们从系统、特征和现象三个方面来说明工程造价生态系统与自然生态系统存在着一定的生态相似性。

一、工程造价管理的系统生态相似性

工程造价管理是以建设项目为对象而开展的一系列活动,其结构体系是一个处在动态变化过程中,也是一个涉及宏观与微观层次、与建设项目利益相关的工程造价管理群体按照一定结构体系组成的系统,使得这一系统在组成要素、结构和功能等方面具有与自然生态系统的普遍相似性。下面用列表的形式对组成要素、结构和功能等方面的相似性进行了比照,如表 3-1 所示。

表 3-1 自然生态系统与工程造价生态系统的系统相似性

相似性		自然生态系统	工程造价生态系统
组成要素		由生物要素和非生物要素两大部分构成,具有生态和物种多样性	由全方位的多层级工程造价管理行为人和工程造价管理环境的多种成分构成
结构	组分结构	由不同生物类型或品种以及它们之间不同的数量组合关系和环境各要素及状况构成的系统结构	由不同类型的专业以及他们组合关系和工程造价管理环境各要素构成的系统结构
	形态结构	在尺度范围上揭示和把握各种生物成分或群落动态变化规律和机理是影响自然生态系统研究的重要因素	根据工程造价管理情景的行为场域的时空尺度范围的不同,研究意义将有很大区别
	营养结构	通过营养关系而联结的链状和网状结构,即食物链结构和食物网结构	多层级工程造价管理行为人动态联盟合作体系之间互动关系而构成的链状或网状结构而成为价值链或价值网
	整体结构	多种成分构成的要素之间密切联系、相互作用、相互影响,形成动态平衡整体	工程造价管理一系列要素之间密切联系、相互作用、相互影响,构成动态平衡整体
功能		生物生产、能量流动、物质循环和信息传递以及资源分解、价值流通	工程造价服务流通、工程造价人际信息网络传播、工程造价数据资源分解、工程造价值流动

二、工程造价管理的特征生态相似性

工程造价管理是在时空维度上对多层级工程造价管理行为人形成各类活动的行为场域赋予特定功能,这种特定功能因在工程造价管理环境或行为的相互联系、相互作用和互动运行而又相对独立的条件下,使工程造价管理组织在一定区域范围内聚集所形成的联盟体,通

过工程造价资源共享,实现整体内聚集平衡状态。工程造价生态系统和自然生态系统都具有同一性的基本特点,其结构与功能都处于协调的动态发展之中。基于组成要素、结构和功能的相似性,可以总结出工程造价生态系统和自然生态系统相似性的重要特征,如表 3-2 所示。

表 3-2 自然生态系统与工程造价生态系统的特征相似性

特征相似性	自然生态系统	工程造价生态系统
整体性	以生物为主体,多种成分构成的要素之间具有本质的、普遍的联系而构成一个整体	以工程造价管理行为人为主体,工程造价管理一系列要素之间具有本质的、普遍的联系而构成一个整体
多样性	根据自然界分类的依据不同,角度不同,存在着多样化的生态系统	根据性质、专业、管理角度等不同,组成形式多样的生态系统
开放性	生物依赖与外界环境的资源和信息进行交换来维护自我的开放系统,又构建于其运行环境并完成特定功能的有序结构	工程造价管理组织与环境之间相互联系、相互作用,依赖于各种资源要素的交换而构建其运行场域并完成特定目标的开放系统
区域性	生态系统具有一定结构、一定边界,包含着不同范围、不同层次,是生物群体与环境在特定空间的组成,从而具有较强的区域性特点	建设项目具有区域性,工程造价管理区域性边界包含着不同层次和等级尺度,可根据建设项目的需要,界定特定空间的范围
层级性	自然界中生物的多样性和相互关系的复杂性,决定了生态系统是一个极为复杂的、多要素、多变量的有序层级系统	工程造价管理的多样性和相互关系的复杂性,决定了全方位各方管理主体是一个融合联盟构成的层级系统。
自组织	自发调整生物与环境及生物与生物的关系,按照相互默契的某种规则,建立相互联系、相互依赖并自动地形成有序结构过程	工程造价生态系统具有高度自律机制,按照关联规则、行为契约和共识机制,建立相互联系、相互依赖并自动地完成特定功能的有序结构
功能性	生态系统的生物与环境之间相互作用,其功能特征主要体现为能量转化、物质循环和信息传递	工程造价生态系统主要体现为工程造价服务计算流通、工程造价信息网络传播和工程造价价值流动
动态性	任何一个自然生态系统都是经过长期发展形成的,具有发生、形成、发展和进化的过程,表现出自身特有的整体演化规律	工程造价管理模式的形成是伴随着历史的延伸发展和环境等多种因素的动态性嵌入,具有生成、变革、移植和进化的不断演化过程
可持续性	自然生态,彼此相互制约,相互依存,协同进化,保持长久维持稳定有序的状态,满足人类的需求,在时间空间上实现全面发展	要求工程造价管理行为人转变思想,加强管理,保持工程造价生态系统健康和可持续发展特性,在尺度范围内实现全面发展

三、工程造价管理的现象生态相似性

按照生物学概念,生态系统是一个多要素、多功能的复杂开放系统,包括生物系统和环境系统,是一个生命物质与非生命物质的自我调节系统,在这个自然生态圈里,生物的生命活动在适应环境的同时促进了能流、物流和信息流的流动,并引起生物的生命体活动发生变化,形成一个功能体系完整的持续不断进化的生态系统。在对工程造价管理的研究和分析

中,发现生态学的某些规律与工程造价管理的一些现象具有相似性的本质联系。智能互联时代的到来,打破了时空界限,工程造价管理的特征也发生了些许变化,在大数据视野下,为了解析工程造价管理中种种现象和问题产生的根源,必须重塑工程造价管理行为人对工程造价管理环境的认知和对工程造价管理现象与问题的判断方式,这里我们借用生态学的概念,运用生态学规律深入宏观和微观层面对工程造价管理种种现象和问题进行解释,必须以独特的思维能力和持续的学习能力来接受新的事物和改变旧的习俗。所以,全面工程造价管理始终应遵循自然规律,用生态的角度研究工程造价管理模式与工程造价生态,对工程造价管理的认知深入到基因层面,透过现象看到本质层面的东西。为了对这种思维方式有个清晰的认识,下面从三个方面进行分析。

1. 共生现象

共生是一种独特而常见的生物学现象,在自然界,共生是指多个生物之间彼此生活在一起,共同适应复杂多变环境的一类种间关系的现象,是生物之间相互关系的高度发展。在生物界,互利共生是生态系统中最重要的种间关系,不同的生物有机体之间密切的相互关联和相互依存,互惠互利的共生现象,是形式多样的共生关系在大自然中普遍存在的主要方式。生物学中的共生有三种形态:互利共生系统、偏利共生系统和寄生共生系统。以建设项目为主要目标的工程造价管理与生物学中的共生现象具有一定的相似性,相互联系而又相对独立的多层级工程造价管理行为人在一定地域范围内聚集,依靠比较稳定的分工协作,形成具有一定共同利益的区域性的联盟集群共生体。工程造价生态圈的共生则更多是互利共生的生态系统,因为没有互利就不可能有长远的合作。自然现象随着不断进化而传承下来的规律,工程造价管理模式发展如果按照规律而动,则形成各类活动集体性行为场域的工程造价管理情景也可呈现,大数据的处理与运用是为了挖掘工程造价管理模式和工程造价管理现象的本质联系,使得承担着建设项目的多层级工程造价管理行为人之间彼此活动就能发现不同层次的规律,将联盟集群共生体聚集在一起,找到各自的位置,在生态进化中实现共生成长、共创共赢。

2. 食物网现象

在生态系统中的生物种类繁多,它们分别扮演着不同的角色,根据在能量和物质运动中所起的作用,通常归纳为生产者、消费者和分解者。食物链是指生态系统中生产者、消费者和分解者之间以食物营养为纽带所形成的物质循环和能量转化的关系而彼此连接起来的链状顺序。食物链既是一条物质传递链,也是一条能量转化链,还是一条价值增值链。一个生态系统中许多条食物链彼此相互交错连接成的复杂营养关系,形成一个网状结构,就称为食物网。食物网形象地说明了自然生态系统中各物种之间的关系。这种食物链结构和食物网结构的现象,与多层级工程造价管理行为人动态联盟合作体系之间互动关系而构成的链状或网状结构类似,工程造价生态系统中各工程造价管理行为人之间的连接是通过工程造价管理行为人所具有的价值而联结起来,形成了价值链。DT时代,快速变化的网络环境,为了更好、更快地满足工程造价服务计算需求,使多层级工程造价管理行为人必须联合起来共同参与激烈的市场竞争,组织上的柔性要求和组织间联盟管理的重要性越来越成为价值增值过程的关键因素,这不仅使工程造价管理活动的不确定性大大增加,而且引起了价值活动增值方式的变化,使传统价值链变形为价值网,顺应了价值偏好和价值结构。工程造价管理活动中的不同成分构成动态价值网的联盟集群,也是一种多个环节交叉成为网状结构的食物网关系。这个食物网是一个由真实的建设项目客服需求所触发,能够快速有效地做出反应的网状架构,使得所有参与的工程造价管理行为人之间是基于相互协作的、数字化网络而运作的。在价值网中多层级工程造价管理行为人之间的多条价值链中有竞争、合作、互补等多种关系,可在进行工程造价信息知识的分享与获取、工程造价资源的利用与融合等多个环节时借助"网络效应"创造价值并获取利益。

3. 适应生境现象

生境是指物种或物种群体赖以生存的生态环境。自然界的生物都有它特定的生活环境,通过自身适应环境变化以争取生存的特性,是生物所特有的、普遍存在的现象。生境适应性是指生物在受到内部和外部环境的刺激时而产生的生理与遗传反应,进而提高生存力。一个物种长期生长在某种生态环境里,受到环境条件特定的影响,在其生长过程中,通过新陈代谢,形成了在生长发育、形态结构、生理功能和生态学特性等方面对一定环境条件相适合的现象,促进了它们之间具有相互改造、相互适应的内在联系。物种在与自然环境相互协调的过程中,能判断其生存生境的利和弊,而趋向于选择那种能使自己的适合度达到最大的生境。这种对生态环境所产生的种种适应现象,与多层级工程造价管理行为人在工程造价管理活动过程中出现的现象类似,不管是工程造价管理群体,还是工程造价管理者,在工程造价管理过程中个性的发挥只有融入变化的工程造价管理环境,才能够形成统一的对工程造价管理环境的适应,在一定工程造价管理环境的条件下,去开展工程造价管理活动,实现工程造价的目标、过程、方法与工程造价管理环境相互调适,而大数据的处理与运用是为了发现规律,从中选择那种能使自己的合适度达到相吻合的生境。工程造价生境适应性是指多层级工程造价管理行为人与工程造价管理环境表现相适合的现象。由于多层级工程造价管理行为人间的利益不同、立场不同、专业知识背景不同、信息文化与考虑问题的角度不同,为了能够在工程造价管理中适应工程造价生境,就要不断学习新的工程造价知识和掌握新的工程造价规范,以及调整自己的行为模式,使自己的行为方式和价值取向符合工程造价生境模式,所以多层级工程造价管理行为人要适应工程造价生境关键在于自己的适应机能。在工程造价管理活动的现实中,创造工程造价生境的适应机能决定了一个组织的生存状态,也取决于它对工程造价管理环境的反应速度。

第三节 大数据生态系统

时至今日,数据驱动已成为各个行业的普遍共识,整个社会的经济模式、生产模式、交付方式、生活体验和管理行为决策都向数据化演进,这些都需要以大数据为基础,以数据的充分融合升华为条件,才能使大数据的应用带来很多新机会新可能,最终释放大数据的价值。而要进一步创造应用价值,归根到底还是落地到行业在业务活动与管理情景中对各种信息系统的有效应用上。在IT向DT技术泛型转化的过程中,传统的行业信息化由于缺乏从整个行业变革战略的角度进行统一规划,给行业带来很多数据方面的困扰,我们应该用系统性思维思考行业大数据体系如何构建,从上到下都需要树立以数据驱动决策的文化。要使大数据的应用落地,发挥作用,不在于实现技术的某一方面,应该把一连串的技术链、流程和相关人员糅合在一起,从而形成可行的路线图。DT技术生态下的大数据版图涵盖了大数据相关核心技术和产业链生态圈，不管是个人学习技术还是行业业务活动与管理决策，洞察大数据相关技术生态的全景视图，分析和理解这个大数据版图都很有必要。

一、大数据生态系统的提出

我们应该看到，从信息技术跨入数据技术时代，大数据已渗透到每一个行业和业务活动、管理行为中，并成为重要的生产要素，对整个社会所起的推动作用已经得到普遍共识，但大数据的应用链条需要驱动整个系统的运作，需要捕捉数据、存储数据、清洗数据、查询数据、挖掘数据、分析数据、可视化数据的分析工具，数据分享平台，数据分析人员等。因此，对于任何一个行业来说，都必须把自己放在一个基于互联网的生态体系中，使整个大数据得以应用发展，实现战略成长的价值体现。运用大数据推动经济发展、重塑行业运行、完善社会治理、提升政府服务和监管能力已成为趋势，这些要找出大数据现象和表征背后的本质，必须建立大数据生态系统。随着大数据相关企业的迅速崛起以及社会对大数据信息的需求推动，大数据产业正在逐步形成一个完整的体系，这与DT技术应用的日益普及和深入分不开，行业大数据与DT技术的融合，促进了各行各业的加速变革，对个人来讲，是大数据技术知识体系对学习、工作和生活面临的挑战；对企业来讲，是大数据驱动在加速智能化产品服务生态的突破；对政府来讲，是顺应大数据与云计算融合发展的技术和应用对履行职能、公共安全、社会治理和公共服务等生态进行重构。DT技术是以分布式协作、融合分享、激发生产力为主的生态技术，重在数据应用，其相关技术产业链版图十分庞杂，也时刻在动态变化调整之中，新的技术和产品每天都在不断涌现，也处于优胜劣汰的过程，真正的检验主要来自市场。随着技术的不断进化，大数据产业链已形成一个完整体系，对从数据源产生到数据展现的全过程，把一连串的技术、流程和相关人员串在一起整体考虑，使各个环节环环相扣，相互影响，相互制约，这一过程组成了大数据生态系统。不管是个人学习技术还是各行各业的应用，都需要学习理解DT技术生态下的大数据版图，搞清楚哪些核心技术和自己的行业之间有什么样的逻辑关系，这就必须对大数据技术体系的各技术领域有个基本的判断，才能在大数据应用的规划设计中通盘考虑。

二、大数据生态系统的组成结构

大数据技术产业链已经逐渐演化发展成为十分繁荣的生态系统，从中我们可以看到大数据生态系统具有一定的结构秩序以及其中各个环节的发展状况和市场热点。但由于大数据生态系统的相关技术产业链版图的层次和数量众多，对其进行详细的划分可能十分困难，也没有必要，因此我们在这里采取提纲挈领的办法，其细节这里不做赘述，只从应用的角度强调其分类结构对大数据生态系统应用发展的意义。这样大数据技术产业链可分为大数据源类、开源技术类、大数据基础设施类、大数据分析计算类、大数据应用类、大数据咨询服务类等多个层面，每个链条环节和其细分的内容都涉及许多DT技术、产品与各种类型业务的公司。这个整体结构基本从大数据基础设施层和应用层分别提供不同类型的服务，而大数据基础设施层是基础架构提供商和大数据平台提供商，大数据应用层是专业服务商和应用服务商。在大数据市场的体系中，同类型服务之间存在着相互竞争，不同类型的服务之间相互协作，共同形成一个以大数据为核心的服务协同生态系统。

三、大数据生态系统的构建

大数据生态系统的构建对于任何一个行业的应用发展都具有决定性的作用，数据已经渗透到每种行业和业务活动以及管理领域，DT技术也成为所有行业应用发展战略中重要的组成部分。我们应当从战略的角度进行行业的整体规划，在发展具体的业务与管理的协同能力和开发建设与之配套的生态系统时，必须遵循架构的原则，用大数据思维思考大数据生态体系如何构建，才能保证大数据生态系统落实到具体的管理和业务活动中。对于行业应用的整体规划来说，最为迫切也是最为重要的问题是，如何将多源异构、多模态的数据通过系统整合到一个平台。基于这个平台，采用统一架构，构建合理有效全面覆盖各种应用场景的解决方案，形成一个大数据生态系统。为此，在构建大数据生态系统时，需要重点把握如下几点。

1. 用系统思维方式进行整体架构

首先，需要明确大数据具体解决什么样的问题，从小处着手，逐步构建统观全局的分析链，对业务战略的整体规划进行顶层设计，从全局角度形成清晰的大数据生态体系蓝图，真正从战略层面对需要建设的业务应用场景进行了解和分析，审视业务活动对大数据生态体系的要求，一步步分解到具体的建设任务，并进行内容细化以及与此相关的规范和标准，从而形成可行的总体架构的路线图；其次，建立大数据思维模式，充分理解大数据资源对行业应用的重要性，从发现问题，运用数据，解决问题的思维，转向数据驱动的大数据采集、处理、分析、挖掘的工作与行业的各层级各方面建立有效衔接的思维模式，同时将各种渠道的数据进行整合，对其进行分类，并加强对数据资源的管理和维护。

2. 以业务场景驱动平台架构

大数据应用的核心目标是实现数据驱动的信息化，解决业务场景的具体问题。我们应当看到，不同行业的业务领域需求需要行内的理论、技术和工具的支持，具有不一样的业务场景和分析目标，而且不同行业之间需求的差异很大，所以在平台架构时应强调要以业务场景驱动为导向。大数据本身的管理重在基础架构，而大数据应用主要要搞清楚需要解决的问题，明确业务问题，理解业务问题，这离不开行业领域的业务知识，根据这些需求分析再研究和选择合适的技术并加以应用，这样才有针对性，才能得出准确的结果。所以，业务决定平台架构，而不是根据大数据技术来考虑业务。业务驱动是为了解决业务场景的具体问题才去使用支撑技术、算法、模型和平台架构，大数据应用要落地，要结合自身实力，从应用切入，以点带面，根据效果导向，从实际应用领域需求出发，逐步理解和掌握如何有效进行数据驱动的智能应用。只有业务场景驱动才是大数据应用的最终目标，再加上核心技术与数据的支持，才能把战略目标分解到具体执行的业务场景和把实施路径清晰地勾勒出来。

3. 采用敏捷方法进行开发

面对传统的硬件和软件技术架构已经适应不了大数据时代的分布式存储计算、大规模并行计算、GPU计算集群、多种计算模型和分析处理、多模态数据处理和分析等全新的技术泛型，新技术生态下各种大数据开源技术和系统技术工具十分庞杂，真正对大数据架构、技术工具、业务都懂的综合开发人才可以说是有限的，而一个行业大数据应用面临的业务和技术问题十分广泛，对于项目规划、设计和实施来讲，如果方法论不对，则会造成不良的后果。

所以，一个行业大数据应用要落地，运用敏捷思想指导实际应用至关重要。敏捷方法是一种软件开发方法，采用基于团队、协作和共同价值观的组织模型。大数据生态系统的核心思想是分布式和团结协作，而要有效支撑大数据生态系统的项目规划、架构设计和项目实施的协作能力，可用敏捷和精益思想指导实际项目的工作，执行时就可化成一些行之有效的手段和原则。由于大数据应用是软硬一体的整体系统，更加需要敏捷开发。所以，我们必须遵从敏捷大数据的关键设计原则，从小的业务分析应用目标切入，还原业务问题本来的面貌，快速迭代，对变化做出快速而灵活的反映，证明有效之后再扩张。团队成员只有通过不断地总结、反思和调整，在干系人之间进行开放式交流，才能更好地保持团队的敏捷性。运用微服务化和容器化等技术，对大数据生态系统架构进行精益设计、高效利用组件化工具灵活配置，基于统一数据单元构建、组织和处理，通过数据微服务、计算微服务、流程微服务设计思想，选择相应的计算模型和计算框架进行支撑，对各种微服务的构建和管理进行快速实现，而容器技术与云计算的结合能进行快速研发、自动部署和动态管理，这对于基于微服务的大数据生态系统架构设计和实现具有重要的支持作用。

4. 以应用选择系统技术架构

现阶段，庞杂的大数据技术生态和纷繁的技术架构，存在着大量的系统、架构和工具可供选择，而很多工具都属于同一业务功能范畴，但实现技术又略有不同。所以，技术路线的选择、技术顶层设计必须选择不同的工具技术来支撑。一般来讲，不同行业、不同业务应用场景有其规律和特点，采用的技术架构和分析流程有所不同。如何在掌握有限技术的条件下进行快速大数据研究和应用落地，需要从技术选型角度进行深入研究、分析和评估。从数据采集、数据预处理、数据存储、分布式计算、多模式计算、并行计算、数据挖掘和数据分析展现等多个层面进行技术组件、框架和系统的选择，快速选型、灵活配置，对相关支撑技术、算法、模型、系统架构的层面与各个阶段要有全局把握。同时，还要考虑成本、时间、团队的技术实力，技术框架的稳定性、适用性和可扩展性。

第四节 工程造价生态系统

工程造价管理模式转型的根本是工程造价行业更好地适应市场环境的变化，以大数据、物联网、区块链、人工智能为代表的DT技术的发展，正阔步地从信息技术进入数据技术时代，对于工程造价行业来说，必须把它放在一个高度互联网化的市场合作和生态体系中看待，基于大数据的工程造价管理模式创新已经逐步成为全面工程造价管理面对的转型要求。在大数据视野下的工程造价生态系统能不断集聚工程造价创新资源和要素，与工程造价管理场景深度融合，引发了诸多新工程造价业务形态、新工程造价管理模式，加速了工程造价行业过去未曾有的蓝海市场化的发展。

一、工程造价生态系统定义

上述已说明工程造价生态系统是借用生态学的概念，通过审视工程造价管理模式的结构、状态、特性、行为和功能等方面内容，从系统、特征和现象三个方面来阐述工程造价生态系统与自然生态系统存在着一定的生态相似性。工程造价管理情景活动场域是基于工程造价管理模式对建设项目的多层级工程造价管理行为人赋予服务计算所共同遵守的关联规则和行为契约,在工程造价管理模式演化机制过程中,工程造价管理与生态学的融合是现实环境的选择,是工程造价行业形态的进化。工程造价生态系统是指在一定时间和空间内由相互影响、相互作用的具有相关利益关系的工程造价管理行为人,以实现健康生存和持续发展为目标所形成一种动态联盟体。工程造价生态系统由建设单位、勘察设计单位、施工承包单位、监理公司、材料设备供应商、竞争工程造价咨询企业、专业互补工程造价咨询企业、工程造价管理机构、工程造价管理协会、政府、运营单位等构成,它们在生态系统中担当着不同的角色,各司其职,发挥着不同的功能,但又形成互依、互赖、共生的工程造价生态系统。该定义说明工程造价生态系统是一个相对开放的系统,在这个系统中所有的组成要素相互影响、相互促进;同时,工程造价生态系统也会受到工程造价管理环境的制约和影响,决定了各工程造价物种之间联系的紧密程度。因此工程造价生态系统也可理解为由多个工程造价种群与工程造价管理环境之间的相互关系及其作用而形成的动态联盟体,即工程造价群落里融入工程造价价值和工程造价数据就可形成工程造价生态系统,工程造价群落里各工程造价物种之间工程造价价值传递和工程造价数据的流动与循环相互协同,促成共生共赢的工程造价生态系统。

大数据视野下,工程造价生态系统和工程造价管理的外部环境之间的边界日趋模糊,工程造价数据共享和知识溢出已成为工程造价生态系统中多层级工程造价管理行为人合作竞争与协同演化的主要方式之一。在这种竞争环境下,工程造价数据和知识成了多层级工程造价管理行为人在工程造价管理活动中的重要生产资料,也是决定运行工程造价管理模式的关键。通过选择和构建良好的工程造价生态系统,从外界获取有价值的工程造价数据和知识,是对建设项目的工程造价确定和控制、获取利益的重要途径。

二、工程造价生态系统建设关键要素

基于市场和技术的不断进化,打造良好工程造价生态系统、构建生态优势,成为工程造价行业持续发展的重要战略选择。工程造价生态系统建设必须解决具体工程造价业务怎样做和工程造价管理活动如何管理的问题,随着工程造价大数据的逐步推进,从数据驱动转型要求和工程造价行业自身发展的角度,应该把工作重点聚焦在数据化工程造价管理模式上,从构筑工程造价数据基因、满足开放与合作、平台架构、打造关键业务和活动流程、拥有核心资源、战略协调、内部协同等方面对工程造价生态系统建设要素进行数据化赋能。

1. 构筑工程造价数据基因

工程造价数据基因是工程造价行业运作或解决工程造价问题及其行为背后的基础,是工程造价生态系统成长的土壤。在大数据视野下,工程造价行业打造强大的工程造价生态系统往往是先从打造生态基石着手,工程造价数据基因作为一种指导多层级工程造价管理行为人的规则和共同实施的行为模式,是工程造价生态系统链接的生态基石,应从生态基石做细、做优、做齐的基础上,逐步形成工程造价数据基因库,从而打造基于生态基石的工程造价生态系统。因为工程造价管理模式的本源结构取决于工程造价数据基因的选择性表达,能更精准地反映、认识、掌握工程造价的合理确定和有效控制的一系列活动。所以生态基石是实现数据驱动在工程造价管理活动中赋予服务计算所共同遵守的关联规则、行为契约和共识机制的基础,调整了工程造价生态系统各工程造价管理行为人之间的各种联系,增进了整个系统的生效场景多样性和运作工作效率。

2. 满足开放与合作

开放是社会发展的必然趋势,也是"互联网+"时代的基本原则和重要特征。而工程造价生态系统是在开放的基础上建立的,开放体系让各工程造价管理行为人自由进出,通过相互联系、相互作用的方式实现自身发展。互联网作为信息技术发展的产物,通过开放实现信息交流和资源共享,使得沟通效率极速提升,因此,任何一个工程造价管理行为人都不可能孤立的存在,需要更多的开放、融合与合作,才能使各工程造价管理行为人取得共赢和获得各自利益安排。工程造价生态系统建设需要摒弃封闭,建立共赢机制,持续地在各自工程造价管理行为人内部开放与合作,更重要的是针对不同类型的合作干系人坚持开放,为合作干系人赋能,做到外部的工程造价数据可以顺畅地进来,内部工程造价数据实现对外共享。开放的最终目的就是有效整合内外部工程造价数据,聚集价值链的联盟体,打造良好的工程造价生态环境,构建开放共赢的工程造价生态系统。

3. 平台架构

平台是工程造价生态系统的载体,而工程造价生态系统则是在平台模式基础上形成的工程造价管理行为人网络化协同体系。随着工程造价管理模式的演进和市场化进程加速,平台化已经成为工程造价行业发展趋势,它不仅是建设市场需求的协调者,同时也是建设市场需求的服务者。在平台下,使得相关的工程造价管理行为人聚集在一起,各自发挥各自的优势,共同融合协作,组成一个相互依赖、相互合作的网络共同体。可以说,平台模式是DT时代的工程造价行业重要运营模式,它改写了工程造价管理行为人的生存规则,带来工程造价服务计算、全过程工程造价咨询方式、工程造价管理服务和监管、工程造价数据汇聚与分享和建设项目全面工程造价管理模式的根本性改变。

4. 打造关键业务和活动流程

打造以数据驱动为基础的工程造价关键业务和活动流程是工程造价生态系统获取竞争优势的动力源泉。以数据驱动取代传统的工程造价业务和流程,形成工程造价生态系统的基于活动的工程造价确定方法与基于过程的工程造价控制方法和合作模式。同时打造建设项目的工程造价管理在许多前后接续的阶段和驱动各种各样具体活动过程中必要的业务活动安排,优化流程,提高工程造价业务流程的处理效率。以工程造价数据作为工程造价管理行为人活动的关键资源,追求极致的数据客制化体验,为不同用户创造价值是工程造价生态系统建设的核心,打造工程造价生态系统的价值活动,满足不同用户需求,实现用户、工程造价管理行为人、平台等多方共赢,才能真正构建一个强大的工程造价生态系统。

5. 拥有核心资源

构筑核心资源的数据驱动工程造价管理模式,对于工程造价生态系统中各环节的工程造价业务执行,会以一种及时的方式获取、处理和使用各种各样的核心资源洞见建设项目的工程造价问题,并根据工程造价问题的特性对应的资源需求依赖度的不同,发挥工程造价管理行为人各自团队的一系列技能和知识的组合,借助工程造价业务能力,能够按所必需的工程造价数据资源与技术能力实施独立的运作,对工程造价业务活动能集聚化高效执行和闭环管理。在数据驱动工程造价管理模式画布中,满足工程造价成果文件或针对工程造价服务需求市场的不同,会形成同行业的竞争点,综合资源优势是核心竞争实力评估的重要组成部分,而核心资源是决定各工程造价管理行为人实现价值主张效率的关键所在。

6. 战略协调

战略协调是指工程造价联盟体在打造工程造价生态系统过程中,各工程造价管理行为人都和谐一致,配合得当,达成一种有序的状态来实现建设项目目标。在工程造价管理活动中,工程造价管理行为人通过组织协调,明确协作各方、相关工程造价专业人员之间建立默契配合关系,考虑建设项目类型及工程造价管理应用场景的不同,根据运行环境和信任分级,达成适用的共识机制,去支持工程造价管理应用场景的表达、沟通、讨论、决策,避免工程造价业务或服务运作过程中的障碍,有助于工程造价管理行为人紧密协作,协调和化解各种问题,提高工程造价生态系统运转效率,保证各个工作环节的衔接和实施一系列工程造价管理活动顺利进行,以确保工程造价成果文件或服务顺利实现。

7. 内部协同

内部协同是指工程造价管理行为人内部各个业务部门能够相互依存、相互支持、共生共长,各类业务应用和多层多类服务相互协调,共同构筑一个协同工作体系的内部生态。打造内部生态的一个重要内容就是解决各种冲突所带来的负效应,完善解决各类业务问题的协同工作运行机制,保证工程造价成果文件的质量。首先,在工程造价生态系统中搭建内部行为的规范契约,形成一种内部协作的范式,用以缔约和履行的工具,使内部的各个部门运行的结果都能达成一致;其次,构建以平台为核心的各业务板块互通协同生态,实时监控各类业务的健康状态、查询各类业务生成状态,使每一环节的数据记录可以传递,并且不可篡改和完整追溯,参与业务的内部人员就不必担心因某一人员篡改或利益分配不对称问题等未能达成一致,引起不必要的矛盾。最后,实现各工程造价数据共享流通,保证工程造价数据的完整性、透明性和可验证性,为多个专业工作岗位以直接联系的方式进行信息沟通和工程造价数据传输,确保数据准确性的同时实现工程造价精准定位,提高了数据监管处理效率和安全性,可以扭转相互的短板,提升专业人员的工作效率。

三、工程造价生态系统的构建方法

工程造价生态系统是以一定的结构方式所组成的具有一定功能的动态联盟群体。在这个动态联盟群体构成了"工程造价管理行为人—平台—交互行为"框架,我们把这样的框架称为工程造价管理场。可见,这里所用的工程造价管理场概念,不是一种基于工程造价管理而生成的场,而应该是在框架上发生各种工程造价管理问题的场,它的基本行为在于管理力和管理能的流动变化,并存在着各种关系或深刻的内在联系。而管理力是由工程造价管理行为人获得资源、有效地配置、运用和整合资源的能力;管理能是指事物运动的一种度量,体现价值形式的转换和信息的流动性。因此,工程造价管理场是一种空间,由工程造价管理行为人、工程造价管理资源、规则的本源基本要素相互作用而产生的。而发生各种关系或联系的变化,通过点和线实现形式化表达,再从点和线构成面、体而逐步形成工程造价生态系统。从这个角度可以把"工程造价管理行为人—平台—交互行为"框架用到工程造价生态系统的构建方法上,步骤有:构建平台生态圈,在平台生态圈里制造结点、链接线、绘制面、形成体、聚集ений;植入工程造价生态基因;制定平台生态的标准和规则;打造工程造价数据流动循环,强化协同共享;工程造价服务计算推荐;建立互动溯源匹配的圆桌沟通厅。

1. 构建平台生态圈

选择外向型平台建设,创造共赢、共生、共融工程造价生态圈,围绕建设项目的工程造价管理活动而形成的网络化协同体系,让平台中的各个工程造价管理行为人进行有效整合,明确各自的定位和分工,通过建设市场效应和平台的集群效应,达到平台价值、建设单位价值和服务价值最大化,这样工程造价生态系统就能建立起来。为此,构建工程造价平台生态圈主要是以建设项目为核心的动态联盟群体之间的链接或相通工程造价数据资源而产生的生态效应。动态联盟群体由结点过渡到线,再由线过渡到面以及由面过渡到体的过程中需要管理力和管理能进行交合,才能揭示数据驱动中某些新的联系和嬗变规律,展现给我们的精细、精准、关联与智能,从中选择合适和需要的有趣结果。

(1) 制造结点

结点是指构成动态联盟群体的一些利益关系的工程造价管理行为人。制造结点是个体体现工程造价价值的过程,将工程造价价值创造发挥到极致。平台生态圈中的一个结点,可与动态联盟群体的一些结点发生链接,通过管理力和管理能的流动变化而产生生态效应。

(2) 链接线

线是指工程造价管理行为人的链接能力,从个体因竞争或合作而组成的复杂关系。线链的基础是结点有被链接的价值,其链接能力决定了工程造价管理行为人拥有的资源及涉及的业务。因此,工程造价管理行为人链接能力的评判要素是工程造价业务内容的多少,服务内容越多,链接结点就越多。一个工程造价管理行为人要想与其他工程造价管理行为人发生关系必须拥有多个工程造价业务或多个服务环节的价值创造,才能在合作中取得共生共赢。工程造价管理行为人在平台生态圈中从工程造价业务、工程造价管理过程服务到工程造价资源的开放共享理念,是判断链接能力强弱的关键要素,所以,任何工程造价管理行为人要想构建平台生态圈都必须保持开放。

(3) 绘制面

面是指利益平铺和发展协同。从结点与线链构成的平面,是因建设项目的工程造价管理活动而相互组成动态联盟群体,各个工程造价管理行为人之间围绕工程造价管理活动进行互利共赢、利益平铺进而互通协同、实时监控以及协调化解各种工程造价问题,确保工程造价成果文件或服务的质量要求。绘制平面是动态联盟群体的各方因合作所进行的具体工程造价业务或服务而形成的具体利益关系或契约协议,它们绘制平面的面积大小是衡量各个工程造价管理行为人的业务量或服务的大小与格局场景的标准。利益平铺而展现的面,以合作、共赢、互惠、共生的心态去绘制,其在一定区域范围内聚集所形成的面积一般比较大。因为只有相互赋能,才能打造牢不可破的发展协同。

(4) 形成体

体是指多方利益协同的有机结合体。形成体的结构是多层级工程造价管理行为人之间的相互作用,彼此在各类活动的行为场域赋予特定功能中协同而产生的,但其之间的结合又是有机的。构成动态联盟群体中的多层级工程造价管理行为人协同的关键要素有互助共生能力、工程造价数据标配共享能力、业务交合能力。互助共生是为了使多层级工程造价管理行为人共同将建设项目的工程造价管理活动捆绑在一起,按照角色分工不同相互依赖,通过合作方式实现彼此有利而形成具有一定区域性的联盟集群共生体。工程造价数据标配共享是为了通过数据挖掘与利用使多层级工程造价管理行为人在工程造价管理中创造服务价值,并共享工程造价数据而使管理力和管理能的流动变化产生生态效应。业务交合是为了工程造价应用场景的各种活动有机的结合起来,可利用所揭示业务中某些新的联系和嬗变规律,将各种活动放到要素构成的体里考察,为洞见提供了一系列辐射式业务组合。

(5) 聚集态

态,即业态。业态是工程造价管理活动的存在形式或类型、状态,并且覆盖整个工程造价行业过程。泛指工程造价行业运行的服务形态。态的关键要素是融合、聚集,而聚是为了达到聚合效应,当工程造价管理行为人组合成动态联盟集群共生体后,只有经过聚集才能成为工程造价生态系统。构成动态联盟群体所形成的工程造价行业聚集态,关键在于工程造价管理反应场中运用管理力和管理能的深刻内在联系,才能使多层级工程造价管理行为人围绕工程造价数据展开协同工作,工程造价数据流动与循环、工程造价数据的协同与利用,使数据驱动全面工程造价管理模式的柔性化服务、微服务得以实现,进而形成价值创造、价值分配、价值传递以及价值使用的关系体系。

2. 植入工程造价生态基因

植入工程造价生态基因是支撑工程造价生态系统运用工程造价管理模式的需要。多层级工程造价管理行为人围绕工程造价管理模式而对建设项目的工程造价合理确定和有效控制所开展的一系列活动,是随着时空条件和环境因素沿着某种特定的轨迹运行的,而工程造价管理模式功能定位以及行为方式决定了工程造价生态基因的构造模式、构造特点,因为工程造价管理模式的本源结构取决于工程造价数据基因的选择性表达。所以,植入工程造价数据基因,形成不同的工程造价管理环境与工程造价管理情景适配的工程造价生态基因集,来反映、认识、掌握工程造价管理活动最根本的性状,通过工程造价数据基因的作用,支撑动态联盟群体解决工程造价问题的一系列活动过程的共同理解和认识的共享交互工程造价数据基因,是工程造价管理情景平台上实践活动的行为场域,也是动态联盟群体之间互动运行的操作模式,能在工程造价管理模式的特定轨迹下进行表达、生成,多层级工程造价管理行为人能从工程造价数据基因库当中分析潜在变化规律,利用这个规律对工程造价一系列管理活动的内在本质和运行规律进行识别与判断,确保价值的发挥。

3. 制定平台生态的标准和规则

标准和规则是确保工程造价生态系统可以健康有序、和谐共赢、高效运行的关键,制定好平台生态的标准和规则,是多层级工程造价管理行为人进行工程造价管理活动的根本保证。智能合约是一种具有状态、事件驱动和遵守一定协议的标准。我们可预先制定规则、协议和条款,采用智能合约技术将工程造价管理业务活动规则以代码形式,形成计算机协议,并由平台上的动态联盟群体实施,实现在一定触发条件下,以事件或业务执行的方式,按代码规则处理和操作,把那些标准和规则抽取出来作为一种共同遵守的服务合约,形成各个业务都能使用的规则条款算力。

4. 打造工程造价数据流动循环,强化协同共享

工程造价数据是工程造价生态系统的核心,和水一样,可渗透,可被吸收。在工程造价生态系统中,工程造价数据对于动态联盟群体的管理力和管理能最有益,它可以因流动而产生协同或实现价值的转化,使全过程的工程造价管理活动能连贯协作,进而强化工程造价业务流程基于多层级工程造价管理行为人进行工程造价数据融合分析,必将产生协同效果或生态效应。同时,在平台生态圈中的各个工程造价管理行为人在扮演自己的角色,尽其所能的情况下,施效工程造价数据循环流动,使之渗透于工程造价生态系统的各个环节,共同致力于工程造价生态的建设,使工程造价数据取之于工程造价生态,而用之于工程造价生态,进而强化整个工程造价生态系统。

工程造价数据只有流动循环才能产生一定的效应,碎片化的工程造价数据在建设项目的工程造价管理环节中无法满足工程造价的确定和控制,驱动工程造价数据发挥效应必须以多层级工程造价管理行为人的工程造价数据融合为前提,使工程造价数据的深层价值被挖掘与利用,从而更好地服务于动态联盟群体。多层级工程造价管理行为人自身所在的工程造价生态系统中协同共享工程造价数据,以工程造价数据流动与循环促进工程造价管理各环节业务的整体性分析,使工程造价成果文件得以实现,共同打造一个共生共赢的工程造价生态系统。因此构建平台生态圈除了形成网络化协同体系和打造工程造价数据流动循环外,最重要的是建设一个工程造价大数据分析平台。

5. 工程造价服务计算推荐

工程造价服务计算推荐主要为多层级工程造价管理行为人提供多方面的管理技术与方法、计算模型、分析工具、算法等,有利于各个工程造价管理行为人针对工程造价业务的各种各样具体工程造价问题选择性的配置。主要内容有智能计算算法工具推荐、工程造价知识图谱推荐、造价数据分析工具推荐、标准专题案例推理模型、业务技术与方法相适配,满足了多层级工程造价管理行为人自身对建设项目的工程造价确定计算模式、项目计算模式识别匹配、基于过程造价控制计算、各类风险识别计算模式的要求。同时,可融合多方面的经验、知识、技术、方法和算法,为建设项目工程造价合理确定和有效控制以及各个阶段的业务个性需求提供了多功能的全生命期一体化管理技术与方法,根据建设项目工程造价的动态变化以及在前后接续阶段和各种各样具体活动过程中的不同类型的实际情况提供了不同的具体技术与方法,按需实现相应的服务。

6. 建立互动溯源匹配的圆桌沟通厅

构筑的工程造价生态系统是一个跨越多个工程造价行业组织、集成多项工程造价数据、各类业务应用和提高多层多类服务的协同工作体系,由于动态联盟群体的工程造价管理行为人的地位、相互关系、工作内容及追求目标不同,他们按照各自的职责开展工程造价管理服务,需要建立互动溯源匹配的圆桌沟通厅,为工程造价管理行为人之间搭建起一种相互合作的关系。互动溯源匹配的圆桌沟通厅的构建,必须制定平台生态的统一标准和规则,达成内外部动态联盟的分层共识机制,相互交互融合和沟通交流,使涌现出的工程造价问题应用互动反馈、关联协调、事实评价的一套整体解决方案,实现建设项目的工程造价最佳化、效益最大化,增加工程造价数据合理利用的价值,从而达到工程造价管理相应的目标。而实现互动溯源匹配的圆桌沟通厅需要进行工程造价文化、智能合约管理、分层共识机制和标注项目过程管理的引导配置,可将同属建设项目而分布于不同区域不同管理主体的工程造价管理行为人聚集在一起,实现建设项目的工程造价管理在许多前后接续的阶段和驱动各种各样具体活动过程中的业务互动,能使每一个环节的数据记录可以被传递,并且不可篡改和完全追溯,完整保留整个业务流程所产生的工程造价数据凭据,便于监管和审计,提高工程造价业务流程的处理效率。

第五节　工程造价生态系统与大数据生态系统的关系

如今,我们已进入智能互联网时代,建立工程造价生态系统,是摒弃传统工程造价管理的思维方式,开启工程造价管理模式适应DT技术发展的必然选择。工程造价管理演化发展的本质无疑是优质服务,打造好优质服务的机制和环境,打造好优质服务的人力资源,才能在建设市场竞争中取胜。而工程造价生态系最核心的本质是去中心化和服务多层级工程造价管理行为人,工程造价业务是工程造价生态系统的支撑,DT技术和工程造价数据是两种关键的能量。因此,工程造价生态系统与大数据生态系统的关系是围绕工程造价业务、DT技术和工程造价数据折射出它们之间的联系和内在规律。工程造价管理优质服务形态包括三个关键因素:工程造价数据、智能计算算法工具和工程造价管理决策。大数据视野下的工程造价生态系统,除了多方面的经验、知识、技术、方法和算法外,工程造价数据驱动的辅助决策显得越来越重要。因为DT技术只是工具,解决工程造价业务问题才是关键,而工程造价大数据分析核心就是解决工程造价业务问题。

一、解决工程造价业务问题与大数据思维的关系

在建设项目的整个工程造价管理活动中存在着工程造价业务问题的许多类型,如项目的可行性研究、项目经济评价、概预算、合同价款争议、工程进度款纠纷、工程索赔、工程结算纠纷、拖欠工程价款纠纷等,在处理解决这些工程造价业务问题时,应该按照不同的类型明确分析的思路,明确分析的思路就是为了解决问题,思维的导向驱动行为方式,所以从大数据思维切换的角度出发还是为了解决工程造价生态系统中面临各种类型的工程造价业务问题。当我们对各种类型的工程造价业务问题展开分析时,首先应该从已经知道的业务问题中理出一个清晰的思维层面,按照一定的思维方式和思维方法找出大数据现象和表征背后的本质,再借助大数据分析的方法和技术工具,将一些看似无关的数据整合起来为解决工程造价业务问题提供计算服务。其次采用数据驱动确立构建精细化解决工程造价业务问题,融合数据分析与业务流程,提高工作流程效率和业务流程准确率。大数据技术和思维改变了传统的解决工程造价业务问题处理方式,数据驱动可以更清楚地发现在解决各种类型的工程造价业务问题过程中无法揭示的细节信息。基于大数据思维、数据驱动的理念和实践是解决工程造价业务问题,创造工程造价成果文件质量的原动力。

二、工程造价生态系统与DT技术生态的内在关系

对于工程造价生态系统来说,以数据驱动工程造价业务运行、驱动工程造价管理咨询服务,必须把它放在一个基于互联网的生态体系中,形成造价数据分析模型、工程造价计算模式,工程造价数据流贯穿工程造价管理的全过程,整个工程造价生态圈的全部工程造价业务流程都以数据驱动,工程造价管理行为人根据自身的业务活动协同工作、共享工程造价数据、融合分享各个过程的工程造价成果文件,全过程做到了精准、高效、有序。而DT技术是以分布式协作、融合分享、激发生产力的生态技术,与工程造价生态系统有着必然的内在联系,整个工程造价业务运行和工程造价管理咨询服务链条需要圈定工程造价数据范围、融合

集成工程造价数据、挖掘工程造价数据、分析工程造价数据、可视化工程造价数据,并运用DT技术链选择性地为工程造价业务运作流程的对接以及处理解决各种类型的工程造价业务问题提供了支持,满足各种类型的工程造价业务问题需求的变化和各个层面的多种计算模式。

三、工程造价数据治理与大数据生态系统的逻辑关系

通过工程造价大数据的逐步开放、利用,推动工程造价行业治理转型升级并提升服务能力,已成为工程造价管理行为人的共识。因为共享和重用工程造价数据可以降低工程造价管理行为人的各种成本,并可通过多种类型的工程造价数据融合来提升数据驱动的价值。但是,工程造价生态系统也面临种种矛盾,如动态联盟体的各个工程造价管理行为人的利益纠葛,工程造价数据归口不一,工程造价数据之间存在着这样那样的矛盾;还有内外各分工岗位条块分割导致工程造价数据孤岛,而将内外工程造价数据统一集中,如果得不到有效反馈和应用溯源,就很难保证质量;再有存在着工程造价数据共享和开放如何管控的问题,涉及工程造价数据开放与隐私保护、权衡工程造价数据共享程度和安全管控等多方面的因素。大数据生态系统为工程造价数据治理提供了思路、方法和技术,工程造价数据治理是对工程造价生态系统中相关工程造价数据的可用性、完整性、准确性、规范性和安全性等的全面管理。所以说,工程造价数据治理是技术与管理的结合。工程造价数据治理离不开多种不同类型的工程造价业务活动,工程造价业务治理架构必然覆盖着工程造价生态系统各个层次的基本需求。数据驱动工程造价业务与工程造价管理服务需要在动态联盟体的各个工程造价管理行为人之间建立起某种形式的信息桥,而有效的工程造价数据治理就是这座信息桥的骨架,也是大数据生态系统的一项核心基础工作。数据驱动的工程造价数据治理是可持续发展工程造价生态系统的必然要求,在有效的工程造价数据治理智能化的过程中,应该利用DT技术生态下的大数据相关核心技术和区块链技术,从工程造价数据整合、工程造价数据治理、工程造价数据标准和智能计算应用服务等多个层面制定一套标准的管理程序和流程,达成智能合约管理、分层共识机制和标注项目过程管理的应用场景,保证在多个应用程序之间以一致的方式进行流动,最终目标是保证工程造价数据的有效性、可访问性、一致性和安全性,实现基于工程造价大数据的工程造价价值赋能,支撑工程造价管理服务流程的精简化、工程造价业务的精细化和标准、规则与协议制定的精准化。

四、工程造价管理模式要素与大数据应用的对应关系

工程造价管理模式描述了多层级工程造价管理行为人如何合理确定工程造价和有效控制工程造价,实现相关利益主体的工程造价管理利益最大化的基本原理,在大数据驱动下,如何通过扩展多层级工程造价管理行为人的认知能力而达到智慧?构成工程造价管理模式的基本要素有工程造价业务平台、工程造价数据基因集、工程造价确定和控制、工程造价管理成果文件。通过将工程造价管理模式的基本要素与工程造价大数据应用金字塔模型相结合,可以非常清晰地看到工程造价大数据与工程造价管理模式的各个基本要素的具体关系,它们组成了一一对应关系。图3-1所示为工程造价管理模式要素与大数据应用的对应关系。

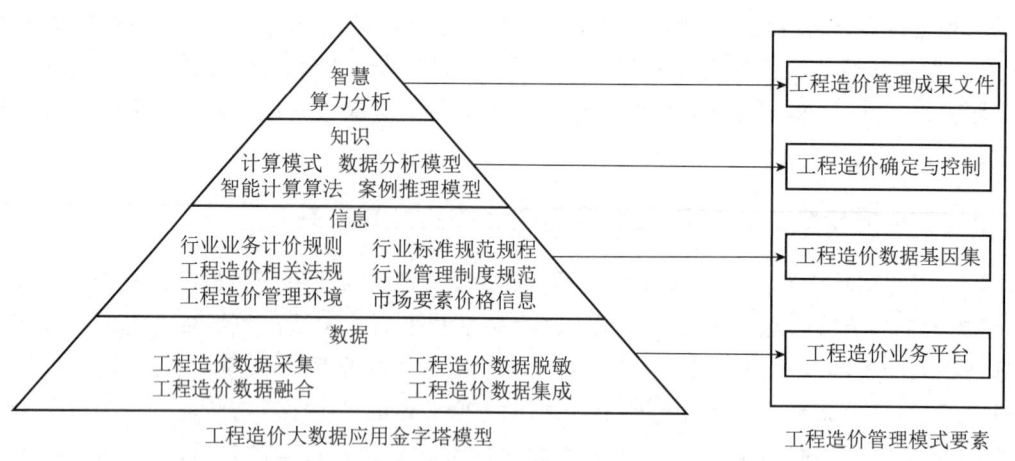

图 3-1　工程造价管理模式要素与大数据应用的对应关系示意图

工程造价生态系统的工程造价大数据应用必须结合不同层次的工程造价业务的应用场景和对应技术解决方案,随着工程造价大数据应用体系的持续构建,工程造价管理模式的各项基本要素将完全通过数据驱动进行自主深度学习和解决工程造价生态系统各类工程造价问题的能力,从而利用工程造价数据实现真正意义的工程造价管理智能。

第四章　工程造价生态系统结构属性与适宜性分析

任何一个生态系统都是由生物成分和非生物成分两部分组成的,有着共性的结构、功能、规律及其一般属性,工程造价生态系统同样也具有一定的结构与属性。工程造价生态系统作为一个开放系统,从其结构看,所表现的是工程造价管理群体、工程造价管理资源和工程造价管理环境相互联系的依存关系;从运行机制看,则表现为工程造价管理一系列要素之间相互作用、相互影响的制约关系;从属性看,描述了工程造价生态系统固有性质与之间关系的内在价值主张。工程造价生态规律是工程造价管理群体、工程造价管理资源和工程造价管理环境之间的必然的本质的联系,在全面工程造价管理中起着决定作用,它具有维护工程造价生态系统整体平衡的特点,共同体现为结构和功能的相互协调与组合,依据工程造价生态系统的基本属性,其结构内部所固有的相互联系、相互影响、相互制约的价值关系及其运行机制协调统一的动态联盟体系,决定了工程造价生态系统基本结构之间的相互协调关系及其完善程度。因此,工程造价生态系统结构的形态和组合状况,既决定动态联盟体系的内部结构组成方式及其发展程度,又必然反映工程造价生态系统的本质属性。同时有必要对工程造价生态系统结构的适宜性进行分析,根据工程造价管理模式的演化机制以及工程造价管理群体、工程造价管理资源和工程造价管理环境特点,判断工程造价生态系统结构的这些要素之间交互的关系程度和联系的紧密程度,使之达到它们的适宜性合理配置的目的。

第一节　工程造价生态系统结构

构成工程造价生态系统的各种要素,在一定的空间内处于有序状态。这种有序状态在一定的时间内是相对稳定的。这种空间和时间上的相对有序稳定状态,称为工程造价生态系统的结构。按照第三章对工程造价生态系统与自然生态系统在组分结构、形态结构、营养结构和整体结构上的生态相似性分析比照,揭示了工程造价行业与自然界存在着微妙的关系,工程造价生态系统组成的这些要素在空间上、时间上的分布配置以及物流、能流、价值流和信息流在各要素间的转移、循环途径与传递的过程中,使工程造价生态结构、工程造价生态功能、工程造价生态环境融为一体,在相互协调的良性循环下,促进建设项目的全面工程造价管理融合分析及各类本源性活动机理之间的内在关系、工程造价管理机制服务、工程造价监督控制按工程造价生态规律健康运行和动态发展,进而提高工程造价生态系统的服务能力。

一、工程造价生态系统结构基本介绍

按照工程造价生态系统与自然生态系统结构的生态相似性分析比照,我们对数据驱动的全面工程造价管理体系进行归纳分析以及工程造价管理模式演化机制的分析,可以归纳为工程造价生态系统是由工程造价管理环境、工程造价管理资源、工程造价管理群体三个部分组成,三个部分相互影响、相互渗透,构成了工程造价生态系统特有的结构,如图 4-1 所示。

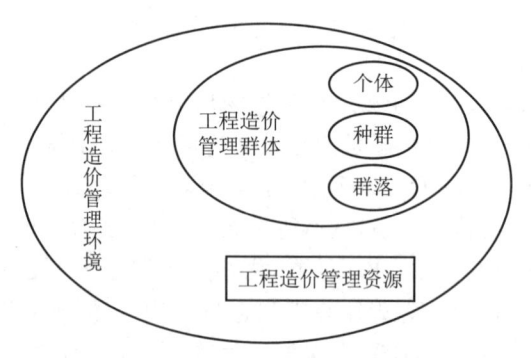

图 4-1 工程造价生态系统结构示意图

工程造价生态系统在结构上是一个整体,从图中可以看出,最外围是工程造价管理环境,而工程造价管理群体和工程造价管理资源与工程造价管理环境有着紧密的联系。工程造价管理群体是工程造价生态系统的主体,其主体的构成是具有一定组织层级的物种的集合,是由个体、种群和群落组成。工程造价管理资源是数据驱动工程造价标配的生态基石,是工程造价生态系统洞见场景以及动态发展的赋能基础。工程造价生态系统结构特征与规律可以从工程造价管理环境、工程造价管理群体和工程造价管理资源等方面分析,它们实质上是相互影响、相互促进、相互制约与密不可分的。以下将以该结构示意图为依据,分别从工程造价管理环境、工程造价管理群体和工程造价管理资源三个方面分析工程造价生态系统的结构和内容。

二、工程造价生态系统的环境结构

环境一般指相对于中心事物而言的背景。[①] 现代社会,环境的存在和发展构成了社会各种活动的基本条件。各种生命因素、有机物质是人类的有机环境;一切非生命因素、无机物质是人类的无机环境;有机环境与无机环境的总体构成人类的生态环境。工程造价生态系统的工程造价管理环境是指在一定时间内对工程造价管理活动有影响的各种客观因素与力量的总和。工程造价管理活动总是在一定的环境内发生的,特别是 DT 时代,工程造价生态系统的各种外部环境影响的强度和广度大大增加和扩展,使数据驱动工程造价管理活动更加复杂化,是一个结构复杂,功能多样的环境综合体。工程造价生态系统的环境是由多个工程造价管理环境因素交织在一起,相互作用、相互影响和相互制约,共同形成了一个整体的影响效应。它具备客观性和开放性两个特征。工程造价生态系统环境是对工程造价管理群

---

① 姜晓萍、陈昌岑:环境社会学,四川人民出版社,2000 年版,第 1 页。

体活动产生影响和制约的客观条件,对任何工程造价管理群体,都是不以其意志为转移的客观现实;任何工程造价管理行为人,都要受到工程造价管理环境的影响,在合理确定与有效控制的服务计算过程中,随着工程造价管理环境不断改变而做出一定的反应和调适,它的作用渗透到工程造价管理活动的每个角落。

1. 工程造价管理环境组成因素

工程造价生态系统依赖其工程造价管理环境一般是整体性的和全面性的,这类影响因素具有时间重要性和路径依赖性,往往要与具体工程造价管理活动进行互动,需要工程造价管理活动与当下工程造价管理环境相吻合,必须适应工程造价管理环境的变化,才能做出迅速有效的反应。这些工程造价管理环境的影响因素可归纳为政治法律因素、经济因素、技术因素、区域因素、工程造价文化因素等。现分述如下:

(1)政治法律因素

工程造价管理环境的政治因素是指工程造价管理群体从事工程造价管理活动所面对的各种政治因素和条件的总和。工程造价管理活动对国家方针政策的依赖性很强,这不仅因为政府对投资规模的政策调整会对建筑业产生巨大影响,而且还在于政府是建设领域的重要投资者和消费者。政府对建设工程往往通过以税率、利率为杠杆的财政和货币政策来调控宏观经济,这虽然是间接的,但约束强度很大,其影响是直接和深刻的。而法律和法规作为国家意志的强制体现,对于规范建设市场与组织机构行为有着直接作用,必须有完备的法制来规范和保障。工程造价生态系统在进入有形市场所从事的工程造价商务活动中应根据工程造价管理模式制定工程造价决策模型,这就必须掌握本行业中的各类法律、法规,又应对相应的法律、法规有必要的了解,特别是工程造价领域所规定的一些政策、行政法令、计价依据和规章制度。对于承包国外工程的工程造价管理行为人也需要了解国际法及东道国的建筑法律体系。所以,这些法律、法规和行政法令等对工程造价管理活动将产生影响和干预。

(2)经济因素

经济因素主要包括宏观和微观两方面的内容。具体来说,工程造价管理环境的经济因素是指构成工程造价管理群体生存和发展的社会经济状况和国家经济政策。不过这里的宏观经济因素,更多是从工程造价生态系统角度来认识平台经济的状况和政策对工程造价管理模式的直接影响;微观因素主要考虑服务区域的各种因素,它决定目前及未来建设市场的大小,这就有必要了解所服务区域经济状况发生的变化。我国建设市场对经济形势的变化很敏感,工程造价本身就是国家或地区经济情况的直接反映,与建设行业有关的机械、建材、钢铁、水泥、运输、金融等相关行业发展的状况和水平,都直接影响工程造价管理活动。因此,分析相关行业经济波动原因也便成了工程造价管理活动外部经济环境分析的主要内容。在共生共赢的工程造价生态系统中,当我们在进行工程造价管理活动时,带来工程造价服务计算、全过程工程造价咨询、工程造价管理服务和监管等运行机制,应同时考虑其适用实效问题,即应尽可能地运用数据驱动预测分析经济形势对工程造价波动的相关因素。

(3)技术因素

当代科学技术日新月异,新成果通过大大小小的项目形成生产力。工程建设项目中所用的新工艺、技术、材料和方法,对工程造价都会产生影响,其中影响力较为突出的主要表现在新型建筑材料、新的建筑设计和新的结构设计形式、新型施工机械与施工工艺等方面。因此，技术因素对工程造价的影响往往是多方面的，它反映了技术因素的综合作用，也反映了分析技术因素对评价工程建设项目价值和工程造价管理影响的复杂性。当我们开展工程造价管理活动时，运用大数据了解新技术、新材料、新思维在建设行业推广同样是工程造价管理活动外部环境的研究内容。

（4）区域因素

由于建设工程项目所处的地理位置不同将对工程造价管理活动所产生不同的影响。区域，这里也称地域，其概念范围很广，可指各国、各地区宏观工程造价管理活动的范围，也可指某确定的建设项目区域内具体位置的微观工程造价管理活动范围。这里所论述的区域因素，主要从地区或者城市两个方面考虑。区域因素主要包括交通条件、基础设施状况、地质情况、供水供电设施、文化生活服务设施、环保等，对于不同的工程建设项目，其影响工程造价的程度是不同的，甚至表现出很大的差异性。地理位置直接影响项目建设所需资源的投入费用，改变了项目的工程造价。工程项目的形体庞大和位置固定等特点决定了地质环境是项目建设的重要影响因素，像高层建筑与低层建筑，地质因素的重要性就不一样，工程造价也表现不一样。又比如土壤耐压力、基岩深度、地震烈度、土地坡度都会影响到工程造价。因此，我们在进行工程造价管理活动时，在平台上，通过汇聚的工程造价数据来考虑和分析区域环境的各种因素所造成的影响。

（5）工程造价文化因素

工程造价文化是指在工程造价管理活动中长期形成的共同理念、方式、操作习惯和行为规范的总和。工程造价文化环境的形成经历了漫长的历史发展过程，是随着时间推移而逐渐形成和完善的，伴随着历史的延伸发展所形成的工程造价文化思想，是传承着匠人的痕迹而不断进化的。任何社会的经济体制，都会有其相应的文化基础。建立工程造价生态系统运行机制的工程造价文化基础，是对有关传统工程造价文化的全面更新和改变，由于文化是一种时代的精神力量，虽然是无形的，但是它通过影响人的思想和行为所产生的巨大能量是不可低估的。工程造价文化是一种适应客观要求的精神力量，它以柔性的内调控制和规范，影响或促进工程造价管理行为人对工程造价问题评价活动的价值标准，从而成为工程造价管理活动的重要价值引导和价值取向。因此，我们应当扬弃那些不符合工程造价行业市场化要求的陈旧观念，挖掘其中蕴含着的优秀的工程造价文化内涵，使我们能在 DT 时代的工程造价生态系统中超越时代的桎梏，从工程造价文化要素的影响范围和影响力揭示工程造价生态系统的文化机理。

2. 工程造价管理环境结构的基本框架

工程造价管理环境结构主要由政治法律环境结构、经济环境结构、技术环境结构、区域环境结构、工程造价文化环境结构构成。其中政治法律环境结构由政治体制、政治制度、法律法规、政治意识形态、国际环境构成；经济环境结构由经济类结构、科技性结构和社会要素结构构成；技术环境结构由新型建筑材料类、新的建筑设计类、新型施工机械类和施工工艺类构成；区域环境结构由交通与基础设施类、地质情况类、供水供电设施类、文化生活服务设施类和环保类构成；工程造价文化环境结构由精神文化层、制度文化层、行为文化层和物态文化层构成。政治法律环境与各分类环境及所属的一系列子环境有机地组合在一起，形成统一完整的工程造价管理环境结构。按照上述对工程造价管理环境结构关系的叙述，可将其归纳为如图 4-2 所示的结构框架图。

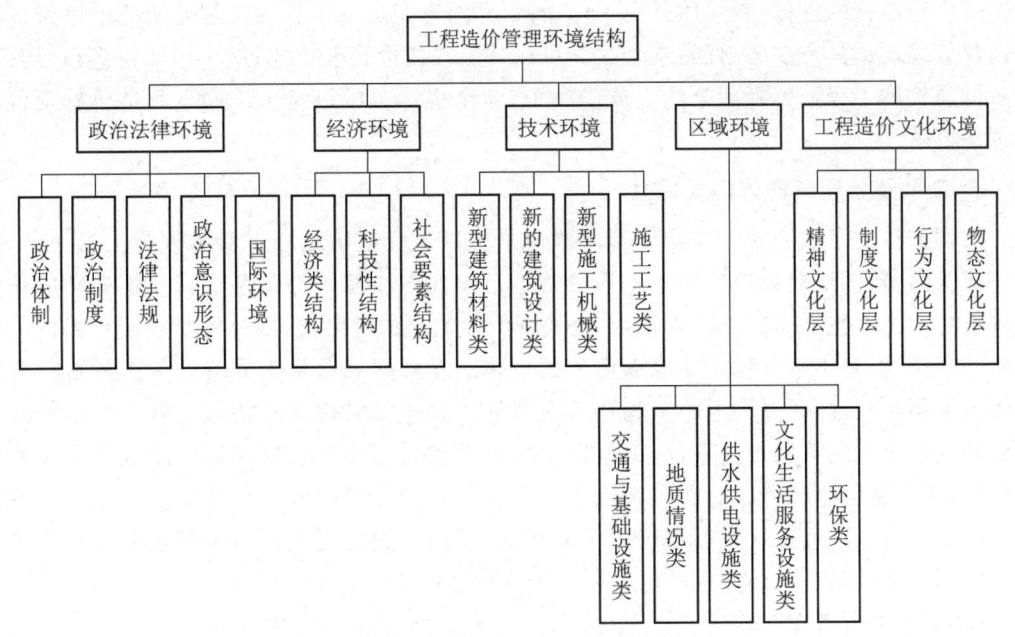

图 4-2　工程造价管理环境结构框架示意图

3. 工程造价管理环境结构的内在联系

工程造价管理环境结构构成的基本因素,在工程造价生态系统中,它们之间的关系,所表现的工程造价管理模式适应性是建立内部联系的基础,而其不同工程造价管理模式所具有的特殊性,则是决定其环境结构体系之间关系的依据。首先,政治法律环境、经济环境是按其工程造价生态系统形成的各类工程造价管理活动受到政治体制、国家的方针政策、有关法律法规的限制,同时也受到经济类投资结构和社会要素结构的影响来划分的。政治法律环境和经济环境是工程造价管理环境的基础,直接反映整个工程造价生态系统的发展状态,离开它们,工程造价生态系统形成的各类工程造价管理活动就无法运行,就不能与具体的工程造价管理情景互动。其次,技术环境、区域环境则形成了具体的工程造价管理情景的辅助服务体系。它从不同方面进行各类工程造价管理活动的适应组合和服务配置,是具体的工程造价管理情景服务计算的支持和保证。最后,工程造价文化环境是对上述政治法律环境结构、经济环境结构、技术环境结构、区域环境结构的客观补充,受到政治法律因素和经济因素的制约,它使运用各类环境因素的关系外延更加扩展,进而使工程造价管理环境结构的各种内在关系更加完整。因此,可以说工程造价管理环境的各种环境因子之间的关系是相互联系、相互制约、相互促进的,在各种环境因子的共同作用下,形成了工程造价生态系统环境的有机整体,将对工程造价管理群体的行为方式产生影响。

三、工程造价生态系统的群体结构

自然生态系统中各物种、种群、群落的生物关系形成了有序的能流、物流网,自组了有序的层级结构,维持着整个生态系统的平衡。工程造价生态系统与自然生态系统一样是具有一定组织层级的工程造价管理行为人的集合,在层级这一有序结构中,形成了物流、能流、信息流的价值网,自组了有序的工程造价管理个体、种群、群落。因此,工程造价管理群体是工程造价生态系统的主体,其主体是由个体、种群和群落组成的。作为工程造价生态系统的工程造价管理群体具有多种内涵:这个主体可以是工程造价管理个体;这个主体也可以是具有某种同质性的工程造价管理个体组成的种群;这个主体也可以是由不同工程造价管理种群组成的群落。

1. 工程造价管理群体组成因素

工程造价生态系统的工程造价管理群体是指以工程造价服务平台为人际沟通中介,以信息流为纽带,围绕建设项目的工程造价管理活动而形成特定的角色进行数据驱动的持续协同化的动态联盟群体。具体来说,一是实现群体沟通的网络化;二是围绕建设项目的工程造价管理活动,基于平台动态结缘而诞生的群体。互联网平台将不同特点的工程造价管理行为人聚集在一起,通过一定的工程造价业务和工程造价管理模式使得一些工程造价问题得到顺利解决。从某种角度来说,工程造价生态系统与工程造价管理群体组成因素关系非常密切,工程造价管理群体的参与和使用是直接或者间接影响到工程造价生态系统发展的主要因素。按照工程造价生态系统的主体行为,我们一般可把工程造价管理群体分为工程造价管理个体、工程造价管理种群、工程造价管理群落三个基本组成因素。

(1)工程造价管理个体因素

工程造价管理个体是指在工程造价生态系统中可以独立完成一定工程造价管理行为的单元,是工程造价管理群体中特定的一个主体。工程造价管理个体自身不同的属性决定了其在工程造价生态系统中的地位以及与其他工程造价管理个体、工程造价管理群体以及工程造价管理环境之间的关系。工程造价生态系统运行机制会对其中的工程造价管理个体进行本系统的价值主张、答布效应、行为契约的濡化,使工程造价管理个体的思维与行为融入其中,成为工程造价生态系统的一分子。工程造价管理个体的思维与行为构成了工程造价生态系统的一种聚集效应,在强调系统整体性时,也应该注重工程造价管理个体的时空个性化、方式个性化和内容个性化的影响,这是工程造价生态系统多样性的保障。因此,工程造价管理个体处于相互联系的工程造价生态系统群体中,不可能单独存在而脱离这些联系。

(2)工程造价管理种群因素

工程造价管理种群是指在工程造价生态系统中具有相同属性或相似性质的工程造价管理个体的集合。在工程造价生态系统中,由于在特定时空条件约束下形成的各类具体工程造价业务活动以及许多前后接续阶段活动的工程造价管理,就会有不同的工程造价管理种群。但同一工程造价管理种群,按照建设项目的工程造价管理性质,由于区域经济、文化、地理环境、习惯等的差异在一定时间内会形成处于不同活动区域的工程造价管理种群。随着移动互联网与工程造价管理行为人的相结合,进而使原有模式与格局发生蝶变,并有持续不断发展的趋势而成为一个新的工程造价管理物种。在多元工程造价管理种群、多元风格的工程造价生态系统下,各种类型的工程造价管理行为人在各自的特有的工程造价管理活动内的工程造价业务发展以需求和价值提供了动力源,在工程造价平台上,打破了区域空间的限制,使工程造价管理种群的特征发生变化。上面的概念已告诉我们:工程造价管理种群是由一定数量的同种工程造价管理个体组成,进行共同活动、相互交往,但这种组成并不是简单的相加,而是根据建设项目的工程造价管理需要组合在一起的。所以,工程造价管理种群生态,因聚合而产生工程造价管理效应。

(3)工程造价管理群落因素

工程造价管理群落是指在工程造价生态系统中的各种工程造价管理种群所组成的,具有一定结构和功能的共同体。任何一个种群在自然界中都不能孤立存在,它们与其他物种的种群一起形成群落。同样,在建设市场条件下,建设项目类型的多样性,工程造价管理组织由于专业人才、业务技术等方面的短板,必须促使联合,进行交合,取长补短,形成专业互补、互利共赢、互利共生的生态集群模式,才能提高管理力和管理能而进行精细、精准的互动。在工程造价管理群落中,各种工程造价管理种群不是杂乱地组合在一起,各种工程造价管理种群的组织形式、行为场域特征、各类本源性活动及发展演化都呈现一定的规律性。工程造价管理群落因素构成一般分为基本要素和本质因素:其基本要素包括以一定的工程造价业务关系为基础组织起来的工程造价管理行为人、一定的区域、联盟的工程造价业务活动、群落的行为契约和关联规则、群落文化机理和工程造价管理模式的认同感。而工程造价管理群落的本质因素包括工程造价管理活动互动形式、区域性和分层共识机制等。

2. 工程造价管理群体结构的基本框架

工程造价管理群体结构按照从微观到宏观可以分为工程造价管理个体结构、工程造价管理种群结构、工程造价管理群落结构三个层级。其中工程造价管理个体结构由各类工程造价管理个体、工程造价管理行为人个体、各类专业造价工程师个体、建设领域各类技术专家等构成;工程造价管理种群结构由工程造价管理行政型种群、工程造价咨询型种群、材料设备供应型种群、勘察设计型种群、建筑工程施工单位型种群、建设单位型种群、监理公司型种群等构成;工程造价管理群落结构由工程造价管理协会型群落、建设领域动态联盟体群落、虚拟企业集群型群落、建设项目动态集群型群落等构成。工程造价管理个体、工程造价管理种群、工程造价管理群落及所属的一系列子结构构成有机地组合在一起,形成统一完整的工程造价管理群体结构。按照上述对工程造价管理群体结构关系的描述,可将其归纳为如图 4-3 所示的结构框架图。

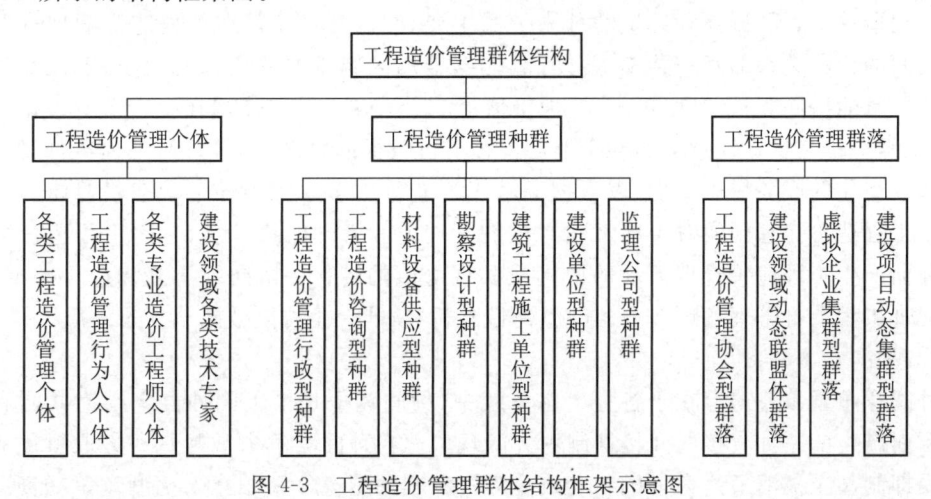

图 4-3 工程造价管理群体结构框架示意图

3. 工程造价管理群体结构的内在联系

工程造价管理群体结构作为工程造价生态系统的主体,其构成并不等于工程造价管理行为人与工程造价管理行为人的简单相加,而是具有一定组织层级的工程造价管理行为人的集合。自然界中各物种的个体、种群、群落的生物关系存在着种内关系和种间关系,这种微妙的关系也可在工程造价生态系统得到体现,工程造价生态系统作为生态系统的一个类型,具有一般生态系统的基本特点。但工程造价管理群体在其工程造价生态系统中具有一定的特殊性,集中体现在工程造价管理活动场域的管理力和管理能以及组织方式的特殊性,而这种特殊性在于工程造价管理环境和工程造价管理资源之间发生交互作用,则其交互关系构成了工程造价管理种群的种内关系,也形成了工程造价管理群落的种间关系,显得更加丰富复杂。工程造价管理种群的种内关系是指工程造价管理种群内部不同个体间的相互关系,存在于一个工程造价管理种群内部的关系。主要表现在两个方面,其一是相互竞争的种内关系,其二是互利共生的种内关系。工程造价管理群落的种间关系是指各个工程造价管理种群之间的相互作用所形成的关系,存在于不同的工程造价管理种群之间。自然界的生物种间关系是十分复杂的,主要表现为捕食、竞争、寄生和互利共生关系。工程造价管理群落的种间关系与自然界的生物种间关系一样都有着微妙关系,限于篇幅,这里只列出种间竞争关系和互助关系。

(1)种内竞争关系

工程造价管理种群内的个体为了得到对自己有利的建设项目资源而对工程造价管理种群内其他个体产生不利影响的现象就称为种内竞争关系。各个工程造价管理种群内个体为了争夺建设项目的承包施工、建设项目的工程造价咨询代理、建设项目的监理、建设项目的设计、建设项目的材料设备供应等有利资源而引起的竞争叫种内竞争,这种种内竞争关系对于建设项目的建设单位来说是有利的,也有利于该工程造价管理种群间的进化发展,工程造价管理种群的管理力和管理能也依赖于内部的潜在竞争。这种竞争迫使各个工程造价管理种群内个体提升管理力,对成果文件的质量和精细、精准的服务计算要求更高,这种竞争对整个生态还是有益的。

(2)种内互利共生关系

工程造价管理种群互利共生的种内关系主要有二:其一体现在工程造价管理种群内的个体之间的合作关系的互利共赢上。互利能够增加区域双方的适合度,有利于在开展工程造价业务时能协同互补,克服短板,实现价值流的最大化。其二体现在工程造价数据流动循环,使工程造价信息真实意义的共享上。工程造价数据的协同与利用,使工程造价管理的柔性化和数字化的服务得以实现,以数据驱动工程造价生态系统中各个动态联盟体的协同与共赢。工程造价信息施效对于动态联盟体的管理力和管理能最有益,它因工程造价数据流动循环而产生工程造价管理活动的协同或实现价值的转化。协同共享工程造价数据,使信息流促进工程造价管理各环节业务的整体性分析,将能产生协同效果或生态效应。

(3)种间竞争关系

种间竞争现象普遍存在于各种生态系统中,种间竞争是指不同种群之间为共同利用同一资源而产生的一种直接或间接抑制对方的现象。在种间竞争中常常是一方取得优势而另一方受抑制甚至被消灭。竞争机制大致分为资源利用型竞争和相互干扰型竞争。资源利用型竞争是指两种物种如果共同利用同一资源,一种物种会由于先对这一资源的利用而降低另一种物种的资源的可利用性,对后者产生副作用,从而影响另一种物种可利用的资源量的一种行为。而相互干扰型竞争则是指一种物种借助行为排斥另一种物种使其得不到资源的行为。在工程造价生态系统中,在区域尺度条件下,跨行竞争体现了建设领域转型的发展态势,基于业务的延展,建设项目的全过程工程咨询服务对工程造价咨询企业型种群、勘察设计单位型种群、建筑工程施工企业型种群等都有共同的行为需求,为了争夺区域尺度优势和建设项目的全过程工程咨询服务资源,就必须有竞争的能力,这种种间竞争的能力取决于种群的生态习性、业务认同感和生态幅度等。具有相似生态习性、业务认同感的工程造价管理种群,在对建设项目的全过程工程咨询服务资源的需求和获取建设项目的全过程工程咨询服务资源的手段上相互干扰竞争显得比较激烈,尤其在区域尺度条件下密度大的工程造价管理种群竞争更是十分激烈。而如果工程造价管理种群间对资源的需求和获取手段有较大的差异,在种间资源利用竞争中,常常是一方工程造价管理种群取得优势,而另一方工程造价管理种群受到影响而降低竞争的能力。

(4)种间互助关系

工程造价管理种群种间互助是指为了实现共同的利益和目标,在一定工程造价管理环境中彼此之间相互合作、互相帮助、互相支持、密切配合,协调一致地行动的生物关系。工程造价管理种群互助的种间关系主要有三:其一体现在工程造价管理种群间之间的业务技术关系的互助上,业务技术互助能够在工程造价管理活动中有效地内化经验和技能,有利于在开展工程造价业务时能配合互补,互惠交换的技术协作,达成共识,共同完成工程造价成果文件;其二体现在交往频繁、关系密切、信任度高的信息链上,使工程造价信息流的引导功能具有明确的针对性和指向性,在信息链上就能识别种间的角色和关键联系,以获取精准工程造价数据;其三体现在种间价值创造、价值分配、价值传递以及价值使用的关系上,具有互助的种间关系在进行工程造价知识的分享与获取、工程造价资源的利用与获取等多个环节可使用种间互助效应创造价值并获得利益。同时,可以充分利用种间的管理力和管理能,协调工程造价管理种群的各个关系为种间创造更好的服务体验,在合作、互补的价值匹配过程中产生融合,形成一个协同、共赢、互助的柔性化和数字化服务体系。

四、工程造价生态系统的资源结构

资源是指对人类有用的各种物质要素的总称,它包含自然资源、经济资源和社会资源。在人类与自然相互作用的过程中,人类在特定自然环境中通过对自然的逐步深入认识,逐渐建立了满足合理需求的各种体系。任何一个生态系统都是由有机环境和无机环境两部分组成的,而人类的生存环境不同于生物的生存环境。环境与资源从质上讲是同一含义,只是在对人类的政治、经济、社会、文化及其他的各种活动具有不同功能时才分为环境和资源。工程造价生态系统正是基于这种功能目的,才把它分为工程造价管理环境与工程造价管理资源。由于在工程造价生态系统中工程造价管理活动的一系列重要环节构成了一个从市场到市场的工程造价循环圈,这个工程造价循环圈的各个环节之间以及每个环节内部,都存在着大量的工程造价管理资源流,它们相互交织在一起,相互契合,维持着有向、有序、高效的循环。所以数据驱动的工程造价管理资源在工程造价生态系统中的地位如同位于工程造价循环圈的轴心,支配着工程造价循环圈的每一个环节,而且影响着整个工程造价循环圈。

1. 工程造价管理资源组成因素

工程造价管理资源的最大特点是它横跨整个工程造价生态系统运动形态,适用于工程造价管理活动的方方面面。因此,我们可以这样认为,工程造价管理资源是工程造价管理行为人沟通的命脉、工程造价决策的依据、工程造价合理确定和有效控制的基础、数据驱动工程造价生态系统的基石、工程造价管理模式演化的必要手段。工程造价管理资源是工程造价生态系统洞见场景以及动态发展赋能的施效影响因素,因为这些因素决定了工程造价管理群体协同运作的深度以及复杂的协调过程。这些因素主要包括工程造价技术资源支撑因素、工程造价数据资源基础因素和工程造价服务资源手段因素三方面内容。

(1)工程造价技术资源支撑因素

工程造价技术资源支撑因素作为整个工程造价管理资源的最底层,为整个工程造价生态系统提供了软硬件和技术的支持。主要包括:网络基础设施、网络各类管理软件、互联网技术、各种开发语言和技术、大数据基础支撑技术以及计算资源和分析技术、各类工程造价业务应用系统等,工程造价技术资源支撑因素多是在工程造价生态系统基础管理层面的,要使工程造价生态系统运行机制落地,一定要有一个清晰的应用架构,并明确其关键技术、流程和核心功能。要支撑工程造价生态系统一体化解决工程造价问题,首先应对工程造价技术资源本身的基础关键技术体系进行分析,从架构设计角度去理解基础支撑技术选型问题;其次需要从工程造价生态系统业务应用流程层面梳理和理解工程造价技术资源的应用过程、目标,如何根据不同的工程造价业务应用需求设计不同的技术流程,来满足不同工程造价业务应用需求的变化和扩张。

(2)工程造价数据资源基础因素

工程造价数据资源是多层级工程造价管理行为人在以建设项目为中心的工程造价确定与控制以及工程造价管理活动过程中所必需的数据,是工程造价生态系统数字化、个性化、一体化、协同化和知识化需要的智能化服务模式的行为场域关键技术保障。以工程造价管理流程为主的线性决策模式逐渐向数据驱动的扁平化决策模式转变,使得工程造价生态系统的各动态联盟体的角色和相关数据流向更趋于多元和交互。数据驱动工程造价管理活动对工程造价数据需求成为工程造价生态系统提供全面工程造价管理服务重要基础,无论是一系列工程造价业务问题的解决过程还是深层精粹工程造价分析利用过程,都是时空域中不同时期、不同层次、不同尺度、不同来源、不同表现形式的工程造价数据相互沟通、相互交流、相互叠加构成了一个复杂的数据场。在这个数据场中,从数据表达内容看,主要包括五大工程造价数据资源,即基础工程造价数据体系、工程造价数据基因体系、工程计价定额体系、工程造价知识体系、市场要素价格资源体系;从数据内容的表达方式看,工程造价数据资源具有结构化数据、非结构化数据和半结构化数据等不同类型;从数据的性质和范畴上看,可分为政务工程造价数据资源、公益性工程造价数据资源、企业工程造价数据资源和商业性工程造价数据资源等。工程造价数据资源基础因素具有层次性,在基础工程造价数据体系层次上,是工程造价业务开展的工程造价管理活动的数据源泉,是工程造价数据基因体系、工程计价定额体系、工程造价知识体系开发利用的基础。工程造价数据基因体系包括行业业务计价规则、行业标准规范规程、工程造价相关法规、行业管理制度规范等。工程计价定额体系包括估算指标、概算定额和预算定额,统一的房屋建筑、市政工程、通用安装工程以及行业各专业的计价定额等。工程造价知识体系,也称工程造价知识图谱,包括工程造价技术能力、工程造价认识能力、工程造价经验知识、各类领域专家知识、专题案例、指标指数等。

市场要素价格资源体系包括人工价格信息、材料价格信息、机械台班价格信息、设备价格信息、各类价格指数信息，以及各种运杂费率等信息。

(3)工程造价服务资源手段因素

工程造价服务资源是指以工程造价技术资源为支撑平台，以工程造价数据资源为支持，面向多层级工程造价管理行为人提供的各种类别的服务。工程造价生态系统中汇集了大量的工程造价数据资源，基于这些资源的数字化，通过服务化技术进行封装和组合，形成全面工程造价管理活动所需要的各类服务，其目的是为多层级工程造价管理行为人提供解决各种各样工程造价问题按需使用的服务。主要体现在两个方面：一是通过对工程造价服务资源的按需聚合服务，实现在工程造价生态系统中的分散工程造价服务资源的集中使用；二是通过对工程造价服务资源按工程造价问题需要拆分服务，实现在工程造价生态系统中的集中工程造价服务资源的分散使用。在服务模式方面，为多层级工程造价管理行为人提供按需提交作业与操作计算资源的服务，在工程造价生态系统的平台上支持动态联盟体按需提交任务以及交互、协同和全面工程造价管理拓展服务。工程造价服务资源主要包括一般工程造价数据服务、工程造价应用系统服务、工程造价服务计算推荐和造价业务技术咨询服务等。为实现这些因素在工程造价生态系统下按需使用和自由流通，需要对工程造价服务资源进行具体的服务化描述与按需匹配和组合进行表达。一般工程造价数据服务是根据个性化服务的需求，提供各种不同类型的业务服务，如建设项目纠纷过程解决、工程造价司法鉴定、工程造价索赔处理、工程造价相关法律法规以及工程造价信息疑难解答等服务；工程造价应用系统服务是针对各专业各阶段的工程造价业务进行工程造价的确定和控制，可有效解决不同类型的作业需求，如BIM技术集成方法的应用、工程造价计价软件的应用、算量软件的应用等服务；工程造价服务计算推荐提供了各类计算方法、算法工具、模型以及各种工程造价分析工具等推荐服务，在服务计算的过程中，按照工程造价服务计算推荐的功能业务所需的各类方法、模型、工具进行选择，按一定的规则聚合在一起形成解决方案；造价业务技术咨询服务主要依据工程造价数据资源通过咨询服务解决工程造价问题，实现工程造价成果文件准确性和完备性，如建设项目各阶段的工程造价问题解决、全过程一体化的工程造价咨询服务的解决方案、建设工程招标代理服务、专题工程造价分析咨询服务等各种各样的技术咨询服务。

2. 工程造价管理资源结构的基本框架

工程造价管理资源结构由具体到抽象分为工程造价技术资源、工程造价数据资源和工程造价服务资源，它们共同构成了工程造价管理资源的层状结构，这三类资源分属于不同层次，以工程造价技术资源为支撑，向工程造价数据资源提供支持，而工程造价数据资源向工程造价服务资源提供支持。也就是说，下一层的资源向上一层提供支持，组成工程造价管理资源结构的基本框架。其中工程造价技术资源结构由网络基础设施资源、基础软件资源、大数据技术支撑资源和业务信息系统应用体系组成；工程造价数据资源结构由基础工程造价数据体系、工程造价数据基因体系、工程计价定额体系、工程造价知识体系和市场要素价格资源体系组成；工程造价服务资源结构由一般工程造价数据服务、工程造价应用系统服务、工程造价服务计算推荐和造价业务技术咨询服务组成。按照上述对工程造价管理资源结构关系的罗列，可将其归纳为如图4-4所示的结构框架图。

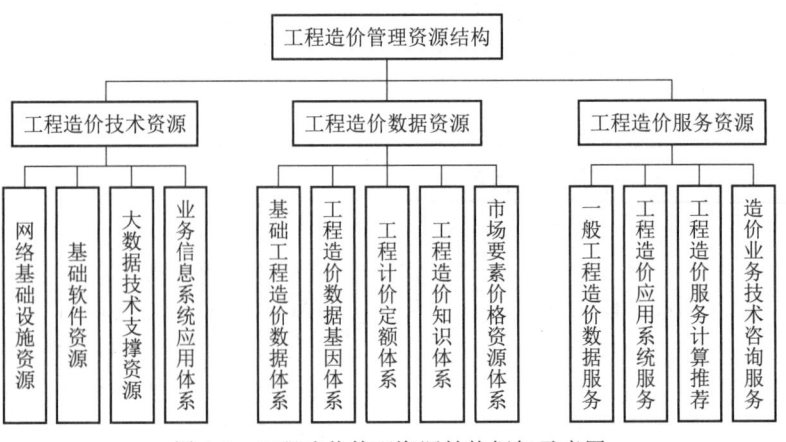

图 4-4 工程造价管理资源结构框架示意图

3. 工程造价管理资源结构的内在联系

除了在工程造价管理环境和工程造价管理群体层面的协同化,工程造价管理资源也为工程造价生态系统动态联盟体的建设项目动态工程造价管理活动提供全面支撑,实现工程造价技术资源、工程造价数据资源和工程造价服务资源的有机融合与无缝集成,在工程造价业务协同运作中使它们紧密地联系在一起,构成了彼此间可灵活互通、感知、适配、互相操作的工程造价管理资源结构。工程造价技术资源为工程造价生态系统服务的运行提供基础支撑环境,在工程造价技术资源基础支撑环境的支持下,工程造价数据资源和工程造价服务资源之间具有协同互操作的特性,这是由建设项目全过程工程造价管理所决定的,协同互操作意味着服务计算之间具有工程造价数据资源和工程造价服务资源交互关系、时序逻辑关系甚至尺度同步要求。工程造价服务资源是支撑工程造价生态系统服务运行的核心,工程造价生态系统在汇集工程造价数据资源的同时,也动态汇集了工程造价管理群体接入的各种工程造价知识并构建了跨领域知识基因库,并随着工程造价管理模式的持续演化,工程造价生态系统中积累的知识规模也在不断扩大;工程造价数据资源渗入工程造价服务资源而服务于工程造价业务的各环节、各层面,在工程造价管理模式下,为数据驱动全面工程造价管理活动和工程造价服务资源服务于全面工程造价管理提供了全方位的智能化支持。

第二节 工程造价生态系统的生态属性

属性是对象的性质与对象之间关系的统称。它用来描述对象的形态、组成和特性。生态属性是物质文明与精神文明在自然与社会生态关系上的具体表现。它是人与环境和谐共处、持续生存,稳定发展的前提。工程造价管理环境、工程造价管理群体和工程造价管理资源正是工程造价生态系统生态属性的主要载体,不同类型的工程造价管理环境、工程造价管理群体和工程造价管理资源之间存在着很大的差异,实现的功能也不同,但相互之间最大的差异是工程造价管理模式根据使用目的和要求的选择决定这种差异。为了更好地支持工程造价管理模式能反应工程造价生态系统的本质属性,必须采用持久化的工程造价管理资源标配方式智能接入,并根据工程造价管理环境所产生的影响和制约条件,作出一定的调适,使工程造价生态系统结构的形态、组成之间的相互协调关系得到整体平衡及完善的发展和高效的共享,促进多层级工程造价管理行为人的各类本源性活动机理、工程造价服务计算、工程造价监督控制持续地按生态规律健康运行。这里结合对工程造价生态系统生态属性的划分和选择描述,将工程造价生态系统生态属性分为工程造价管理环境生态属性、工程造价管理群体生态属性和工程造价管理资源生态属性。

一、工程造价管理环境的生态属性

工程造价生态系统的活动场景总是在一定的环境内发生的,尤其是在市场经济条件下,始终要受到各种因素的影响和制约,各种不可控的因素大大增加,使工程造价管理活动更加复杂化。而工程造价管理环境的可变性决定了工程造价管理环境实质是发展与变化着的动态过程,是一个结构复杂、功能多样的综合体,是各种因素之间相互影响、相互制约和相互交合共同作用的结果。作为工程造价生态系统结构的重要依托,工程造价管理环境在对象逻辑依存关系上体现出了明显的生态属性。

1. 工程造价管理环境的稳定属性

工程造价管理环境的稳定属性是指工程造价生态系统各个要素在相当长的一段时间范围内具有状态连续性、相对恒定、不会发生突变的现象。工程造价生态系统要正常的运行,就必须在一个相对稳定的状态下进行,保证其各个结构及之间的相互关系在一段时间范围内保持一种持续重复使用和不会发生激烈变化的状态。工程造价管理环境的稳定具有整体性,在不同的时间空间中,工程造价管理环境的各个组成部分、要素之间的相互影响和相互制约,从而促使所发生的实际问题在时空上保持有序性,朝着整体平衡的方向发展,反过来又受整体平衡的制约。通过工程造价管理环境内的政治法律环境、经济环境等之间的调节以及彼此关联的动态变化规律,在不同的时刻呈现出不同的状态,并达到整体的稳定,技术环境、区域环境在上述的彼此关联的动态变化规律中使各层次、各阶段上的发展规律构成一个相对稳定的适应组合和服务配置,工程造价文化环境在任何一个层次上相互作用的各个环节组成了一个相对稳定的外延扩展,使得工程造价管理环境内的各个组成部分发挥各自的特定功能。所以,稳定机制的作用是保障工程造价生态系统的正常运作秩序,只有适时地动态调整工程造价管理环境内部各种要素之间的相互关系和组合配置方式,增强工程造价生态系统的适应性和感知能力,发挥其整合功能,通过工程造价管理环境内部结构的协同、整体的耦合作用以达到动态的整体最佳状态。

2. 工程造价管理环境的动态属性

动态属性是工程造价管理环境的性质、形态和作用等随着时空的变动而发生变化。工程造价管理环境不是突然产生而是逐渐形成的,每个时序的发展为特殊规律所制约,过去的工程造价管理环境表现了历史状况,现实的工程造价管理环境表明了目前状况,在制度变迁和演化的过程中,政治法律和经济制度是在已有社会政治经济背景和历史传统下的继承、延续与改良,在动态发展的调适下具有同质的依赖属性,进入 DT 时代,平台经济模式的出现,社会的生产方式、意识形态等均发生了巨大的变革,不同的社会发展水平,对应不同的生产模式,需要不同的上层建筑与之相匹配。所以,技术的进步推动了政治法律环境的不断发展,数据驱动推动了经济环境的动态发展,但政治法律和经济环境一旦形成便具有一定的稳定性,政治法律和经济环境的形成是适应一个时期的经济关系,是为某种生产关系服务的环境。具体来说,一种新工程造价管理环境的产生常常是以前工程造价管理环境联系的继承、延续与改良,它们之间往往随着生产关系的变化,工程造价管理环境也就会发生相应的变化。同时,技术环境、区域环境也存在着动态的相关关系,始终处于不断变化的过程中。工程造价文化也在历史的传承下向多元化动态发展。在工程造价生态系统中,工程造价管理行为人的行为作用就会引起工程造价管理环境结构与状态的改变,制约原来的工程造价管理环境则让位于新的工程造价管理环境,从而使工程造价管理环境结构与状态满足工程造价管理行为人行为的需要,促进工程造价管理环境的定向发展,这就给在工程造价生态系统相关匹配发展过程中所具有的不断动态发展和变化创造了条件。

3. 工程造价管理环境的区域属性

从生态系统角度看,区域是一类自然、社会、经济等要素相互关联的复合生态系统,并通过物质、能量、信息、生物有机体的流动、转换和迁移构成了最本质的整体性和结构性。由于建设项目固定性的特点,导致建筑生产具有流动性,使得行为人不能决定生产地点,因此,建筑生产流动性作为行为人需求的一种特有的方式,必须在某一区域内进行各种各样的活动,这就使得多层级工程造价管理行为人在建设项目的工程造价管理活动场景中有各种各样的表现形态,表现出各种不同的属性,这些属性与区域所具有的限制性都表现在特定的自然、经济、社会环境下之间的运转。在区域环境的各种对象的影响作用下而形成的若干个属性,表现出对建设项目的工程造价管理活动场景运行规律所进行的描述,能让工程造价管理行为人通过这些描述来认识工程造价管理活动在区域环境的各自状态、组成和特性。这里所说的区域属性是相对而言的,特指工程造价管理环境在各个不同层次或不同空间的地域,其结构方式、组织程度、信息流动规模和途径、稳定性程度等都具有相对的特殊性,从而显示出区域环境具有的特征。

4. 工程造价管理环境的开放属性

开放属性是指事物与周围事物之间发生交换关系的某种本质的描述,即具有从周围事物的物流、能流、信息流的输入属性,也具有向环境的物流、能流、信息流的输出属性。工程造价生态系统并不是与工程造价管理环境割裂的封闭系统,而是依赖与工程造价群体和工程造价管理资源进行交换来维护自我的开放系统,没有这个交换来维护,工程造价管理环境就没有存在的维系,也失去演替的动力。工程造价生态系统与工程造价管理环境之间相互联系、相互作用,既依赖于工程造价管理环境的交换,又构建于其运行的工程造价管理环境。工程造价管理环境吸收来自工程造价群体和工程造价管理资源输入的物流、能流、信息流之后,又能够以一定的形式将这种影响反馈到工程造价群体中。工程造价管理环境的开放属性是由其内在结构的各要素相互联系、相互作用、相互交合所决定的属性。工程造价管理环境下政治法律环境和经济环境的开放属性是基于政治体制的各类法律、法规与国家方针政策对投资规模的政策调整以及工程造价领域所规定的政策、行政法令、规章制度的不同而形成的,同时也是随着工程建设项目中使用新工艺、新技术、新材料的开放和区域因素的公开化以及工程造价文化的融合提供了生态环境所致。用于描述工程造价生态系统环境的这些基本要素必须具有静态属性和动态属性兼容并蓄的开放性特征,而这一开放性特征也使得工程造价管理环境的逐步形成和健康运行得到必要的保证。

二、工程造价管理群体的生态属性

在工程造价生态系统中,各种类型的工程造价管理群体都有着各自的价值取向,在各自特有的工程造价管理行为场域内进行着自己的工程造价业务,各工程造价业务的接入以及发展是以需求匹配和价值提供动力源,是工程造价生态系统发展和存在的基础条件,也是工程造价生态系统不断丰富的原动力。工程造价管理群体本身的一些内在属性,是工程造价生态系统多层级工程造价管理行为人的本质属性,是工程造价生态系统群体之所以存在的前提条件和原始基础,而这种基础类似于自然和社会双重属性的群体,具有不断运动发展的特征。自然界的生物在一定的空间范围内,生物个体与个体之间、种群与种群之间、群落与群落之间以及生物与环境之间有着复杂的有机联系,形成了以食物链转移的物质与能量交换机制为基础的多层次、多反馈、动态变化的生态系统,生物体的有序性、自组性、自适应、能动和变异机理构成了生态系统的动态平衡。而工程造价生态系统的各种类型的工程造价管理群体在一定空间范围内,组成了各种动态联盟的工程造价管理种群或是共存的工程造价管理种群所形成的工程造价管理群落,它们与自然界生物种群之间的相互关系有着极大的相似的类比性,工程造价管理群落内部存在着类似食物链的服务价值链关系以及工程造价数据交换的物流、能流、价值流的相融合过程。在工程造价生态系统中,工程造价管理群体表现出如下的生态属性:效应属性、自组属性、适应属性、耐受属性。

1. 工程造价管理群体的效应属性

工程造价管理群体的行为场域是工程造价管理群体的一种有目的地解决工程造价问题的一系列服务计算和执行各个工程造价管理环节的活动过程,作为一种有目的的活动,它必然会产生一个工程造价成果文件,这个工程造价成果文件是工程造价管理群体对执行各个工程造价管理环节的活动过程所产生的一种特定服务计算的描述,我们把解决工程造价问题所产生的这种描述称为工程造价管理群体的效应。工程造价管理群体与工程造价业务,工程造价业务与建设项目各类本源性活动机理、工程造价服务计算、工程造价监督控制之间存在一个适应属性。这个适应属性不是简单的同化过程,它是通过与工程造价管理环境和工程造价数据资源融合,从而使多层级工程造价管理行为人不断产生价值的一种效应。在工程造价生态系统中,工程造价管理群体的效应与各个工程造价管理行为人的利益密切相关,某一时期的工程造价管理模式,工程造价管理群体的效应来源于区域内工程造价管理实践活动的行为场域,也是动态联盟合作体系之间互动运行的工程造价管理模式的操作,驱动各种各样具体活动过程中所赋予的效应与其利益存在着直接对应关系,因而某些因素所产生的特定的因果现象,导致了多层级工程造价管理行为人利益关系所引起的如下的效应属性:密度效应、耦合效应、极化效应、化反效应。

(1)密度效应

密度效应是指在一定时间内,当种群的个体数目增加时,就必定会对相邻个体之间的关系产生影响。影响生物种群个体数量的因素很多,而影响种群动态的因素一般分为两类:密度制约因素和非密度制约因素。在种群自然调节中,有些调节因素的作用是随着种群密度改变而变化的,即为密度制约因素;有些因素虽对种群数量起限制作用,但作用强度和种群密度无关,即非密度制约因素。生物种群的相对稳定和有规则的波动与密度制约因素的作用有关,它起着反馈调节作用,而非密度制约因素虽然没有反馈作用,但可通过密度制约因素的反馈机制来调节,只有通过密度制约因素和非密度制约因素的相互作用才能决定生物种群个体数。所以,无论是密度制约因素还是非密度制约因素,它们都是通过影响种群出生率、死亡率或迁移率而起着控制种群数量的作用。在工程造价生态系统中,工程造价种群的个体数量变动也是在密度制约因素和非密度制约因素的综合作用下发生的,在一定时间内的某一区域的建设项目具有固定性的特点,工程造价管理行为人必须在某一区域内进行各种各样的活动,当工程造价种群的个体数量增加超过工程造价管理环境负载能量时,个体之间的关系就会出现影响,个体的行为即发生变化,密度制约因素对工程造价种群的作用增强,工程造价管理行为人为了获得自身所需建设项目资源,势必展开竞争。但是,各工程造价管理行为人自身资源能力的差异性,导致合理配置建设项目资源的差异性,在建设项目资源一定的环境里,必然存在着一个残酷的优胜劣汰、适者生存的竞争淘汰过程。所以,密度制约机制主要描述工程造价管理种群个体间对有限资源的竞争,相邻同种个体间工程造价数据基因匹配的选择而发生相互影响,从而改变了同种个体的配置率,为其他与之相吻合的工程造价管理行为人提供了有利的状态空间和资源的一种现象。这就是密度效应的诱因,工程造价管理种群的工程造价管理行为人在建设项目的工程造价管理活动场景中有各种各样的表现形态,表现出各种不同的工程造价数据基因属性,这些属性与区域的建设项目资源所具有的限制性都是在特定的自然、经济、社会环境下运转,工程造价生态系统的自适应性会用强制手段迫使生态趋向平衡。

(2) 耦合效应

耦合效应是指群体中两个或两个以上的个体通过相互作用而彼此影响,从而联合起来产生增力的现象。在工程造价生态系统中,组成的动态联盟体所进行的工程造价管理活动场域都必须存在着互动和协同的过程,动态联盟体之间耦合的强弱取决于对工程造价业务复杂性的配合度和内聚度,以及工程造价数据资源的耦合和工程造价业务内容协调方式,通过交互作用所产生的效果。在这样一个生态系统内,一方面,各个工程造价要素之间存在着一种相互依赖关系,相互紧密联系,相互耦合的过程,其形式表现为竞争与合作,而且呈现相对无序状态。竞争表示为自身利益攫取工程造价数据资源,而合作在于共同利用对方的优势工程造价数据资源,取长补短实现工程造价数据资源的优化使用。另一方面,工程造价管理种群活动竞争性刺激,往往也可以成为工程造价管理行为人激励的源泉,助长被刺激工程造价管理行为人的操作反应,提高其管理工作效率,促进激励过程中产生增力的现象。毫无疑问,在某种程度上反映了工程造价生态系统动态联盟体的各个工程造价管理行为人的耦合行为的发生,其耦合效应表现在工程造价业务上的工程造价管理数据耦合、工程造价信息标记耦合、工程造价管理内容耦合、工程造价管理控制耦合、工程造价管理环境耦合、工程造价管理监督耦合等强弱程度。

(3) 极化效应

极化是指事物在一定条件下发生两极分化,使其性质相对于原来的状态有所偏离的现象。而群体极化效应是指在观点相似的成员组成的群体中,在经过互动、交流、共振后,这种观点倾向得到强化,往往会朝偏向的方向移动,最后形成更加保守或更加冒险的两个极端转移的心理现象。在工程造价生态系统中,工程造价管理群体相互之间用互联网的形式进行交流、沟通与互动而形成一种跨时空的运动模式,给解决工程造价业务的工程造价管理活动带来了便利。但是,面对海量工程造价数据和个体信息需求的个性化定制的相关性,在对待工程造价业务问题的服务计算、纠纷解决、索赔处理、过程管理中协商解决处理,工程造价管理群体决策与群体内部个体决策之间会存在着一些差异现象,形成这种差异现象的原因,是由多种因素产生的,如工程造价管理环境、价值取向、利益表达机制、个体知觉判断、责任意识等因素,这些原因的转移都是一种群体极化的表现。工程造价管理群体在解决处理工程造价业务问题时所产生的群体极化效应未必是坏事,否则许多工程造价管理问题都不会顺利化解,所以群体极化具有双重意义,应当从两方面去理解,积极一面是可以促进工程造价管理群体意见一致,增强工程造价管理群体内聚力和工程造价管理群体行为;消极的一面是放大了错误的判断和决策,不利于后期运作。在极化场域的形成过程中,应当不断积累有利因素,为在工程造价生态系统中演化发展创造条件,形成规模的集聚动态联盟体,使各种工程造价管理活动的行为场域之间的协作配合及工程造价管理资源共享成为可能,从而带来各种成本费用的节约,产生聚集价值和利益表达,大大增强极核的应变能力和管理力。

(4)化反效应

在工程造价生态系统中化反效应的产生主要依靠社群的构建,工程造价管理群体的社群构建方面有许多价值等待挖掘。工程造价管理社群是指服务于同一工程造价用户的类似需求的所有工程造价管理行为人。因为各工程造价管理行为人、各部门之间相互连接、相互作用,在融合的过程中共同促进整个协同的运行,所以工程造价管理行为人在交流和融合的过程中时常会出现新服务、新变化、新视野,这就是化反。工程造价管理社群因聚合而产生效应,具体是将相同的工程造价服务需求、同类型工程造价管理行为人的聚合和不同类型、不同工程造价管理领域干系人的聚合,使用数据驱动把具有不同功能的工程造价管理行为人交合在一起相互交流与协作,了解工程造价用户的适应度和期望度,运用工程造价管理群体的知识去构建工程造价管理社群,实现相交合所构成的数据反应场嬗变出无限的价值。把不同专业类型的人力资源、不同工程造价管理领域的人力资源之间的业务技术经验、计算造价诀窍、操作过程的集体性默契、协调能力、洞察力、感悟等技术性与认识性的数据处理的化反,就能产生更强、更大的效应,这种融合是智慧和资源的融合,可促进服务价值的提升。在协同与化反的过程中,关键在于工程造价管理行为人的协同和工程造价数据的流动与相融,不同行业具有关联属性的市场、渠道、技术或内容等发生的协同化反更容易像生物那样"繁殖"生效,工程造价数据资源之间的协同化反,工程造价管理行为人内部之间、外部之间,还是内外部之间,工程造价数据资源化反没有隔界,多维度、多环节的化反拓展了新的需求和新的市场。工程造价生态系统的价值在于化反,化反的本质是多种类型工程造价数据间的反应,工程造价数据资源汇集,随应而取,但有待挖掘的还很多,新业态、新技术、新需求的产生有赖于工程造价数据资源之间的协同化反、数据驱动工程造价管理模式的演化、数据驱动工程造价行业发展。

2. 工程造价管理群体的自组属性

自组织是指无须外界特定指令而能按照相互默契的某种规则,各尽其责而又协调地、自动地形成有序结构的过程。自组织现象无论在自然界还是在人类社会中都普遍存在。一个系统自组织属性愈强,其保持和产生新功能的能力也就愈强。生物种群的自组织行为是生物生存和进化的主要途径之一,工程造价生态系统也不例外。以工程造价管理行为人为主体组成的工程造价生态系统比自然生态系统的自组织能力更强,具有高度自律机制,能够在一定条件下,自动地由无序走向有序,能自发地知道自己要做什么、怎样去做和什么时候去做。在工程造价生态系统中工程造价管理行为人的分布和丰度,随着某特定区域和时期内建设项目数目的变化而波动,使数目的变化呈现有序性。由此可见工程造价生态系统都是非平衡开放系统,各工程造价管理行为人的宏观分布和数目不断改变。工程造价生态系统通过新陈代谢与工程造价管理环境之间不断进行着物流、能流、价值流和信息流的交换,使系统中各工程造价管理个体、工程造价管理种群和工程造价管理群落之间发生密切的相互作用,以自组织形式形成某种规则和契约协议的时序结构。有序性和自组能力共同体现为工程造价生态系统结构和功能的相互协调与组合,形成了有序的信息流、价值网,自组了有序的工程造价管理个体、种群、群落。

3. 工程造价管理群体的适应属性

工程造价管理群体的适应属性是指在特定的时空条件下的一定范围内生存和发展的适应性,又是共生共处、互利共赢、互补协作的和谐性。这种适应属性反映了工程造价管理群体与工程造价管理环境、工程造价管理群体内相互作用并遵循一定规律所取得的均衡和稳定,反映了工程造价生态系统中工程造价管理群体的各个工程造价管理行为人在相互适应中的生存和发展。进入DT时代,工程造价业务服务突破了区域的限制,范围变得更广,竞争维度更高,工程造价管理行为人生态位的重叠与分化,必然受到各种因素的制约,只能在多维环境空间中的一定范围内生存和发展,要想有较好的发展就需要找到与其他工程造价管理行为人不同的生存能力或技巧,根据自身的资源与能力优势找到自我的最佳位置,形成一系列具有适应意义的结构和功能,从而实现工程造价业务服务的不对称。依靠这些适应性,工程造价管理群体就能排除各种因素制约的不利影响,有效地实现工程造价管理行为人生态位的分离,减少竞争和不必要的资源浪费。所以,工程造价管理群体的适应性导致生态位的分离,可采用挖掘特定的生态位工程造价管理行为人或市场上的区域定位来使其生态位分离,不断提高自身的环境适应度,使得具有相同工程造价业务服务功能或相似工程造价业务服务功能的恶性竞争减轻,工程造价管理资源更加有效地被利用,并在工程造价生态系统中扮演一定的角色而发挥价值,促进工程造价行业的发展。

4. 工程造价管理群体的耐受属性

工程造价生态系统是一个开放的系统,工程造价管理群体的每个工程造价管理行为人具有的工程造价业务服务活动,可以在时空变化下通过管理力和管理能的流动向不同的业务类型延伸,自觉地安排工程造价管理活动场景的每一个环节,主动地寻找建设市场上每一个新的机会,并建立起高度自律机制。但是它们在工程造价生态系统内各个环节上具有各自不同的功能和作用,这些不同的功能和作用必须维持系统整体平衡稳态、可调控的动态演替,每个工程造价管理行为人可根据建设市场机遇、工程造价业务服务的价值创造等需要来进行管理链接。工程造价管理群体的每个工程造价管理行为人在管理链接的过程中,需要调节工程造价生态系统的各种要素整体的动态平衡,但这种调节具有一定的限度,受资源配置方式、寻求环境的适应和管理力与管理能流动呈现梯度转移规律等的影响。自然生态系统是进行自我调节的过程,而工程造价生态系统是自我调节与建立反馈调节机制过程的共同效应。这就是说工程造价管理群体的耐受属性,是由工程造价生态系统耐受程度和每个工程造价管理行为人耐受程度的集合。当每个工程造价管理行为人所采取的各种调节手段与工程造价生态系统耐受程度相符合,整体耐受性限度提高,功能增强,并且整体功能大于各个单独功能之和;当每个工程造价管理行为人所采取的各种调节手段与工程造价生态系统耐受程度有一些不相符合,整体功能可能在各个单独功能之和波动;当每个工程造价管理行为人所采取的各种调节手段与工程造价生态系统耐受程度有不适应时,整体功能小于各个单独功能之和。在工程造价生态系统中,耐受程度实质是指某一工程造价管理种群在特定空间的容纳量。当工程造价管理种群个体数量增加超过一定数量后,由于环境资源的限制或人为因素干扰,其自我调节和维持自己的正常功能受到了限制,毕竟在某一区域内工程造价业务量是有限的,工程造价管理种群个体的生存空间就会受到威胁,使工程造价业务服务产生激烈的竞争,超过一定限度的时候,自我调节和维持自己的正常功能就会受到损害,从而引起生态失调,甚至导致生态危机;反之亦然。

三、工程造价管理资源的生态属性

为满足工程造价生态系统对工程造价管理资源的高效管理及动态联盟体的洞见工程造价管理场景的需求,构建完善的动态工程造价管理资源描述模型至关重要。面向对象的思想就是把工程造价生态系统的各种实体抽象为对象,每个对象包含有若干个属性,用来描述对象的形态、组成和特性。属性也可以是对象,也可能包含其他对象作为其属性,这种递归引用对象的过程可以组成更加复杂的对象。这里将工程造价生态系统的工程造价管理资源看作对象,把工程造价管理资源属性分为工程造价技术资源属性、工程造价数据资源属性和工程造价服务资源属性。

1. 工程造价技术资源属性

工程造价技术资源是支撑着整个工程造价生态系统的运行,它遵循架构的原则,以工程造价业务场景驱动为导向,从多个层面进行技术组件、框架和系统的选择,为整个工程造价生态系统提供了软硬件和技术的支持。作为工程造价生态系统底层的工程造价技术资源,以基础设施支撑环境的设备管理方式,互联网扩展工程造价业务空间而驱动平台架构为上层提供便捷的集成支持,以大数据技术支撑以及计算资源和分析技术为工具,各类工程造价业务应用系统为导向来满足工程造价生态系统需求的变化和扩张。工程造价技术资源各要素的组成能相互制约,协调发展,为上一层提供有力支持的智能接入,根据工程造价技术资源支撑因素的分类,结合对工程造价技术资源的属性描述,将各要素的组成统一划分为共生属性、代谢属性和状态属性等三个属性集。

(1)工程造价技术资源的共生属性

面对DT技术,硬件和软件技术架构的融合和兼容,使得两者的发展密切地交织在一起,成为一种互利共生的关系。新技术生态下的基础信息架构能支撑从工程造价数据资源到工程造价服务资源的智能运用,可以从云到端按需配置,能支持接入多种主流虚拟机软件,基于分布式存储计算、大规模并行计算、GPU计算集群、多种计算模型和分析处理、多模态数据处理和分析等技术工具可以十分灵活地组件安装,提供上层的调用服务。硬件设备管理可以实现设备异构特性,支持不同设备,网络通信依赖其协议实现不同设备间的数据传输和更新,在支持网络各种运算操作提供了调度功能,把硬件和软件技术融为一体,随着DT技术泛型的转变发展,加速了云服务模式的转型,使得它们交织在一起而融合式的共生发展。

(2) 工程造价技术资源的代谢属性

代谢，又称为新陈代谢，一般是指物质与外界不断交换的过程。工程造价技术资源的代谢是工程造价技术资源变化调节过程表现出来的基本方式。在这里代谢是借用语。工程造价技术资源是工程造价生态系统的基础，支撑着整个工程造价生态系统的运行，从 IT 向 DT 技术泛型的转变，带来了硬件和软件技术架构的根本性改变，新陈代谢是工程造价技术资源产生、更新及淘汰的基本形式，要根据不同工程造价业务场景的特点和规律性，从多个层面进行技术组件、框架和系统的选择，必须分析代谢的背景、条件、适用性和前景，创造代谢调节的促进因素，以保障工程造价技术资源与工程造价生态系统合目的性的运动和变化，作出有梯度的转移。代谢从本质上讲还是一个适应的问题，是对一种新的适应方式的寻求。工程造价技术资源始终保持合理的新陈代谢是维持工程造价生态系统的其他资源良性循环及促进工程造价生态系统可持续发展的至关重要的因素。新兴 DT 技术正在涌现，科技加速带来了人类社会演变的加速，大数据挖掘速度促进了生产力的速度，移动互联网增强了我们的时空感知水平，量子计算机、深度神经网络芯片、GPU 计算集群等都在对传统 IT 技术进行颠覆，深度学习技术将成为未来机器智能学习能力，这些层出不穷的新技术、新产品发展变化很快，所起的作用正在改变我们的思维，所以应该随时把握这些重要因素，了解这些重要因素的特征、运动方式，提高工程造价生态系统支撑资源的适应能力。

(3) 工程造价技术资源的状态属性

工程造价技术资源状态属性主要用于描述工程造价技术资源在工程造价生态系统中的运行状态，就是说工程造价技术资源在工程造价生态系统中运行的生命周期情况，与工程造价技术资源的可用性有极大的关系。对工程造价技术资源状态的属性描述，是基于工程造价生态系统的实施与使用能适应持续运维的优化发展来考虑的。一方面，由于 DT 技术的高速发展要求系统不断引入新的 DT 技术和设备来提高系统应对新需求和新挑战的能力；另一方面，工程造价生态系统的复杂性决定了不可能从一开始就将其设计、调整到最佳状态。因此，对工程造价技术资源的状态进行定义和区分有利于资源的调度和监控，通过标注网络基础设施资源、基础软件资源、大数据技术支撑资源和业务信息系统应用体系的现状等信息，对其运行状态的诊断和属性的评估，分析在运行过程中的正确性、可用性、安全性和可靠性等动态描述信息，充分考虑不断进行系统持续优化，来提升工程造价技术资源的基础支撑运行效率与多层级工程造价管理行为人体验，并保证不影响整个工程造价生态系统协同过程。

2. 工程造价数据资源属性

如前所述，工程造价数据资源包含基础工程造价数据、工程造价数据基因、工程计价定额、工程造价知识和市场要素价格资源，而每种资源又包含多个子类，所涉及的范围非常广泛。基础工程造价数据位于工程造价数据资源的最底层，是开展工程造价管理活动的数据源泉，是实现工程造价数据资源管理和接入调用的基础，也是工程造价数据基因体系、工程计价定额体系、工程造价知识体系开发利用的前提。在对基础工程造价数据的基本信息进行统一描述的基础上，针对工程造价服务在发布需求、需求分解、服务组合与匹配过程中提供依据，它既可描述动态变化的状态信息，又可描述关键特征属性的标识状态。在工程造价生态系统中，借助工程造价技术资源基础设施，能够实现对工程造价数据基因、工程计价定额、工程造价知识等属性的智能感知，进行灵活配置与部署接入，并实现数据的反馈和控制，呈现出各种交互方式的普适化使用。而市场要素价格资源针对工程造价生态系统的各种工程造价业务的感知接入可以实现其发布与共享,实现工程造价服务资源的功能。

(1)工程造价数据资源的共享属性

在工程造价生态这样一个系统中,多层级工程造价管理行为人的生态构建必须利用互联网的基础设施进行工程造价业务流程的嬗变改造,基于DT技术的基本特性背景,围绕建设项目的工程造价管理场景而形成的网络化协同体系,创造了共生、共融、共赢工程造价生态圈,可以产生并承载庞大的工程造价数据资源,通过这些工程造价数据资源的流动而产生协同或实现价值的转化,使全过程工程造价管理的业务流程的数据融合分析得到有效的配置和有效的利用。所以,工程造价生态系统的显著特点具有共享性和相互依赖性,工程造价数据资源共享属性是由其本质特性决定的,也是工程造价生态规律的必然要求。工程造价数据资源的共享是指在工程造价生态系统中,各个工程造价管理行为人必须承担向动态联盟体开放自己工程造价数据资源的义务,让动态联盟体的每个成员都有获得需要的工程造价数据资源的可能性,并建立良好的协同调节机制和沟通信任机制,有限实现工程造价管理的各活动环节的精诚合作,从而形成可持续的工程造价数据资源生态环境。工程造价数据资源的共享实质就是通过信息流的方式,对工程造价数据资源予以更新、组合、配置、挖掘、利用,使之发挥动态联盟体的每个成员之间的联系和协作的作用。这种以数据驱动的交流不仅具有一定的聚集与扩散属性、循环与反馈属性、动态与平衡属性,知识与能力属性,还是一个具有高度自治和自我调节功能的工程造价数据资源流动的生态网络化协同体系。

(2)工程造价数据资源的动态属性

工程造价数据资源种类繁多,功能各异,它们之间因属性、需求、被使用方式等方面不同而存在很大的差异。工程造价生态系统是介于工程造价行业机构与建设市场之间的一种管理结构,它既有一定的组织机构的成分,又有一些市场的属性,系统的边界是柔性,动态联盟体随着建设项目的广度和深度的不断发生变化,其规模临界点可随着建设项目的工程造价管理场景而不断改变。动态联盟体在相互协调的行动中,它们对工程造价数据资源的识别会因角度、范围、相互影响的变化而变化,使工程造价数据资源的一些活动状态、安全性、可靠性描述等属性,具有一定的动态性,这为动态联盟体提供更多的选择和相互协同合作的机会,提高了工程造价生态系统对建设项目的工程造价管理场景的适应能力,具有更高的工程造价数据资源接入调用与服务配置效率。另外,工程造价数据资源由于工程造价管理模式的演化而在一定的时空条件下具有多种形式,对于相关工程造价数据资源要素属性的表达而言,在时间变化上表现为多源工程造价数据集的时间动态性,在空间变化上表现为多模态工程造价数据集的空间动态性,在不同区域上表现为异构工程造价数据集的差异动态性。

(3)工程造价数据资源的平衡属性

工程造价数据资源与工程造价服务资源是紧密结合的,是建设项目的工程造价确定与控制以及工程造价管理活动场域所必需的数据,数据驱动工程造价业务问题解决和深层精粹工程造价分析利用的重要基础。所以,工程造价数据资源的平衡属性是根据使用目的和要求来决定的,同时在工程造价数据资源之间又彼此渗透,相互促进,有利于反映使用目的和要求的不同层次工程造价数据的交会、处理和利用过程,并且有利于揭示不同层次工程造价服务资源的智能接入、演化的动态机制与内在本质。基础工程造价数据多样性和分布性以及尺度性的基本属性,通过对这些属性的把握,不仅可以维持有序的工程计价定额循环、工程造价知识循环和工程造价数据基因演化等动态平衡过程,市场要素价格资源的时效性属性经过配置后形成的信息流构成一个相互耦合的平衡体系,这样工程造价数据资源内部存在一个反馈调节机制,用于协调工程造价管理群体使用工程造价服务资源之间的一个动态平衡关系,维持工程造价管理群体数据驱动工程造价业务问题解决的管理力和工程造价服务资源功能的可持续性,在调节反馈过程中耦合为一个整体,发挥整体平衡效应。

(4) 工程造价数据资源的分布属性

工程造价数据资源的分布并不局限于某一范围的区域,可能分布于不同的地域或者分布于跨领域的工程造价管理行为人之间,工程造价数据资源分布的广泛性和随机性导致工程造价数据资源理解和描述具有异构性。无论在工程造价数据资源的内容和形式上,还是建设项目的工程造价业务量,工程造价数据资源流量和密度在地域分布上呈现不平衡与不均匀,在不同地域、不同地区工程造价数据资源分布发展的差异性,其生产量、储备量、DT技术手段以及工程造价数据资源流通配置等方面都不平衡,这种分布上的不平衡与不均匀形成了工程造价数据资源运动的梯度。在工程造价生态系统中,工程造价数据资源具有多样化的属性及其分布的运动变化,其内在属性决定了它的尺度范围,通过分布式治理和分布式协作,使工程造价数据资源运动呈现梯度转移,彼此相互渗透、彼此相互融合,可以导致各个工程造价管理行为人的价值被充分地释放出来,从而体现了分布式治理机制和分布式协作机制的效率优势,促成共生共赢工程造价成果文件的整体解决方案的精品浓度。

3. 工程造价服务资源属性

工程造价服务资源屏蔽工程造价数据资源自身的异构性和复杂性,对外呈现统一的调用接口,在工程造价生态系统中共享。基于统一开放的标准保证分布式、复杂多样的工程造价数据资源具有标准的智能感知规范并方便管理,可使多层级工程造价管理行为人能够更好地提供各种工程造价服务的资源。通过不同种类的工程造价服务资源属性和功能实现方式,可利用工程造价管理的服务模式,按需提交作业与操作计算资源的服务,进行具体的服务化描述与匹配和组合表达,比较好地暴露工程造价服务资源的本质属性和功能。工程造价生态系统的工程造价服务资源具有交互性、多样性、客制化性,正是由于有了这些工程造价的生态属性,工程造价生态系统才得以方便、快捷、全面地为工程造价管理群体提供一个自治的、自维护的、动态扩展的工程造价服务环境。

(1) 工程造价服务资源的交互属性

工程造价业务是工程造价管理情景平台的支撑,无论是服务计算、工程造价过程分析与控制还是市场要素价格提供服务,它聚集了工程造价管理群体,组成了工程造生态系统的动态联盟体系,在工程造价生态系统的运作过程中,建设项目变动是工程造价生态系统中信息流、工程造价服务流、工程造价价值流运作的驱动源,只有保持其内部以及内部与外部之间稳定而有规则的工程造价服务资源流动与循环,才能维持特定的结构和功能。要使工程造价生态系统中的信息流、工程造价服务流、工程造价价值流构建一个专门的建设项目的工程造价管理执行环境,为多层级工程造价管理行为人提供解决工程造价确定与控制以及各种各样过程管理按需使用的服务,应当根据工程造价管理行为人不同的工程造价业务要求,动态地组合不同类型的工程造价服务资源,使工程造价管理行为人之间具有协同互操作的特性,而协同互操作意味着工程造价确定与控制以及各种各样过程管理之间具有信息流、工程造价服务流、工程造价价值流的交互关系,能在交互中发生着不断的刺激与响应活动,工程造价服务资源得到充分理解和升华,使工程造价管理行为人在交流中形成联系,达到合作、协调和默契。在工程造价服务资源交互的过程中,需要针对工程造价管理行为人对互动行为的期待采用合适的形式。根据工程造价服务资源的表现形式,它将基本属性、状态属性、能力属性与不同的工程造价业务之间进行交互标配,这种交互性标配可分为三个层次。一是数据交互汇集层次。由于工程造价生态系统通过网络聚集了工程造价行业或区域内的各类工程造价数据资源,可与工程造价服务资源交互匹配,实现各类工程造价数据资源随时随地的流通,按照工程造价服务资源的需求聚集起来,应用于工程造价业务的各个环节。二是实现互动行为层次。互动是工程造价动态联盟体各个成员之间相互作用的活动过程。实现互动行为是一个集成动态联盟体各个成员、工程造价服务内容、传递工程造价服务资源等多方面信息的复杂过程,工程造价服务资源能提供给动态联盟体各个成员之间交互的手段和方法来实现交互活动。在工程造价业务问题实施过程中,动态联盟体各个成员的工作目标与问题目标是一致的,其之间的交流、沟通、协调往往是以问题为主线,通过互动行为来组织和调节,以工程造价服务资源的解决方案为主要信息链,对工程造价业务问题的各种因素、各个环节、各个方面衔接与交流,使其达到统一并解决问题。三是建立关系层次。工程造价管理行为人运用工程造价服务资源定制服务内容,其他需要的工程造价管理行为人可以通过定制的服务内容建立交互传递关系,以"关系"为依据来配置、挖掘信息资源,使工程造价服务资源在信息链中的流动形成信息流,将合适的定制的服务内容以合适的手段传递给需要的工程造价管理行为人,快速地响应获取需要解决工程造价业务问题的信息,这不仅提高了工程造价服务资源的利用率,还降低工程造价管理行为人的成本。

(2)工程造价服务资源的多样属性

由于不同种类的工程造价服务资源具有不同的使用方式、使用策略或者不同类型的工程造价业务需求,因此,工程造价生态系统中需要根据工程造价服务资源的不同,建立不同的具体实现工程造价服务资源功能的协同工作环境,这是工程造价服务资源类型多样化的重要表现。工程造价服务资源的多样属性是指工程造价生态系统中所有的工程造价服务资源以及它们所构成的生态系统之间的关联性、多样化、异构性、动态性和耦合性的总称。工程造价服务资源的多样属性实际包括了工程造价数据资源多样性、生态系统多样性和工程造价服务形式多样性。工程造价数据资源多样性为不同类型的工程造价业务需求提供符合工程造价服务规范的多个关联的工程造价数据资源,对工程造价服务资源的标识进行处理,由工程造价服务资源和工程造价数据资源具体交涉,完成提交到工程造价服务资源的任务,实现了工程造价管理群体的操作功能;生态系统多样性是指不同工程造价生态系统的变化和频率。即在工程造价生态圈内工程造价管理环境、工程造价管理群落和工程造价管理资源演化过程的多样化以及工程造价生态系统内工程造价管理资源差异、工程造价管理环境变化的多样化。生态系统多样属性是工程造价管理群体多样性的保证,任何工程造价管理群体行为都要在某一区域的建设项目环境与工程造价管理环境中,离开了这些适宜的环境,工程造价管理群体就很难生存。所以只有多种多样的工程造价生态系统,才能保证多种多样的工程造价管理群体的生存;工程造价服务形式多样性是由工程造价业务范围来决定的，由于建设行业的专业属性，使得工程造价要素具有复杂多样性，所以工程造价服务形式就表现出多样性特征。另外，工程造价业务问题的种类也具有多样化的特点，使工程造价服务资源的表现形式有着多种多样的描述，如基本属性描述工程造价服务资源基本信息；状态属性描述工程造价服务资源在工程造价业务问题解决的运行状态；能力属性包括工程造价服务资源的功能描述和性能描述，功能描述是工程造价服务资源各种种类的功能属性集，功能属性是选择工程造价服务资源在工程造价服务形式上的重要标准；性能属性是根据工程造价业务范围的不同，对每类工程造价服务资源的操作赋予参数的描述，不同类型的工程造价服务资源，其性能描述也不相同。工程造价服务形式多样性规定所有工程造价服务资源应当遵循描述规范，规定了每类工程造价服务资源描述时应该描述的属性项。

(3) 工程造价服务资源的客制化属性

所谓客制化服务，也称个性化或定制化服务。工程造价服务资源的客制化是满足以工程造价用户个性化需求为目的的活动，要求一切从工程造价用户的要求出发，在一定的空间中准确识别个性化特征，量身定制服务内容，对每一位工程造价用户开展差异性服务。因此，工程造价服务资源个性化定制必须针对工程造价用户属性建立所需的个人资源集，在服务内容和服务方式的靶向精准的个性化服务过程，以拓展时空个性化、方式个性化和内容个性化的交互式应用场景服务体系。在工程造价生态系统下，通过工程造价服务资源的静态属性信息、动态属性信息和作业列表信息，客制化服务就能根据工程造价服务资源的属性信息在个性化工程造价业务中查找到符合其任务需求的工程造价服务资源，对工程造价用户的价值进行不断地挖掘，在应用场景的认识活动中追求达到客制化的目的，并能及时了解工程造价服务资源在个性化工程造价业务执行过程中的状态信息、任务执行情况等。由于在工程造价生态系统上客制化服务形式也不尽相同，但通过对各种不同的客制化服务属性的分析发现，客制化的交互式应用场景服务体系必须具备两方面的能力，一是构建个性化工程造价服务方式的信息模型，即通过描述工程造价用户感兴趣的工程造价服务资源来建立个性化工程造价用户模型；二是构建个性化工程造价服务资源的信息模型，即将个性化工程造价服务资源从全部的工程造价管理数据空间中分离出来。这样，不同形式的个性化服务体系都可以抽象成一个共同的体系结构，即首先收集工程造价用户属性信息，而后根据工程造价用户属性信息对用户进行建模，进而在构建的用户模型的基础上提供个性化的服务策略和服务内容。

第三节 工程造价生态系统适宜性分析

工程造价生态适宜性是指在工程造价生态系统内的诸要素为工程造价管理行为人所提供的活动空间的大小及对其正向演替的适合程度。根据工程造价管理模式的演化机制以及工程造价管理群体、工程造价管理资源和工程造价管理环境特点，工程造价生态系统结构的这些要素之间交互的关系程度和联系的紧密程度，使它们在空间上、时间上的适宜性合理配置以及物流、能流、价值流和信息流在各要素的转移、循环途径与传递的过程中，促进了多层级工程造价管理行为人的各类本源性活动机理、工程造价服务计算、工程造价监控持续地按生态规律健康运行。对工程造价生态系统结构的适宜性进行分析，其目的是根据工程造价服务环境的不同使用方式、使用策略或者不同类型的工程造价业务需求,使工程造价服务资源功能的协同工作环境达到有序状态,分析其工程造价服务环境所涉及的工程造价生态系统结构的敏感性与稳定性,了解工程造价数据资源的生态潜力和对工程造价服务环境可能产生的制约因素,从而引导工程造价生态系统服务平台的合理发展以及工程造价生态系统结构的这些要素之间交互的关系程度和联系的紧密程度。

一、工程造价生态系统效应分析

工程造价生态系统结构效应就是在工程造价管理群体的行为场域中协同各种工程造价管理环境、工程造价管理资源,为动态联盟体提供综合解决工程造价业务方案。发挥共同协作效应,必须对工程造价生态系统结构的适宜程度进行分析,把握好工程造价生态系统价值链的各个环节,实现价值链各个环节之间的协调,注重各个环节产生的聚合效应,使工程造价管理群体的行为场域内生态之间协同和工程造价业务共生共融。在此对工程造价生态系统结构的工程造价管理环境、工程造价管理资源、工程造价管理群体三个部分协同效应进行分别分析,使之达到它们的适宜性合理配置的目的。

1. 工程造价管理环境协同效应分析

工程造价管理群体的行为场域总是在一定的环境内发生的,在建设市场的条件下,工程造价管理环境的可变性、动态性,使各种因素之间相互影响、相互制约和相互交互,共同形成一个整体的影响效应。首先,工程造价管理环境结构内构成的基本因素之间的协同效应。工程造价管理环境结构内的政治法律环境、经济环境、技术环境、区域环境和工程造价文化环境之间的关系表现在对工程造价管理模式的协同效应,而各类工程造价管理活动受工程造价管理模式支配,只有协同工程造价管理环境结构内的各种环境因子,厘清各种环境因子的适宜度,才能从不同方面进行工程造价管理活动的适宜组合和服务配置,才能对工程造价管理情景服务计算提供保证。其次,工程造价管理环境与工程造价管理群体的协同效应。由于工程造价管理群体的工程造价管理行为人的行为机制有所不同,对工程造价管理环境掌握的程度也有差异,工程造价管理环境的不断更迭,在这种适应工程造价管理环境的发展过程中,对工程造价管理群体的行为方式将会产生影响。在各种环境因子共同作用下,动态联盟体之间的互利能够增加开展业务双方的适合度,各个工程造价管理行为人各有所能,与工程造价管理环境相互连接,协同配置,使各个工程造价管理行为人的价值发挥到极致,达到生态协同效应。最后,工程造价管理环境与工程造价管理资源的协同效应。因为工程造价管理环境总是处于不断的变化之中,工程造价管理资源也会随着改变,只有工程造价管理环境与工程造价管理资源融合才能发生一定的协同化反作用,共同促进工程造价生态系统的协同效应。基于工程造价管理活动场景的环境,与工程造价管理资源彼此制约、相互依存、追求平衡、适宜配置,让工程造价业务的解决与工程造价管理活动场景互依互存,赋予工程造价信息标签,使之产生协同效应。

2. 工程造价管理群体协同效应分析

工程造价管理群体是工程造价生态系统的主体,是以工程造价服务平台为交流沟通中介,以信息流为纽带,围绕工程造价管理活动场域而形成特定的角色进行数据驱动的持续协同化的动态联盟群体,在工程造价管理环境和工程造价管理资源之间发生交互作用,使工造价管理的柔性化和数字化服务得以实现,则其聚合构成了动态联盟体的协同与共赢而产生效应,协同共享工程造价管理资源,促进工程造价管理各环节业务的整体分析,将产生协同效果或生态效应。首先,工程造价管理群体结构内组成因素之间的协同效应。从某种角度,工程造价管理群体结构内组成因素与工程造价生态系统关系非常密切,工程造价生态系统的各种类型的工程造价管理群体在一定空间范围内,组成了各种动态联盟的工程造价管理种群或是共存的工程造价管理种群所形成的工程造价管理群落,它们存在着种内互利共生关系和种内竞争关系以及种间互助关系,在工程造价管理活动的各个环节进行互助效应而创造价值并获得利益,协调工程造价管理群体的各个关系,在合作、互补的价值匹配过程中产生耦合、极化及反化效应。其次,工程造价管理群体与工程造价管理环境的协同效应。工程造价管理群体在解决工程造价业务时,必然受到各种环境因素的制约,必须与工程造价管理环境相适应,并遵循一定规律并找到在多维工程造价管理环境空间中的一定范围内的均衡和稳定,从而提高自身的环境适宜度,使工程造价管理群体融于工程造价管理环境之中而产生协同效应。最后,工程造价管理群体与工程造价管理资源的协同效应。工程造价管理群体共同解决工程造价业务问题的服务计算必然依附于工程造价管理资源的利用,可对潜在的需求加以挖掘,以满足相关工程造价管理群体的工程造价管理行为人的需求与服务计算的体验,在工程造价管理活动场域而形成的各类角色所产生的工程造价数据进行沉淀与分析,则可促进动态联盟体精准地协同解决工程造价问题或跨专业化反效应的形成。

3. 工程造价管理资源协同效应分析

工程造价管理资源是支撑工程造价生态系统服务运行的核心,为建设项目动态工程造价管理活动提供全面支撑,为满足数据驱动全面工程造价管理活动和洞见工程造价管理场景的需求提供了全方位的智能化支持,通过工程造价管理资源的流动而产生协同或实现价值的转化。首先,工程造价管理资源结构内组成因素之间的协同效应。工程造价管理资源只有流动才会产生一定的效应,碎片的数据无法产生价值,实现工程造价技术资源、工程造价数据资源和工程造价服务资源的有机融合与无缝集成,在工程造价业务协同运作中使它们紧密地联系在一起,使工程造价管理资源的深层价值被挖掘与利用,发挥着融合效应的作用。其次,工程造价管理资源与工程造价管理环境的协同效应。工程造价管理资源多样性在工程造价业务解决问题的运行过程中起到保证支撑作用,需要工程造价管理环境多样化适宜度的协同配置,如果离开了适宜的工程造价管理环境,工程造价管理资源功能就不能在解决工程造价业务问题上发挥价值作用,所以工程造价管理资源与工程造价管理环境的协同进化,才能具有更高工程造价管理资源接入调用与服务配置效率,形成了与工程造价管理环境在时间、空间和区域上的协同效应。最后,工程造价管理资源与工程造价管理群体的协同效应。工程造价管理资源是工程造价管理行为人沟通的命脉,是工程造价生态系统洞见场景以及动态发展赋能的施效影响因素,因为这些因素决定了工程造价管理群体协同运作的深度以及复杂的协调过程。除了在工程造价管理环境和工程造价管理群体层面的协同化,工程造价管理资源也要与工程造价管理群体层面的协同化,建立良好的协同调节机制和沟通信任机制,形成可持续的工程造价管理资源生态环境,实现工程造价管理的各活动环节的精诚合作的协同工作环境。

二、工程造价生态系统适宜性评价方法

工程造价生态系统适宜性评价可以从工程造价生态系统适宜性评价指标体系的建立以及适宜性评价模型方法的应用两个方面展开分析。工程造价生态系统适宜性评价指标体系的建立主要从上述提出的工程造价生态系统的效应分析出发，并结合工程造价生态系统适宜性评价因子提出评价指标。而对于工程造价生态系统的适宜性评价模型的构建主要根据工程造价生态系统适宜性效应特点，结合生态位适宜度模型提出适宜性分析方法。

1. 工程造价生态系统适宜性分析因子

构成工程造价生态系统的各种因子，在一定空间的适宜度下处于有序状态，工程造价生态系统组成的这些因子在时空上的分布配置以及价值流和信息流在各因子间的转移、循环途径与传递的过程中，使工程造价生态结构、工程造价生态功能、工程造价生态环境融为一体，在相互协调的良性循环下，促进建设项目的全面工程造价管理融合分析及各类本源性活动机理之间的内在关系、工程造价管理机制服务、工程造价监督控制按工程造价生态规律健康运行和动态发展，进而提高工程造价生态系统的服务能力。从这个意义上说，工程造价生态系统实质是适宜性的微观运行机制的把握。工程造价生态系统适宜性评价指标方案，实质是全面工程造价管理模式的微观制度方案设计。

工程造价生态系统所实现的全面工程造价管理模式在服务平台的转变，是通过它的诸构成因子的转变具体实现的。这些构成因子，从不同方面反映了工程造价生态系统服务平台比较全面的适宜性内涵。第一个适宜性因子是工程造价生态系统服务平台基础设施环境。第二个适宜性因子是工程造价 DT 技术的应用。第三个适宜性因子是工程造价各类本源活动机理融合服务计算，强调通过计算微服务化解决工程造价业务场景的有关问题，更加精益、准确、高质量实现工程造价成果文件。第四个适宜性因子是工程造价数据资源的开发与利用。强调将各类工程造价数据的条块分割和碎片化进行多层次、多粒度、多模态的信息融合集成，提升工程造价数据资源在深度和广度上进行开发利用；强调以及时、准确、全面的工程造价数据作为解决全面工程造价管理所涉及的业务场域有关问题的可靠依据，使工程造价数据分析模型和服务计算匹配性及敏捷性得到体现。第五个适宜性因子是传统的工程造价管理模式再造，强调在工程造价管理情景中转换为基于活动和过程的工程造价确定与控制的全面工程造价管理模式，从以职能为核心向以数据驱动的流程为核心的根本转变；特别是由一些利益关系的工程造价管理行为人以一定的结构方式组成的动态联盟集群共生体，就意味着转变传统的工程造价管理理念，使数据驱动全面工程造价管理方式的柔性化服务、微服务所形成价值创造、价值分配、价值传递以及价值使用的关系体系得以实现。第六个适宜性因子是制定生态系统服务平台的标准和规则以及契约协议。标准和规则以及契约协议是生态系统服务平台的基础，是确保工程造价生态系统健康有序、和谐共赢、高效运行的关键，是工程造价管理行为人结合在一起的纽带，是工程造价生态系统实现工程造价数据资源共享、优势互补所必须共同遵守的承诺。而智能合约是一种具有状态、事件驱动和遵守一定协议标准，可将工程造价管理业务活动的标准和规则形成计算机契约协议，以事件或业务执行的方式，以数据代码规则驱动处理和操作，实现各个工程造价业务都能使用的条款算力。

我们从上面分析了工程造价生态系统适宜性六因子原有指标，但这里主要强调工程造

价生态系统的全面工程造价管理模式与一般工程造价管理模式不同的特殊性。强调数据驱动在实现工程造价管理目标转变中的重要作用,强调施效工程造价数据循环流动的核心地位,强调多层多类工程造价业务服务的协同工作体系,实现互动溯源匹配的沟通交流机制,从而达成工程造价问题互动反馈、关联协调、事实评价的内外部动态联盟的分层共识机制。基于工程造价生态系统实现工程造价管理行为人行为场域转变适宜性效应的因子框架,可以推知工程造价生态系统服务平台评价指标的维度和层次。

2. 工程造价生态系统适宜性评价指标体系

工程造价生态系统适宜性评价是从工程造价生态系统角度,根据对评价对象的组成、结构、功能与主要活动过程机理、工程造价管理机制服务、工程造价监管控制等的适宜性,分析各种不同使用功能的合理性以及系统发展演化的潜力与制约因素,评价不同的工程造价管理环境可能产生的结果。根据工程造价业务对象、动态联盟体和工程造价管理资源利用要求,划分工程造价管理资源与工程造价管理环境的协同优化配置的适宜性,为全面工程造价管理业务场景的各种通用的、专用的、具体的和全过程、全要素、全方位的工程造价服务计算等要求提供基础。

(1)适宜性评价指标体系的设计原则

工程造价生态系统适宜性评价所面对的是一个反映全面工程造价管理模式的多属性、多标准和多层次的综合系统,其指标的建立属于多属性评判问题。工程造价生态系统适宜性评价指标体系从不同角度、不同侧面反映评价对象特性,它是由若干个单项评价指标组成的整体,而且评价体系要在系统中具有评价、预测和控制的功能。工程造价生态系统适宜性评价指标体系要遵循以下几个方面的原则。

①整体性原则

影响工程造价生态系统建设效应的因素很多,适宜性评价指标体系的设计,就是要从工程造价生态系统的整体高度,根据具体工程造价管理活动过程及影响其效应的相关因素,研究各因素的统一所组成的工程造价行业业务服务整体解决问题过程的特征。因此,对工程造价生态系统的效应适宜性评价不能只考虑某一单项因素,必须采取系统的分解和指标的选取要侧重反映工程造价行业业务服务整体状况,才能全面、客观、合理地评估工程造价生态系统整体的诸方面所产生的效应。

②针对性原则

首先,适宜性评价指标体系的设计必须针对特定的工程造价行业业务服务场景而不是笼统的评价。因此,对于指标的选取,应能反映工程造价行业业务服务整体解决问题的特性,抓住工程造价生态系统影响其运行的因素的核心指标。其次,工程造价生态系统建设效应的实际指标已达到一定的表现形式。但是,其适宜性评价指标的选取还要针对特定的工程造价管理发展阶段面临的特定工程造价业务服务问题,需要用动态指标来补充,动态评价这些问题并不断解决问题的过程。

③可行性原则

适宜性评价指标设置应注意指标含义的清晰度,尽量避免产生误解和歧义。同时还要考虑适宜性评价指标数量得当,适宜性评价指标之间避免交叉与重复,各指标不相互重叠,消除适宜性评价指标冗余,有利于提高适宜性评价指标体系的科学性,增强实际评价的可行性。

④可操作性原则

选取的适宜性评价指标应尽可能具体、可测、可比,在时空范围、计算口径、含义解释、计算方法上协调一致,遵循定性与定量相结合的原则实施适宜性评价指标体系。

⑤层次性原则

可根据适宜性评价的需要和详尽程度对适宜性评价指标进行分层分级,满足工程造价生态系统的全面工程造价管理业务场景的各种通用的、专用的、具体的结构和功能要求。

(2)适宜性评价指标体系的设计

根据上文对工程造价生态系统效应的分析,可以看出,工程造价生态系统适宜性可以从工程造价管理环境、工程造价管理群体、工程造价管理资源等方面为全面工程造价管理融合分析的服务能力以及按工程造价生态规律健康运行和动态发展机制带来相互协调的良性循环。实际上,评价指标体系可按评价对象及评价目的来确定,按照整体性、针对性、可行性、可操作性和层次性的原则,工程造价生态系统适宜性评价指标体系一般可以分为工程造价管理环境指标、工程造价管理群体指标、工程造价管理资源指标几个大的方面,每个方面再包含若干分指标。如表 4-1 所示。

表 4-1 工程造价生态系统适宜性评价指标体系

目标层	一级指标	二级指标	三级指标
工程造价生态系统适宜性评价指标体系	工程造价管理环境	政治法律环境	政治体制
			政治制度
			法律法规
			政治意识形态
			国际环境
		经济环境	经济类结构
			科技结构
			社会要素结构
		技术环境	新型建筑材料类
			新的建筑设计类
			新型施工机械类
			施工工艺类
		区域环境	交通与基础设施类
			地质情况类
			供水供电设施类
			文化生活服务设施类
			环保类
		工程造价文化环境	精神文化层
			制度文化层
			行为文化层
			物态文化层

续表

目标层	一级指标	二级指标	三级指标
工程造价生态系统适宜性评价指标体系	工程造价管理群体	工程造价管理个体	各类工程造价管理个体
			工程造价行为人个体
			各类专业造价工程师个体
			建设领域各类技术专家
		工程造价管理种群	工程造价管理行政型种群
			工程造价咨询型种群
			材料设备供应型种群
			勘察设计单位型种群
			建筑工程施工型种群
			建设单位型种群
			建设监理公司型种群
		工程造价管理群落	工程造价管理协会型群落
			建设领域动态联盟体群落
			虚拟企业集群型群落
			建设项目动态集群型群落
	工程造价管理资源	工程造价技术资源	网络基础设施资源
			基础软件资源
			大数据技术支撑资源
			业务信息系统应用体系
		工程造价数据资源	基础工程造价数据体系
			工程造价数据基因体系
			工程计价定额体系
			工程造价知识体系
			市场要素价格资源体系
		工程造价服务资源	一般工程造价数据服务
			工程造价应用系统服务
			工程造价服务计算推荐
			造价业务技术咨询服务

综上所述，工程造价生态系统适宜性评价指标体系采用分级评定方式，这一指标体系由工程造价管理环境、工程造价管理群体、工程造价管理资源三个方面的指标构成，每个方面可划分不同的小类，各类别下再明确具体的指标。我们这里根据工程造价生态系统的具体情况从多个角度选取指标以反映评价对象的不同侧面，再综合起来反映评价对象整体状况的方法。可运用层次分析法构建工程造价生态系统适宜性评价指标体系，首先，从工程造价生态系统的特征及内涵出发，选取具有影响效应的指标；其次，在指标的选取上，尽可能做到设置含义清晰，有针对性，质与量达到平衡，使整个指标体系科学、合理、可行、可操作；最后，通过调查问卷的方式，广泛征求专家及工程造价行业人员的意见，反复沟通交流，最终确定

指标及权重。

3. 工程造价生态系统适宜性分析方法

根据工程造价生态系统适宜性评价的因子以及全面工程造价管理融合分析的服务对象和运行目标,工程造价生态系统适宜性分析方法有多种,有生态位适宜度模型、生态位进化动量模型和集群生态位分离共存模型等。从工程造价生态系统具体形态来说是工程造价管理群体之间价值的互利关系,每个工程造价管理行为人在整个工程造价生态系统中都必须找到一个适宜的生态位,也通过恰当的竞争策略去寻找最佳的生态位。因此,工程造价管理群体之间是在竞争与合作中不断发展变化的,而竞争与合作行为的根源又在于工程造价管理环境、工程造价管理资源的有限性和排他性,为了解释竞争与合作现象的规律,提出工程造价生态系统的生态位适宜度模型,根据工程造价生态系统结构的因子对全面工程造价管理场景的需求,使工程造价管理行为人在工程造价生态系统环境中占据的特定位置,对工程造价管理环境和工程造价管理资源的选择范围的配置关系以及在时空、工程造价数据资源的相互利用关系方面,进行适宜性分析,工程造价管理群体之间的生态位分离程度决定了合作的稳定共存,因此构建工程造价生态系统生态位适宜度模型,确定工程造价管理环境、工程造价管理资源与工程造价管理群体协同效应的共存机制并进行分析,使之达到它们的适宜性合理配置的目的。工程造价生态系统生态位适宜度模型的方法主要有以下几个步骤。

(1) 确定工程造价管理行为人要求与需求生态位

工程造价管理行为人以健康生存和持续发展为目标进行一系列活动,就需要找到与其他工程造价管理行为人不同的生存能力或技巧,根据自身的各种资源与能力优势为基础,构成一个多维的资源与能力需求空间,才能找到自我的最佳位置。在解决各种各样工程造价业务服务问题时,不同的问题对各种资源与能力的需求空间是不一致的,形成解决各种各样工程造价业务服务问题需求生态位。工程造价生态系统服务平台的多层级工程造价管理行为人生态位突破了地理上的限制,各种资源与能力的需求范围变得更广,竞争维度更高,在实际业务活动中,主要根据工程造价业务服务问题的特征,分析哪些可能是制约条件的工程造价管理环境与工程造价管理资源,为了避免不必要的资源浪费,应在动态联盟体中根据各自的业务服务范围实现生态位分离,进行业务互利合作、互补协作,在占据适宜于自身条件的生态位后,并在工程造价生态系统中扮演自己的角色而发挥价值。

(2) 工程造价管理行为人需求与现状匹配的适宜性分析

工程造价管理行为人需求与工程造价管理环境、工程造价管理资源供给之间的匹配关系,反映了工程造价管理环境、工程造价管理资源现状对工程造价管理行为人的适宜程度,可用生态适宜度来进行度量。设有 m 个工程造价管理行为人,$x_{ij}(i=1,2,\cdots,m;j=1,2,\cdots,n)$ 表示第 i 个工程造价管理行为人在工程造价生态系统中第 j 个资源因素的需求测度。由于在工程造价生态系统的工程造价管理环境与工程造价管理资源存在着不同的量纲,需要对其进行标准化处理,即:

$$x'_{ij}=\frac{x_{ij}}{x_{\max}}$$

式中,$x_{\max}$ 表示 $x_{ij}(i=1,2,\cdots,m)$ 中的最大值,x'_{ij} 表示标准化后第 i 个工程造价管理行为人在工程造价生态系统中第 j 个资源因素上的现实生态位。又设 $X_j(1,2,\cdots,n)$ 表示第 j 个资源因素上的最佳生态位,即

$$X_j = \max(x'_{ij}), i=1,2,\cdots,m$$

则生态位适宜度的数学模型如下

$$F_i = \sum_{j=1}^{n} \beta_j \frac{\min(|x'_{ij}-X_j|) + \alpha\max(|x'_{ij}-X_j|)}{|x'_{ij}-X_j| + \alpha\max(|x'_{ij}-X_j|)}$$

式中，F_i 表示第 i 个工程造价管理行为人的生态适宜度，其值越大，工程造价管理行为人的生态适宜度就越高，越有利于工程造价管理行为人开展工程造价业务服务活动；β_j 表示第 j 个资源因素的权重，反映了该资源因素对生态适宜度的影响；$\alpha(0 \leqslant \alpha \leqslant 1)$ 表示模型参数，其值一般可由假定 $F_j = 0.5$ 估算出来。

工程造价管理行为人需求生态位是一个由多种资源构成的多维空间，生态适宜度的大小反映了工程造价管理行为人对开展工程造价业务服务活动的适宜性程度。

(3) β_j、α 的确定

β_j 的确定的途径主要有三个：公开资料的统计、专家估计和公开市场调查。其中，围绕工程造价生态系统的工程造价管理环境及工程造价管理资源的各个因素的相对重要程度，如果能利用公开的资料获得数据就用数据赋予权重，而对于得不到的数据，则采用专家按各个因素的重要度打分，也可采用市场调查获得。工程造价生态系统的工程造价管理环境及工程造价管理资源的各个因素的权重系数反映了各个因素对生态位的贡献程度，各个因素的权重系数确定的科学性直接影响生态位构建的合理性。

α 值的确定通常假定 $F_j = 0.5$ 来进行估算，其实际计算公式如下：

$$\delta_{ij} = |x'_{ij} - x_{ij}|, i=1,2,\cdots,m; j=1,2,\cdots,n$$

$$\delta_{\max} = \max\{\delta_{ij}\}, \delta_{\min} = \min\{\delta_{ij}\}$$

$$\frac{\delta_{\min} + \alpha\delta_{\max}}{\delta + \alpha\delta_{\max}} = 0.5$$

这样就可求解出 α 值。

(4) 应用可视化分析技术进行工程造价生态系统适宜性分析

根据生态位适宜度模型，应用可视化分析技术，对工程造价生态系统的工程造价管理行为人之间的关系、工程造价管理环境及工程造价管理资源在其之间的数据驱动及数据动态流动等方面进行评价和适宜性分析，建立对各工程造价管理行为人的各个因素适宜性图谱数据的分布图，进行探索式数据分析、链接分析、相关联分析，再结合全面工程造价管理模式的特点，综合各影响因素而得到综合适宜性等级评价图，找准自己的生态位或者实现生态位分离，实施错位服务。最后，根据不同的工程造价业务需求，确定服务功能，进行工程造价业务合作或互换工程造价信息，实现互利合作，在工程造价生态系统中扮演一定的角色而发挥价值，最终得到工程造价生态系统适宜性综合评价结果。

三、工程造价生态系统适宜能力的结构保证

工程造价生态系统动态联盟体是由彼此之间存在一定关系的不同工程造价管理行为人按照一定的角色进行组合，通过一定的链条将彼此联系起来构成的特有结构。工程造价生态系统的结构和功能的相互协调与组合，促进了全面工程造价管理融合分析及各类过程活动机理之间的内在关系，在共生共处、互利共赢、互补协作的适宜过程中，根据自身的资源与能力优势找到自己的最佳位置，形成了有序的信息流、价值流以适应这种特有的结构和功

能,有效地实现工程造价管理行为人生态位分离共存机制,减少竞争和不必要的资源浪费,选择那种能使自己的适宜度达到最大的生境,从而保证工程造价业务服务价值的提升。

1. 工程造价生态系统网链结构分析

在生态学上食物链是各种生物通过食物营养关系而彼此连接起来的链状系列,使能量在食物链间传导。与之类似,工程造价生态系统的各工程造价管理行为人之间互动关系而构成的链状,是通过工程造价管理行为人所具有的价值而联结起来的,由此相互产生服务价值而连接的链条便形成了价值链。DT时代,快速变化的工程造价管理环境和网络环境,使不同的工程造价管理行为人必须融合起来共同参与激烈的市场竞争,从而形成利益相关的价值网络关系,顺应了价值偏好和价值结构。工程造价管理活动中的不同成分构成动态价值网的联盟集群,是基于相互协作、数字化网络而运行的,既有竞争关系又有合作关系,所有工程造价管理行为人之间的多条价值链中的竞争、合作、互补等多种关系,表现为多个价值链多个环节上的网链结构,他们进行着工程造价知识的分享与获取、工程造价管理资源的利用与融合等多个环节而创造服务价值并获取利益。大数据视野下的工程造价生态系统是一个基于超组织的网链结构,使组织上的柔性要求和组织间联盟管理的重要性越来越成为价值增值过程的关键因素,借助于信息流的运动,各种类型的工程造价管理行为人跨越时空限制,为工程造价业务服务适应环境在各自的特有的工程造价管理活动内提供保证。同时,工程造价管理行为人可以充分利用动态联盟体成员的资源或能力,协调动态联盟体成员的各个关系为用户创造更好的服务体验。在工程造价生态系统网链结构中的工程造价管理行为人之间存在着竞争、共生、合作、合作竞争四种关系。

(1)竞争关系

竞争关系是工程造价管理行为人之间关系的基本形式,它贯穿工程造价管理活动全过程,充分有效竞争是市场机制能够有效配置资源的必要条件。在传统价值链中,工程造价管理行为人之间单纯的竞争关系使它们的价值链不会交叉融合,但在工程造价生态系统平台下,工程造价管理行为人之间变成了协作竞争关系。

(2)共生关系

共生关系强调各个工程造价管理行为人之间在相互作用及工程造价管理环境互动的过程中共同发展。这个关系的建立和发展,需要有一个契约协议来支撑,是系统实现资源共享、优势互补所必须共同遵守的规则和承诺,包括责任分工、风险承担、运行规则、利益分配原则、每个工程造价管理行为人的进入与退出条件等具体事宜,以避免不必要的麻烦。因为每个工程造价管理行为人既独立又相互依赖,所以应在工程造价生态系统价值链中扮演自身的角色,发挥自己的特色和能力,协同用户创造价值,实现整体价值最大化。

(3)合作关系

合作关系是整合工程造价管理行为人的资源求得生存和发展,双方的互补合作使各自的价值得到了极大的释放,资源互补是工程造价管理行为人打通价值链不可或缺的一步,通过资源的整合与互补,大大改善了各环节间的联系,不仅可以快速增强价值,带给用户较好的价值体验,还可提高工程造价管理行为人内部资源管理的集成性,这种合作关系无疑是最具有竞争力的。合作关系的建立与维持,主要是通过合作协议作为主要机制来保证,通过这些契约协议来调整工程造价管理行为人之间的权利分布和依附性,锐减冲突,保证公平,实现共同服务价值。

(4)合作竞争关系

在工程造价生态系统平台下,工程造价管理行为人之间的关系则由对立关系演变为竞争合作的关系。当各个工程造价管理行为人聚集在一起共同创造价值时,他们之间是合作关系;而当他们开始瓜分价值时,则是一种竞争关系。合作竞争关系是相互依存、不可分割的关系,当工程造价管理行为人之间协同完成一个工程造价业务服务时,在进行价值匹配的过程中就会产生合作与竞争,因此在进行合作或竞争而展开的全链条、全过程的价值链传递时,可形成一个协同、共赢、互助的价值网络关系。

总之,任何一个工程造价管理行为人都可以根据自身的价值链,围绕工程造价业务需要,将不同工程造价管理行为人的价值链在多个环节进行整合,构建一个既有竞争关系,又有合作关系,既有存在合作竞争关系,又有存在共生关系在内的工程造价生态系统价值网。

2. 工程造价生态系统结构的适宜性

工程造价生态系统结构在价值链的主导下,在一定时间内占据一定空间的动态联盟体的所有工程造价管理行为人不是机械地集合在一起,而是在具有适宜生态条件下彼此交合,有规律地组合,使工程造价生态系统结构、工程造价生态系统功能融为一体,在相互协调的良性循环下,促进全面工程造价管理的各类本源性服务计算、工程造价监管控制等健康运行和动态发展。工程造价生态系统网链结构适宜性的具体表现应该从两方面考虑:一是根据工程造价业务服务场景和执行各个工程造价管理环节的活动过程,组建各种动态联盟体对工程造价生态环境的适应性和各个工程造价管理行为人在价值链中的地位,在建立网链结构的动态联盟体的过程中,最关键的是合理、快速、准确地评价自身资源以及联盟体的资源,建设项目的各种类型千变万化、解决工程造价问题多种多样和工程造价监管控制形式动态变化等,使得全面工程造价管理过程非常复杂,而这些环节恰恰是建立动态联盟体的适宜性网链结构的最为重要的部分。二是适宜性主要表现在对工程造价生态系统各个工程造价管理行为人流程有效运作过程中的协调与管理。动态联盟体根据实际需要,综合运用多种联盟形式,围绕共同目标,制定规则契约,通过价值网链运行,及时沟通信息,及时了解运作流程进展,协调解决运作过程中出现的问题,这样就有利于工程造价管理行为人之间形成相互依存和相互制约、与工程造价管理环境协同适应的互动关系,达到使各个工程造价管理行为人顺利运行的目的。总之,工程造价生态系统网链结构具有灵活性和相对独立性,借助于价值流、信息流的运动,可以跨越时间、区域范围和工程造价管理行为人界限,为工程造价生态系统适宜环境提供保证,为系统提供互补的核心能力和关键技术。随着建设市场发生变化而发生改变,在价值网链的识别会因角色位置、服务范围、相互影响的变化而变化,为工程造价管理行为人提供更多的选择和相互合作的机会,不仅克服了建设市场和工程造价管理行为人两种机制的关系,又发挥了网链结构的优势,提高了工程造价生态系统对工程造价管理环境的适应能力,使工程造价管理资源具有更高的配置效率。

3. 工程造价生态系统适宜度平衡调控

在工程造价生态系统中,动态联盟体是一个相互联系、相互制约的统一价值网链结构,每一个工程造价管理行为人都有其特定位置,将其融入并扮演一定的角色而发挥价值,在适宜性合理配置的适宜度平衡问题上,可采用不同角色定位或建设市场上的区域定位建立密切联系。当工程造价管理行为人之间的竞争与互利关系达到了平衡,就能在一定的时间内保持动态联盟体的空间聚集,并通过与工程造价管理环境和工程造价管理资源融合,形成解决工程造价问题的一种特定服务计算,来使其生态位结构的分离,使生态位势可以随着工程造价管理行为人的可利用工程造价数据资源、管理力、工程造价业务技术等的变化而改变,不断地调整自己的生态位,进而该生态位就有较好的适应性,为共同产生一个工程造价成果文件提供一种机制,使角色位置的不同表现在动态联盟体之间互动运行的工程造价管理模式操作中的适合度所引起效应,反映了工程造价生态系统动态联盟体对其价值网链结构的适宜程度。如果动态联盟体能够长期维持这种均衡状态,就说明动态联盟体内的工程造价管理行为人均找到了自己的生态位,在工程造价管理环境相对稳定的条件下,动态联盟体耦合行为能稳定、协调地发展,增强了极核的应变能力和管理力,达到了适宜度平衡状态。工程造价生态系统的网链结构要保持适宜度平衡可通过以下调控手段来维系其平衡。

(1)工程造价生态系统结构调控手段

工程造价生态系统的结构调控是利用综合技术与管理措施,协调动态联盟体内各个角色间的关系,确定合理的工程造价管理资源比例和配置,使系统各价值链间的网链结构与机能更加协调,系统的价值流动、数据循环更趋合理。结构调控主要包括以下三个方面:一是确定系统组成在数量上的最优比例;二是确定系统组成在空间、时间上的最优联系方式;三是确定系统所形成功能完善的分工协同网络。

(2)工程造价生态系统契约协议调控手段

契约协议是使工程造价生态系统内各工程造价管理行为人联盟在一起的纽带,是系统实现工程造价管理资源共享、合作与竞争必须共同遵守的规则和承诺,是一种行为规则,是用以缔约和履行的工具。通过智能合约预先制定规则、协议和条款来解构工程造价管理业务,它是一种具有状态、事件驱动和遵守一定契约协议标准,可运用通用的合约条款、规则条款、法律条款进行合规性调控验证,实现工程造价管理和监督、过程咨询、纠纷协调解决、数据溯源等问题的精准定位,引导工程造价管理资源调控配置而达成一致,体现了一定的普惠、公平、透明的适宜度。

(3)工程造价生态系统技术管理调控手段

运用技术管理调控手段对监管和审计工程造价业务流程、工程造价信息流、工程造价确权等适宜性的验证和保真,使得工程造价数据征信成为可能。同时运用技术手段,对工程造价管理资源进行采集、加工、整理、存储、传递、控制,从纷繁复杂的工程造价大数据中,以快捷的速度、最低的消耗,得到工程造价数据的完整性、透明性和可验证性,为基于工程造价的大数据分析提供更多的工程造价数据源,提高工程造价质量,解决数据交互不均衡等问题。通过技术管理调控手段保证工程造价数据积累信任的有效性,能够实现工程造价数据资源的存储、交流、控制和管理,有效避免执行中存在的道德风险、操作风险和信用风险等,保证数据的真实性,全面提升应用价值。

第五章 基于大数据工程造价生态系统的实现机理

在 IT 时代向 DT 时代的转化的过程中,大数据体系提供了一种新型的业务系统的构建方法,它遵循统一架构的原则,构建合理有效全面覆盖工程造价生态系统的应用场景的整体解决方案,面对传统的硬件和软件技术架构已适应不了大数据平台化框架体系的搭建,需要采用敏捷方法,以面向服务架构的变体微服务运作模式引导系统功能实现的构件化、组件化、容器化装配,微服务大数据工程造价生态系统架构的落地实施必将引起思维与方法的变革。本章在阐述大数据对工程造价生态系统的影响的基础上,分析了基于大数据工程造价生态系统实现路径的基本设想,进一步结合基于大数据工程造价生态系统建设的体系框架与服务功能系统构建,研究了基于大数据微服务的工程造价生态系统的技术架构和实现机理,并在此基础上分析了基于大数据微服务架构的工程造价生态系统面向工程造价管理群体使用的服务功能系统的实施方法。

第一节 大数据对工程造价生态系统的影响

数据驱动不仅是工程造价行业引进更多的新技术,更意味着传统工程造价管理要持续地改变原来的运作模式,从工程造价管理模式的演化、工程造价生态系统的规律性认识及规范化运作,都需要基于大数据的支撑才能切换到全新的模式,对于工程造价管理行为人来说,一个高度互联网化的工程造价生态系统必将产生不一样的思维方式,工程造价行业的大数据应用也不遑多让。因此,在建设市场转型的过程中,作为大数据视野下的工程造价生态系统,其实现机理将呈现出明显的、不同以往的新特征,而大数据技术手段和实现方法是不断发展和演进的,所有这些必将对工程造价生态系统产生多方面的影响,我们从下面几个方面分析大数据视野下工程造价生态系统实现机理所带来的影响和变化。

一、大数据对工程造价生态系统计算模式的影响

大数据计算模式是根据大数据的不同数据特征和计算特征,从多样性的大数据计算问题和需求中提炼并建立的各种高层抽象或模型。在工程造价生态系统中发生的各种各样工程造价业务处理问题,难以有一种单一的计算模式能涵盖所有不同的工程造价业务计算需求,而大数据计算模式与传统计算模式,所运用的原理和路径是完全不一样的,大数据处理问题是依据数据特征和计算特征来决定计算模式,因此,基于大数据工程造价生态系统对复杂多样的工程造价业务问题的处理需要更多地结合其数据特征和计算特征来考虑更为高层的计算模式。目前,大数据计算模式主要有大数据查询分析计算模式、批处理计算模式、流

式计算模式、图计算模式、交互式计算模式、内存计算模式等,每一个计算模式都需要基础技术、基础设施以及涉及解决具体问题的计算资源的调配。基于大数据工程造价生态系统在工程造价业务问题的解决过程中,不同的工程造价管理行为场域必须通过工程造价管理行为人之间的协作互联来实现场景服务计算、效能的提升,分布式协调模式具有挖掘计算侧服务能力来实现服务的端到端交付,并由此触发了计算模式依据数据特征和计算特征来共同完成特定的任务。所以,大数据对工程造价生态系统计算模式带来了深刻的影响,推动了云计算和区块链在分布式协调模式的应用发展。

二、大数据对工程造价生态系统群体的影响

工程造价管理群体是工程造价生态系统的主体,是工程造价生态系统运行机制持续发展的主要因素,其不同的管理行为必将影响到整个工程造价生态系统的变化,同时,工程造价生态系统的变动也影响着工程造价管理行为人的各种工程造价业务服务计算,两者互相影响,互相促进。基于大数据技术,工程造价生态系统将大大提高工程造价管理群体的效率和质量,有效地进行协同工作,沟通交流并传递信息,可围绕建设项目的工程造价管理行为场域,按照工程造价管理群体的各自角色进行数据驱动的工程造价业务问题顺利解决的聚集效应。首先,大数据改变了工程造价管理群体单纯依靠经验、自身具备的工程造价知识水平与感知能力的管理形式,形成了精准的数据分析工程造价业务内容,使得工程造价管理群体的管理力手段在大数据的基础上对整个工程造价业务操作方面呈现出重要的作用;其次,工程造价管理群体之间存在一种互动、交叉影响关系,工程造价生态系统要取得健康可持续发展,必须关注其动态联盟体的各个工程造价管理行为人,并与之建立一种良好的和谐关系,这就有必要从工程造价管理群体角度来建立分析模式,研究提高整个工程造价生态系统的市场竞争力,这对于工程造价行业的发展和工程造价管理行为人的市场竞争力都是有一定影响的。

三、大数据对工程造价生态系统环境的影响

在互联网时代,大数据渗透到每一个行业和业务职能领域,并使社会、经济、文化等环境因素发生改变,它所带来的新变化会对很多传统行业的一切模式产生重大影响。而工程造价生态系统环境的影响强度和广度也随着工程造价管理活动发生改变,具有路径的依赖性,这是由于工程造价管理活动对政治法律、国家方针政策的依赖性很强,往往需要工程造价管理活动与当下的工程造价管理环境相吻合,必须适应工程造价管理环境的变化,工程造价生态系统和环境之间相互依赖、相互影响和相互交换,在大数据驱动下,工程造价生态系统的环境因素随着外界环境发生变化而调整,从而使工程造价生态系统与工程造价管理环境的输出输入达到动态平衡。大数据对工程造价生态系统环境的影响效应主要体现在以下几个方面:

1. 大数据驱动工程造价生态系统环境资源配置的影响效应

工程造价生态系统通过数据连接工程造价管理环境,促进外部法律法规、经济政策、行政法令等数据在工程造价管理环境上的动态无缝流动,可根据工程造价管理群体对工程造价管理环境所需数据资源进行合理的配置,实现工程造价管理环境、工程造价管理资源和工程造价管理群体行为场域的动态平衡。大数据淡化了各个工程造价管理行为人作为外部环

境数据存储机构的属性,为工程造价生态系统提供了一个工程造价管理环境配置模式,为工程造价管理群体提供了分享外部环境数据的公平机会。同时,在工程造价生态系统里,工程造价管理行为人不仅可以快捷、经济的根据自身需求获取各项环境数据资源,还可以通过工程造价管理行为人之间的连接与融合,相互交流,从而获得职能上的支持。

2. 大数据对工程造价生态系统环境利用分析的影响效应

工程造价生态系统环境的利用在很大程度上表现了工程造价管理行为人运用工程造价管理环境的技能。工程造价管理环境的利用是对工程造价管理环境现有价值的充分运用以及潜在价值的发掘,使工程造价管理环境在工程造价管理行为场域中起到积极的促进作用。由于建设工程项目所处的地域不同而对工程造价管理行为场域影响的程度也不同,运用大数据可以分析各种工程造价管理环境的利用因素,经过变换组合所形成的各种各样态势,进行与工程造价管理行为场域中需要解决的工程造价问题相吻合,改变了工程造价在地域配置上的差异性。面对复杂的工程造价管理环境,要合理而有效地利用,避免在利用中的无效、重复和效率不高等问题,通过工程造价管理环境的整体,按照不同的工程造价管理活动要素分门别类地细化变量,采用大数据驱动模式将各种因素按工程造价管理活动要素的要求分门别类,从不同方面对工程造价服务计算和活动过程作出细化分析。

3. 大数据对工程造价生态系统环境权变的影响效应

在工程造价生态系统的运行过程中,工程造价管理行为场域的实现,与工程造价管理行为人的行为方式有关,与工程造价管理环境有关。因为工程造价管理行为人的个性、价值取向和思维方式不同,加上工程造价管理环境变化的不确定,在工程造价问题解决的实现过程中,则有不同的认识和解决办法。运用大数据分析工程造价管理活动时间、地点等情况的变化情形,采用数据驱动针对特定工程造价管理环境的思想、行为和方法进行有效的赋能。权变是适应工程造价管理环境的一种行为,而且是一种积极适应行为。从大数据思维方式上,采取数据驱动的权变方式,在不同的工程造价业务服务应用场景中,与工程造价管理环境之间建立更有效的动态协调关系。工程造价生态系统环境权变很重要的方面是看工程造价业务服务应用场景的实现方案能否随着工程造价管理环境的变化而灵活的调整,应该使用大数据分析适应空间和合理的可行域,灵活应付随时变化情况留有充分的弹性。把数据驱动的工程造价管理环境的权变方案看成为一种普遍性的、为了提高工程造价业务服务应用场景有效性所必备的基本内容,这样才能充分体现出权变是积极适应工程造价管理环境的行为特征。

四、大数据对工程造价生态系统业务和活动流程的影响

大数据的工程造价生态系统业务和活动流程与传统的工程造价业务流程和工程造价管理活动流程是完全不一样的,大数据可以改善工程造价生态系统的工程造价业务运作,实际上,数据驱动改变传统的工程造价业务流程和工程造价管理活动流程,形成工程造价管理行为人之间的合作互动,打造工程造价管理活动场景必要的业务活动安排,进行优化以提高处理效率。工程造价业务流程是为在工程造价生态系统运行的过程中创造价值的逻辑相关的一系列活动,是构成工程造价生态系统运转的基础单元,大数据工程造价生态系统的运作过程是由许许多多工程造价业务流程和驱动各种各样具体工程造价管理活动来实现的。工程

造价业务流程内部活动之间以及工程造价业务流程之间的逻辑相关性本质上是一种数据关联，内含着能流、价值流相互融合的过程，工程造价管理群体控制工程造价生态系统，是通过获取信息流来控制能流、价值流，从而按照一定的时间、空间顺序运作的次序、步骤和方式来实现工程造价生态系统业务和活动流程，达到提高工程造价成果文件编制效率和质量保证的目的。

第二节　基于大数据工程造价生态系统的实现路径

针对上述大数据对工程造价生态系统应用影响分析，在 IT 向 DT 技术泛型的转变的应用中，基于大数据工程造价生态系统的实现一定不是传统信息化系统的思路，甚至工程造价的业务和活动流程、服务计算、系统实现、实施服务等很多方面都不能按照以前的模式进行表达。而技术手段和实现方法是不断发展和演进的，大数据的核心思想是分布式和协同工作，异构系统集成、数据计算服务化、工程造价生态系统体系结构演变、网络化协同体系平台模式的发展以及工程造价成果文件一体化管理的整体要求则进一步促进了新技术、新理念的吸收和掌握。

一、基于大数据工程造价生态系统实现路径依据

工程造价生态系统的实现路径及其运行过程体现的是数据驱动的一种模式，工程造价管理资源已成为工程造价行业不可或缺的生产要素，互联网大数据实际上已改变了工程造价生态系统的时空限制，DT 技术也就成为工程造价管理业务的重要组成部分，一个高度互联网化的市场环境，工程造价生态系统的实现路径必须依据全面工程造价管理的目标理念体系，实现工程造价业务服务场景解决的目的，而这个工程造价生态系统的实现需要 DT 技术手段支撑，才能使数据驱动全面工程造价管理模式的柔性化服务、微服务得以实现，进而促进工程造价行业持续发展。

1. 全面工程造价管理模式的内容

在第二章我们已经对全面工程造价管理模式以及数据驱动的全面工程造价管理体系进行阐述，工程造价生态系统服务是一个综合性概念，在实施工程造价业务活动的过程中，工程造价数据流把动态联盟体各个工程造价管理行为人串成一个完整的生态圈，共同去解决工程造价业务的服务问题。从建设项目全生命期一体化管理的内容来看，工程造价生态系统必须建立适用于建设项目一体化管理的全面工程造价管理服务体系，融合全过程、全要素、全方位工程造价管理的技术方法，进而实现协同共享和集成化的管理。全面工程造价管理服务体系的构成，是由全过程、全要素、全方位工程造价管理组成的一个三维空间结构，全面工程造价管理结构的构成如图 5-1 所示。

从图中可以看出，全面工程造价管理模式的内容是基于全生命周期工程造价管理的全过程、全要素、全方位和全风险工程造价管理的技术方法，主要的构成是围绕数据驱动来实现的。全面工程造价管理结构分析框架在建设项目活动的行为场域中是内在统一的，全过程工程造价管理是全面工程造价管理的基础，全要素工程造价管理是全面工程造价管理的手段，全方位工程造价管理是全面工程造价管理的核心，全风险工程造价管理是全面工程造价管理的关键，而全生命周期工程造价管理是全面工程造价管理的支撑。

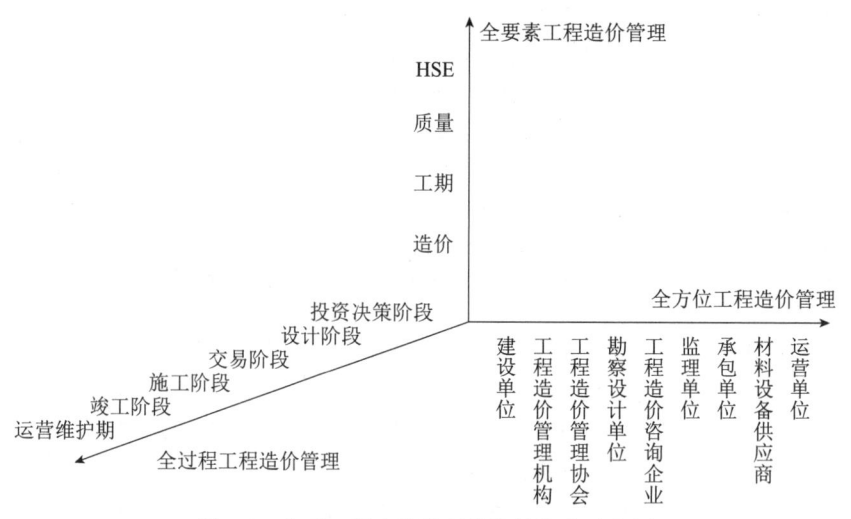

图 5-1 全面工程造价管理结构的构成示意图

(1) 全过程工程造价管理

全过程工程造价管理是由一系列的具体实施活动有机集合而进行管理的,是由各个不同阶段的各项具体活动的工程造价构成的,形成全过程的工程造价管理,它必须对各项活动所消耗的工程造价管理资源进行驱动,从而实现对不同阶段的各项具体活动的工程造价进行全面管理。要实施全过程工程造价的全面管理,主要的技术方法路线应从两方面入手:一是合理地确定由不同阶段的各项具体活动的工程造价构成的全过程工程造价。二是有效控制不同阶段的各项具体活动过程的工程造价和全过程的工程造价。因此,数据驱动全过程工程造价管理的技术方法就必须运用工程造价确定的计算模式和基于活动过程控制的全过程工程造价控制的计算算法工具。基于活动的计算模式合理确定工程造价和基于活动过程的计算算法工具有效控制工程造价,一起构成了全过程工程造价管理的数据驱动的技术场景。

(2) 全要素工程造价管理

全要素工程造价管理是由一系列属性构成的,由于全过程工程造价管理的内容只是将建设项目进行静态分解,还需要从影响建设项目工程造价的全部要素进行管理,而每个要素包含有若干个属性,用来描述要素的形态、组成和特征,其实现功能也不同,但在建设项目全过程中,这些要素之间可以相互联系、相互影响和相互转化。全要素工程造价管理包括造价、工期、质量和 HSE 等要素,对于全面工程造价管理而言,必须从影响工程造价的全要素管理的角度,去分析和找出这些要素的相互关系,更精准地反映、认识、掌握全面工程造价管理。构成造价要素受工程造价数据基因的影响,其属性多种多样,有静态属性和动态属性,如全过程各项活动所消耗和占用的资源数量以及所消耗和占用的资源的要素价格;构成工期要素受时间的影响,其属性的表现形式是多方面的,如工程变更、施工条件变化、质量问题造成返工等,因为建设项目的完成需要一个合理的工期,进度的变更,无论是工期的缩短或延长都会造成工程造价的变化;构成质量要素受主客观条件的影响,其属性包括质量控制成本、质量失败补救成本和外部质量保证成本,这些属性的活动状态与工程造价关系密切,在建设项目质量的形成过程中,为达到质量的要求,必然存在着一个最适宜的质量成本水平点,使得工程造价最优;构成 HSE 的要素受社会责任和历史责任的影响,HSE 是指健康

(Health)、安全(Safety)、环境(Environment)。建设项目的管理不能仅仅局限于建设项目本身,还应该承担社会责任和历史责任,而社会责任和历史责任是需要付出成本的,这就是社会成本。在社会、历史的影响因素中,安全生产和环境保护是最主要的因素,健康要素指的是心理因素,是一种主观心理效应,在对建设项目在心理上保持一种完好的状态。HSE要素在影响建设项目的各要素中占据的比例较小,但是,如果造价的投入过少,就会造成安全的隐患和环境的污染,而且影响其他要素的顺利实施。

(3) 全方位工程造价管理

在工程造价生态系统中,全方位工程造价管理就是动态联盟体通过工程造价文化、智能合约管理、分层共识机制和标注项目过程管理的引导配置,将同属建设项目而分布于不同区域的各个工程造价管理行为人聚集在一起,全面协调各个工程造价管理行为人之间的利益和关系,形成协同工作机制,达成内外部相互交互融合和沟通交流,涌现出工程造价问题互动反馈、关联协调、事实评价的一套全方位工程造价管理方法,消除利益冲突和信息沟通的障碍,去实现全面工程造价管理的相应目标。

(4) 全风险工程造价管理

建设项目的实现过程是在一个相对存在许多风险和许多不确定性因素的外部环境和条件下进行的,从而使工程造价会发生不确定性的变化,都有可能带来风险。由于不确定性因素的存在,工程造价的确定依据和影响工程造价的因素,均处于不断变动的状态,因而全面工程造价管理就要实时掌握工程造价各影响因素的变化,并对此作出相应的数据驱动予以调控。在工程造价生态系统中,有必要建立一套全风险工程造价管理的技术方法,来识别全面工程造价管理中存在的各种风险并确定出全风险性的工程造价,在各种各样风险识别判断的管理过程中,通过控制风险事件的发生与发展,运用数据驱动控制全风险工程造价,使全面工程造价管理过程之中的所有活动过程及其结果都受到评估。因此,要解决全风险工程造价管理问题需要把握三个方面的具体方法,一是基于活动过程的分析、识别和确定风险性事件与风险性工程造价的数据驱动方法;二是基于活动过程所发生与发展的风险事件进程控制的数据驱动方法;三是基于全面工程造价管理业务流程的全风险性工程造价直接控制的数据驱动方法。数据驱动风险性工程造价的确定方法是一种以全风险工程造价管理为核心,开展对建设项目的确定性工程造价、风险性工程造价和完全不确定性工程造价的全面工程造价管理。

(5) 全生命周期工程造价管理

基于全生命周期的全面工程造价管理,融合了全过程、全要素、全方位、全风险工程造价管理的整合过程的精准量化技术与方法,是一个以数据驱动工程造价业务为核心的过程模型,采用流程管理方式来实现整个协同共享和集成化的全面工程造价管理。依据技术层面上的全面工程造价管理,需要把全过程、全要素、全方位、全风险工程造价管理有机结合起来,运用集成项目交付(Integrated Project Delivery 简称 IPD)模式的思想,进行有效的整合过程技术来解决流程中的各种问题。IPD 模式的核心主要涵盖了四方面的思想,即集成、合作、精益分析以及全生命周期。IPD 模式为全面工程造价管理的集成应用提供了信息化技术手段和管理实施模式,支持多功能及多技能整合,动态环境中将多方面的经验、技术与知识、技能与知识,以合适的技术手段去支持工程造价业务的表达、沟通、讨论、决策。IPD 模式在全生命周期工程造价管理应用中,通过结合区块链技术以及先进的交互工具进行各工程造价管理行为人的合作和信息共享,通过分层共识机制和智能合约解构,克服信任障碍、责任承担障碍、风险分担和利益分配障碍、激励机制障碍以及工程造价数据征信障碍,有助于各工程造价管理行为人各自的工作内容紧密联系与交接,工程造价数据流畅通,有利于沟通协调,实现多方协同工作,对工程造价进行预控,从而始终能够做到合理确定和有效控制工程造价。

2. 微服务架构技术引擎

DT 技术的兴起,使得传统信息化软件工具适应不了数据驱动工程造价业务的全面工程造价管理,面对传统信息化各种类型的工程造价业务系统,必须进行迁移、拓展和与大数据视野下的工程造价生态系统进行有效集成,基于容器的微服务技术为我们提供了支撑。微服务是一种用于构建应用的架构方案,微服务架构是一种云原生架构方法,是面向服务的体系结构架构的一种变体,它将应用程序构造为一组松散耦合的服务,有别于更为传统的单体式方案。微服务带来了大规模分布式系统的功能解耦,基于云计算、容器的服务自治和敏捷交付技术路线与大数据视野下的工程造价生态系统集约化管理的运行模式,形成了"工程造价管理行为人－平台－交互行为"的生态环境,给工程造价生态系统的建设、实施和应用带来了不一样的思路、方法和体系结构。

首先,微服务对多种计算模式框架、多种计算模型和算法等技术可进行大数据业务分析和抽象建模,基于云计算、容器的服务自治和敏捷交付技术路线,选择相应的计算模型和计算框架进行支撑,实现了微服务的划分、组合、编排和动态配置,根据每个微服务的粒度基于业务能力大小进行构建,使构建的服务链能够通过容器技术与云计算的结合进行快速自动化部署,满足大数据分析业务的扩展和变化,能在海量数据条件下快速完成多种计算模型和分析处理,能基于数据融合单元和计算服务化技术,支持多模态计算任务处理,为大数据融合处理和智能分析计算服务化、标准化和流程化,提供了更灵活、更柔性、细粒度和轻量级的实施和应用方式。

其次,微服务可通过分布式部署,可将各种微服务采用不同的开发语言和数据库等技术实现,并部署在容器中,通过微服务进行大规模分布式系统的功能解耦,根据业务提炼不同的服务,每个微服务的粒度能够通过基于云技术和容器技术进行快速自动化部署和动态管理,大幅提升开发团队和日常工作效率。容器能实现比传统虚拟化技术更轻量级的虚拟化,而且完全使用沙箱机制,可并行开发多个微服务,大大方便微服务的独立部署和维护,这意味着更多开发人员可以同时开发同一个应用,进而缩短开发所需的时间。

最后,微服务通常通过 API(Application Programming Interface)进行通信,API 接口能实现不同组件之间的交互,API 契约规定了不同组件交互的规则,采用标准服务接口和组件开发方式,单个应用程序可由许多松散耦合且可独立部署的较小组件或服务组成,通过 REST(Representational State Transfer) API、事件流和消息代理的组合相互通信,可采用 REST 方式同步调用服务,支持不同语言和环境;采用消息方式异步并行调用服务,提高性能和可用性。在微服务体系结构中,将单体应用程序分解为一系列松散耦合的小服务,这些服务是细粒度的,交互协议是轻量级的,每个服务运行在自己的进程中,通过轻量级机制进行信息交互,在同一接口提高不同的功能,使用基于微服务的方式使得应用程序开发变得更快更容易管理,并通过 API 以明确的方式进行通信将这些服务模块协同连接起来,形成微服务族网络,完成复杂任务。

因此可以推断,微服务架构技术和实现原理必然会变革大数据视野下工程造价生态系统的体系结构和实施方法,这需要重新思考和全新构造大数据视野下工程造价生态系统,迎合工程造价行业植入市场化的要求。

3. 多层次数据信息融合技术

对多种形态格式的工程造价数据进行统一的标准处理,是基于大数据工程造价生态系统处理架构需要解决构建标准工程造价数据集而进行大数据多粒度融合设计的问题,在工程造价管理资源中,主要通过构建统一数据单元来支持多模态特征级融合和多种类、结构数据集的封装融合。统一数据单元是独立的和灵活的实体工程造价数据集,可根据种类繁多的工程造价数据源和动态变化信息、关键特征属性的标识状态的分析需求进行交会、变换和嬗变,并且具有尺度的属性。通过工程造价数据信息融合形成的统一数据单元,是进行大数据工程造价生态系统处理的基础。针对工程造价服务计算的各类模型的数据配置属性,统一数据单元对基于大数据工程造价生态系统多个层次和多粒度、多模态的数据进行融合处理,实现工程造价数据的存储优化和工程造价服务计算的各类模型的数据适配标准化,需要寻求统一数据单元作为基于大数据工程造价生态系统的基本数据组织和处理单元,使工程造价数据分析模型和智能计算算法匹配性和敏捷性得到体现,提升了工程造价确定和过程控制以及各类风险识别的处理能力。多层次数据信息融合设计采用自下而上层次描述框架法对基于大数据工程造价生态系统的工程造价数据进行建模,如图5-2所示。

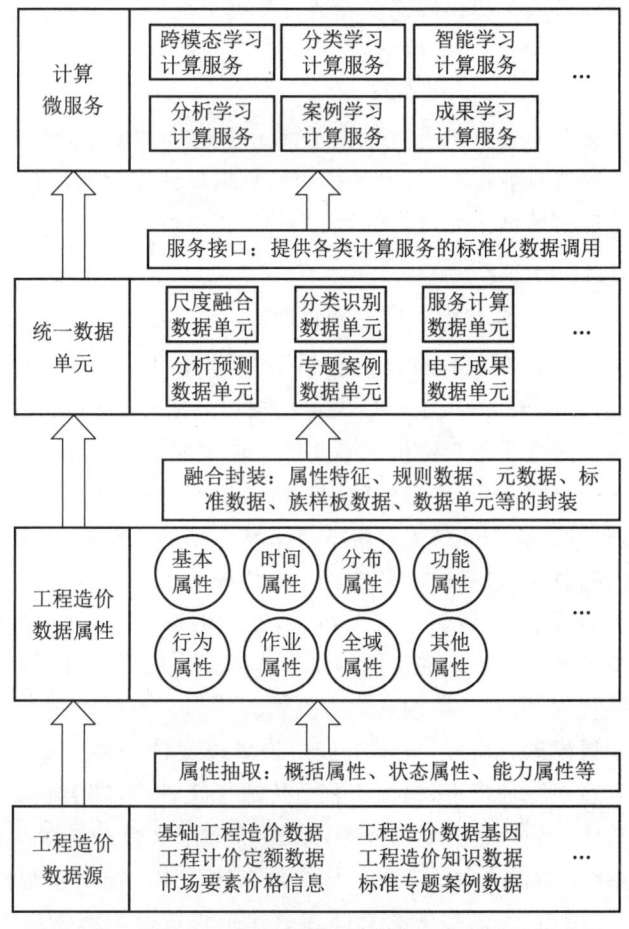

图5-2 工程造价大数据多层次数据信息融合构成示意图

从图5-2可知，将多层次数据信息融合体系分为工程造价数据源层、工程造价数据属性层、统一数据单元层、计算微服务层四个层次分别完成属性级的融合、数据级融合和模型级的融合。其中属性级的融合支持跨模态属性（如尺度特征）的大数据计算模型处理；数据级融合支持多维结构化、半结构化和非结构化数据等数据模式和数据结构等级别的融合；模型级的融合根据工程造价管理活动场景的工程造价确定模型、工程造价过程控制、项目计算模式识别模型、各类风险识别模型等作业任务匹配相应的数据单元处理。多层次数据信息融合体系中各层信息流和数据流有机结合，根据工程造价数据源特点和用途，计算微服务决定信息的流动层次与处理方式，做到速度、数据量、应用的均衡，从而实现属性、数据到模型服务化封装。为此应满足三个环节的处理：

一是属性抽取。对多维工程造价数据结构进行集成和属性抽取，抽取出工程造价数据中的各类不同属性，实现工程造价数据的状态资源封装模块中的静态属性、动态属性、作业属性、尺度关联属性等的特征描述。

二是融合封装。抽取出来的不同种类工程造价数据属性，根据不同的计算模型数据处理特点和要求，不同种类的属性具有不同的共享方式、使用方式、使用策略或者不同类型的作业需求，将服务化封装成结构和格式统一的数据单元，形成标准分析工程造价数据集，为上层的智能挖掘计算模型服务提供快速工程造价数据集配置。可通过工程造价元数据方法或其他技术，实现不同种类的统一数据单元进行概括属性、状态属性、能力属性、功能属性等各类内容的定义。

三是服务接口。融合封装好的统一数据单元工程造价数据集，针对不同智能挖掘计算模型服务实现快速工程造价数据配置，设计统一的数据单元作业调用接口，通过接口定义和参数设置对封装工程造价数据单元进行解析，并对工程造价数据集各类属性特征、结构信息等进行提取。

4. 工程造价成果文件一体化模式的业务驱动

工程造价成果文件是指在工程造价业务活动中形成的所有记录材料。它包括中间成果、专业成果文件及最终成果文件，也包括编审的概（预）算书、结（决）算书、工程量清单、招投标文件等相关文件。而电子工程造价成果文件一体化模式是基于工程造价业务活动过程连续的文件管理方法，需要各个工程造价管理行为人协同工作，采用数据驱动工程造价业务所形成的文档的管理方法，它需要按照一定的要求和原则的工作流程，建立健全质量管理体系，并对工程造价业务施行全过程的质量控制。而传统的工程造价成果文件管理过程，一般由编制生成、整理归档及最终处置三个环节组成，通过编制、生成、整理、鉴定、归档、移交等相对独立的管理环节完成文件管理的功能需求。工程造价成果文件一体化管理策略应用电子工程造价成果文件管理后，对传统的成果文件管理流程会有所改变，工程造价成果文件管理环节之间的界限变得模糊。所以，电子工程造价成果文件一体化流程在总体上必须集成重组。在工程造价生态系统环境下，提出工程造价成果文件一体化模式，将工程造价成果文件与档案作为一个整体实施一体化管理，使工程造价成果文件的整个生命周期的全程管理形成一个无缝管理系统。因此，电子工程造价成果文件一体化需要重塑模型、模式和技术架构，应将一体化管理的思想、整体实施的管理理念在工程造价生态系统中得到体现，实施集约化共建和服务共享的开放的、柔性的、共用的数据驱动工程造价业务的生态环境。

二、基于大数据工程造价生态系统实现路径分析

基于大数据工程造价生态系统的实现，需要在组合利用 DT 技术的基础上，充分运用敏捷和精益思想原则，利用微服务架构来设计系统构建的技术框架，微服务技术为工程造价生态系统中实现工程造价数据资源、工程造价技术能力的服务化，进而提高系统的互操作、敏捷、集成能力提供了使能技术，这就需要基于平台化的数据驱动全面工程造价管理和工程造价成果文件一体化的集成服务机制来设计工程造价生态系统的基础体系结构，需要基于组件服务的标准化敏捷部署方法来配置工程造价业务逻辑、部署工程造价业务应用系统，其实现路径需要突出服务计算的技术路线。因此，通过数据驱动服务模式，可将工程造价生态系统实现路径分为两条相对独立的技术路线，即系统的设计过程和实施过程。

1. 系统实现技术路线基本分析

基于大数据工程造价的生态系统由工程造价管理群体及工程造价管理模式和手段所构成的面向服务的工程造价业务硬软件系统组成，在系统设计过程中自上而下遵循面向服务的框架构建原理，在实施过程中运用自下而上围绕工程造价业务逻辑装配服务组件、面向全面工程造价管理要求部署功能系统，这是基于大数据工程造价生态系统微服务架构实现的技术路线，即功能组件化、组件通用化、模型和工具集成标准化、接口标准化，从而做到组件一次开发，多次复用。支撑工程造价业务活动过程的流程与事件在工程造价生态系统中实现统一的、标准化的、模块化的、可配置的一些复用组件及其有效融合的组件集，通过功能组件组合，在组件之间交换的数据形式具有标准化和接口化，使服务复用降低成本，并能根据实际需求以及顺应不断变化的需求进行模型和工具集成标准化设计，其实质正是基于容器的微服务技术在工程造价生态系统建设过程中的具体表现。基于大数据工程造价生态系统微服务实现技术路线如图 5-3 所示。

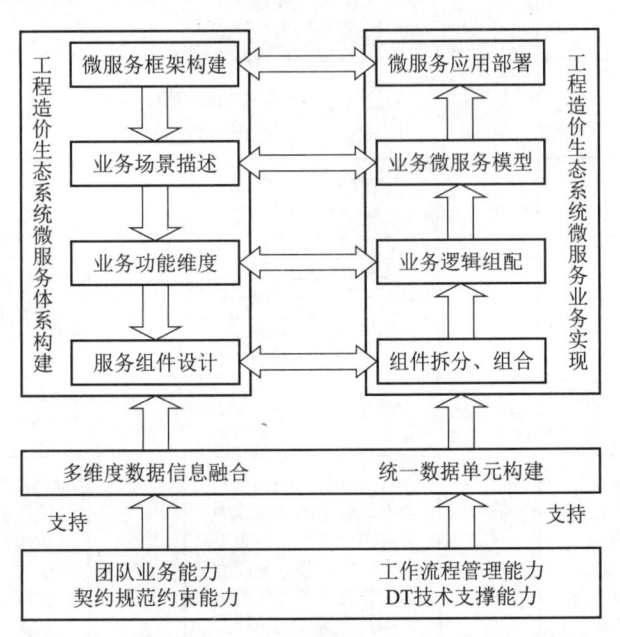

图 5-3 工程造价生态系统微服务实现技术路线示意图

从图 5-3 可知，微服务架构的技术路线将使得组件集成服务、模型和工具集成的方法以及系统建设与实施的实现得到灵活的延伸和拓展，基于大数据工程造价生态系统的实现将会在大数据生态系统下，通过敏捷方法的微服务技术框架和体系结构，把团队的业务能力、工作流程的管理能力、契约规范约束能力与 DT 的技术支撑能力实现高度的融合。各类计算应用基于容器快速部署，各类功能封装微服务，微服务将系统功能分解为并行的工作流和数据流，以使开发团队能够更快地迭代。需要构建通用的微服务网络化协同体系，开发工程造价生态系统专用的功能组件，实现对这些专用的功能组件的集成管理，并最终通过组件化系统构造方法，面向各类工程造价管理群体，定制和实施各类应用系统。这些应用系统用来支持工程造价管理行为人对各种工程造价业务的解决，从而形成一种良性的系统建设和持续发展的管理和运作机制。

2. 系统实现的关键路径分析

基于大数据工程造价生态系统业务微服务的实现是通过平台业务微服务架构将系统业务功能拆分为多个功能模块，一个功能模块可按照不同的业务逻辑状态再进行划分，单个业务微服务是由各种细粒度的有效融合的组件集构成，可根据具体业务场景进行组合和匹配服务粒度。通过业务微服务的拆分和组装，微服务应用系统就具有了敏捷性、灵活性、可伸缩性等特点，服务要按照业务功能进行拆分，拆分后多个高度自治的微服务就可达到松耦合和高内聚的效果，然后再通过灵活地进行微服务的积木式组装，就可满足各种各样的业务应用场景需求。对于基于大数据工程造价生态系统业务微服务的实现而言，重要的是要构造业务微服务功能组件、平台微服务架构、微服务应用系统，最终形成面向多层级工程造价管理行为人的工程造价生态系统。工程造价生态系统业务微服务实现的关键路径如图 5-4 所示。

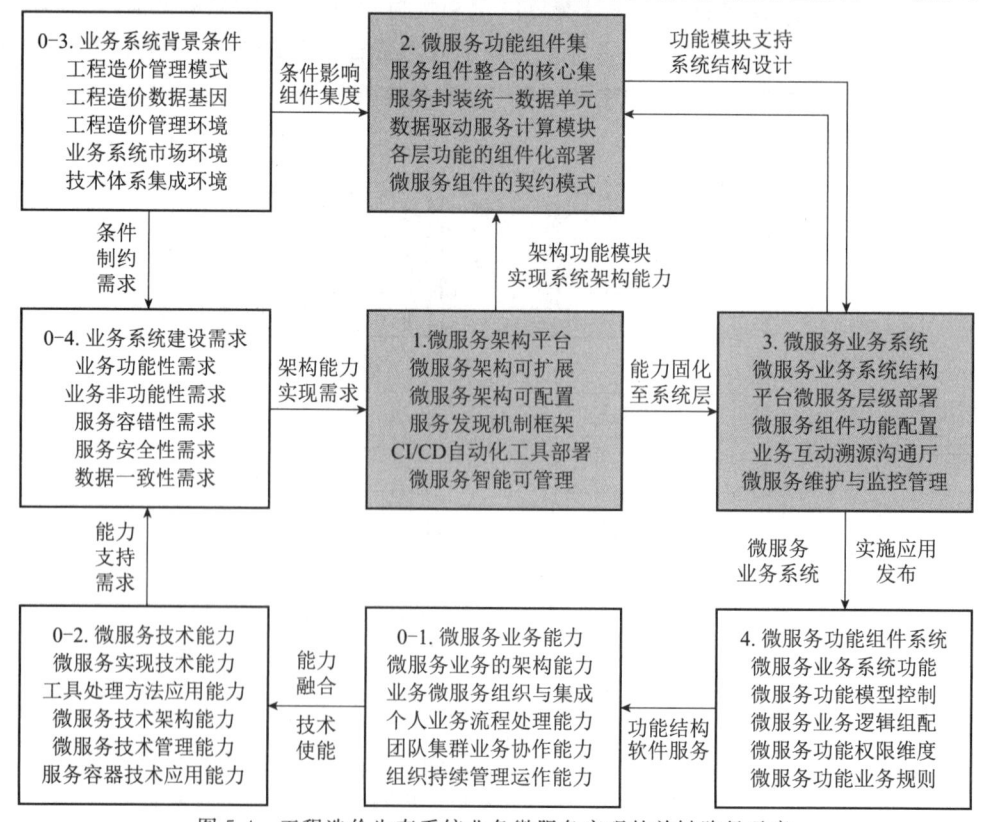

图 5-4 工程造价生态系统业务微服务实现的关键路径示意

第五章　基于大数据工程造价生态系统的实现机理

按照图 5-4 所示，对于工程造价业务应用场景，首先需要根据业务系统建设需求进行顶层设计，全面分析，总体设计；然后具体应用，实际实施，迭代完善；最终根据业务需求进行改进内容而形成微服务业务系统。基于大数据工程造价生态系统实现过程的具体分析如下：

(1)业务系统建设需求来自团队的微服务业务能力、微服务技术能力以及业务系统建设的背景条件，这些基本能力为业务系统建设需求提供分析的支撑。首先根据微服务业务的架构能力、微服务业务组织与集成、个人业务流程处理能力、团队集群业务协作能力和组织持续管理运作能力进行抽象，理清内在逻辑，并将微服务实现技术能力、工具处理方法应用能力、微服务技术架构能力、微服务技术管理能力和微服务容器技术应用能力进行融合，形成业务系统建设的各种需求，然后再结合工程造价业务服务的工程造价管理模式、工程造价数据基因、工程造价管理环境、业务系统市场环境、技术体系集成环境等系统背景条件，明确实现数据一致性需求必须基于多粒度、多层次工程造价数据融合构建统一数据单元，形成标准数据集，通过基于微服务的计算模型抽象和汇聚处理，采用标准服务接口和组件开发的方式，对业务功能性需求及其实现的整体要求，基于敏捷化、服务化的方式对服务组件整合的核心集、数据驱动服务计算模块、各层的组件化部署和微服务组件的契约模式进行抽象，进行统一配置管理，形成各自独立存在、具有一定功能的、符合标准的微服务功能组件集，即插即用的构件化和服务化设计，就能根据分析目标进行快速选择功能的服务组件、灵活配置，这就是实现工程造价生态系统微服务架构平台的基本单元。

(2)根据上面分析微服务功能组件集所实现的某一功能是工程造价生态系统微服务架构平台的基本单元，从而使组件的构建需要在统一的微服务平台的框架下设计和实现，必须遵循统一的标准、规范和接口方法，通过开放的管理体系实现对各类组件的整合、封装和集成，形成面向一定功能的、支撑平台运营的架构功能模块，最后再通过平台提供的微服务架构可扩展、微服务架构可配置、服务发现机制框架、CI/CD(持续集成/持续部署)自动化工具部署、微服务智能可管理的架构服务能力，将各种功能模块和微服务组件进行固化，以支持微服务业务系统的整体构建。

(3)在微服务架构平台下，可采用微服务业务系统结构、平台微服务层级部署、微服务组件功能配置、业务互动溯源沟通厅、微服务维护与监控管理，面向各类工程造价管理行为人开展工程造价生态系统的微服务业务系统功能、微服务功能模型控制、微服务业务逻辑组配、微服务功能权限维度和微服务功能业务规则等定制和实施应用微服务功能组件系统，满足多层级工程造价管理行为人解决实际工程造价业务问题的需求，保障工程造价成果文件一体化的质量，使工程造价生态系统在开展全面工程造价管理活动过程中得到进一步提升。

(4)基于大数据工程造价生态系统的实现过程是通过平台化微服务架构技术和微服务业务功能，将各种能力封装融合为组件，将组件配置为功能模块，将功能集成为应用系统，并最终通过应用系统的实现来进一步提升组织的各项能力。实施和建设工程造价生态系统的微服务业务系统，不仅要采用微服务技术、构建微服务架构，还要基于微服务思维分析和分解各个业务、微服务体系的全程落地，更需要配套合理的微服务管理规则和流程，从整体性、结构性、综合性和动态性严格管理微服务组件及其业务系统功能，同时通过微服务度量可改进微服务开发过程，促进微服务项目成功，使微服务架构的运维能保证可靠性、容错性、安全性等指标的落实。

第三节 基于大数据工程造价生态系统建设

微服务的目的是有效的拆分应用,实现敏捷开发和部署,基于大数据的工程造价生态系统建设更加需要敏捷开发。使用基于微服务的方式使得应用程序开发变得更快更容易管理,它只需要较少的人力就能实现更多的功能,可以更快更容易的部署。基于大数据工程造价生态系统的业务微服务建设,这种方式与从单体工程造价业务应用拆分为微服务应用所采用的建设方式有所不同。因为一开始工程造价行业的决策者并不了解基于大数据工程造价生态系统业务应用的具体场景、核心业务瓶颈和障碍,所以就很难精益、准确、高质量地设计微服务架构。对于这样的系统建设,多种因素都能影响微服务实现的效果,主要的决定因素有系统的复杂性和团队的专业水准,需要针对团队的组成和系统规模进行分析,其影响微服务架构的有团队组织方式、团队综合专业技能、决策机制和思维模式等因素以及协作方式、微服务文化和当前的各种技能与微服务架构的吻合程度。因此,我们应该以工程造价业务应用场景来展开,围绕业务功能的组织来分割服务,在进行微服务架构中实现敏捷模式,使业务功能模块、服务组件化管理、数据融合、资源调度、服务抽象、部署运维、计算模型和数据资源的标准化调用以及大数据处理流程等多个层面进行科学有效的设计,团队责任边界就会更加清晰,从而应该能够解决当前的需求和问题、控制设计、预测和规划未来,进行不断地迭代和完善。

一、基于大数据工程造价生态系统建设需要考虑的问题

基于大数据的工程造价生态系统建设,根据不同的业务需求或采用不同的技术路线,就有不一样的实现效果。随着云计算、机器学习、深度学习和开源大数据系统的向前发展,在业务理解的同时,要使系统建设的应用落地,除了需要正确提出业务问题和利用 DT 技术解决问题的能力外,还需要在分析业务服务并在平台建设时,对各异背景、目标、功能和技术、设施异构等选择问题上,有必要针对业务本身和业务场景以及当前的资源和能力,综合考虑这些因素,才能快速进行基于大数据工程造价生态系统的设计和应用落地,这才是一个比较应景的建设。下面列出一些基于大数据的工程造价生态系统建设需要考虑的问题:

1. DT 技术选型问题

面对庞杂的 DT 技术体系和大数据技术框架,各种大数据分析相关的开源技术和系统眼花缭乱,技术模型和系统设计不同于传统的 IT 技术架构,特别是大数据的很多技术采用的是全新技术范型,要短时间内掌握所有相关技术并有效选型是不现实的。我们所进行工程造价生态系统建设的核心目标是数据驱动工程造价业务,解决具体的工程造价业务问题。每个行业的业务领域问题需要不同方向的理论、技术和工具支持,所以应该根据要解决的工程造价业务问题来选择相关的技术。技术路线的选择、技术架构的整体性考虑等都要跟业务驱动联系起来,在技术选型的过程中还要充分考虑团队的技术实力,技术框架的稳定性、适用性和扩展性,并明确其关键技术是否与系统建设相吻合。同时,也要考虑在有限技术条件下,如何从技术选型角度进行深入研究、分析和评估。

2. 关键技术组合应用问题

基于大数据环境下实现工程造价生态系统的关键技术问题主要体现两个方面,其一是解决工程造价业务服务问题的服务计算所聚集的各项技术,其二是面向工程造价生态系统

服务管理的关键技术。服务计算是面向工程造价业务服务的各项技术的汇集,其关键技术有工程造价业务服务的应用架构、微服务与容器技术、敏捷数据服务技术栈、云计算、分布式数据管理技术、大数据分析处理等技术,而其中有许多技术是重点解决面向工程造价业务服务的架构设计和多种形态格式的工程造价数据资源组织与处理、存储与管理、访问与呈现的多层次融合,这些都是基于大数据环境下工程造价生态系统实现过程中需要关注和使用的关键技术;对于面向工程造价生态系统服务管理的关键技术主要是从管理角度描述三方面的内容,一是配套合理的管理规则和流程、开发模式,其内容更多的是组织机构、流程、规则、服务工具、文化和度量指标等事务管理机制;二是工程造价数据敏捷管理和治理,首先必须建立数据驱动的管理体系,围绕数据管理、数据审计、数据访问控制、数据隐私脱敏等关键技术以及所用到的管理工具、管理平台、管理软件等,同时还需要制定有关规章和制度体系涵盖这些工具及技术的相关操作流程。其次构建完整的数据治理体系,从组织架构、数据标准管理、数据质量管理、容错管理、数据安全管理等方面增强数据宏观管控,在微观上实现精细化管理;最后面向工程造价成果文件电子一体化的管理业务,应提供各类工程造价成果文件的基础资料的收集、归纳和整理与编制、审核、审定和修改融为一体的技术,使其系统功能相对固定和通用,特别是在电子成果文件形成并固定之后,在电子成果文件一体化管理过程中,系统功能就能够以服务的形式为工程造价管理行为人所使用,因此基于大数据工程造价生态系统的业务问题的利用应该满足具有各种不同的工程造价管理群体、多层级工程造价管理行为人的特点,这样才能使其引发的各类业务问题得到解决。

3. 数据信息融合问题

由于工程造价管理活动领域的专业性、地域性和动态性等特点,造成了各类管理主体的分割,从而导致了各类工程造价数据的条块分割和碎片化,形成多种形态格式的工程造价数据,结构化和半结构化、非结构化工程造价数据混合并存,呈现出多维度、多态性、动态性、不确定性的特征。同时,工程造价过程管理信息节点构成复杂,信息链相互交织,不断存在着信息流与数据流的有机结合,形成多决策行为、多决策任务的网络化结构。在时空异构下,由于工程造价数据资源与时间、空间资源不同,以各类工程造价业务问题的数据驱动决策过程来看,其数据驱动的工程造价业务决策由于感知工程造价管理环境和技术的发展,需要对工程造价数据进行知识解析才能完成协调作业,在工程造价数据量、工程造价数据复杂性和产生解决速度等方面,均超出了传统的工程造价数据形态和现有技术手段的处理能力,多源异构工程造价数据的融合效率成为制约工程造价业务决策精确性的关键。而工程造价大数据的集成性、可预测性必须基于海量数据的集成和融合,才能实现智能化、一体化的智能工程造价管理,所以解决各类工程造价数据的条块分割和碎片化和实现工程造价数据集成共享是工程造价生态系统应用需要解决的问题;如何针对工程造价业务的时空关联性、互补性及其动态变化规律进行深入解析,并在此基础上构建合理有效的服务计算模型,是工程造价数据关联分析要解决的关键问题;工程造价数据随着时间和空间的动态变化常常呈现出多模态和异构性特点,需分析工程造价数据中不同层次之间信息的关联集成与多模态融合机理,构建面向多源异构数据的多粒度信息融合模型,是工程造价数据实现跨地域、跨时域服务要解决的关键问题。因此,基于大数据工程造价生态系统需要对工程造价数据多层次、多粒度、多模态进行有效的信息融合,建立统一数据融合层和标准数据集来处理和共享工程造价数据,实现多层次的映射与抽象,使工程造价数据分析模型和服务计算匹配性和敏捷性得到体现,为工程造价业务决策质量提升提供了可操作性路径。

4. 服务化和组件化问题

在基于大数据的工程造价生态系统建设中,涉及面广且复杂,其应用之间交互频繁,如果按照传统架构就适应不了工程造价业务的需求和扩张,不便于维护管理,构建成本却不断增加等问题。所以必须考虑运用微服务架构,将系统以组件化的方式分解为多个服务,服务之间相对独立且松耦合,使单一功能的改变只需要重新构建部署相应的服务。我们可根据全面工程造价管理所应用的业务功能需求,将工程造价生态系统按照业务模块拆分成若干个独立的子系统,每个子系统的应用构建成一系列按各类业务范围划分的模块功能集,使各个组件或者模块分散到各个服务中,对整个系统实现解耦。在组件对象模型的配置下,通过复用已有的组件,开发团队就可以"即插即用"地围绕工程造价业务能力快速构造服务。这样不仅可以降低开发难度、增强扩展性、便于敏捷开发及持续集成与交付活动,还可以节省时间和经费,提高工作效率,而且可以建设更加规范、更加可靠的应用系统,同时解决了服务器分布式设计难的问题。一个组件可以包含模块列表,一个模块也可以包含许多组件,所以微服务架构强调的是业务系统需要完善的组件化和服务化。所谓组件化是按照一定的业务或者技术维度关注形式,拆分成独立的组件,目的是为了分而治之,为了可重用,为了减少耦合度。而服务化强调的是不同服务之间的通信,是一种以服务为中心的解决方案。

5. 迁移问题

在工程造价管理的过程中,以前构建独立的单体应用系统是为满足特定的工程造价业务需求,每个都有自己的数据库并负责业务功能,为了扩展,需要重新思考软件架构,随着DT 技术的发展,传统架构无法适应快速变化的互联网高速发展和计算机技术发展。在这种情况下,工程造价行业如何从快速应对需求的变化出发,构建灵活、可扩展、可维护的系统架构,同时随着工程造价管理行为人多种需求以及个性化需求,如何保证系统的高可用、高可靠、可伸缩性,已成为系统架构面临考虑的问题。因此,我们在进行基于大数据工程造价生态系统的建设时,就需要把传统的工程造价管理应用系统内部的模块或构件逐步迁移或转换为微服务应用中的微服务组件。由于工程造价业务应用场景发生了变化,需要把这些功能或构件独立出来进行定制化处理、部署和扩展;为了快速响应工程造价管理行为人需求的要求,提供差异化服务,需要对传统应用软件增加定制功能,就必须根据工程造价管理行为人进行模块化、分离的组件化设计等许多考虑的因素以及对技术、管理方面原因的考虑。在进行系统建设时,如果要对传统的应用系统微服务化,应首先采用业务优先、兼顾技术、迭代演进的思想,其次考虑业务需求、团队组成、架构体系、时间与成本等因素。

二、基于大数据工程造价生态系统建设的体系架构

全面工程造价管理涉及的业务域广而复杂,需要工程造价数据提供全方位、全过程服务,才会运用具体的技术和方法,以一种及时的方式获取、处理和使用各种各样的工程造价数据来洞见工程造价业务场景的有关问题,并创建解决这些问题的方案。因此,基于大数据的工程造价生态系统建设需要考虑上述问题的同时,还必须运用敏捷的开发思想,建立模块化、组件化、体系化和开放性的微服务架构。在综合考虑全面工程造价管理涉及的业务场景的基础上,提出了基于大数据工程造价生态系统的六层总体架构,如图 5-5 所示。

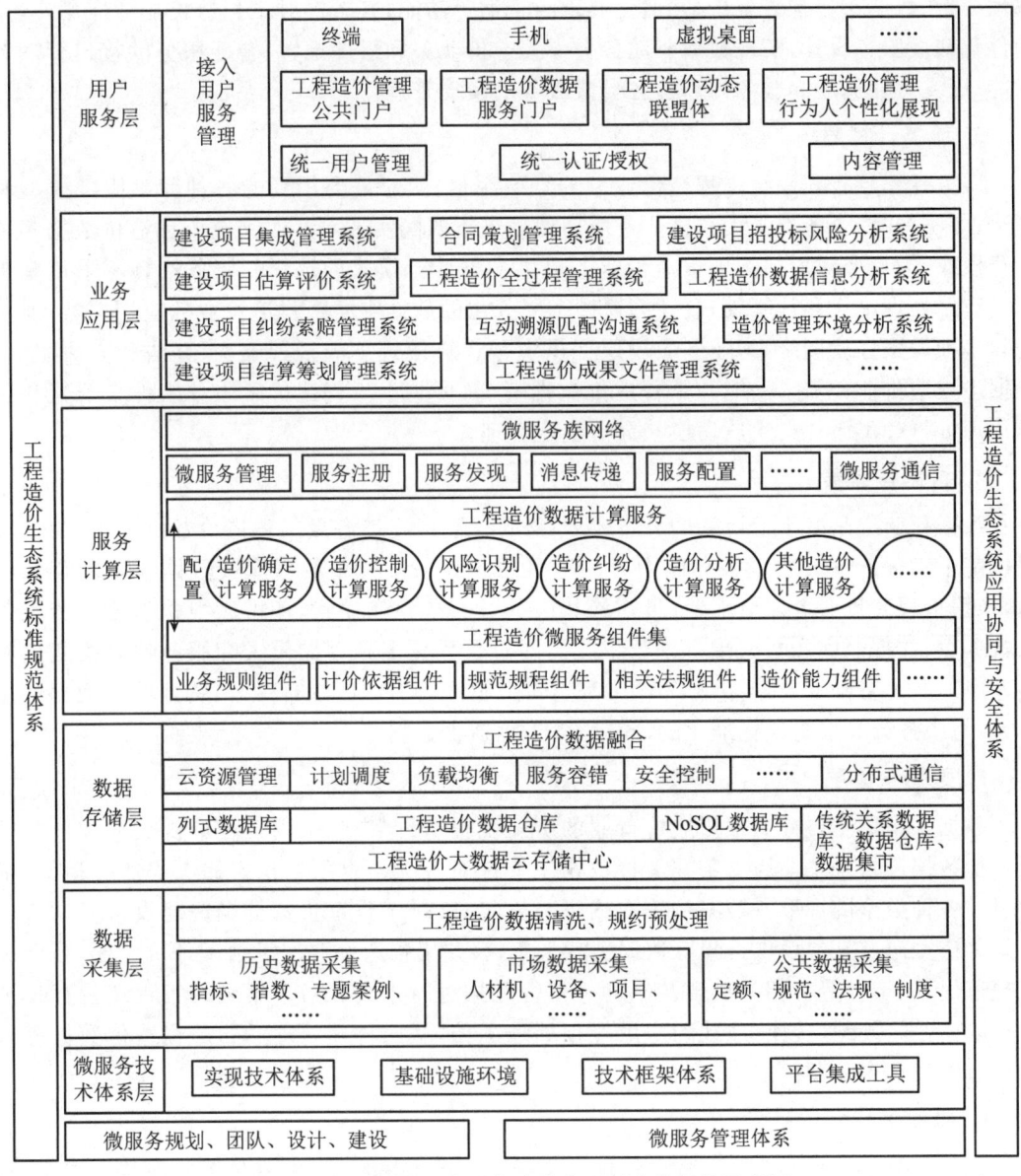

图 5-5 工程造价生态系统建设实现的总体架构示意图

以下对各个层次作简要分析：

1. 用户服务层

首先接入用户服务管理，为用户提供统一用户管理、统一认证授权并进行内容管理；其次通过工程造价生态系统平台接入各类终端满足个性化需求和符合其身份职权的交互界面，为用户需求提供了集成内容和应用以及统一的协同工作环境，提供全面的工程造价业务应用；最后在工程造价管理公共门户中可围绕业务功能组织开发团队并进行管理。

2. 业务应用层

业务应用层首先要满足工程造价业务场景的面向用户各类应用的需求，包括基本的描述性分析、数据挖掘预警分析、普适化展现与查询等功能;其次针对工程造价业务应用,运用构件化和微服务设计,实现数据驱动各类工程造价业务和组件配置、智能服务的接口管理等功能,以支持存储层和服务计算层各类微服务的敏捷管理。

3. 服务计算层

服务计算层首先围绕工程造价业务场景应用目标,对需要用到的各种计算服务模型和算法、方法,并结合各类工程造价业务应用处理进行匹配实现。其次支撑工程造价数据多种计算模式,为业务应用层的工程造价业务提供多种计算模式的选择。服务计算层采用基于统一数据处理单元和计算模式、计算模型微服务化的数据驱动工程造价业务应用框架,通过构建多种微服务族网络,为业务应用层提供多种计算模式下的多种模型、算法和方法服务,根据工程造价业务需求功能和工程造价数据特征,可基于工程造价微服务组件集配置和服务治理进行各类服务的快速切换和灵活组合管理。

4. 数据存储层

数据存储层是基于云计算的分布式云存储系统,以支持海量工程造价数据的存储扩展。提供基于工程造价大数据云存储中心的列式数据库、NoSQL 数据库或数据仓库的存储能力,根据工程造价业务需要配置,可切换相应的分布式存储模式,还可以根据需要对传统关系数据库、数据仓库和数据集市进行集成。同时可支持多种存储模式和服务计算模式之间的调度。在此基础上,对各类存储的工程造价数据进行多粒度信息融合,构建统一数据处理单元,为服务计算层提供标准化的计算服务工程造价数据集。

5. 数据采集层

数据采集层主要针对工程造价行业的历史工程造价数据、市场工程造价数据和公共工程造价数据进行采集。历史工程造价数据主要针对各类建设项目积累的工程造价指标、指数以及各种类型的标准专题案例等数据进行采集;市场工程造价数据围绕建设市场的市场要素价格资源及其建设项目集等数据进行采集;公共工程造价数据囊括了计价定额、行业标准规范规程、工程造价相关法规及制度规范等数据进行采集。对采集到的工程造价数据进行抽取、清洗、规约、转换、加载和脱敏等预处理工作,从而将预处理后的工程造价数据存入工程造价大数据云存储中心。

6. 微服务技术体系层

微服务技术体系层涉及工程造价生态系统建设的支撑环境,主要包括实现技术体系、基础设施环境、技术框架体系和平台集成工具。为工程造价生态系统的运行提供网络通信基础平台、云服务器、云存储和云数据库等基础支撑环境。

从图 5-5 所示,工程造价生态系统建设实现的总体架构是由上述简要分析的六个层面组成,还包括三大保障体系共同构成,其中三大保障体系由标准规范体系、应用协同与安全体系和微服务管理体系以及微服务规划、团队、设计、建设全生命周期流程构成。

三、基于大数据工程造价生态系统计算微服务化设计

工程造价业务微服务是针对在工程造价生态系统中解决各类工程造价业务应用问题而把各个业务组件封装成微服务,服务之间相对独立且松耦合,是一系列按各类工程造价业务范围划分的模块功能集,能按单一功能的构建部署相应的服务,实现对整个系统解耦。在构

造工程造价业务服务的过程中，涉及工程造价业务模型、工程造价业务规则和工程造价业务微服务，但在进行工程造价业务分析处理、服务计算时，很重要的环节就是对多种计算模式框架和不同计算模型的微服务化设计，主要包括智能计算算法和标准专题案例推理模型的微服务化、工程造价数据协同配置调用的微服务化、工程造价分析流程的微服务化三个层面，在这三个层面中核心是计算微服务化。我们在工程造价生态系统实现的关键路径分析和工程造价生态系统建设实现的总体架构的基础上，进行基于大数据工程造价生态系统计算层面的微服务化设计，如图5-6所示。

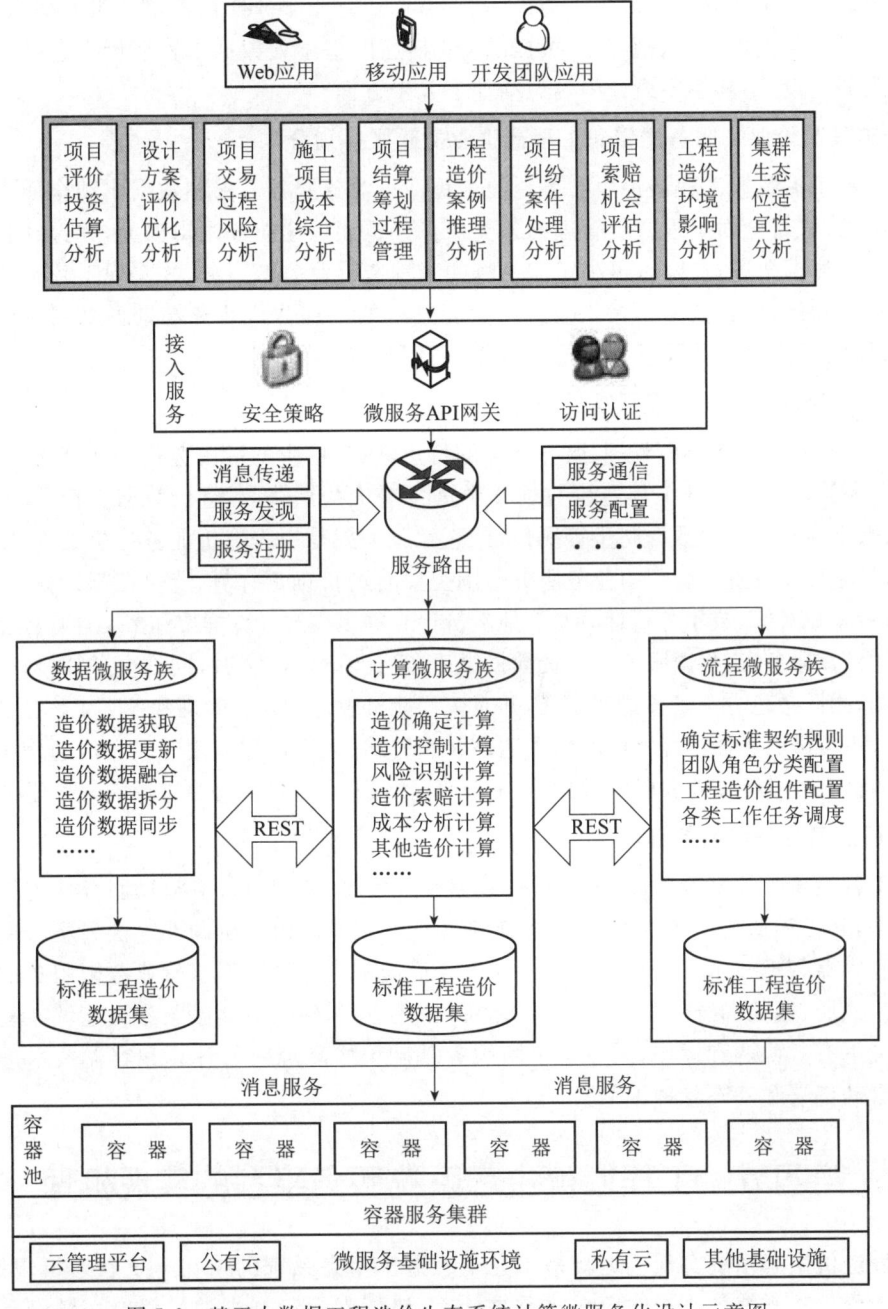

图 5-6 基于大数据工程造价生态系统计算微服务化设计示意图

工程造价业务微服务是设计层面的服务，根据工程造价生态系统建设的总体架构设计需求和颗粒度要求，有时会把几个工程造价业务服务整合到一个工程造价业务微服务中，也有可能一个工程造价业务服务由多个工程造价业务微服务来组合。一个工程造价业务微服务或多个工程造价业务微服务很容易单独地运行，但是把这些工程造价业务微服务有机地组合起来，实现各个工程造价业务微服务的互联互通就需要内部工程造价业务流程来统筹管理，必须由微服务业务架构来解决。所以，工程造价业务微服务是整个业务微服务架构实现的核心。业务微服务架构的基本单元是工程造价业务微服务，工程造价业务微服务化的核心理念是一个服务只专注做好一类或一个分析，业务微服务架构指定一组实体，这些实体详细说明了如何提供和消费服务。根据图5-6描述的基于大数据工程造价生态系统计算层面的微服务化设计，其主要设计内容包括如下几个方面。

1. 工程造价业务服务逻辑和工程造价业务微服务划分

针对基于大数据工程造价生态系统的工程造价业务服务需求和数据驱动全面工程造价管理的特点，进行全面工程造价管理的各类业务分析和构建业务逻辑模型，并选择相应的计算模型和计算框架进行支撑，再决定需要哪些工程造价业务微服务，并实现工程造价业务微服务的划分和组合，尝试给出在工程造价生态系统的工程造价业务场景下采用业务微服务架构的总体设计目标，并通过统一的微服务API网关接入服务。

2. 计算微服务化设计及服务路由定义

根据工程造价业务分析处理、服务计算的特点，服务层中的微服务化设计分为三个层面，数据微服务簇负责从标准工程造价数据集中进行造价数据获取、造价数据更新、造价数据融合、造价数据拆分和造价数据同步等操作；计算微服务簇是工程造价业务分析处理、服务计算的核心，按全面工程造价管理的业务服务范围主要有造价确定计算、造价控制计算、风险识别计算、造价索赔计算、成本分析计算与其他造价计算等多模式计算框架和多类计算模型而进行针对性的计算服务；流程微服务簇负责数据微服务、计算微服务的协同处理，同时对确定标准契约规则、团队角色分类配置进行定义，并对工程造价组件的配置管理和各类工作任务调度进行支持。各类微服务通过统一标准的表达性状态转移、远程过程调用等轻量级通信机制以及分布式消息服务进行交互和联系，构建微服务簇网络，并通过服务路由进行统一管理和调度。

3. 微服务治理和容器部署

由工程造价计算微服务簇、工程造价数据微服务簇、工程造价流程微服务簇连接成的微服务网络，其工程造价业务扩展能力、实现敏捷性和工作高效的协调性等都离不开微服务治理技术和容器管理技术。通过服务路由和服务治理负责各种工程造价业务微服务的消息传递、发现、注册、通信和统一配置等管理功能和配置功能，确保各类微服务簇能够在复杂的分布式环境下有效协调和运作，最后基于微服务基础设施环境的云计算和容器技术进行微服务实现自动部署和动态管理。

第四节　工程造价生态系统服务平台的实现机理

工程造价生态系统实现机理就是研究工程造价生态系统的内在本质和运行规律，即研究工程造价生态系统各要素的内在本质是什么、诸要素运行规则的过程怎么样以及如何实现其功能等问题。基于大数据工程造价生态系统平台微服务架构是面向工程造价业务应用和工程造价管理行为人，适用于全面工程造价管理模式所进行的基于活动和过程的工程造价确定与控制的各类算法和不同种类业务应用的功能系统，这一工程造价生态系统服务平台的构建过程是管理、技术和业务能力与网络信息生态环境融合的过程，是通用微服务组件实现功能系统的整合过程，是工程造价生态系统全程管理体系框架的设计过程，是面向全面工程造价管理业务的定制实施和优化服务的过程。这些过程需要遵循微服务架构的构建原理，从而具备工程造价管理活动场景中按需分配工程造价管理资源、灵活服务计算和方便工程造价管理群体使用的整体优势。

一、工程造价组件即服务的微服务功能构建

基于工程造价组件的系统开发和工程造价微服务功能实现是工程造价生态系统构建的基本原理，是实现多层次工程造价数据融合、微服务应用部署的敏捷开发方法。基于大数据工程造价生态系统平台微服务架构是面向全面工程造价管理业务应用实现和运行的框架，而服务组件是支撑工程造价生态系统平台微服务架构的基本单元，工程造价服务组件的表达是根据全面工程造价管理业务场景归纳形成的，其建设需求必须考虑工程造价生态系统平台运作机制的微服务业务系统的背景条件及其全面工程造价管理业务场景所体现出的各种通用的、专用的、具体的和全过程、全要素、全方位的工程造价服务计算等功能要求。

1. 多维视图的业务微服务功能描述

基于工程造价生态系统的全面工程造价管理模型，融合了全过程、全要素、全方位、全风险工程造价管理的整合过程的精准量化技术和方法，在视图维上，其工程造价业务微服务功能是以工程造价业务活动过程视图为核心，包括动态联盟体、工程造价管理资源、工程造价管理环境、工程造价业务逻辑和工程造价业务对象视图的多维视图模型。各个视图从不同的侧面描述微服务工程造价业务架构体系的一方面特征，它们是把多个工程造价业务微服务组合起来的体系架构，以工程造价业务微服务之间的关系、工程造价业务微服务与工程造价业务环境之间的关联关系为内容的系统基本结构及演化的原理，微服务功能的多维视图模型也是一个工程造价组件模型，通过微服务之间定义良好的接口和契约相关联，使用统一和标准的方式进行交互和通信。每一个视图反映了基于工程造价生态系统的全面工程造价管理特征和行为的一个侧面，可以用特定的模型来表达。从基于大数据工程造价生态系统的开发和应用角度看，工程造价业务微服务功能的设计应根据全面工程造价管理模式考虑从工程造价业务活动过程、工程造价业务逻辑、工程造价业务对象、动态联盟体、工程造价管理资源、工程造价管理环境这几个维度进行全面的分析和整体规定。

（1）工程造价业务活动过程视图

工程造价业务活动过程视图通过定义业务活动的流程及业务活动之间的逻辑关系来描述全面工程造价管理活动的工作流程与事件。首先对工程造价业务活动过程视图的计算微服务模型，可利用平台提供的工程造价管理资源描述模块对所属工程造价数据资源进行相关的微服务化。然后通过计算微服务模型进行融合、拆分、同步等操作，协同优化配置，以实现全面工程造价管理活动过程的业务流程微服务化，使数据微服务、计算微服务的协同处理、分析和优化使用有机组合起来，大大提高动态联盟体工作流程的协同管理和调度。

(2)工程造价业务逻辑视图

工程造价业务逻辑视图是在对基于大数据工程造价生态系统的全面工程造价管理战略目标、工程造价业务域、工程造价数据基因和工程造价业务的背景条件充分理解和规划的基础上而业务微服务设计所构成的模型,是用来指导和支撑基于大数据工程造价生态系统构建的基石。工程造价业务微服务实际上是传统工程造价业务系统的业务逻辑视图,工程造价业务微服务模型构成了整个工程造价业务逻辑的骨骼和静态模型。工程造价业务微服务模型由工程造价业务微服务及与这些工程造价业务微服务相关联的工程造价业务规则、工程造价业务事件、工程造价业务流程等组成,需要将基于一定的全面工程造价管理规则的工程造价业务活动过程,通过工程造价业务模式转变为工程造价管理行为人和开发团队共同能够理解的工程造价业务微服务模型,也就是说工程造价业务微服务模型通过工程造价业务实体对象和工程造价业务逻辑的结合来实现工程造价业务功能的目的。从系统功能角度看,基于大数据工程造价生态系统的设计过程中,需要解决至少三个步骤:

一是从工程造价业务服务模式中提炼工程造价业务逻辑,需要工程造价管理业务人员和开发团队共同对现有全面工程造价管理战略目标、工程造价管理模式、工程造价业务域、工程造价数据基因和工程造价业务的背景条件、业务需求和期望等进行分析与设计并提炼,形成可以指导开发团队构建系统的工程造价业务逻辑,负责表示工程造价业务概念、工程造价业务规则和工程造价业务状态信息,是工程造价业务软件的核心。通常,工程造价业务逻辑需要综合考虑全面工程造价管理业务场景的各种背景和条件,应具有工程造价行业的前瞻性、系统实施的可行性,能够支持全面工程造价管理业务场景的顺利开展。

二是选择适合的实现工具和手段,将工程造价业务逻辑转换为工程造价业务微服务实现的功能,即深入了解实现技术将工程造价业务微服务实现功能与工程造价业务逻辑进行匹配,保证工程造价业务逻辑与工程造价业务微服务实现功能的一致性,这个过程是开发团队之间的默契配合和协商交流沟通。工程造价业务微服务实现功能是承载工程造价业务的具体表现形式,应包括实现的运作模式与操作流程及用户界面与交互等。

三是将工程造价业务微服务实现功能、参数和配置等进行排布,通过工程造价业务微服务的拆分和组装,按照动态联盟体的管理权限、职能的划分和工程造价业务微服务实现的应用种类进行敏捷性、灵活性、可伸缩性进行处理,这样高度自治的微服务可达到松耦合和高内聚的效果,满足了工程造价管理行为人各种各样的工程造价业务需求。

(3)工程造价业务对象视图

工程造价成果文件是基于大数据工程造价生态系统平台微服务架构的客体对象,记录了全面工程造价管理活动过程中各种各样的工程造价业务所形成的成果,包括中间成果、专业成果文件和最终成果文件,其管理活动改变了传统工程造价成果文件管理过程,工程造价业务对象视图强调数据驱动工程造价成果文件的整个生命周期的全程管理,把经历的各个工程造价业务活动过程、有价值的相关成果文件的各种要素所形成的工程造价业务微服务的集成链,保障工程造价成果文件的信息模型在工程造价业务微服务的集成链上记录着相关信息与内容、对象或组件,从而在全面工程造价管理的各种各样的工程造价业务活动过程中同步生成电子工程造价成果文件并及时记录相关的背景信息,固化其内容,使工程造价业务活动的管理过程信息都纳入微服务工程造价架构体系的实施范围以及记录工程造价成果文件在生命周期各个阶段所经历的管理活动场景及其行为的背景与依据等。

(4)工程造价管理资源视图

工程造价管理资源视图是基于大数据工程造价生态系统平台微服务架构模式下,对涉及全面工程造价管理的工程造价业务微服务实现功能的具体配置描述,工程造价管理资源视图定义了工程造价业务微服务架构中工程造价管理资源之间的逻辑关系和具体属性,它以一种清晰及时的表达方式、处理和使用的信息联系视图,洞见工程造价业务微服务实现功能的解耦,工程造价数据协同配置调用微服务化,负责工程造价数据微服务与计算微服务的协同处理。在进行工程造价业务分析计算微服务时,很重要的环节就是对多种计算模式框架和不同计算模型的微服务化进行工程造价数据同步操作、远程调用等轻量级通信机制以及分布式消息服务,并选择数据驱动全面工程造价管理各类业务的计算服务,通过统一数据单元的工程造价数据集,针对计算微服务的各类模型的数据配置属性,使工程造价业务微服务实现功能的敏捷性得到体现。

(5)动态联盟体视图

动态联盟体视图是由嵌入工程造价生态系统的工程造价管理行为人的构成元素,在全面工程造价管理活动场景中,它们之间相互影响、相互依赖。从联结结构上看,关系包括了多个不同的工程造价管理行为主体,它们联结结构构成关系网络;从工程造价管理活动场景上看,执行不同活动的参与联盟体之间在价值网络中相互连接,相互作用,完成价值网络活动,形成微服务族网络。动态联盟体通过连接,可以清楚微服务族网络所需完成工程造价业务微服务功能活动和这些功能活动如何相互连接和相互依赖,知道微服务族网络的工程造价数据微服务的配置管理和协同处理;通过联系,可以了解动态联盟体的关系网络如何构成,其运行机制是由动态联盟体之间的智能合约来维系着。

(6)工程造价管理环境视图

工程造价管理环境视图是影响工程造价生态系统的工程造价业务微服务实现功能的基础条件,工程造价管理环境的存在具有与工程造价业务微服务实现功能建立内在的联系,决定了微服务工程造价业务架构体系需要与其工程造价管理环境视图相适应、相匹配,其依赖一般是整体性的和全面性的,往往要与具体工程造价管理活动进行互动,是相互关联和相互制约的关系。政治法律环境、经济环境是工程造价业务微服务实现功能的整体保障,直接反映了全面工程造价管理的各类服务活动以广泛适应宏观层面上的控制与协调;技术环境、区域环境则根据工程造价业务微服务实现功能从不同方面进行适应组合和服务配置,是计算微服务的支持和保证;工程造价文化环境对运用各类环境因素的关系外延得到扩展,使工程造价管理环境的各种环境因子的内在关系更加完整。因此,工程造价管理环境视图与工程造价业务微服务实现功能之间的关系是相互联系、相互制约、相互协调控制,将对动态联盟体的行为过程与方式起到有效的反应和促进作用。

上述的各个视图之间不是孤立的,而是有着密切联系。基于大数据工程造价生态系统平台微服务架构的某些要素可以在不同视图中以不同形式或不同的粒度出现,动态联盟体视图、工程造价管理资源视图和工程造价管理环境视图中的要素在工程造价业务活动过程视图中均能得到一定程度的表达,工程造价业务对象视图中也包含了工程造价业务活动过程信息,而工程造价业务逻辑视图和工程造价业务对象视图中的模型又是在工程造价业务活动过程视图的基础上通过计算微服务产生的。由于工程造价业务活动过程在工程造价业务微服务实现功能的重要性,在上述的各个视图当中,工程造价业务活动过程视图居于核心地位。

2. 工程造价微服务组件集构建

基于大数据工程造价生态系统平台微服务架构是数据驱动全面工程造价管理的构建模式,在这个服务平台所制定的面向各类工程造价管理群体的各种具体应用,按全面工程造价管理的业务服务范围形成的系统将被工程造价行业的工程造价管理行为人所使用,而这些工程造价业务微服务形成的各种门类的、具有过程回溯协同作用和参考价值的工程造价成果文件需要在云中实施统一管理,并最终以具有社会属性的电子档案形态得以持续地保存。电子工程造价成果文件所形成的大数据,可实现集中管理和提供社会化利用服务,最大限度地在工程造价行业内发挥工程造价数据驱动的价值作用。全面工程造价管理的业务服务范围的各类服务计算与业务背景条件交互过程所产生的动态工程造价信息,由许多前后接续的阶段和驱动各种各样具体活动过程所产生的工程造价信息,具有专业性和专门性,需要将其原始过程凭证信息和可视形态完整的保留,这就需要设计和开发面向全面工程造价管理模式的专业的、专门的和独特的工程造价微服务功能组件,对工程造价业务的时空关联性、互补性及其动态变化规律提供支撑服务。开发团队在建设和实施工程造价业务微服务系统的过程中,工程造价微服务组件集构建主要体现在两个方面:

一方面,需要对工程造价生态系统平台的功能进行扩展,在其通用功能组件的基础上,面向全面工程造价管理的业务微服务功能不断地扩展和丰富工程造价管理群体的专门业务类功能组件。工程造价管理活动的专业性、地域性、动态性特征以及全方位的各方管理主体融合联盟特征,带来了多源、异构数据与多尺度的决策知识之间融合以及数据接口、服务过程系统集成等要求,这必然要求基于大数据工程造价生态系统平台能够跨业务系统地捕获工程造价业务实体对象及其工程造价元数据,能够跨专业在全过程、全要素工程造价管理中,使各参与方之间形成统一的状态账本,利用区块链分布式数据存储和访问整个业务过程的每一个环节的工程造价数据凭证和异构数据库中的工程造价信息与工程造价业务对象,因此需要根据全面工程造价管理所应用的业务功能以及一些扩充的具有特定功能的业务微服务系统,按照计算微服务化的方法处理分析,将传统的基础组件、通用组件扩展到面向全面工程造价管理的业务微服务系统的专用组件、工程造价业务系统的接口组件和异构工程造价数据交互融合的公共组件,这些组件的扩展是用来支撑工程造价行业微服务应用领域更好地延伸和拓展其业务,灵活的扩展其功能。

另一方面,随着新的工程造价业务和个性化业务定制要求,需要增加满足这些业务要求的功能组件。由于全生命周期的全面工程造价管理融合了全过程、全要素、全方位、全风险的工程造价管理,为了满足具有各种不同的工程造价管理群体、多层级工程造价管理行为人引发的各类新业务问题得到解决,这就必须进行有效整合过程技术来解决流程微服务中的各种计算微服务问题。基于大数据工程造价生态系统平台微服务架构定制和实施基本上能够满足全面工程造价管理各个环节和各个阶段的使用、服务计算和工程造价数据信息融合等基本要求,还必须考虑工程造价管理环境引起变化带来新的工程造价业务和个性化业务定制的微服务功能以及各种不同的工程造价管理群体、多层级工程造价管理行为人在活动过程中呈现新的业务场景的微服务功能。因此,在建设和设计工程造价业务微服务系统的过程中,应在继承现有工程造价生态系统平台的功能的基础上进一步扩展新的工程造价业务和个性化业务定制的微服务功能。

综合上述两个方面的内容,基于大数据工程造价生态系统平台微服务架构应面向全面工程造价管理的业务服务范围提供各类必需的功能组件集,这些工程造价微服务组件集的构建是将团队的业务能力、工作流程管理能力、契约规范约束能力和 DT 技术支持能力以及业务系统背景条件进行有效融合、抽象和标准化,是根据全面工程造价管理的业务服务功能,按照各种业务微服务的边界,定义服务颗粒大小,进行业务微服务的组织和集成,基于敏捷化、服务化方式对功能组件整合部署,形成各自独立存在、具有一定功能的、符合标准的工程造价微服务组件集。以工程造价微服务组件的形式构建工程造价生态系统服务平台,从而支撑全面工程造价管理的业务服务功能系统的灵活拆分和组装与柔性部署。因此,工程造价微服务组件集的构成结构至少应包括六大类,如图 5-7 所示。

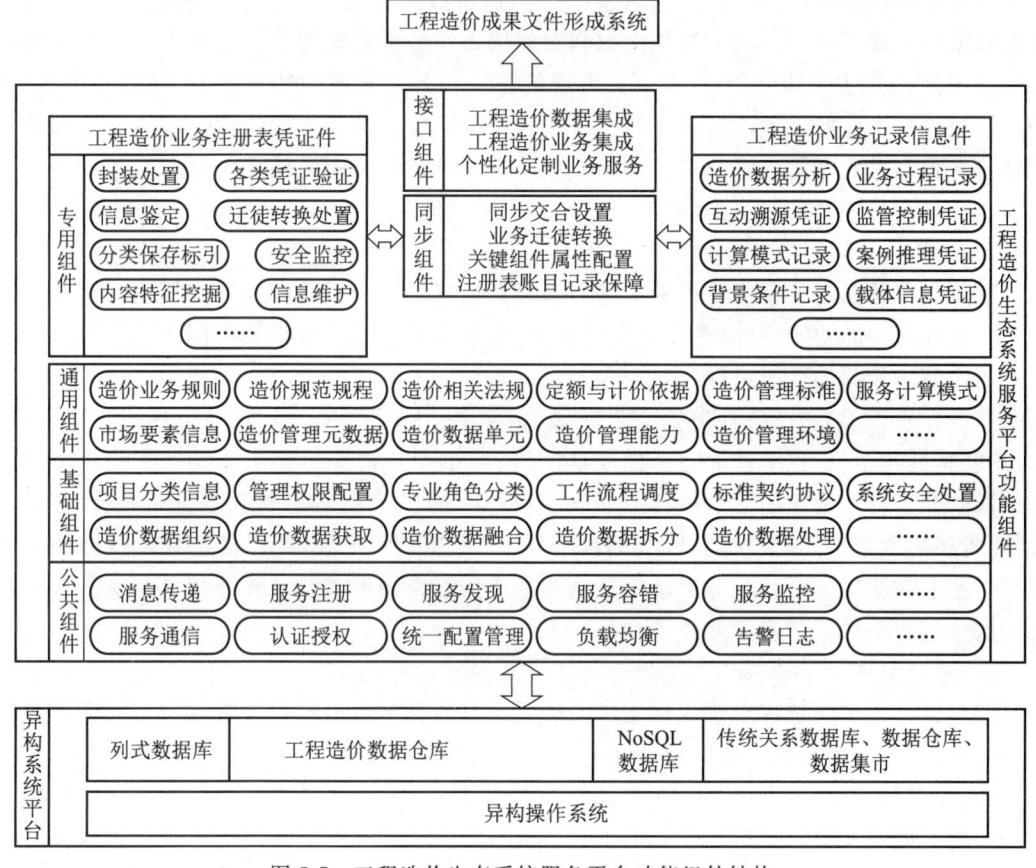

图 5-7 工程造价生态系统服务平台功能组件结构

(1)基础组件

基础组件是工程造价生态系统服务平台所具备的一些基本功能组件,主要包括用于访问工程造价大数据云存储中心的列式数据库、NoSQL 数据库或数据仓库等的造价数据存取、造价数据组织、造价数据融合、造价数据拆分、造价数据处理等功能组件,同时还包括建设项目分类信息、工程造价专业角色分类、工作流程调度、管理权限配置、系统安全处置以及服务平台所制定的标准契约协议等支持工程造价数据多种存储模式和服务计算模式之间的调度的功能组件,这是根据工程造价业务需要配置的功能组件,面向全面工程造价管理的各类活动场景遵循的最基础组件。

(2) 通用组件

通用组件是面向各类工程造价管理行为人的各种类型的业务应用需求而设置的共享服务组件，这是实现数据驱动各种类型的工程造价业务通用功能所配置的服务组件，除了包括造价业务规则、造价规范规程、造价相关法规、定额与计价依据、造价管理标准、服务计算模式、市场要素信息等工程造价业务需要配置类的功能组件外，还应包括支持全面工程造价管理活动开展的通用功能组件，如过程授权认证、日志记录信息、溯源查询、过程成果文件等功能组件；用于服务计算层次而采用统一数据处理单元的造价数据单元的功能组件；根据建设项目所处环境而进行工程造价业务分析的造价管理环境组件；还有工程造价业务应用的识别工程造价数据、评价工程造价数据、追踪工程造价数据使用过程中引起的变化，实现工程造价数据的有效发现、查找、一体化组织和对使用工程造价数据的有效管理的造价管理元数据功能组件；洞见应用场景所表现为工程造价管理行为人掌握的技术经验、计算造价诀窍、操作过程等技术性的工程造价知识的造价管理能力功能组件。这些通用工程造价业务功能组件是工程造价生态系统服务平台全面工程造价管理在许多前后接续阶段和取得各种各样具体活动过程中应具备的基本功能。

(3) 专用组件

专用组件是面向工程造价成果文件要求具有保存价值所形成的业务注册表凭证及业务记录信息而开发的功能组件，是针对中间成果、专业成果及最终成果文件所有凭证件及记录信息而定制的专门的功能组件。对于业务注册表凭证主要从安全存储和成果文件持续保存的角度开发用于封装处置、各类凭证验证、信息鉴定、分类保存标引、迁徙转换处置、安全监控、内容特征挖掘、信息维护等方面的功能组件；对于业务记录信息主要支持工程造价成果文件保管和工程造价业务活动过程中形成的业务过程记录、工程造价数据分析、互动溯源凭证、监管控制凭证、计算模式记录、案例推理凭证、背景条件记录、载体信息凭证等方面功能组件。业务注册表凭证和业务记录信息这两类专用组件用于支撑工程造价成果文件一体化管理的全过程各种工程造价业务活动。

(4) 接口组件

接口组件是实现工程造价成果文件形成系统与各类工程造价业务管理系统之间的集成与协同融合，包括从各类工程造价业务管理系统微服务形成的各种门类业务特征信息凭证和原始过程回溯信息记录以整个业务活动过程的完整保留，接口组件要根据工程造价管理行为人的不同业务服务进行个性化微服务应用定制，需要面向全面工程造价管理模式对相关联的业务微服务进行计算微服务化方法处理分析的基础上灵活拆分和组装。基于敏捷化、服务化方式的接口组件实现主要分为三种情况：一是通过支持服务平台实现工程造价数据的集成，这种情况需要调用基础组件的功能来实现；二是与工程造价业务系统的服务计算实现集成，针对全面工程造价管理的业务服务范围的工程造价确定计算、工程造价控制计算等多模式计算和多类计算工具来实现；三是通过各类工作任务调度，个性化定制的工程造价业务流程协同交流沟通界面的接口开发，捕获专业的、专门的和特定的工程造价信息，对个性化业务服务需求来完成接口组建的实现。

(5) 同步组件

同步组件是用于保持工程造价业务记录信息件与工程造价业务注册表凭证件之间数据信息同步的功能组件，工程造价成果文件一体化的管理过程中，工程造价业务注册凭证件与工程造价业务记录信息件之间信息流和数据流相匹配,在内容特征描述、数据单元、信息和凭证记录方面保持有效的同步性。同步组件至少应包括同步交合设置、业务迁徙转换、关键组件属性配置、注册表账目记录保障等各类功能组件。

(6)公共组件

公共组件是负责各种工程造价业务微服务的协同处理,也是用来支撑工程造价行业微服务应用领域更好地延伸和拓展其业务,灵活的扩展其功能。各类工程造价业务微服务通过表达性状态转移、远程过程调用等轻量级通信机制以及分布式消息服务,通过统一的微服务 API 网关接入服务,并经过服务路由进行统一管理和调度。公共组件一般包括信息传递、服务注册、服务发现、服务容错、服务监控、服务通信、认证授权、统一配置管理、负债均衡、告警日志等各类功能组件。

工程造价生态系统服务平台应面向工程造价成果文件一体化提供各类必需的功能组件,上述的六大类工程造价微服务组件集必须根据工程造价业务提炼不同的服务,实现不同功能组件的融合与之间的交互,通过轻量级机制的部署实施,提供了更灵活、更柔性的微服务划分、组合、动态配置,从而支撑各个工程造价业务功能系统的敏捷开发和柔性部署。

3. 基于工程造价组件的微服务功能配置

基于工程造价组件的微服务功能配置方法是根据各种各样的工程造价业务应用场景需求,按照业务功能进行拆分或者组装,可将具体工程造价业务场景匹配服务粒度进行迭代,微服务粒度是由各种细粒度的有效融合的组件集构成,而每个组件都是可重用的功能实体,它采用灵活地进行微服务的积木式拼接原理用于工程造价生态系统的构造过程。其基本实现原理是:首先利用服务化和容器化等技术手段,将工程造价行业常规的业务单元抽象为通用的功能组件以及关键协作组件,进行精益设计、灵活配置;其次把复杂的各种类型工程造价业务实现的应用服务功能进行分解,采用拆分和组装多个服务,通过抽象的方法进行组件和匹配服务粒度,将组件配置为功能模块,尽可能形成通用的、能够在多个工程造价业务系统建设过程中多次复用已有的服务组件;最后通过各层的组件化部署并约定规则,采用契约规范模式进行标准化处理,使功能组件化、组件通用化、模型和工具标准化、接口标准化,在工程造价业务系统搭建的过程中则需要将这些组件进行有效组装融合,逐层迭代并形成面向多层级工程造价管理行为人业务活动的工程造价生态系统。

基于微服务组件化实现业务功能的过程类似搭积木的构建方法,使得服务之间不相互影响,可满足各种各样的工程造价业务应用场景需求,按照大数据工程造价生态系统业务微服务的功能要求构造业务微服务功能组件,根据各种细粒度的有效组装和配置,多个高度自治的微服务就可达到松耦合和高内聚的效果,开发团队就可将系统功能分解为并行的工作流和数据流,能够快速地协同迭代和定制各类应用系统,大大方便微服务的独立部署,进而缩短开发所需的时间,也使系统的维护和更新能通过定制和更换组件来实现,这样可以最大限度地节约开发成本,也可使服务复用降低成本,提高了系统的可维护性,支持多模态计算任务处理,满足大数据分析业务的扩展和变化,增强集约化共建和服务共享以及数据共享与集成的程度,迎合工程造价行业植入市场化的需要。工程造价组件的微服务功能构建原理,如 5-8 图所示。

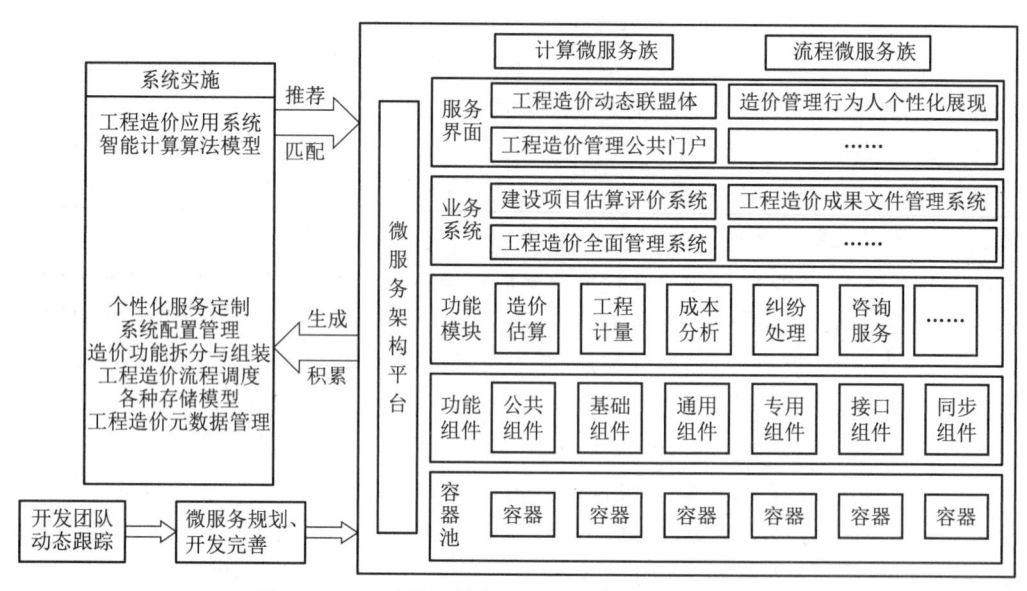

图 5-8　工程造价组件的微服务功能构建原理示意图

构建面向全面工程造价管理业务的标准化、规范化的功能组件，通过工程造价生态系统微服务架构的实施来满足工程造价行业各个专业、各个工程造价管理行为人开展全面工程造价管理业务的个性化服务需求，同时也是一个不断积累以及丰富工程造价业务组件库的过程，从而保持工程造价生态系统服务平台的良性循环、延伸与动态拓展微服务功能，使整个工程造价行业的数据驱动全面工程造价管理一体化、集成化和服务化得到体现。

二、工程造价微服务功能的系统构建

工程造价微服务功能模块通常是由工程造价业务决定的，按照上述工程造价生态系统计算微服务化设计及多维视图的业务微服务功能描述，结合全面工程造价管理业务场景所体现出的各种通用的、专用的、具体的和全过程、全要素、全方位的工程造价服务计算等功能要求，其工程造价业务微服务功能的系统构建是围绕全面工程造价管理活动过程而展开的，基于大数据工程造价生态系统平台微服务功能可在工程造价业务活动过程中以不同形式或不同的粒度出现，并得到一定程度的表达。微服务功能所制定的面向各类工程造价管理群体的各种具体应用，是按照全面工程造价管理的业务服务范围形成的各种门类的、各类服务计算与业务背景条件交互过程所具有专业性和专门性的、时空关联性及其动态变化规律提供支撑服务。而工程造价业务微服务功能的系统构建首先需要考虑全面工程造价管理活动过程中一般应具有的基本功能；其次要考虑工程造价业务微服务功能划分必须解决的核心问题；最后要考虑工程造价生态系统业务微服务功能系统构建的具体实现。

1. 全面工程造价管理活动过程中一般应具有的基本功能

工程造价生态系统的微服务功能的实现必须依据全面工程造价管理的目标理念体系，实现工程造价业务服务场景解决的目的，才能使数据驱动全面工程造价管理模式的柔性化服务、微服务建立适用于建设项目活动一体化管理，实现协同共享和集成化，进而促进解决各类工程造价业务应用问题而划分的模块功能集。全面工程造价管理模式的内容是基于全

生命周期工程造价管理的全过程、全要素、全方位和全风险工程造价管理的技术方法,主要的构成是围绕数据驱动来实现的一套的整体解决方案,一般应具有以下基本功能:

(1)全面工程造价管理的基础性功能

主要负责将各类工程造价管理资源、隐性工程造价规则及工程造价管理环境信息,通过统一的标准化描述规范对这些基础性信息资源进行定义,形成能够满足全面工程造价管理业务活动过程所使用的数据库,运用统一的服务描述规范和封装方法形成标准化的云服务,将这些基础性信息资源通过服务提供者的注册、发布功能注册于云工程造价服务注册中心,可供工程造价管理行为人搜索、调用所需的工程造价业务服务。这些基础性信息资源包括行业业务计价规则、行业标准规范规程、工程造价相关法规、行业管理制度规范、事件驱动智能合约、工程造价技术能力、工程造价认识能力、市场要素价格资源、工程造价管理环境资源等静态及动态信息资源进行感知接入工程造价生态系统。

(2)全面工程造价管理过程的工程造价确定功能

主要负责全面工程造价管理过程的许多前后接续的阶段和驱动各种各样具体活动过程时的工程造价确定,根据每项活动过程所受到各种因素的影响要求,能够调用并绑定所需的工程造价服务计算模式及具体各种工程造价信息资源和工程造价技术能力进行匹配、组合,并对这些信息资源进行优化配置和组织,快速构建一个能满足各类工程造价管理行为人合理确定工程造价的解决方案。其功能包括项目投资决策的工程造价确定、项目设计的工程造价确定、招投标工程量清单计价确定、施工成本分析、施工变更价款确定、工程索赔处理、工程造价纠纷处理、竣工价款结算、项目后评估等。

(3)全面工程造价管理过程的工程造价控制功能

主要负责动态控制不同阶段的各项具体活动过程的工程造价和全过程的工程造价,根据项目工程造价管理的任务需求,全面考虑各种要素的影响变化,能够发现、融合、配置所需的服务计算算法及各类工程造价管理资源,管理并控制动态变化场景的实际情况发生的偏差,协调活动过程,监控活动状态并对异常工程造价提供预警功能,在某项活动过程出现各种要素影响的情况下作出相应的响应并采取措施予以调控,采用有效的多功能及多技能整合对过程控制提供支持,把项目工程造价的发生控制在合理的范围和核定的工程造价限额以内。其项目工程造价控制点的主要功能包括建设前期的控制管理、建设期的控制管理、运营维护期的控制管理、工程造价管理行为人之间协调的控制管理等。

(4)全面工程造价管理过程的工程造价风险识别功能

主要负责实时掌握全面工程造价管理过程工程造价各影响因素的变化,对存在的各种风险事件的变化状态,作出相应的数据驱动的调控管理,并确定出全风险性工程造价,评估所有活动过程的结果。包括基于活动过程的分析、识别和确定风险性事件的功能、风险性工程造价数据驱动方法的管理功能、风险性事件数据驱动控制的管理功能、工程造价业务流程的数据驱动全风险性工程造价确定管理功能等。

(5)全生命周期工程造价管理过程的流程集成功能

主要为全面工程造价管理过程应用服务提供流程集成的精准量化聚集技术与共享支撑,构建整个协同共享和集成化的工程造价业务流程全生命周期的数据驱动过程模型并负责统一管理与维护,根据IPD模式来解决工程造价业务流程中的各种问题,包括IPD合同的智能合约、各工程造价管理行为人工作内容互动交接、工程造价业务流程碎片集成管理、全生命周期工程造价精益分析、IPD模式的工程造价集成控制管理、工程造价业务流程协同监督与评估、工程造价数据资源服务感知与共享接入、工程造价风险的服务过程管理等。

(6)工程造价成果文件形成系统管理功能

主要负责对工程造价业务活动中形成的所有记录材料进行管理,包括中间成果文件、专业成果文件以及最终成果文件的管理,同时也包括编审的概(预)算书、工程量清单、招投标文件等相关文件。其功能包括对工程造价成果描述文件的编制、生成、整理、著录、验证、查询,版本目录管理,来源背景管理,类型格式管理,文件注释管理、维护历史管理、著录标识管理、操作权限管理、备份维护管理等。

(7)工程造价业务互动回溯匹配沟通管理功能

主要针对工程造价业务问题的需要,运用智能合约预先制定的规则、协议和条款,达成内外部动态联盟的分层共识机制,负责组织或者个人之间动态相互交互融合和沟通交流,使对某些工程造价业务问题达成一致、得到结果的过程。包括工程造价问题互动反馈的状态账本、关联协调的信息记录管理、事实评价信息验证管理、历史信息记录查找与回溯管理、智能合约管理、标注项目过程引导配置管理等。

(8)工程造价服务计算管理功能

主要围绕工程造价业务场景应用目标,为全面工程造价管理活动过程的应用服务提供各种计算服务模型和算法、方法,并支持工程造价数据多种计算模式,构建工程造价服务计算的工程造价知识库、工程造价模型库、工程造价数据库等各类基础工程造价资源库并负责进行统一管理与维护,包括智能计算算法工具、工程造价知识图谱、工程造价数据分析工具、标准专题案例推理模型、工程造价确定计算模式、工程造价过程控制计算模式、各类风险识别计算模式等,并对库记录的增加、删除、更新、检索、备份等进行操作的基本功能,为面向建设项目应用的针对性服务计算提供工程造价知识聚集与共享支撑,并在此基础上进行数据挖掘、统计分析、评估、预测等所提供的增值服务功能。

(9)工程造价动态联盟体管理功能

主要负责对全方位的各方管理主体信息进行统一管理,为所有工程造价管理行为人提供访问各种服务的统一入口,实现统一安全的认证授权并进行内容管理,包括统一认证管理、机构管理、角色管理、工程造价管理行为人账户的维护、工程造价管理行为人信息管理、工程造价管理行为人权限管理控制、工程造价管理行为人操作日志的信息管理、工程造价管理行为人交互历史维护、工程造价管理行为人协同工作环境信息统计分析等。

(10)个性化人机交互功能

主要负责对终端工程造价管理行为人界面进行按需定制,提供对于主流终端设备如PC机、网络工作站、平板电脑、移动终端等的支持,能够根据全生命周期工程造价管理过程的不同工程造价管理行为人角色的工程造价业务需求,定制工程造价管理行为人界面所需的运行环境、界面呈现工程造价业务内容、交互方式和交互技术等。

2. 工程造价业务微服务功能划分的核心问题

微服务的核心思想是以更轻、更小的粒度来纵向拆分应用,各个小应用能够独立选择技术进行扩展部署。那么,我们在工程造价业务微服务功能划分的过程中,如何确定工程造价业务微服务功能划的服务边界范围、识别出合理的上下文;工程造价业务微服务功能划分粒度究竟如何控制,服务拆分到什么样的粒度最合适。也就是说在工程造价业务微服务功能的系统构建过程中,首先必须要解决的两个核心问题。

(1)工程造价业务微服务功能划分的边界

工程造价业务微服务功能的划分时遇到的第一个问题就是如何划分服务的边界,这里涉及对单个工程造价业务微服务与整体工程造价业务微服务两个方面边界的划分,在实际驱动构建的过程中,围绕工程造价业务领域的关键内容来分析,通常采用两种不同的方式划分服务边界,即单体工程造价业务微服务通过一个业务职能的功能和职责来处理边界问题;整体工程造价业务微服务通过领域驱动设计(Domain Driven Design,DDD)的限界上下文(Bounded Context)来进行边界的划分。

①单体工程造价业务微服务的边界

对于单体工程造价业务微服务边界的确定可以理解为由动态联盟体的不同工程造价管理行为人提供的业务职能,按照不同工程造价管理行为人的工程造价业务要求拆分服务边界,使其明确工程造价业务微服务的功能和职责,例如工程造价管理机构提供工程造价监管职能、工程造价咨询公司提供相关的咨询职能、承包单位提供相关成本核算职能等等。这种做法简单且易于实施,确保整体的每个服务模型都能尽可能容易,而不会影响到其他的服务模型,在内部的内容功能修改和完善不影响其他变化,内容功能在总体上保存一致,并且能执行一组相关的功能,单一职责明确,也能独立部署和升级,对所在的数据进行调整管理。但是也带来一些问题,首先在确定工程造价业务职能,很大部分等同于工程造价管理行为人的功能和职责,这就意味着拆分后的微服务结构将会服从工程造价管理行为人功能内容,随之而来的问题就是拆分后的微服务丧失了进化的能力,假设工程造价管理行为人增加专门负责全面工程造价管理一体化集成的功能和职责,那么就必须为这一职能重新开发一套服务,而不能复用原有的服务。其次如果工程造价管理行为人的职能扩大,工程造价业务面临服务边界如何划分的问题,但是受限于工程造价业务职能,这就没有真正达到松耦合的要求,最终的结果很可能把一个单体应用拆分成几个小型的单体应用,没有达到服务边界清晰的目的。

②整体工程造价业务微服务的边界

工程造价业务微服务功能的系统构建是把所有的工程造价业务微服务汇总成为一个整体内容,单体微服务总是融合在多个微服务架构中,所以整体工程造价业务微服务是由各个工程造价业务微服务组成的,在各个工程造价业务微服务之间有一个边界,即存在着一个限界上下文,将整体工程造价业务微服务的功能被分解到各个工程造价业务微服务的功能上。因此,基于大数据工程造价生态系统平台微服务功能应用系统,单独讨论单体工程造价业务微服务的边界是没有意义的。限界上下文是DDD中用来划分不同工程造价业务边界的元素,其工程造价业务边界是指解决不同工程造价业务问题的问题域和对应的解决方案域。在领域模型和领域驱动设计下首先要理解领域的概念,简单来说领域可以理解我们传统软件需求分析中的业务场景对应的业务域,每一个领域又可以分为问题域和解决方案域。领域驱动设计本身就是要完成从问题域到解决方案域的映射和抽象。而这个映射和抽象可以理解为领域分析的一个关键内容。基于领域模型,围绕工程造价业务限界上下文,将同类工程造价业务划归为一个微服务,按单一职责原则、功能完整性、贴近领域知识进行微服务的拆分。工程造价业务限界上下文边界划分则可以理解为解决某种类型的工程造价业务问题方案域的一个关键内容,只有深刻理解全面工程造价管理的工程造价业务场景,深入挖掘工程造价业务知识,识别出每个上下文边界,即应该包括功能、对象、接口的核心内容,才能合理确定工程造价业务微服务的边界。比如对于项目工程造价纠纷案件处理分析系统,核心域就是工程造价纠纷,所有业务全部围绕工程造价纠纷的全生命周期管理展开,其关键的领域对象有双方当事人、纠纷类型、计价依据、解决方式等,相关的项目工程造价纠纷案件处理业务操作也围绕这些业务对象展开的。所以进行项目工程造价纠纷案件功能的微服务拆分,就必须熟悉工程造价纠纷的业务领域,将关键的业务流程和业务对象全部搞清楚,识别出合理的上下文,才能准确地确定项目工程造价纠纷案件功能的微服务边界。对于整体工程造价业务微服务的边界的界定首先应该以各类工程造价业务问题的问题域为基础,解决方案域的工程造价业务限界上下文为主要的分析方法;其次工程造价业务微服务边界的接口要清晰,服务应使用开放标准接口的通信协议,其良好的接口能对功能进行封装,为服务运行提供支持;最后各个工程造价业务微服务应当尽可能少地与其他不相干的工程造价业务微服务发生相互作用,也是局限于那些有密切相关的工程造价业务微服务。

(2)工程造价业务微服务功能划分的粒度

按照工程造价业务微服务功能的系统构建,应控制好服务的粒度,做好聚合,以支持单个服务功能的设计与实施,这就必须按各个工程造价业务的功能进行拆分,直到每个服务功能和职责能够独立部署,便于扩容和缩容,才能有效地进行工程造价业务微服务的积木式组装,达到极大的灵活性和扩展性。工程造价业务微服务拆分的粒度就是限界上下文,其粒度的大小应根据工程造价业务要求、全面工程造价管理的应用场景、全生命周期的工程造价管理幅度、工程造价业务扩展方式等多个要素的综合平衡。因此,一个工程造价业务微服务的功能范围,其服务粒度的大小应该等于满足某个特定工程造价业务能力所需要的大小。首先应确定工程造价业务微服务粒度的标准依据,其标准依据主要为工程造价业务功能和职责;其次划分工程造价业务微服务粒度的规则;最后应满足工程造价业务能力所需粒度的范围。

在进行工程造价业务微服务功能划分的粒度时,我们应当注意到,工程造价业务微服务拆分的粒度太细和太粗都是不合理的,需要根据工程造价业务的要求来确定合适的工程造价业务微服务粒度,同时,有多个限界上下文也可根据情况合并到一个工程造价业务微服务,这就要通过识别和梳理出来的共性工程造价业务领域对象进行聚合,将对同一领域对象的所有命令和事件都聚合在一起,把同属于一类的工程造价业务场景基于聚合后进行上下文边界的划分。比如工程造价成果文件形成系统里面的最终成果文件是一个大量领域对象,可以划分为独立的上下文,但是对于专业成果文件也是我们识别的对象,专业成果文件本身同样属于最终成果文件场景,最终成果文件的扩展附属对象,因此需要将专业成果文件也划分到最终成果文件上下文里面,这就要考虑是按照功能大小划分,还是按照代码量多少划分,或者按照程序运行耗费资源粒度划分等标准依据,这些都是在进行工程造价成果文件形成系统的功能微服务粒度大小划分需要考虑的因素。在进行工程造价业务微服务功能的系统构建时,可采用分层的思想,将底层的服务,提供单一功能,这样服务粒度就小,成为真正意义上的微服务。上层的服务,根据工程造价业务的需求进行聚合、过滤等功能实现。这样就能够满足上层服务对底层服务自由编排并获得更多的工程造价业务功能即可,并适合团队的建设和布局,这就是对工程造价业务微服务拆分的适合原则,使工程造价业务微服务拆分到可以让工程造价管理行为人自由地编排底层的子服务来获得相应的组合服务即可,同时也考虑团队的建设及人员的数量和分配等。基于大数据工程造价生态系统平台微服务功能的系统构建是围绕全面工程造价管理活动过程而展开的,以不同的工程造价业务微服务粒度大小出现并得到一定程度的表达,在确定工程造价业务微服务功能划分的粒度时,还需要对工程造价数据模型定义,工程造价模型表达得好、清晰,基本上编码开发就会很顺畅。所以工程造价业务领域建模很关键,根据工程造价业务功能与职责划分清晰工程造价业务领域模型的限界上下文与大小粒度,就等同于明确了工程造价业务微服务功能的边界。

3. 工程造价生态系统业务微服务功能具体实现

工程造价生态系统业务微服务功能的构建,需要理解工程造价业务服务才能实现工程造价业务微服务,一般工程造价业务微服务功能是按照工程造价生态系统所形成工程造价管理行为人的网络化协同体系,以数据驱动为基础的工程造价关键业务和活动流程、全面工程造价管理情景活动场域、各个工程造价专业领域的服务计算具体实现的,通过迭代流程不断改变与扩展工程造价业务功能边界。工程造价业务微服务实现的系统功能是把多个工程造价业务微服务组合起来的,是以工程造价业务微服务之间的关系、工程造价业务微服务与工程造价业务微服务限界上下文之间的关系为内容的系统基本结构以及演化的灵活性和功能的扩展性。工程造价业务功能是一个来自工程造价业务架构建模的概念,一个工程造价业务功能往往对应于一个工程造价业务对象,工程造价业务微服务就是要应用单一职责原则,把服务改造成松耦合式的,按照工程造价业务功能进行分解,定义和工程造价业务功能相对应的服务,其工程造价生态系统业务微服务功能模块的划分一般是通过分层的思想来实现。

(1)按工程造价业务功能进行分解

对于工程造价生态系统而言,其目标是站在全面工程造价管理整体数字化视角,构建一整套基于服务组件的功能架构体系。工程造价业务架构建模的概念,是把不同的工程造价业务微服务应用场景,匹配相应的技术架构,将工程造价业务微服务模型所包含的全面工程造价管理领域对象模型、全面工程造价管理领域实体、工程造价业务规则、工程造价业务事件、工程造价业务流程等内容来描述实体功能及实体之间的关系。而工程造价生态系统业务微服务功能的构建是由各个不同的单个工程造价业务微服务组合而成的,其应用微服务架构覆盖全面工程造价管理整体业务范围,通过应用程序之间的标准化接口在该范围内彼此通信和调用而形成内外部的服务。全面工程造价管理过程业务微服务功能分解,如图5-9所示。

图5-9描述了数据驱动全面工程造价管理过程业务微服务的一部分功能,没有把全面工程造价管理过程的各类本源性业务活动的多种因素所具有的全面功能以及涉及系统权限管理的功能包含进去。按照工程造价生态系统的业务服务分析,我们把每一个业务范畴定义为一个独立的微服务,其业务范畴的类别可将数据驱动全面工程造价管理过程业务微服务分为全面工程造价管理基础性功能范畴、过程工程造价确定功能范畴、过程工程造价控制功能范畴、过程工程造价风险识别功能范畴、全生命周期工程造价管理过程流程集成功能范畴、工程造价成果文件形成系统管理功能范畴、工程造价服务计算管理功能范畴、工程造价业务互动回溯匹配沟通管理功能范畴等8个范畴,然后根据各个范畴再细分为具体实现业务功能的微服务,这样的工程造价业务微服务模型构成整个工程造价业务逻辑的骨骼和静态模型。

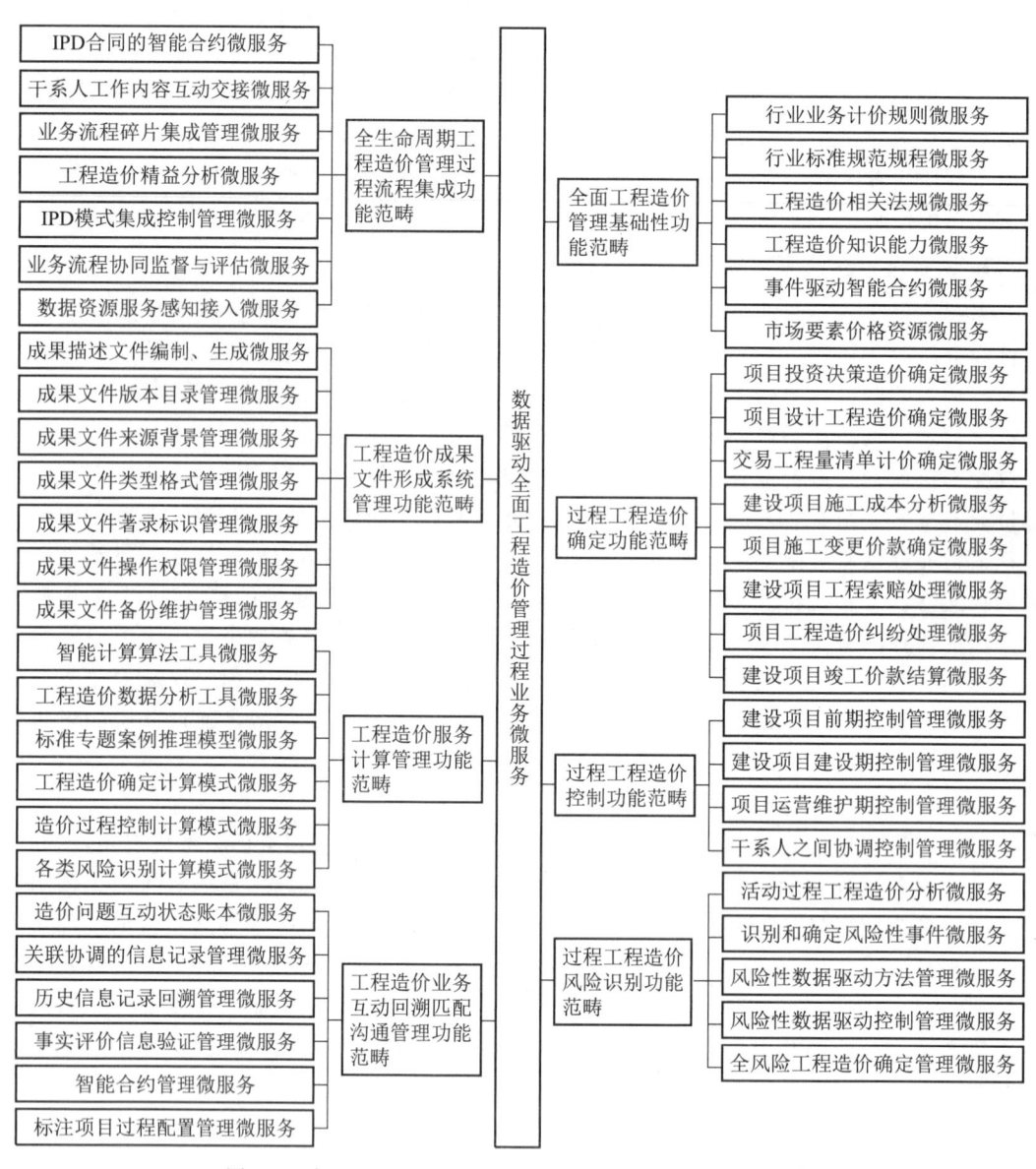

图 5-9　全面工程造价管理过程业务微服务功能分解示意图

(2) 工程造价业务微服务功能系统整体构建

基于大数据工程造价生态系统平台的工程造价业务微服务功能的系统构建过程中，要建立一个完全统一的技术架构是不现实的，必须根据不同的工程造价业务微服务应用场域，匹配相应的技术架构。所以，在微服务技术架构体系中，工程造价业务微服务功能只是其中服务构建的一部分，如图 5-10 所示，其中在图中的工程造价业务微服务层的黑框内形成的架构才是最主要的工程造价业务微服务功能。确定工程造价业务微服务功能，应该分成 3 个步骤进行，即工程造价业务微服务功能模块实现分层、建立工程造价微服务组件、工程造价业务微服务分类和标识。

第五章 基于大数据工程造价生态系统的实现机理

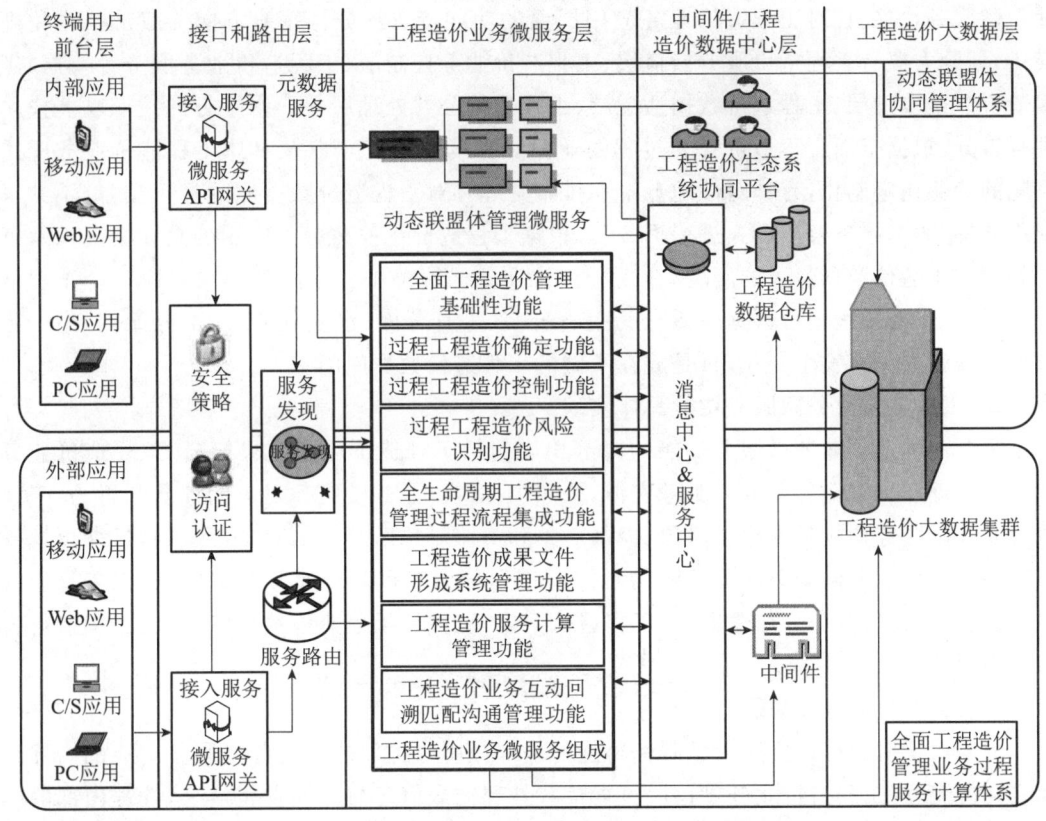

图 5-10 工程造价业务微服务功能系统整体构建示意图

①工程造价业务微服务功能模块实现分层

工程造价业务微服务功能模块实现分层就是对全面工程造价管理过程的业务服务场景进行分析，针对解决具体工程造价业务应用问题而按照工程造价业务模型提炼出业务微服务实现的功能，分离工程造价业务微服务功能系统的核心应用、共享应用和专业应用。按照动态联盟体的各个工程造价管理行为人的具体工程造价业务应用问题对象的性质和行为，把核心应用和共享应用作为独立的数据驱动服务计算能力层，形成稳定的微服务中心，而专业应用调用数据驱动服务计算能力层，实现专业化定制化工程造价业务并快速响应多变的建设市场需求。工程造价业务微服务功能模块灵活地进行微服务的积木式自由组装，及时满足全面工程造价管理过程的各种各样的工程造价业务发展。

②建立工程造价微服务组件

建立工程造价微服务组件就是开发面向全面工程造价管理模式的专业的、专门的和独立的以及粒度适中的工程造价业务微服务组件集，对工程造价业务的时空关联性、互补性及其动态变化规律提供支撑服务。按照各种工程造价业务微服务边界，定义服务粒度大小，进行工程造价微服务组件的组织和集成，通过敏捷化、服务化方式的独立集群部署，可透明地发布与使用、明确服务对象范围，采用服务化和订阅发布机制对专业化定制化工程造价业务应用调用关系解耦，支持服务的自动注册和发现。

③工程造价业务微服务分类和标识

工程造价业务微服务分类和标识就是按照全面工程造价管理过程的业务类型来分类和

标识微服务,主要针对工程造价业务应用层面的功能特点拆分。垂直方向一般从技术角度描述,划分大概有工程造价服务接口层、工程造价业务控制层、工程造价业务服务计算层、工程造价数据模型层、工程造价数据适配层、工程造价公共处理层等。水平方向按照功能模块进行拆分,根据全面工程造价管理过程的业务服务场景的特点以及具体工程造价业务应用问题的专业化定制化,有针对性地分解和排布处理。对工程造价数据库的标识按"能不共享则不共享"的微服务架构模式进行拆分,要根据工程造价业务微服务应用的具体情况以及解决处理工程造价数据量大的问题,在工程造价业务微服务中一个服务一般对应一个工程造价数据库,可将工程造价数据库拆分为垂直分表、垂直分库、水平分表、水平分库等,但工程造价数据表并没有发生变化,只是放在不同的工程造价数据库中。

(3)工程造价业务微服务功能具体实现

每个工程造价业务微服务功能的内部构成包括工程造价业务边界接口、工程造价业务微服务处理和工程造价业务微服务实体,按照工程造价业务微服务对象的性质和行为,工程造价业务微服务功能是由边界对象、控制对象和实体对象以及传输对象组成的,这样可把排布的工程造价业务微服务功能模块的具体实现划分为工程造价业务接口层、工程造价业务控制层、工程造价业务算法逻辑层、工程造价数据模型层、工程造价数据适配层、工程造价公共处理层等。

①工程造价服务接口层

主要用于对工程造价业务微服务功能的外部环境与工程造价业务微服务功能的内部运作之间的交互,工程造价业务接口层负责接收外部输入信息与对外发布信息,处理内部的解释,并表达或传递返回相应结果信息,方便接口联调时的问题定位。按照契约化编程的思想,接口的所有权归各个工程造价管理行为人参与者所有,是不能随意修改的。

②工程造价业务控制层

工程造价业务控制层是接收从工程造价服务接口层转发过来的信息,调用下层的工程造价业务服务计算和工程造价数据库访问接口实现工程造价业务处理逻辑。工程造价业务控制层根据各类工程造价管理行为人的各类工程造价业务应用,提供多种模型、算法和方法的服务匹配选择,实现各类服务的快速切换和灵活组合。在工程造价业务服务计算层提供了通用的服务计算接口,工程造价业务控制层通过调用一个或者多个服务计算接口完成整个工程造价业务流的处理。如果比较简单的工程造价业务,可直接调用工程造价数据适配层接口查询或者持久化工程造价数据。

③工程造价业务服务计算层

工程造价业务服务计算层实现智能计算算法、计算模式适配组装,多种模型转换等所有工程造价业务相关的逻辑处理。工程造价业务服务计算层提供了在进行工程造价业务分析处理、服务计算时的多种计算模式和多类不同计算模型,采用数据驱动工程造价业务应用模式进行配置实现的接口管理功能,以支持各类工程造价业务微服务的敏捷性,使全面工程造价管理过程的数据服务、计算服务的协同处理、分析和优化有机组合起来,同时还可以独立划分出一些专用的计算算法、计算模式模块,存放与工程造价业务相关的公用计算算法、计算模式,供多个工程造价业务应用层服务计算使用选取,这样可大大提高动态联盟体工作流程的协同管理和调度。

④工程造价数据模型层

工程造价数据模型层定义了工程造价业务微服务使用的公共工程造价业务模型。面向全面工程造价管理过程的工程造价业务模型一般是静态模型，比较稳定，只要工程造价数据库表不做大的改动，工程造价业务模型则就不需要变动，我们可以在工程造价业务服务计算层和工程造价数据适配层提供基于工程造价业务模型的通用方法，采用不同的接口和服务计算就可以给各类工程造价管理行为人共用。随着工程造价行业领域市场化的推进，接口模型可能会经常变化，新增一个接口或者接口变更都会改接口模型，这个是正常的。工程造价业务服务计算层所做的重要工作就是将工程造价数据信息从工程造价业务模型转换到接口模型。

⑤工程造价数据适配层

工程造价数据适配层提供访问工程造价数据库的接口。工程造价数据库适配层将工程造价数据库封装为服务，以屏蔽工程造价数据资源自身的异构型和复杂性，对外呈现统一的调用接口，在工程造价生态系统的工程造价业务微服务中共享。一个符合工程造价业务微服务功能规范的服务可以关联多个底层工程造价数据库的数据表，并可根据数据表的标识进行处理，这样可以支持工程造价数据资源热部署。首先封装了底层工程造价数据库的JDBC访问接口，定义一个公共的服务作为服务接口的工程造价数据资源操作对象，然后对这些操作进行实现，调用时由这个公共的服务与具体的工程造价数据资源一起提供对外部请求响应。工程造价数据资源服务化封装提供了各种针对不同工程造价业务的封装功能，调用执行的接口，而且提供了管理接口。

⑥工程造价公共处理层

工程造价公共处理层提供的都是与工程造价管理行为人业务微服务功能无关的公共组件和工具，主要负责各种工程造价业务微服务的协同处理，支撑工程造价行业微服务应用领域更好地延伸和拓展其业务，灵活的扩展其功能。公共组件一般包括信息传递、服务发现、服务容错、服务监控、统一配置管理、负债均衡、告警日志等各类功能组件；工具类包括日期时间的处理，字符串处理等。

第五节　基于大数据工程造价生态系统的实施方法

基于大数据工程造价生态系统服务平台构建工程造价业务微服务应用，是全面工程造价管理活动过程的行为场域下应用数据驱动工程造价业务系统实现的主体方法。采用这一方法需要从工程造价业务本质去分析和排布微服务，需要在确定工程造价微服务架构的基础上，重点解决工程造价微服务系统的可扩展性搭建、工程造价微服务系统框架的集成化构建、工程造价业务领域的全程化建模、工程造价微服务智能算法模型与算力协调部署、工程造价微服务组件封装、动态联盟体应用的协同化部署等问题。

一、工程造价微服务系统的可扩展性搭建

对于基于大数据的工程造价生态系统而言，从数据驱动转型要求和全面工程造价管理过程的市场化逐步推进，随着时间的推移，工程造价业务系统规模的增长，需要面对性能与容量的问题以及面对功能与模块数量上的增长带来的系统复杂性问题与工程造价业务的变

化带来的提供差异化服务问题。而在基于大数据工程造价生态系统平台服务功能的系统构建中,当时工程造价微服务架构可能并未充分考虑到这些问题,导致服务功能的重构成为常态,从而影响工程造价业务交付能力,同时还浪费了系统构建成本。因此,我们必须考虑工程造价业务微服务功能、容量和数据分区的可扩展性。

1. 工程造价业务微服务功能的可扩展性

工程造价业务微服务功能是将整体的工程造价业务服务应用拆分为多个服务,每个服务实现一组相关功能,当全面工程造价管理过程的工程造价业务扩充时,需要添加一个新功能,其调用的服务数变得不可控,随着服务数量的增多,服务调用关系变得复杂,容易引发服务管理的混乱。所以,应当采用服务注册的机制形成服务网关来进行服务治理。

2. 容量的可扩展性

通过集群加负载均衡的模式,绝对平等的复制服务于数据,解决容量和可用性的问题。为了解决单个工程造价业务微服务功能的可用性和容量,对每一组相关工程造价业务微服务功能进行扩展划分。

3. 数据分区的可扩展性

数据分区的可扩展性通常是指基于动态联盟体的工程造价管理行为人独特的需求,进行工程造价业务微服务应用系统的划分,使得划分出来的工程造价业务微服务应用子系统是相互隔离但又是完整的。为了考虑性能数据安全,可将一个完整的工程造价数据集按工程造价管理行为人需要的维度划分出不同的子集,即一个数据分区就是整体工程造价数据集的子集。比如工程造价数据类型、工程造价数据尺度、工程造价数据属性、工程造价数据标注等。

二、工程造价微服务系统框架的集成化构建

基于大数据的工程造价生态系统的实施首先是确定工程造价微服务系统的总体框架,依据前面的分析,工程造价生态系统建设实现的总体架构,是充分考虑了全面工程造价管理涉及的业务场景,运用六层服务功能来整体构建,这一过程需要将服务平台的各层服务实现集成,通过整合各类服务降低服务平台的建设成本,加强服务平台的整体服务能力,对通用的服务框架集成、服务定义、服务通信、服务持续交付等通用和重复的工作进行封装,减少重复劳动,提高复用水平;其次运用DevOps(Development 和 Operations 的组合词)模式驱动工程造价生态系统的集成化实施,包括一套集成的工具链,以便更加精简、高效的运作,工程造价微服务应用可借助工具链保证每一个阶段使用的一致性,这样才能有助于实现持续开发、持续集成、连续测试、持续部署、持续监控,为工程造价微服务系统构建提供一站式设计、管理、测试、运维等团队协同机制;最后是对工程造价业务微服务外部关系的集成,由于工程造价业务微服务、工程造价数据微服务之间是有关联关系的,这种关系既包括调用与被调用、引用与被引用、还涉及依赖与被依赖之间的关系。所以就涉及工程造价业务微服务、工程造价数据微服务之间的组合关系,即集成模式。工程造价业务微服务化集成模式,可采用服务注册的模式,把工程造价微服务系统分为三大类微服务应用功能,即功能重复或是工程造价基础微服务的功能,可单独隔离形成一个工程造价基础微服务应用层;第二类是工程造价共享微服务应用层;第三类是工程造价业务微服务应用层。

三、工程造价业务领域的全程化建模

依据所确定的工程造价业务微服务系统具体应用,最终都要形成工程造价成果文件。不管是中间工程造价成果文件、专业工程造价成果文件或过程工程造价成果文件,还是最终工程造价成果文件,必须基于工程造价业务领域本体对服务的合理建模与描述,构建完善的工程造价业务领域描述模型是至关重要的。由于对不同类型的工程造价业务微服务,其描述模型存在着一定的差异性,因此在实施过程中需要将采用基于本体的分层描述方法对全面工程造价管理模式下的工程造价业务微服务功能系统进行建模,各个工程造价业务微服务功能都可以分为顶层概念模型和底层实例模型。其中顶层概念模型主要是对工程造价业务微服务的统一抽象化描述;而底层实例模型则是基于概念模型,针对不同类型的工程造价业务微服务应用特征所构建的具有差异化的描述模型。而在基于大数据工程造价生态系统环境下,动态联盟体的各工程造价管理行为人的各类工程造价业务微服务应用,完全能够实现工程造价业务逻辑与工程造价微服务组件和工程造价业务领域描述模型同构,这样在形成工程造价成果文件过程中,对工程造价业务的活动过程的各属性之间的逻辑关系都能构建统一的抽象描述模型,即顶层概念模型,从而进一步把顶层概念模型中的各类信息进行详细的分析和细化,通过数据标注,实现其各类工程造价业务微服务的多维属性进行服务描述。

四、工程造价微服务智能算法模型与算力协调部署

工程造价微服务智能算法模型是根据不同类型的工程造价业务微服务应用特征和数据计算特征,从多样性工程造价大数据计算问题和要求提炼并建立的各种算法模型,在工程造价生态系统中动态联盟体的各个工程造价管理行为人所发生的各种各样工程造价业务处理问题,难以有一种单一的计算模式来涵盖所有不同的工程造价业务计算需求。所以,我们应当融合多方面的算法模型,按照全面工程造价管理过程活动的专业性、地域性、动态性的特征以及动态联盟体的各方工程造价管理行为人的行为场域特征,汇聚各种智能算法工具、工程造价数据分析工具、标准专题案例推理模型和工程造价业务技术和方法,实现智能算法的拆解、调用和通用智能算法的共享,为各种工程造价业务微服务应用提供多种计算模式的服务选择。同时,根据全面工程造价管理过程活动的工程造价业务分析处理、服务计算的特点,各类工程造价业务微服务应用通过表达性状态、远程过程调用等轻量级通信机制以及分布式消息服务进行交互联系,在这个过程中,进行工程造价微服务智能算法模型与算力协调部署,有助于解决全面工程造价管理业务范围的工程造价确定计算、工程造价控制计算、工程造价索赔计算、工程造价风险识别计算、成本分析计算等多种模式的服务计算,在计算能力层面,对算力智能优化旨在解决工程造价大数据更为高层的计算模式,如批处理计算、流式计算、图计算等计算模式。因此,工程造价微服务智能算法模型与算力协调部署,可为工程造价管理行为人在不同的工程造价管理行为场域协作联系来实现场景服务计算,为工程造价管理行为人提供弹性的计算能力,进一步提升工作效能。

五、工程造价微服务组件封装

基于大数据的工程造价生态系统是面向各类工程造价管理群体的各种具体应用,为了

实现团队的业务能力、工作流程管理能力、契约规范约束能力和DT技术支持能力的工程造价资源共享,提供协同工作环境,将全面工程造价管理模式的专业的、专门的和独特的工程造价微服务功能组件封装为服务,以屏蔽工程造价资源自身的异构型和副中心,对工程造价业务的时空关联性、互补性及其动态变化规律提供统一的调用接口,从而支撑全面工程造价管理的业务服务功能系统的灵活拆分和组装与柔性部署。首先定义一个公共的服务作为服务接口,它提供了工程造价微服务功能组件集操作的抽象;然后将具体的工程造价微服务组件表示为该服务的一项资源,对这些操作进行实现。工程造价微服务组件封装为不同工程造价业务领域内的应用提供服务化封装功能,比较好地暴露工程造价业务微服务的本质属性和功能,同时隐藏内部实现细节,而且提供了管理接口。

六、动态联盟体应用的协同化部署

全方位的各方管理主体动态融合联盟,是工程造价生态系统的构成元素,各工程造价管理行为人在全面工程造价管理活动场景中,存在着相互影响、相互依赖和相互作用关系,完成了工程造价业务微服务功能活动以及协调处理的运行机制。在建设项目的全面工程造价管理中,各工程造价管理行为人必须和谐一致,配合得当,达成一种有序的状态来实现建设项目的目标,那就要交互融合和沟通交流,需要互动反馈、关联协调、事实评价的整体解决方案。动态联盟体应用的协同化部署,需要通过智能合约预先制定规则、协议和条款来解构建设项目的全面工程造价管理各项工程造价业务问题,达成内外部动态联盟的分层共识机制,使整个工程造价业务过程的每一个环节所产生的信息凭据,可保障工程造价数据记录的可追溯、透明、防篡改,实现了建设项目工程造价的合理确定和有效控制及其工程造价资源合理利用的价值,同时,可标注建设项目过程工程造价管理的引导配置、工程造价精准定位,提高了工程造价数据监管处理效率和安全性。

第六章　基于大数据服务的工程造价生态系统运作机制

如何使大数据服务适应于随时调整的工程造价生态系统运作机制,其本质就是将工程造价管理行为人、DT技术、制度和环境等相关要素组合起来发挥作用,充分采用技术工具的特性以执行制度、开展工程造价业务和提升服务则是工程造价生态系统运作目标的关键所在。基于大数据服务的工程造价生态系统运作机制的研究能够有助于解决管理执行层面临需要解决的问题。本章以大数据服务形成的微服务架构模式及其变革传统工程造价行业应用的组织与部署特征为出发点,分析了大数据视野下工程造价生态系统工作流程的基本特点,研究基于大数据分布式微服务计算的形成机理和动态联盟体角色定位,并针对工程造价业务形态、新的工程造价管理模式形成的工程造价生态系统的工程造价业务微服务功能系统,研究其运行机制和实现增值的机理。

第一节　工程造价生态系统运行机制描述

工程造价管理模式转型的根本原因是适应建设市场的需要,面对经济发展的新业态,基于全面工程造价管理的活动与过程融入建设市场的过程,决定了工程造价运行机制与市场经济相适应的持续地改变运作模式,工程造价行业将会从传统的工程造价管理向数据驱动的工程造价生态系统演进,在形成数据驱动的工程造价生态系统运行机制的发展过程中,多层级工程造价管理行为人在各类本源性实践活动中的行为场域与全面工程造价管理情景互动的存在状态,为建设项目的全面工程造价管理融合分析和认识内在规律以及各类本源性活动机理的内在关系、运行规律、工程造价服务机制、工程造价监管控制提供了实现方式。

一、机制与机理的关系

机制一词是拉丁文 mechanisma 的意译,意指机器的构造和动作原理,现在它被广泛用来比喻事物运动中各个组成部分的结构、功能、运行方式以及它们之间相互联系和制约的关系。事物运行发展都有其内在规律,不同要素之间规律性地协同配合才能实现事物存在的功能。由此可见,我们必须在事物运行的内部探明要素之间相互联系和制约关系的规律以及实现的功能。具体来说,机制应包含以下三个方面的内容:一是系统结构的构成要素及其相互联系方式;二是要素之间关系的发生过程;三是系统的内在本质和运行规律。人类社会的发展过程中,许多事物按相互协调的多种运行机制发挥作用,深入了解其内在规律,把握这些规律,发挥其能动性去协调要素之间的关系,在整体运动中自行调节以实现相互平衡的机能。对于工程造价生态系统来说,影响系统的诸多要素的工程造价管理环境结构、工程造价管理资源结构、工程造价管理群体结构和其属性与工程造价业务功能,在产生效应的适应过程中所具有的相互关系以及诸多要素产生影响、发挥功能的作用过程和作用机理的良性运行机制。

机理是指系统运行的原理,即为实现某一特定功能,一定的系统结构中各要素的内在工作方式以及诸要素在一定环境条件下相互联系、相互作用的运行规则和原理。因此,机制包括机理,机理是机制的一部分。这里所讲的机理主要把握在这个"理"上,表示原理、道理、理论;而机制主要把握在这个"制"上,表示规则、条件、约束。工程造价生态系统运作机理是指工程造价生态系统内在本质和运行规律,即研究工程造价生态系统的本质是什么、运行过程怎么样,以及如何实现工程造价管理目标等问题。

二、工程造价生态系统运行机制分析

所谓工程造价生态系统的运行机制就是工程造价生态系统有机体各构成因素彼此制约、自行调节的有机联系和自我组织能力。它具体表现为动态联盟体内在的工程造价管理情景活动场域的工程造价数据基因、工程造价管理环境、工程造价数据、标准和规则的服务合约等要素间的相互制约和相互联系的关系,通过建设项目类型与工程造价管理应用场景不同的内外部协调,明确动态联盟体的各个工程造价管理行为人及相关工程造价专业人员之间建立默契平衡关系,根据运行环境和信任分级,共生共长、协同竞争、融合合作,基于工程造价管理模式对建设项目所赋予工程造价服务计算的不同类型的实际情况提供了不同的具体技术与方法,实现工程造价管理应用场景的表达、沟通、讨论、决策,解决各种冲突所带来的负效应,完善解决各类业务问题的协同工作运行机制,保证工程造价成果文件的质量。因此,可以这样理解:工程造价生态系统的运行机制是一个具有动力、传动、变应、调节、效应的系统综合机制。其内在动力是成本利益的差别,它的传动器是由各种工程造价数据资源的传动服务计算决定的。其变应器由工程造价生态系统的结构、功能等组成。其效果是表现动态联盟体的各工程造价管理行为人在工程造价确定、工程造价过程控制、工程造价成本分析、工程造价利益分配等过程中各种经济变动的结果。在工程造价生态系统运行中,运行机制是工程造价生态系统形成和发展的基本保证,我们对其进行分析,可以将其具体划分为工程造价服务计算机制、工程造价管理过程调节机制、工程造价数据转化机制、工程造价管理群体竞争机制、工程造价风险机制和工程造价管理行为人协同机制,它们各有不同的作用范围和内容,彼此制约、相互影响,从而推动工程造价行业在建设市场的运行。

1. 工程造价服务计算机制

工程造价服务计算机制是建设项目工程造价合理确定和有效控制以及各个阶段的业务个性需求提供了多功能的管理技术和方法,是工程造价生态系统运行的决定因素。工程造价服务计算机制是在建设项目各种各样具体活动过程运行规律的作用下,对多层级工程造价管理行为人在工程造价业务的各种各样具体工程造价业务问题选择性配置上,按建设项目的类型、区域、时间等方面进行相应的服务,使之相互适应从而达到平衡。工程造价服务计算机制是工程造价生态系统运行机制的保障机制,联结着建设项目活动过程和工程造价管理行为人两个方面,体现着他们复杂的目的和动机关系,通过业务技术与方法、计算模型、分析工具、算法等调节它们之间运行的矛盾,使工程造价成果文件的质量满足要求。建设项目在建设市场的运行中,其类型决定工程造价服务计算的模式,必须对全面工程造价管理过程活动的项目计算模式进行识别匹配,这样才能有针对性地动态调节状态变化以保持工程造价管理行为人平衡的机能。

2. 工程造价管理过程调节机制

工程造价管理过程调节机制涉及全面工程造价管理过程的业务流程调节和许多前后接续阶段各类工程造价控制性调节,基于工程造价管理过程最表象的层级是各类本源性活动实体,是由许多前后接续的阶段和驱动各种各样具体活动过程以及工程造价管理资源构成的,全面工程造价管理过程的业务活动流程是通过业务活动所建立的逻辑关系来描述过程活动的工作流程与事件,负责各类工作任务调度的支持及调节处理,建立动态联盟体在时间维度上围绕全面工程造价管理全过程的内外因素变化进行调节,在空间维度上根据全面工程造价管理活动场景的制约关系进行调节,对工程造价管理行为人合作的关系、专业分工协同关系、工程造价监管控制、市场要素价格资源的工程造价的具体活动进行必要的安排,优化流程,提高工程造价管理过程调节的处理效率。

3. 工程造价数据转化机制

工程造价数据转化机制是数据驱动全面工程造价管理模式特有的机制,是对工程造价生态系统所涉及的全面工程造价管理的工程造价业务系统实现服务功能的具体配置描述,定义了服务功能与工程造价数据之间的逻辑关系和具体属性,工程造价数据转化配置是与工程造价服务计算的协同处理的一种清晰的表达方式和使用的信息联系,是工程造价确定计算、工程造价控制计算、工程造价风险识别计算、工程造价索赔计算、成本分析计算等多模式计算框架和多类计算模型而进行针对性的工程造价数据转换同步操作,是洞见工程造价业务系统实现服务功能的解耦,选择数据驱动全面工程造价管理各类工程造价业务的计算服务,只能通过各类模型的工程造价数据配置机制,才能使工程造价业务系统服务功能的敏捷性和精细化得到体现。

4. 工程造价管理群体竞争机制

工程造价管理群体竞争机制是工程造价生态系统运行机制的重要内容,也是建设项目全面工程造价管理市场化的活力源泉,它是在建设市场进程中的建设项目供求关系和价值规律的作用下引起的。工程造价管理群体是与各类建设项目资源有关的工程造价管理行为人集合体,竞争关系融入了各类建设项目的活动中,是工程造价管理行为人之间关系的基本形式,由各类建设项目资源在建设市场进程中的供需所决定的,工程造价管理行为人在建设项目全面工程造价管理的交易、运营的过程中,为得到对自己有利的建设项目资源而争取有利的市场地位而进行的相互竞争。竞争是一种有效的动力机制,是促进建设市场运行的一种最重要的强制力量。在工程造价生态系统的运行中,存在着工程造价管理行为人之间的种内竞争关系和种间竞争关系以及协同竞争关系。种内竞争关系是工程造价管理群体的各个工程造价管理行为人为了争夺建设项目的承包施工、建设项目的咨询代理、建设项目的监理、建设项目的设计、建设项目的材料设备供应等有利资源而引起的竞争,迫使各个工程造价管理行为人提升各种各样核心资源的利用率,并能按所必需的工程造价数据资源与技术能力实施独立地竞争运作,对工程造价成果文件的质量和精细、精准的服务计算要求更高,实现了工程造价业务价值主张效率;种间竞争关系大致分为资源利用型竞争和相互干扰型竞争,资源利用型竞争机制是在共同利用同一资源时,由于管理力、技术水平和市场行为的规范等各种原因,一种工程造价管理种群优势于另一种工程造价管理种群,先对这一资源的利用而降低另一方对资源的可利用性,从而产生不利的影响,使后者不能使资源转化为生产力,不能得到合理的配置。相互干扰型竞争机制是利用市场行为进行相互排斥,使工程造价业务在区域尺度条件下,为了争夺区域优势和建设项目的服务资源,在获取建设项目服务资源的手段上相互干扰,尤其在区域尺度条件下密度大的工程造价管理种群竞争显得比较剧烈;协同竞争关系是指进行某些工程造价业务方面合作的竞争形式,是各工程造价管理行为人在相互适应过程中互助而互利共生的竞争机制,在工程造价生态系统内的各个工程造价管理行为人通过在管理、技术或经验与技能等各方面的合作,形成对工程造价业务的整体竞争优势,进而营造和扩大建设市场空间,获得共赢的竞争效果,实现价值的转化。引入竞争机制,可以使建设项目全面工程造价管理的交易、运营等方面保持相对平衡,这种平衡是通过市场竞争的自我选择机制实现的。

5. 工程造价风险机制

一般来讲,工程造价风险机制是工程造价生态系统运行机制的基础机制,建设项目的实现过程在市场化的运作下,存在着许多风险和不确定因素,从而给全面工程造价管理过程业务服务带来了许多不确定性的变化,具有一定的风险性。由于工程造价的确定依据和影响工程造价诸多因素均处于不断变动状态,不确定因素在全面工程造价管理过程活动中一直存在着,因此各个工程造价管理行为人在确定、控制、识别、监管等动态管理过程就具有一定的风险性,这就直接影响到建设项目实现过程的工程造价业务服务的难度。在工程造价生态系统运行中,有必要建立一套全风险工程造价管理的技术和方法,来识别全面工程造价管理过程中存在的各种风险并确定出全风险性的工程造价,在各种各样风险识别判断的管理过程中,通过控制风险事件的发生与发展,运用数据驱动控制全风险工程造价,使全面工程造价管理过程的所有工程造价业务活动都能得到精准的工程造价结果及其受到精细的评估,这是在工程造价风险机制作用下出现的一种风险控制的经济行为。工程造价风险机制是通过利益诱惑力和相互活动为压力作用于各个工程造价管理行为人,从而督促和鞭策各个工程造价管理行为人基于活动过程的分析、识别和确定风险性事件,努力改善活动过程与业务流程的风险性事件和管理技术,最终采用以全风险工程造价管理为核心的数据驱动风险性工程造价的解决方法,开展对建设项目的确定性工程造价、风险性工程造价和完全不确定工程造价的控制性全面管理,推动建设项目在市场上的顺利运行。

6. 工程造价管理行为人协同机制

工程造价生态系统的动态联盟体在实现建设项目的全面工程造价管理目标时需要有统一的决策协同机制,各个工程造价管理行为人相互依存、相互支持、共生共长,各类业务应用相互协调,共同构筑一个协同工作体系。工程造价管理行为人协同机制就是打破协作各方、工程造价数据资源、工程造价业务流程等资源之间的各种壁垒和边界,使它们为全面工程造价管理的目标而进行协调运作,通过明确协作各方、相关工程造价管理行为人之间的默契配合关系,对各种工程造价管理资源的充分利用和增值以达成一种有序状态来实现建设项目目标,保证工程造价成果文件的质量。由于各个工程造价管理行为人的地位、相互关系、工作内容及追求目标不同,他们按照各自的职责开展工程造价管理服务,并非在信息完备的条件下进行,必然引起各种冲突而带来的负效应。因此,在具体的建设项目协同工作过程中,需要完善解决各类工程造价业务问题的协同工作运行机制,使涌现出的工程造价业务问题互动反馈、关联协调、事实评价的一套整体解决方案,保证各个工作环节的衔接和实施一系列工程造价管理活动顺利进行,实现建设项目的工程造价最佳化、效益最大化,增加工程造价数据合理利用价值,从而达到工程造价管理相应的目标。

第二节 基于大数据服务应用新模式

基于大数据服务应用是每个行业领域高度数字化驱动转型所面临的一个问题,在市场新常态实现转型升级和动能转换的过程中,对商业模式、管理模式、思维模式等各个行业特有的数据驱动运营模式的种种表现,正在深刻改变着社会生活方式、商业生态和企业运作模式,经济社会各领域海量数据挖掘分析形成大数据应用服务,将对每个行业产生深远的影响,基于大数据服务应用更意味着传统组织机构要持续地改变自身的运作模式,从商业、管理、思维等模式变得对新技术本身有更高的灵敏度,更能融入这些新技术,并迅速地得到服务应用,进而利用这些技术可获得更广泛的数据,使数据潜在利用能力转化为组织机构自身的生产力。从数据驱动全面工程造价管理模式转型要求的角度来看,对具体实施大数据应用服务时应该具有大数据思维方式。有效应用大数据与全面工程造价管理过程的各个环节相融合,让工程造价管理行为人在建设项目的各个环节进行工程造价确定、控制、风险识别等一系列活动中拥有强大的应用大数据推动工程造价业务精准、精细和敏捷,将是工程造价行业战略调整为大数据服务应用新模式的重要驱动机制。

一、基于大数据服务应用新模式的形成机制

大数据是理解整个自然现象、理解各种心理现象、实现不同物种甚至现象之间进行意念交流的唯一桥梁,一切都保存在"云"中,当你需要的时候可利用大数据的信息处理方式,通过收集、处理庞大而复杂的数据信息,实现业务和流程的数据驱动而构建服务计算。目前,工程造价行业正处于基于DT技术革命新模式的大背景中,已感受到新的管理思想、新的经济模式、组织模式的冲击,导致了生产方式的革命性变化,推进了工程造价行业体系的变化,也是随着云计算、大数据、物联网、区块链、人工智能、5G移动互联网等DT技术所引发的工程造价行业的传导机制和实现路径进程。因此,我们有需要也有必要重构基于大数据的工程造价行业服务应用的新模式,使其更符合建设市场的需求、更符合数据驱动全面工程造价管理、更符合工程造价管理行为人的期望。

1. DT技术引发新模式的传导过程

新模式是技术创新实现市场化、行业数字化发展的具体路径,是技术变革推进行业发展的实现形式,也是传统模式向新型模式转变的传导机制。

云计算、大数据等新型技术的引入不仅带来工程造价行业价值主张、工程造价业务和流程等的创新,而且会对生产方式形成重要的影响,同时也对全面工程造价管理过程服务和决策产生影响,导致工程造价行业专业分工和组织特征的重大变化,形成了基于大数据的关系网络和价值网络的重构,在工程造价行业专业分工方面,主要表现为工程造价行业战略的发展形态、工程造价行业专业分工的服务形态、工程造价管理行为人聚集态的特征变化;在工

程造价行业组织方面，主要表现为工程造价生态系统内工程造价管理行为人之间的组织关系以及工程造价管理行为人内部组织重构的特征变化。反映工程造价行业专业分工和组织特征的变化，是开启数据驱动全面工程造价管理适应DT技术发展的必然选择，是工程造价行业组织规模和服务职能扩张的转变，同时随着建设项目类型的变化会形成不同类型的新业态和新模式，进而推动建设市场进程的主导因素。随着工程造价管理模式演进的技术、方法和政策变革，都是在工程造价行业战略的发展形态、工程造价行业专业分工的服务形态、工程造价管理行为人聚集态等方面，以及工程造价生态系统内工程造价管理行为人之间的组织关系和工程造价管理行为人内部组织重构的影响中，实现了从DT技术革命向工程造价行业落地的根本转变。

2. 基于大数据服务应用新模式形成的主要影响因素

基于大数据服务应用新模式的确立推进工程造价行业服务发展的实现形式，主要受到DT技术发展推进、建设项目需求变化和工程造价管理行为人竞争格局三方面影响。

（1）DT技术发展推进

工程造价管理模式是在一定的时空和既定管理场景的逐步建立和加深的，具有历史背景和社会环境的依赖性，而DT技术发展推进造就了新模式的出现，从IT向DT技术泛型的转变发展过程中，DT技术应用的日益普及和深入，DT技术已经演化发展成为一个十分繁荣的生态系统，已经成为所有行业应用发展战略中重要的组成部分，但DT技术生态下行业大数据应用面临的业务和技术问题也十分广泛，只有DT技术与工程造价行业的融合互动，工程造价行业大数据与DT技术的融合，促进了工程造价管理领域的加速变革，强化工程造价生态系统价值链不同环节之间以及不同工程造价管理行为人之间的互动关系，基于大数据的关系网络和价值网络也会在DT技术的推动下出现重要变化，这些变化都会催生工程造价行业数据驱动智能应用的新业态和模式。

（2）建设项目需求变化

在建设项目市场需求的变化过程中，工程造价管理行为人的需求是动态变化的，有时候随着尺度维度的变化，发包方式、合同类型、业主方管理方式在建设项目的实践中都会形成各自的特点，其需求结构随着这些方式或类型会发生根本性的转变，而这些转变对于工程造价管理行为人明确自身定制战略，定位市场，进行工程造价管理资源配置将有重要的依赖特性价值。由于不同的地域和这些方式或类型的不同，其工程造价管理行为人的需求也有所不同，建设项目市场所提供的服务，其价值主张和服务计算的方式以及服务管理也有所不同，当市场需求一旦发生变化，就必须基于大数据来拓展新的应用模式。所以，建设项目需求变化是基于大数据服务应用新模式的重要推进因素。

（3）工程造价管理行为人竞争格局

全面工程造价管理模式描述了多层级工程造价管理行为人如何合理确定工程造价和有效控制工程造价以及如何识别风险工程造价，实现各个工程造价管理行为人的工程造价管理利益最大化的基本原理，基于大数据服务应用新模式在工程造价生态系统运行中各个工程造价管理行为人必须联合起来共同参与激热的市场竞争，在建设项目市场需求的变化过程中，工程造价管理环境的可变性、动态性，使各种因素相互影响、相互制约和相互交互，形成建设项目资源市场竞争和跨行竞争的压力，迫使工程造价管理行为人审视自身拥有的核心资源以及管理力与管理能，结合自身情况尽快找到一个切入点推进竞争格局的耦合效应，并寻求可持续发展的合作竞争路径，拓展既有竞争关系又有合作关系的协同、共赢、互助的全链条、全过程的工程造价生态系统的价值网络关系新模式。随着各类建设项目资源在建设市场进程的供需关系和价值规律的作用下，由原来的相互干扰型竞争、价格竞争、资本竞争转向工程造价管理资源竞争、工程造价管理服务创新竞争，必然会推进全面工程造价管理新模式的服务应用，进而营造和扩大建设市场空间，获得共赢的竞争格局，实现价值的转化。

3. 基于大数据服务应用新模式的推进机制

基于大数据的背景下，服务应用新模式的主要推动机制就是 DT 技术与工程造价行业融合发展，这种融合主要体现在 DT 技术与工程造价生态系统设计以及业务服务运作等全面工程造价管理过程环节的深度推进，首先，DT 技术与工程造价业务服务运作过程环节的融合提升了效率水平；其次，这种融合在空间维度上可形成跨地域的空间布局；最后，这种融合导致工程造价管理行为人之间关系结构特征的变化，这种过程主要是通过工程造价生态系统的动态联盟体的整合实现。这些融合的形态特征引起了工程造价行业形态模式变化，拉动建设市场服务化发展方向，实现了工程造价行业的服务化转型。

基于大数据服务应用新模式的推进机制是建立在新的数据资源观的基础上的，它是以大数据和 DT 技术为基础的服务计算、运作方法、市场及行业的转变，是对大数据驱动所具有的价值、利用方式、获得方式的再思考，也包括受到大数据驱动影响的工程造价行业其他资源、能力和利用方式的再思考。工程造价行业引入市场机制的战略调整是基于大数据服务应用新模式的重要驱动机制，工程造价管理行为人要考量自身的价值运行场景、活动方式以及管理流程等，通过自身核心资源的扩张、边界的跨越和服务的融合，最终突破原有的形态和模式，形成具有盈利能力和业务运营能力的基于大数据服务应用的新形态和模式。

二、基于大数据服务应用新模式分析

在 IT 时代向 DT 时代的转化过程中，大数据体系提供了一种新型的业务系统的构建方法，以全新的形态呈现在各个行业眼前。这种全新的模式转向更为广泛的服务需求，可满足个性化、差异化、微小化的服务，更不用担心业务需求变化所造成的种种开发的风险和维护系统的烦恼。而对于工程造价行业来说，大数据将带来颠覆性的变革与模式的重构，我们应当积极拥抱大数据，各个工程造价管理行为人有必要审核自身定位大数据应用的有利格局，通过对自身优势的不断挖掘，找准位置，制定适合建设市场发展的新模式。

1. 基于大数据服务的价值主张模式

大数据对于工程造价行业的影响是方方面面的，已经突破了传统工程造价管理活动的局限，改变了传统的在特定时间、特定场景由特定工程造价管理行为人完成的工程造价管理过程的活动方式，大数据由于具有找到观察问题的方式，帮助我们获得有价值的解决方案，通过其服务能向建设项目的业主方提供精准的价值主张，这就要理解、创造各类建设项目价值置于工程造价管理行为人的核心地位，明确建设项目业主方的价值主张，而价值主张确认了工程造价管理行为人对建设项目的业主方的实用意义。

（1）洞见建设项目的业主方真正要求

各个工程造价管理行为人长期以来都在关注各类建设项目，面对业务需求的大数据生效中，关键需要利用数据细分和定位它们所关注的各类建设项目，然而各类建设项目的业主方所要求的具有复杂性、易变性和场景依赖性,而大数据能使工程造价管理行为人获得各类建设项目的真正要求,将建设项目应用的各个服务部分封装为自包含的微服务过程,形成解决要求的生效场景,通过分析业主的细微行为和差异化分析,挖掘出业主对建设项目建造的意图,直接反映了他们的偏好、意愿和行为,进而可采取针对性的策略来部署处理,这就是大数据对这些含有意义的数据进行真实的运用。

(2) 对建设项目进行专业细分

基于大数据与建设项目全面工程造价管理过程的融合互动,推进建设项目的各类工程造价专业的价值链的服务环节进行细分和不同价值链的服务环节之间的整合重组,使各类工程造价专业微服务化,可在价值链的服务环节进行服务拆分或服务分解的工程造价业务微服务改造。基于大数据的专业微服务化可实现建设项目真实需要的细分方式:一是细分标准抽象化,当价值链的服务环节、行为方式、沟通方式等都可以数据化后,这些特征细分全面工程造价管理过程的微服务专业就具有对建设项目实现的可行性;二是细分市场微服务化,由于各类建设项目受到地域环境、使用功能、结构类型、服务阶段及活动环节等特征属性的影响,每个特征属性都是一个细分市场,而大数据可使这些细分市场转变为以业务微服务功能为主导,形成和提升了建设项目全面工程造价管理过程服务环节与业务微服务功能的连接方式与途径,从而可以跨地域空间进行微服务化布局,寻求自己的市场定位。

(3) 服务即时、精准、动态定位

基于大数据的个性化服务以及多种形态格式的工程造价数据的快速综合对比分析能力,使工程造价数据的收集、整理、处理、反馈、响应可以针对性地瞬间部署,工程造价管理行为人可根据种类繁多的工程造价数据资源和动态变化信息、共建特征属性的标识状态,通过微服务对多种计算模式框架、多种计算模型和算法等技术进行交合、变换和嬗变,可随时随地精准圈定建设项目群的配置并满足它们的真实需求和潜在需求。在建设项目全面工程造价管理各环节服务过程中,使用数据驱动定制化各个环节的服务过程,通过工程造价业务流程微服务动态定位每个环节服务生效场景,运用大数据分布式计算集群直接进行数据分析,避免了大量时间从不同来源汇集数据加以融合才能用于分析的繁杂过程,使工程造价管理行为人能快速地构造服务,提高了工作效率。基于大数据的微服务化运用使其量身定做的价值主张得以实现。

2. 基于大数据服务的平台生态模式

平台生态模式是在平台模式基础上形成的工程造价管理行为人网络协同体系。在DT时代,工程造价行业如果想要向市场深处发展,就要做好两方面事情:一是搭建工程造价生态平台,二是基于大数据驱动。搭建平台生态必须坚持工程造价行业思维和平台思维,深刻洞察工程造价行业的本质和变革,引领整个工程造价行业的价值向价值网变化,用平台化运作去满足全面工程造价管理多样化的需求,能快速响应需求变化及整体价值诉求,从而使平台生态表现出强生命力;基于大数据驱动就是要有数据观,在行业内意识到建立平台生态重要性的同时,也要看到大数据的重要,任何服务形式的核心价值都是数据,平台生态能够将工程造价数据资源有序整合并形成彼此互利的合力,工程造价管理行为人在进行工程造价数据、信息、知识的分享与获取、工程造价数据资源利用等多个环节可借助网络效应创造价值并获取利益。所以,基于大数据的运用,可为工程造价生态平台的数据、信息、知识和智慧相互整合、相互连接,继而形成一种完全深度、良性循环的智能数字化平台生态,在工程造价生态系统价值链的主导下,从工程造价数据判明到工程造价信息的转化是工程造价价值链的提炼,从精粹工程造价信息到工程造价知识的转化是信息规律的搜寻和总结,从工程造价知识到工程造价智慧则是工程造价知识的选择,这样就能够达到全面工程造价管理协同、聚力共赢的良好结果。搭建工程造价生态平台与基于大数据驱动两者是相辅相成的,相互促进了全面工程造价管理融合分析及各类过程活动机理之间的内在关系,在共生共处、互利共赢、互补协作的适宜过程中形成有序的信息流、价值流,保证工程造价业务微服务的柔性配置。

(1)动态联盟体的协同效应生态

在建设项目的全面工程造价管理活动中存在着许多工程造价业务微服务,由相关的工程造价管理行为人以一定的结构方式组成的动态联盟集群共生体,能够使各类工程造价业务微服务应用、集成多项工程造价数据而建立的协同工作体系,为工程造价管理行为人之间搭建一种相互交互融合的合作关系,实现互动溯源匹配的沟通交流机制,按照统一标准和规则的智能合约、标注建设项目过程管理的引导配置,施效工程造价数据循环流动,把同属建设项目而分布于不同区域不同管理主体的工程造价管理行为人按各自的职责开展工程造价管理服务,实现建设项目的全面工程造价管理在许多前后接续阶段和驱动各种各样具体活动过程中的计算微服务化的业务互动,从而达到工程造价业务问题互动反馈、关联协调、事实评价的动态联盟体协同效应的分层共识机制,使每一环节的信息记录可以被传递,并且不可篡改和完全追溯,整个流程微服务所产生的工程造价数据凭据都能完全保留,进而使各个工程造价管理行为人的价值发挥到极致,达到生态协同效应。

(2)工程造价管理行为人内部协调生态

工程造价管理行为人内部协调生态需要工程造价管理行为人内部各个业务部门之间形成柔性化的管理体制。内部各个业务部门相互依存、相互融合、共生共长,各类业务应用和多层多类服务相互协调,共同搭建一个协调工作体系的内部生态,打破原有的形态而形成全新的工程造价业务微服务架构,把建设项目全过程工程造价管理的各个专业的业务微服务连串起来,通过各个专业业务部门之间协调,明确建设项目的各工程造价专业业务协作场景,使相关工程造价专业人员之间建立默契配合关系,根据信任分级,达成适用的共识机制,可随时进行表达、沟通、交流、讨论、决策,避免各种业务流和工作流冲突带来的负效应,有助于完善解决内部各业务部门引发交叉矛盾的协调工作运行机制。同时所构建的内部平台的各业务板块,形成了网络化的互通协调生态,实时监控各类专业业务的健康状态、查询各类专业业务微服务计算状态,使每一环节生成的数据记录不可篡改、可追本溯源、可信任,参与业务内部人员就不必担心因某一人员篡改未能达成一致,引起不必要的矛盾。

(3)工程造价业务增值服务生态

工程造价业务增值服务其实就是基于原来工程造价业务基础上的延伸服务,主要根据市场化手段推进工程造价业务服务体系变化,在工程造价行业发展过程中,服务需求是动态变化的,有时随着时空的变换,其服务需求结构会发生根本性的转变,催生了服务体系的新业态和新模式进一步拓展,基于大数据能够寻找各种适合自己的增值服务,而增值服务创造多元化的关键在于大数据平台的建设和先进技术的应用,其运用就是平台增值服务模式,使增值服务创造多元化打破了原有工程造价业务的专一化服务理念,通过平台来聚集用户,将工程造价数据与工程造价行业的各种服务深度融合,将用户的增值体验来满足个性化的定制需求,实现差异化服务,并形成业态多元、服务多元的关联组合生态,以此来聚集多式多样的增值服务。平台要想在公平原则下,使用相同的方式方法来运营各项增值服务业务,就必须利用大数据来驱动工程造价业务流程、工程造价管理模式、工程造价应用场景等方面的服务转化,做到灵活运用,最终实现增值服务链的工程造价业务呈现和多层级工程造价管理行为人的聚集生态。

3. 基于大数据服务计算模式

服务计算是指面向服务的计算,即以服务及其组合为基础的计算模式与技术,是标准、松耦合及透明应用集成。服务计算模式是建立在大数据、云计算、分布式计算整合的基础上,为工程造价生态系统中实现工程造价管理资源、多模式计算框架、多类计算模型的微服务化,进而提高工程造价生态系统微服务架构模式的互操作性、敏捷、精准量化、集成能力提供了使能技术。基于云计算、容器的服务自治和敏捷交付技术路线,根据微服务的粒度所构建业务服务链进行服务计算,工程造价管理行为人能在大数据条件下快速完成多种计算模型和分析处理,满足基于大数据服务计算模式对各种工程造价业务的解决。

(1)软件即服务(Saas)

Saas 服务是面向用户端提供多元化需求的服务应用,是一种通过互联网提供各类工程造价业务系统服务的模式。每一个工程造价业务需求都对应一个服务应用,所以需要实现特定的工程造价业务逻辑,并通过具体的服务计算模式接口与工程造价管理行为人交互,工程造价管理行为人根据需要支付一次性的项目实施费和定期的软件租赁服务费,就可以通过互联网享用工程造价业务系统。这样就无须购买软硬件、网络安全设备和软件升级维护这些较为复杂的管理,大大降低使用和维护费,而且改变了传统工程造价业务系统在使用方式上受时间和地点地限制,适应于市场竞争的需要,扩大了工程造价管理行为人的工作范围,以实现工程造价管理资源的有效配置和整合服务,提供更综合的服务功能。

(2)数据即服务(Daas)

Daas 服务通过对工程造价数据资源的集中化管理,并把工程造价数据场景化,为工程造价管理行为人自身和其他工程造价管理行为人的工程造价数据共享提供了一种新的方式。工程造价管理行为人在工程造价业务计算微服务化的过程中,通过对工程造价数据的转换、整合、计算、分析来解释各种工程造价业务微服务的专业实践活动,这些工程造价数据资源在服务计算的使用或获得很大程度上限定于特定的工程造价管理行为人或者特定的时间期限,基于大数据的价值取决于这些工程造价数据资源的专有性程度,决定其服务计算所依赖的关键工程造价数据资源不同,从而也决定了业务流程微服务所拥有的工程造价数据微服务、计算微服务的不同定位。因此,Daas 服务的价值主张是根据各类工程造价管理行为人提供代表某种工程造价业务微服务主题的相关工程造价数据集租售,或者一体化的工程造价业务问题解决方案的工程造价数据集租售,其关键流程是将工程造价数据集与相关的工程造价业务微服务功能相结合,按全面工程造价的业务服务计算范围进行工程造价数据拆分、整合、挖掘、萃取和同步操作,使各类工程造价业务微服务功能通过表达性状态转移、远程过程调用等轻量级通信机制以及分布式消息服务进行计算微服务化,从而达到价值主张的目的。

(3)项目个性化服务

所谓项目个性化服务,也称项目客制化服务或项目定制化服务。工程造价项目个性化服务是以满足工程造价管理行为人个性化需求为目的的活动,针对不同工程造价管理行为人提供不同的服务策略和服务内容的服务模式,通过对每一位工程造价管理行为人开展差异性服务。因此,项目个性化工程造价服务定制必须针对工程造价管理行为人属性建立所需的服务计算资源集,在项目服务内容和项目服务方式的靶向精准的个性化服务过程中,以拓展时空个性化、方式个性化和内容个性化的交互式应用场景的服务计算体系,对所需项目全面工程造价管理过程的工程造价业务微服务个性化定制功能,以不同形式或不同粒度进行服务计算与工程造价数据信息融合,通过个性化工程造价业务微服务执行过程中的状态信息、任务执行情况等各种不同服务属性的分析,把工程造价数据多种存储模式和服务计算模式灵活拆分与组装,使工程造价数据分析模型和服务计算匹配性和敏捷性得到体现,为项目个性化服务提供可操作性的精准配置。

三、基于大数据驱动的工程造价生态系统应用服务模式

基于云计算、大数据等新技术的应用,工程造价生态系统服务一方面需要工程造价业务微服务运行持续稳定,另一方面也需要适应快速市场变化的工程造价管理环境,要实现工程造价生态系统的工程造价业务微服务化应用处理流程,这背后体现的是基于大数据驱动服务应用模式的转变。通过基于大数据服务应用新模式的分析,工程造价生态系统的各项工程造价业务活动对于各类工程造价数据资源的依赖程度越来越深,基于大数据驱动的工程造价生态系统服务应用是以 DT 集约化管控服务模式,以灵活、柔性、细粒度和轻量级的服务部署方式,以微服务化集成模式的运作机制彰显其市场定位的价值主张和聚集态、敏态的价值链驱动集群效应。

1. DT 集约化管控服务模式

目前 DT 技术可概括为物联网、云计算、大数据和人工智能四个维度,其中物联网是智能服务于人和机器的重要载体,是大数据的采集端和智能服务的发布端。同时,物联网也是互联网,让普通物体行使独立功能实现互联互通的网络;云计算是数据共享计算模式与服务共享计算模式的结合体,是一种能够通过网络以便利的、按需付费的方式获取计算资源并提高其可用性的模式,实现按需访问计算机各类资源,从而提高整个系统的使用效率;大数据构成各个行业的基本要素,并扮演着资源配置的先导作用;人工智能是基于大数据获得价值规律、认知经验和知识智慧。基于大数据驱动的工程造价生态系统,在 DT 技术的四个维度运作中,我们可以通过一切皆以服务形态交付给工程造价生态系统的各层级工程造价管理行为人,Xaas(X as a service)则是对云计算服务模式的描述,能对工程造价管理资源进行虚拟化,并将工程造价管理资源封装为服务,实现分布、异构的工程造价管理资源共享,提供协同工作环境,满足各个服务部分分别封装为自包含的微服务应用。但是,作为工程造价管理行为人应该考虑如何利用更少的资源提供更多、更专业、更快捷和更有效的 DT 服务,其业务体系、技术体系和管理体系等各个方面的运行应降低微服务基础设施的消耗能量、降低面向全面工程造价管理要求部署的复杂度、降低工程造价生态系统服务运行的风险性的同时,提高工程造价业务微服务应用过程的工程造价数据、微服务计算、微服务流程和微服务组件功能集的可靠性、安全性及其工程造价管理资源融合的利用效率。所以,新的 Xaas 模式将工程造价生态系统的各层级工程造价管理行为人根据需求租用云资源,按需使用,按应用场景付费即不必购买拥有权,还可按需灵活扩展,从而保障工程造价管理行为人能够集中精力

致力于本职工作。另外云计算 Xaas 模式解决方案可以确保不同工程造价数据源传递与交互的格式统一，有利于建立起工程造价行业标准。这就是云计算服务的微服务基础设施和微服务应用系统共建共享、平台化集中调度和运行维护的 DT 集约化管控服务模式。

DT 集约化管控服务模式能够让微服务应用更加动态地适应需求，极大地改善了工程造价业务流程，其运作机制是基于网络平台模式的协同运作机制，使工程造价生态系统的动态联盟体形成了综合一体，不仅可以快捷、经济的根据自身需求获取各项工程造价管理资源，还可以通过动态联盟体的各工程造价管理行为人之间的连接与融合，相互协助的聚集效应而达到无障碍式的运行模式。

2. 灵活、柔性、细粒度和轻量级的服务部署

基于大数据驱动的工程造价生态系统是以服务的方式为动态联盟体的各层级工程造价管理行为人提供多种计算模式框架、多种计算模型和算法等资源及其统一数据单元支持服务计算能力，也可以组件化的方式提供面向全面工程造价管理模式的专业的、专门的和独特的工程造价业务微服务，对工程造价业务的时空关联性、互补性及其动态变化规律提供支撑服务。同时还可以接口标准化的方式提供流程微服务管理能力、数据微服务存储能力、契约规范约束能力、沟通互动协调能力等。而基于云计算、容器的服务自治和敏捷交付技术路线与大数据驱动工程造价生态系统集约化管理的运行模式，形成了"工程造价管理行为人－平台－交互行为"的生态环境，给工程造价生态系统动态联盟体的各层级工程造价管理行为人之间服务链应用带来了精准定位，这就是 DT 技术的微服务网络部署方式。

首先，基于大数据驱动工程造价生态系统微服务应用特点则是服务于动态联盟体的各层级工程造价管理行为人，其需求变化快、功能清晰、灵活、针对性强，实现了微服务的划分、组合、编排和动态配置，根据每个微服务的粒度基于业务能力大小进行迭代完善部署，使工程造价业务的服务链能够通过容器技术与云计算的结合进行快速自动化部署，满足大数据分析业务的扩展和变化；其次，对多种形态格式的工程造价数据进行统一的标准处理，把多种类、多粒度的工程造价数据集封装融合，通过统一数据单元的部署，使工程造价服务计算的各类模型和算法的数据适配标准化以及实现工程造价数据的存储优化，每个微服务的细粒度能够进行动态管理，因为容器能够实现比传统虚拟化技术更轻量级的虚拟化，而且完全使用沙箱机制，大大方便微服务的独立部署和维护，能基于数据融合单元和计算服务化技术，支持多模态计算任务处理，为大数据融合处理和智能分析计算服务化、标准化和流程化，提供了更灵活、更柔性、细粒度和轻量级的实施和应用方式；最后，采用标准服务接口和组件化方式，通过 API 接口实现不同组件之间的交互，API 契约规定了不同组件交互的规则，使单个应用可由许多松散耦合且可独立部署的较小组件或服务组成，这些服务是细粒度的，交互协议是轻量级的，通过轻量级机制的信息交互，在同一接口提高不同功能，使每个微服务运行都在自己的进程中，同时运用 API 以明确的方式进行通信将这些微服务模块协同连接起来，灵活地积木式组装，从而完成工程造价管理行为人的目标任务。

3. 专业微服务化集成的运作机制

基于大数据驱动的工程造价生态系统，与以往工程造价管理模式的应用最大的不同在于平台生态所形成的动态联盟体网络化协同体系，以一个整体的、集成的工程造价业务微服务提供多元化、多层次的服务，而在数据驱动全面工程造价管理的实现过程中，工程造价业务微服务之间是有关系或关联的,这种专业微服务化集成模式包括调用与被调用、引用与被引用、依赖与被依赖之间的关系,同时还涉及工程造价业务微服务之间的组合关系。专业微服务化集成的运作机制是将计算微服务化的多层次、多粒度、多模态的工程造价数据不同属性的状态资源,以不同的共享方式、使用方式、使用策略或不同类型的作业需求,进行微服务化封装成结构和格式统一的数据单元,围绕工程造价业务逻辑由各种细粒度的有效融合服务组件装配,使用多种计算模式下的多种模型、算法和方法服务化,进行工程造价业务分析处理、灵活微服务计算,大大提高动态联盟体工作流程的协同管理和调度。基于大数据驱动工程造价生态系统,动态联盟体的各个工程造价管理行为人各自扮演着不同角色,在平台生态中由于服务类型的灵活层级性,相互之间会有一定的业务渗透和协同互动,沟通交流,使全面工程造价管理融合分析及各类过程活动机理之间的内在关系,在价值链的主导下,进行适宜性合理配置的适宜度平衡,在一定的时间内保持动态联盟体的空间聚集,促进了各类本源性服务计算、工程造价监管控制等健康运行和动态发展。专业微服务化集成模式把团队的业务能力、业务流程微服务的管理能力、契约规范约束能力和DT的技术支撑能力高度融合,从价值链的低端向价值链的高端转变,实现全面工程造价管理数字化、网络化、集成化、协同化,并向敏捷化、服务化、智能化和环保化的工程造价全要素可持续方式的方向发展。

第三节 基于大数据服务的工程造价生态系统运作的特点

基于大数据服务的工程造价生态系统,深刻地改变着传统工程造价管理服务模式。工程造价管理模式是随着经济形态、投资体制、政治文化环境等因素的改变,表现为一个相匹配的不断演变过程,其转型是为了更好地适应市场环境的变化。而以大数据、物联网、区块链、云计算、人工智能为代表的DT技术的发展,对于工程造价管理模式的发展变化有着较大影响,它带来了运作模式的重构,基于大数据的平台生态模式已成为DT时代工程造价行业的重要运营服务模式,改写了工程造价管理行为人的生存规则,根本改变了传统的解决工程造价业务问题处理方式。因此,在建设市场转型的过程中,基于大数据服务的工程造价生态系统具有一般生态系统的基本特点。但工程造价管理在时空维度上对多层级工程造价管理行为人形成各类活动的行为场域所构成的工程造价生态系统具有一定的特殊性,集中体现在全方位的各方管理主体融合联盟的活动能力和组织方式的特殊性,而这种特殊性在于数据驱动工程造价业务的生态环境服务链交互的协同工作机制,则其内外部相互交互融合和关联协调就显得更加丰富复杂,将呈现出明显的、不同以往的新特点。

一、工程造价管理资源存储的形态变化

工程造价业务是工程造价生态系统的支撑,DT技术和工程造价管理资源是工程造价生态系统的两种关键基础。工程造价业务、DT技术和工程造价管理资源在平台生态模式的驱动下,形成完整的网络化协同工作体系,使动态联盟体的多层级工程造价管理行为人又因为各自不同的职能而表现不同的形态,在索取和存储工程造价管理资源的服务上也存在一些差异。但是,基于大数据服务的工程造价生态系统是围绕工程造价业务、DT技术和工程造价管理资源折射出它们之间的联系和内在规律。而DT技术只是工具,工程造价管理资源是解决工程造价业务问题的关键,由于大数据处理的多重工程造价数据源、工程造价数据异

构性、非结构化工程造价数据、分布式计算环境等工程造价业务活动,它们具有面对多种类、多维度、多模态以及动态性的工程造价数据资源特点,承接着批处理计算、流式计算、图计算等计算模式,形成了多种形态格式的工程造价数据资源,存储系统设计远较传统的关系型数据库系统复杂。然而,基于大数据服务的工程造价生态系统微服务的解决方案中,一方面不可避免地要继承和使用传统的工程造价业务系统的工程造价数据形态存储与保存方式,同时也一定会根据全面工程造价管理提供微服务功能的服务计算以及其他各种工程造价成果文件中形成与出现的各种类型的、复合的、复杂的工程造价数据形态存储管理方式。所以,大数据应用的工程造价管理资源的形态变化,需要有效整合工程造价生态系统微服务解决方案中的存储架构,并对存储架构的工程造价数据形态发展提出了新的要求。随着工程造价生态系统微服务应用的具体情况,以及解决处理非结构化工程造价数据的问题,需要建立统一的、集群的、基于云的集群存储系统,为大数据存储和访问提供服务能力,工程造价业务微服务在存储和服务计算能力的折中上,存储显得更为重要,基于云的集群存储是一个选择,在具体工程造价业务应用问题的专业化定制化解决方面,以便实现云之间的工程造价数据规范化管理和标准化存取访问,但就工程造价成果文件存在形式来说,基于云的集群依然存在着结构化、非结构化和半结构化的工程造价数据形态来管理电子工程造价成果文件的内容和工程造价业务微服务组件相关信息,其存储需要根据各类工程造价业务应用产生的不同形态的电子工程造价成果文件的工程造价数据内容和工程造价业务微服务组件的工程造价数据标注。

二、工程造价生态系统业务微服务的流程重组

工程造价行业的传统IT应用已适应不了不断变化的工程造价业务环境,其业务流程处于一种被工程造价业务功能所划分的工程造价管理行为人职能割裂的状态,各工程造价管理行为人由于工程造价业务价值取向不同,在业务活动的流程及业务活动之间的逻辑关系都是基于自身利益最大化的角度来提出全面工程造价管理活动的相应工作流程优化,但从整体建设项目的工程造价管理角度来看,导致业务流程彼此孤立且产生功能大量冗余与不增值的处理环节。而基于大数据服务的工程造价生态系统引起了工程造价业务模式的变化,其工程造价业务微服务和活动流程与传统的工程造价业务流程和工程造价管理活动流程是完全不一样的,大数据服务改善了工程造价生态系统的工程造价业务运作,数据驱动改变了传统的工程造价业务流程和工程造价管理活动流程,为全面工程造价管理过程应用服务提供流程集成的精准量化聚集技术与共享支撑,形成工程造价行管理为人之间的合作互动,实现全面工程造价管理活动过程的业务流程微服务化,使数据微服务、计算微服务的协同处理、分析和优化使用有机组合起来,大大提高了各工程造价管理行为人之间工作流程的协同管理和调度的水平。工程造价业务流程是为在工程造价生态系统运行的过程中创造价值的逻辑相关的一系列活动,是构成工程造价生态系统运转的基础单元,大数据驱动工程造价生态系统的运作过程是由许许多多工程造价业务微服务流程和驱动各种各样具体工程造价管理活动来实现的。工程造价业务微服务流程内部活动之间以及工程造价业务微服务流程之间的逻辑相关性本质上是一种所属工程造价数据资源进行关联的微服务化,通过计算微服务模型进行融合、拆分、同步等操作,协同优化配置,从而按照一定的时间、空间顺序运作的次序、步骤和方式来实现工程造价生态系统不同业务和活动流程的具体形态,达到提高

工程造价成果文件一体化编制效率和质量保证的目的。

三、工程造价生态系统服务网络和价值网络重构

在工程造价生态系统中各类多层级工程造价管理行为人,分别扮演着不同的角色,在各个不同的角色之间的连接是通过形成的动态联盟体所具有的价值而链接起来的,各个工程造价管理行为人之间以建设项目全面工程造价管理为纽带通过互动关系而构成的链状或网状结构,由此相互产生服务价值而连接的链条便形成了价值链。由于各个工程造价管理行为人每一种价值活动的工程造价数据资源配置方式和成本不同,但在动态的工程造价管理活动过程中,为了更好、更快地满足工程造价服务计算需求,必须扬弃传统单一的价值链活动,使动态的工程造价管理活动过程中不同角色构成动态价值网的联盟集群,形成基于相互协作、相互协调、共生共处、互利共赢的适宜场景,从而引起价值网络重构,同样价值活动增值方式也发生变化,使传统价值链变形为价值网,顺应了工程造价生态系统服务网络中不同工程造价管理行为人的价值偏好和价值结构,实现了整个价值环节的最优化。同传统的价值链相比,基于大数据服务的工程造价生态系统所形成网络化的价值体系,通过其服务向建设项目的全面工程造价管理提供精准的价值主张,为动态联盟体内的工程造价管理行为人提供了更多的选择和合作机会,对效益和成本的识别会随着合作角度、范围、相互影响的变化而变化,更加有效地保证工程造价管理行为人之间的有机联系,减少了工程造价管理活动的运作风险,提高了工程造价生态系统对工程造价管理环境的适应性。

第四节 基于大数据分布式服务计算的形成机理

基于大数据驱动的工程造价生态系统微服务功能形态包括三个关键因素:工程造价数据、服务计算和工程造价成果文件。从功能和价值来看,基于大数据分布式服务计算的形成机理是通过对不同的工程造价业务微服务应用场景的工程造价业务问题进行分析研究,为实现精准的工程造价成果文件,根据工程造价数据微服务与工程造价计算微服务的协同处理的清晰配置方式,使场景诸要素在一定的工程造价管理环境条件下相互联系、相互作用的运行规则。工程造价服务计算在建设项目的各种类型、不同区域、不同时间、不同角色定位、不同工程造价业务问题等微服务的选择配置上,决定了工程造价服务计算的模式,只有通过相应的工程造价数据配置机制,才能使工程造价成果文件形成实现敏捷性和精细化。

一、分布式全面工程造价管理

全面工程造价管理涉及的业务场域广而复杂,基于大数据服务的工程造价生态系统,使数据驱动全面工程造价管理在实施工程造价业务活动过程中,融合全过程、全要素、全方位工程造价管理技术与方法,用工程造价数据流将动态联盟体各个角色链接而形成了价值链网,去共同解决工程造价业务的服务问题,实现工程造价的全面管理。所以,打造一个基于数据驱动的全面工程造价管理生态来解决各种冲突所带来的负效应,实现工程造价数据共享流通、分布式协同工作运行机制,可以保证工程造价成果文件的质量。分布式的思想让全面工程造价管理对建设项目各个环节的服务过程实现了分布式协同工作,避免各种业务流和工作流引发的交叉矛盾。分布式全面工程造价管理是以动态联盟体参与、共享工程造价

数据资源、生态协同、价值主张、服务模式透明等为主要特征，引导动态联盟体各个角色专业分工和价值连接，通过各个工程造价管理行为人及相关工程造价专业人员之间建立默契平衡关系，预先设定透明的行为规范契约，使分工及联盟后的基于数据驱动全面工程造价管理模式对建设项目业务活动做到了精准、高效、有序。分布式全面工程造价管理与传统工程造价管理的方法有所不同，就在于分布式全面工程造价管理主要依照工程造价管理的客观规律和现实需求，对建设项目的各类工程造价业务问题进行全面的协同管理。

首先，分布式全面工程造价管理具备了动态联盟体各个工程造价管理行为人及相关工程造价专业人员共同参与、工程造价各专业分工协同和集成化管理、对等合作的平衡关系、制定规则透明、价值主张共享，就能够根据建设项目的运行环境和信任分级，达成内外部相互交互融合和沟通交流，实时记录并共享建设项目各环节的最新进展，工程造价管理行为人得以穿透式地实现对工程造价业务问题的掌握，及时地了解所赋予于工程造价服务计算的不同类型的实际情况，将涌现出透明化可视化的工程造价业务问题互动反馈、关联协调、事实评价的开放的、柔性的、敏捷的生态环境，也为各个环节监督管理提供了便利。

其次，分布式全面工程造价管理融合了全过程、全要素、全方位、全风险工程造价管理的精准量化技术和方法，通过结合区块链的智能合约、分层共识机制和标注建设项目过程管理引导配置，以合适的技术手段支持多功能及多技能整合，在建设项目动态环境中将各节点的多方面的经验、技术与知识、技能与知识协同共享，满足动态联盟体各工程造价管理行为人的各个环节和各个阶段的技术与方法使用。

最后，分布式全面工程造价管理利用区块链信任机制建立了动态联盟体对透明和可信规则的信任。基于高度互信的工程造价数据的工程造价业务微服务协作，已经成为市场条件下全面工程造价管理的新常态，因此，分布式全面工程造价管理是一个以工程造价数据为核心和驱动的过程模型，工程造价数据的真实可信将直接决定工程造价业务微服务活动的效率和效果，而对于流转在协同工程造价管理过程中的各项工程造价数据缺乏信用保障，很容易导致各种矛盾和纠纷，区块链改变了信任的机制，分布式工程造价管理确保了所有工程造价数据不可篡改的共享分布式账本，对于动态联盟体各个工程造价管理行为人及相关工程造价专业人员都是公开透明的，在协同的环境下，动态联盟体各成员享有同等的权利，各个节点共同监督工程造价数据，不仅可以快捷的根据自身需求获取各项工程造价数据，还可以通过各成员之间的相互协调、相互交流完成编制工程造价成果文件的目的。

二、分布式工程造价数据资源形成

工程造价管理的演进是随着市场经济等各种因素的改变而表现为一个相匹配的演变过程，工程造价行业信息化早已不陌生，现在工程造价行业的各个组织机构总会有形形色色的工程造价数据采集和处理应用场景，使工程造价数据资源的来源往往是分散的，局限于单个工程造价管理组织的内部，本质上还是单个工程造价管理组织围绕自己的工程造价业务的工程造价数据管理展开的，是先有了产生工程造价业务价值和工程造价管理活动，才会沉淀出工程造价数据资源。在这种工程造价管理情景下，工程造价数据资源明显是工程造价管理活动的成果，而不是原因。

随着IT向DT技术泛型的转变发展，人类正从物理世界向数字世界演进，互联网正在用连接一切的方式改造传统行业，用聚合的方式提高传统行业的运行效率，当原来工程造价管理组织信息化所形成的各种单个信息空间被互联网连接成一个虚拟空间以后，工程造价数据资源跨组织机构、跨时空的自由流动催生了工程造价生态系统新的应用服务模式。而在互联网中开展工程造价管理活动，没有工程造价数据是不可能，因为互联网流转在工程造价管理过程中的只有各类工程造价数据。这就说明工程造价数据资源对于多层级工程造价管理行为人来说，从传统工程造价管理的工程造价业务活动的结果变成了互联网创造工程造价价值主张和工程造价业务活动的原因。工程造价管理资源使工程造价生态系统结构的形态、组成之间的相互协调关系得到整体平衡及其完善的发展和高效的共享，促进多层级工程造价管理行为人的各类本源性活动机理、工程造价服务计算、工程造价监管控制渐渐从更多维度、来源、数量的信息共享中按生态规律健康运行，体会到了大数据与人工智能技术对工程造价数据处理所带来的全面工程造价管理更灵活、更柔性、更敏捷的运作机制。然而如何正确地获取、清理、存储、应用和处置工程造价数据却是一个复杂的问题，因为涉及安全性、隐私性。这里就产生了工程造价数据的集中式和分布式的区别。基于大数据服务的工程造价生态系统，对建设项目的各类工程造价业务问题进行全面的协同管理，就需要全面工程造价管理对建设项目各个环节的服务过程实现了分布式协同工作，避免各种业务流和工作流引发的交叉矛盾。为此，工程造价数据的分布式保存管理成为新的选项，将工程造价数据交换给合适的、产生工程造价数据的工程造价管理行为人，重视各类工程造价管理行为人对工程造价数据的权利，强调工程造价数据的自主和自治。分布式工程造价数据并不意味着工程造价数据被割裂在工程造价管理行为人手中，相反，分布式工程造价数据意味着多种形态格式的工程造价数据持有方在保持自身数据独立安全的前提下，按照预先设定透明的行为规范契约进行工程造价数据的共享与互通，以达到工程造价数据价值最大化。

  分布式全面工程造价管理是一种基于大数据服务的工程造价生态系统应用服务形态，建立在极其高效的沟通、管理、工程造价业务微服务及价值配置的机制和能力之上。这些机制和能力的建立离不开先进科技的支持，特别是DT技术。随着移动互联网的兴起，工程造价数据处理量、处理速度、存储规模的要求越来越高，集中式技术暴露出扩展能力有限、单点障碍隐患大、运维成本高等固有缺陷，无法适应工程造价平台生态圈的工程造价业务微服务发展需求。在数据方面，传统技术都要求将分散在各个工程造价管理行为人的所有工程造价数据集中在一个场所进行计算，传统的工程造价数据处理模式在工程造价生态系统遭遇挑战。基于大数据服务的工程造价生态系统应用服务模式之所以有可能替代集中式工程造价管理模式，是因为各种数字信息技术从技术侧推动了网络化协同工作体系的形成，激励着工程造价数据资源从集中式走向分布式。

  首先，云计算和分布式架构技术的出现进一步强化了不同工程造价管理行为人间的协同工作，可以使用大量在云端的服务计算资源，工程造价管理行为人可以在不同的地理位置随时、方便地访问、处理、共享信息。同时，可将工程造价数据负荷分布在多个存储节点上，各个节点通过网络相连，从而可对各个节点进行统一管理调度，使动态联盟体可以参与到工程造价生态系统中。

  其次，人工智能在工程造价数据隐私保护方面的技术框架将为分布式全面工程造价管理中的工程造价数据交换奠定可信任、强保护的基础，使工程造价业务微服务运行在监管和法律框架下，让多种形态格式的工程造价数据持有方在保障数据隐私的基础上协同服务计算，保证工程造价成果文件编制的质量。

最后，区块链和分布式账本技术自身特有的共识机制和激励机制在动态联盟体参与场景下能极大地促进多层级工程造价管理行为人自发协同工作，进行对等的点对点之间的高效安全通信，多个节点同时参与共识和确认，保持有相同账本记录的各节点工程造价数据一致性。支持持久化存储工程造价业务记录信息件，支持多节点拥有完整、一致不可篡改的工程造价数据记录。区块链技术能够有效地存证工程造价数据、追溯工程造价数据，保证工程造价数据上链后的可靠性，并且能够让工程造价数据在工程造价管理行为人之间安全可靠流转，这就有助于工程造价生态系统中的动态联盟体在高度信任的基础上快速达成共识，提升工程造价业务微服务的运行效率。

三、分布式工程造价业务微服务计算划分机理分析

分布式计算是指在分布式系统上执行计算。其本质都是实现计算的分布式数据在各个计算机节点上流动，同时每个计算机节点都能以某种方式访问共享数据进行执行处理，最后把各节点的计算结果合并起来得到最终的结果。也就是说体现了一种算法的精髓：分而治之的策略。这与全面工程造价管理的工程造价业务问题微服务是一样的，比如工程量清单编制问题，由于工程量清单编制是一项涉及面广、环节多、政策性强、对专业和知识都要求很高的技术性工作，这就需要根据拟建工程项目的实质，分成各个专业服务计算组，每个专业服务计算组分配任务给各业务技术人员，每个业务技术人员通过自己服务计算集中到专业服务计算组，各个专业服务计算组又汇总到整个工程项目管理部门，最后来统一汇集处理。这就是一个分而治之的思想，也是我们所说的分布式计算的思想。分布式全面工程造价管理反映出工程造价生态系统的工程造价专业分工的服务形态、工程造价管理行为人服务计算的执行式协作，悄然转变成了积极发挥个体工程造价能力的能动性、动态联盟体性状的分布式协作方式。工程造价业务微服务计算是面向工程造价业务服务的各项技术的汇集，从过去集中式演变成分布式的发展形态，强调计算模式透明，把原本需要整个计算的工程造价业务问题拆分成一系列的子业务问题分别执行处理，从而提高计算效率。

1. 分布式工程造价业务微服务计算划分

工程造价业务微服务通过分布式部署，可将各种微服务进行大规模分布式系统的功能解耦，根据全面工程造价管理业务提炼不同的服务，每个微服务的粒度能够通过基于云技术和容器技术进行动态管理，大幅提升服务计算的效率。基于工程造价生态系统的动态联盟体根据内部规则以及其所处的工程造价管理环境状况在解决工程造价业务问题的过程中，由于不同的工程造价管理行为场域必须通过动态联盟体各个角色之间的协作互联来实现服务计算，因此，分布式协调模式触发了计算模式应依据各类工程造价业务问题特征和计算特征来共同完成特定的任务。目前，Hadoop 的 MapReduce（映射归约方法）是分布式计算技术的代表，映射归约方法实际上采用分治策略，把一个服务问题分割为多个小尺度子服务问题，然后让计算机程序靠近每个子服务问题，同时并行完成计算处理。它具有节点管理、任务调度的功能，并执行具体的计算任务。分布式计算系统在场景上分为批处理计算、流式计算、实时计算、图计算、内存计算、交互式处理等计算框架。基于这些计算框架都可以应用于区块链的分布式计算算法，从分布式计算处理模型来看，区块链则是真正去中心分布式系统，可在区块链上共享，能由许多节点共同优化算法模型，彼此按照区块链节点的算力、权益等机制驱动节点之间的协同协作。这样工程造价管理行为人在应用时就有获取分布式计算

资源的渠道；实现了将计算算法进行智能分工，把子服务任务交给区块链的节点计算处理，最后把子服务任务汇总实现个体向群体的分布式算力转变。

分布式全面工程造价管理是引导动态联盟体各个角色专业分工和价值连接，对建设项目的各类工程造价业务问题进行全面的协同管理，可实现更健壮的分布式架构和更易扩展的联合计算及计算分析场景。而工程造价生态系统业务微服务计算划分是根据全面工程造价管理业务服务范围场景下进行的，主要有工程造价确定计算、工程造价控制计算、工程造价风险识别计算、工程造价索赔计算、工程造价纠纷计算、工程造价成本分析计算与其他工程造价计算等多模式计算框架和多类型计算模型的针对性微服务计算。当我们需要选择某种工程造价业务微服务时，就能从工程造价业务微服务计算的划分、组合、编排进行分布式的动态配置，选择相应的计算模型和计算框架进行支撑，满足分布式全面工程造价管理业务的扩展和变化，在分布式工程造价数据中保持自身工程造价数据独立安全的前提下，按照一定的行为契约规则进行工程造价数据的共享与互通，以完成分布式工程造价业务微服务计算，同时支持多模态计算任务的分布式处理，使工程造价生态系统业务微服务计算划分标准化、流程化，提供了更为敏捷、更为灵活的应用场景。

2. 分布式工程造价业务微服务计算机理分析

按照上述所讲的分布式计算是把一个计算问题分成许多小问题，并由许多相互独立的计算机进行协同处理，以得到最终结果。在实际应用场景上，由于协同工作的复杂性，不同的应用和环境对这种需求会有所不同，不同的计算任务对不同资源类型的需求也存在不同的差异，如何使得各计算任务节点具有均等的机会获得计算资源来完成任务，这是需要解决的问题。分布式领域就必须如何将这核心问题分解成若干个可以并行处理的子问题，无非有两种可能的处理方法：其一是分割计算，即把应用问题的功能分割成若干个子功能，由网络上的多台计算机协同完成；其二是分割数据，即把数据集分割成小块，由网络上的多台计算机分别计算。这两种处理方法的计算流程都可以形象地共同采用分治策略的思想，在分布式领域中称为 MR 模式，即映射归约模式。

(1) 分治策略基本原理

作为分布式领域的 MR 模式的 MapReduce 的两个核心阶段，即将问题并行处理的复杂过程简化为 Map（映射）和 Reduce（归约）两个阶段操作，Map 把复杂的服务任务分解为若干个子服务任务执行；Reduce 对 Map 阶段的结果进行汇总，如图 6-1 所示。

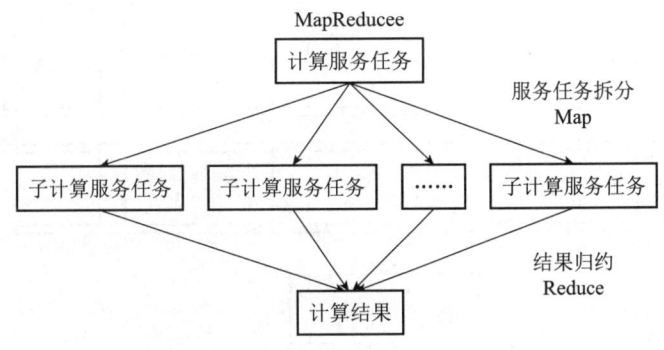

图 6-1 映射归约模式原理示意图

在 Map 阶段,将计算服务任务拆分为多个子计算服务任务,子计算服务任务的数据规模和计算规模就会变小,可独立运行、并行计算;Reduce 阶段,当 Map 阶段拆分的子计算服务任务计算完成后,汇总所有子计算服务任务的计算结果,整合成一个最终的结果。分治策略的思想,是简单且实用的处理复杂问题的方法。从图中可以直观看出,这种分治策略就是将一个工作量大的计算问题,分割成一些比较简单或直接求解的子问题,然后递归地求解这些子问题,最后将子问题的解合并得到原问题的解。分布式全面工程造价管理的许多工程造价业务场景及问题非常适合采用这种思想解决,根据工程造价生态系统业务微服务功能可设计出分布式工程造价业务微服务计算框架。

(2)分布式工程造价业务微服务计算框架分析

分布式工程造价业务微服务计算根据工程造价业务问题,执行具体的各种问题的计算任务,能够让计算算法或计算模型与可信工程造价数据同时运行在连成一个网络的许多台计算机上,具有互补计算资源,尽量发挥算力资源的协同价值,基于区块链技术中的共识机制、对等网络、智能合约等功能来实现工程造价数据分片、多节点同时参与对工程造价业务问题的计算,支持持久化计算作业记录,支持各节点拥有完整、一致且不可篡改的信息记录,通过共享算力、智能算法的方式解决不同工程造价管理行为人之间调用问题,对各工程造价业务问题或项目各个工程造价专业的作业进行任务分工,将子任务交给节点,可便捷地实现分布式计算,最终将子任务汇总实现计算结果。分布式工程造价业务微服务计算如图 6-2 所示。

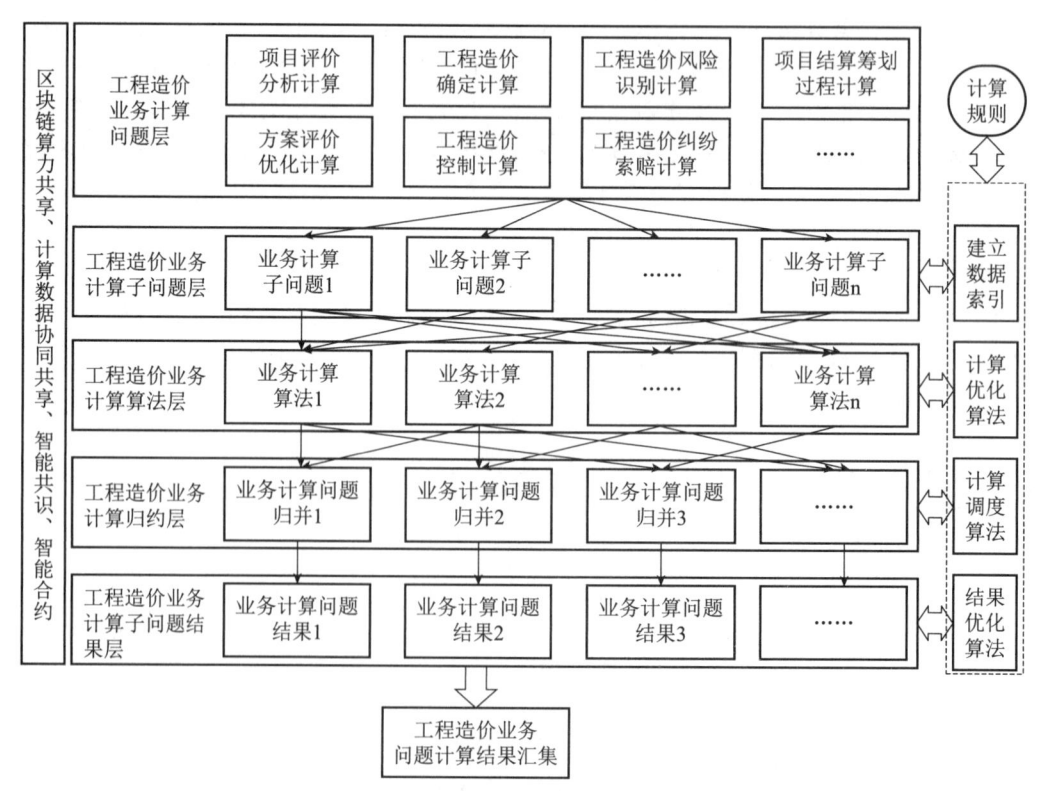

图 6-2 分布式工程造价业务微服务计算框架示意图

图6-2的分布式工程造价业务微服务计算框架描述了一个完整的计算原理实现过程。其计算框架是基于区块链环境下的动态联盟体对提交各种工程造价业务微服务计算需求进行分布式计算,它包括工程造价业务计算问题层、工程造价业务计算子问题层、工程造价业务计算算法层、工程造价业务计算归约层、工程造价业务计算子问题结果层以及计算规则等。

分布式工程造价业务微服务计算的执行机理,根据具体情况可从不同的角度来描述,比如从业务微服务计算的运行流程,也可从计算模型的逻辑流程来进行执行,也许在有些场景中还会有更好的角度来描述。但是这里所描述的运行机理就是针对一个个工程造价业务计算问题的对象,下面具体分析其执行计算的基本过程。

第一,在工程造价业务计算问题层把需要计算的某个问题提交出来,进行初始化问题,拆分配置计算任务,提交计算作业。

第二,在工程造价业务计算子问题层把计算处理问题的任务发送给动态联盟体各个节点,协调整个计算作业的执行。

第三,通过工程造价业务计算算法层进行优化算法配置所需工程造价数据,计算出各个子问题结果。

第四,接下来在工程造价业务计算归约层进行计算调度算法,归并各个业务计算问题。

第五,在工程造价业务子问题结果层执行结果优化算法,得出各个业务计算子问题的结果。

第六,最终汇集计算结果。

在实施工程造价业务微服务计算过程中需要制定计算策略,其主要包含:计算规则、建立数据索引、计算优化算法、计算调度算法及结果优化算法,而计算规则主要包括针对计算优化算法规则、计算调度算法规则及结果优化算法规则。计算优化算法规则主要针对工程造价业务计算算法层的业务子问题的计算,根据业务子问题的工程造价数据分配机制,将那些有计算关系的工程造价数据会分布在需要数据存储节点或其他计算最佳节点,同时也能够对工程造价数据与另一个工程造价数据连接进行影响复杂计算,这种分布策略极大优化了业务子问题的计算;计算调度算法规则主要针对因在计算子问题的过程中由于一个业务计算问题结果受一个业务计算算法作业的滞后,导致整个作业任务的延迟,为了避免这种情况,可运用优化调度规则分配作业任务,实现业务计算问题归并的容错策略;结果优化算法规则主要针对业务子问题的中间计算结果与来自远程传输的业务子问题的计算结果的合并,一般来说,一台计算机既执行业务子问题的计算,又支持业务子问题的结果计算,就会产生许多中间计算结果,在操作中会因策略不同而效率不同。

(3) 分布式工程造价业务微服务计算过程分析

在工程造价生态系统中,动态联盟体需要面对许许多多各种不同类型的工程造价业务问题的处理,针对数据驱动全面工程造价管理的特点,在实现工程造价业务微服务的划分和组合应用过程中,对工程造价业务问题的解决离不开各种工程造价数据的服务计算,而工程造价数据微服务、工程造价业务计算微服务需要流程微服务的协同处理,并对工程造价组件的配置管理和各类工作任务调度的支持。工程造价业务微服务计算是工程造价业务问题处理的核心,由动态联盟体的各个节点对工程造价数据进行准确性的标注,使分布式工程造价业务微服务计算能力得到提升。分布式工程造价业务微服务计算就是将工程造价业务问题分割成多个较小的微服务单元，分派给各个节点分工计算，最后将所有结果进行汇总。这种计算方式不要求工程造价业务微服务系统在一台计算机上运行，可以在多台计算机上通过网络连接共同计算。通过分布式工程造价业务微服务计算，工程造价数据资源在所有计算机上都有备份，方便实现工程造价数据共享和信息沟通交流，降低计算机的运行负载。下面通过某一个工程项目的竣工结算审核微服务计算原理实现流程进行分析。

按照某一个工程项目的竣工结算审核要求，必须对其内容进行全面审核：核查隐蔽验收记录和设计变更签证、核对计价方式及量价调整的合同约定、甲供材料的品种和数量及结算是否正确；审核分部分项工程费，包括工程量、定额套用、综合单价、材料设备费；审核措施项目费，其他项目费；审核取费；审核附属工程、追加工程等。由于竣工结算审核是依据施工发承包合同约定的结算方法进行，根据发承包合同类型，采用不同的结算审核方法。这里我们假设对某工程项目采用专业拆分的结算审核微服务计算，图6-3描述了某工程项目分布式工程造价结算审核微服务计算的一个完整的原理实现流程。

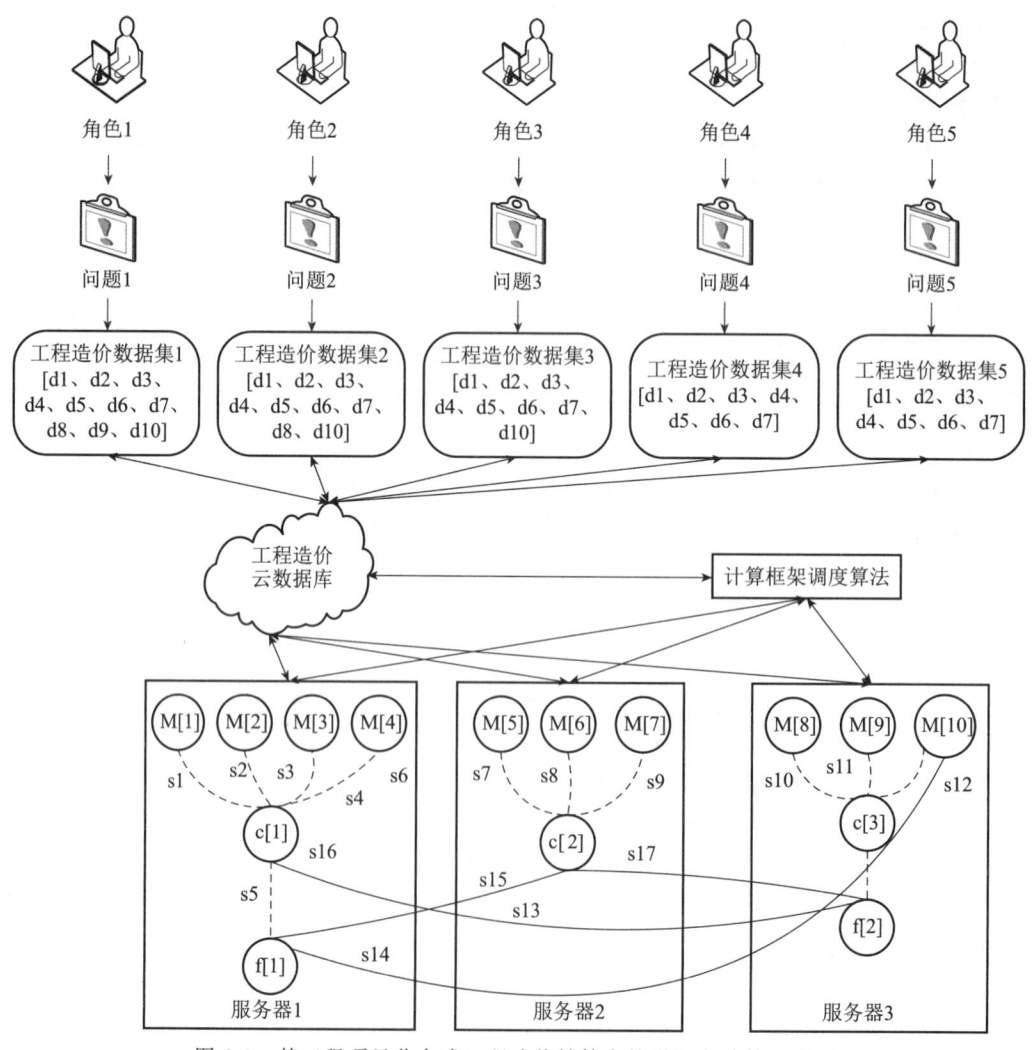

图6-3 某工程项目分布式工程造价结算审核微服务计算示意图

图中有关图标表示说明:角色1—建筑工程造价技术人员;角色2—建筑装修工程造价技术人员;角色3—给排水工程造价技术人员;角色4—电气工程造价技术人员;角色5—暖通工程造价技术人员。问题1—建筑工程范围审核问题;问题2—建筑装修工程范围审核问题;问题3—给排水工程范围审核问题;问题4—电气工程范围审核问题;问题5—暖通工程范围审核问题。

d1表示工程造价计价依据规则;d2表示工程造价相关法律法规;d3表示行业标准规范规程;d4表示工程造价管理制度规范;d5表示建设项目招标文件;d6表示施工合同;d7表示市场要素价格信息;d8表示设计变更、现场签证;d9表示附属工程、追加工程;d10表示工程造价技术能力。

某工程项目分布式工程造价结算审核微服务计算过程分析如下:

第一,根据某工程项目分布式工程造价结算审核按专业分割为5个角色,即角色1提交建筑工程范围的审核作业,包括分部分项工程费和措施项目费、其他项目费以及取费等的服务计算的审核;角色2提交建筑装修工程范围的审核作业,包括分部分项工程费和措施项目费、其他项目费以及取费等的服务计算的审核;角色3提交给排水工程范围的审核作业,包括分部分项工程费和措施项目费、其他项目费以及取费等的服务计算的审核;角色4提交电气工程范围的审核作业,包括分部分项工程费和措施项目费、其他项目费以及取费等的服务计算的审核;角色5提交暖通工程范围的审核作业,包括分部分项工程费和措施项目费、其他项目费以及取费等的服务计算的审核。

第二,计算出完成各种审核作业所需要的工程造价数据集。完成建筑工程范围的审核作业所需要的工程造价数据集合为[d1、d2、d3、d4、d5、d6、d7、d8、d9、d10];完成建筑装修工程范围的审核作业所需要的工程造价数据集合为[d1、d2、d3、d4、d5、d6、d7、d8、d10];完成给排水工程范围的审核作业所需要的工程造价数据集合为[d1、d2、d3、d4、d5、d6、d7、d10];完成电气工程范围的审核作业所需要的工程造价数据集合为[d1、d2、d3、d4、d5、d6、d7];完成暖通工程范围的审核作业所需要的工程造价数据集合为[d1、d2、d3、d4、d5、d6、d7]。

第三,从工程造价云数据库中根据它们的计算算法找出最优的上述工程造价数据集的存储位置。从图中可以看出[d1、d2、d3、d4]存储在服务器1上;[d5、d6、d7]存储在服务器2上;[d8、d9、d10]存储在服务器3上。

第四,其中M[1]用来处理工程造价数据d1,M[2]用来处理工程造价数据d2,M[3]用来处理工程造价数据d3,M[4]用来处理工程造价数据d4,M[5]用来处理工程造价数据d5,M[6]用来处理工程造价数据d6,M[7]用来处理工程造价数据d7,M[8]用来处理工程造价数据d8,M[9]用来处理工程造价数据d9,M[10]用来处理工程造价数据d10。

第五,其中c[1]、c[2]、c[3]用来处理在同一台服务器的各个单元工程造价数据计算后的业务问题计算归并的作业工作,例如在同一台服务器1上的M[1]、M[2]、M[3]、M[4],在工程造价数据提交进行业务计算问题结果之前,首先进行业务问题计算归并的作业工作,即实施c[1]的计算。同理,在服务器2、服务器3上一样实施c[1]、c[2]的计算。

第六,图中的s1、s2、s3、s4、s5、s6、s7、s8、s9、s10、s11、s12、s13、s14、s15、s16、s17为执行业务计算问题或者业务问题计算归并后的工程造价数据流量。

第七,图中的虚线,表示工程造价数据只在同一台服务器内部涉及迁移,例如,执行c[3]计算时候需要提取s10、s11、s12的值作为输入。

第八,图中的实线,表示工程造价数据需要从一台服务器迁移到另外一台服务器,例如,执行 f[1] 计算时,需要从本地服务器获取 s5,还需要从另外服务器 2 的 s13 和服务器 3 的 s12 获取,工程造价数据属于跨机迁移。

第九,在执行图中所有的作业计算任务时,需要考虑机器故障、各个作业计算任务失败、各个作业计算任务缓慢等各种可能出现的问题,采用了图中的计算框架调度算法来处理。

四、分布式服务计算的动态联盟体角色定位

基于大数据服务的工程造价生态系统,使分布式全面工程造价管理在实施工程造价业务活动过程中,把动态联盟体各个角色链接起来去共同解决工程造价业务的服务问题,实现了角色定位所进行服务计算的制度安排。为确保建设项目全面工程造价管理的各个环节合法合规分布式服务计算,在参与方角色的定位上,就需要根据契约提供一套共同认可的规则、属性机理和记录方法以及公开透明的工程造价数据资源贡献信息、联盟体共识的目标定位机制。从不同视角看,分布式服务计算会开展不同工程造价业务的服务问题任务和承担不同的角色,但它首先是分布式全面工程造价管理各个环节内在开展相应业务过程中,动态联盟体各个角色都有权利根据既定的规则,各自解决各种服务计算问题;其次在存在道德风险情况下,有工程造价数据资源配置优势的一方角色按照契约另一方角色的意愿行动,从而使双方都能趋向效用最大化,在服务计算下表现出真实意图,确保对方的行动能达到二者利益的帕累托最优。

1. 从工程造价业务场域角度看

分布式服务计算在不同工程造价业务场域中存在着工程造价管理个体、工程造价管理种群、工程造价管理群落的角色定位,按照其管理权限、职能划分以及各种计算微服务的参数配置而进行排布是不一样的,各种不同的工程造价管理群体对复杂多样的工程造价业务问题处理需要更多地结合所处的工程造价业务场域,通过各个角色的定位来实现场景的服务计算。分布式协调模式涉及工程造价管理个体、工程造价管理种群、工程造价管理群落的不同角色对计算资源的不同调配,同时选择自身需要的计算模型和计算框架进行微服务计算,这样可大大提高了业务流程的协同管理和调度,使分布式全面工程造价管理的数据服务、计算服务的协同处理、多类不同计算模型有机结合起来,触发了不同角色依据工程造价数据特征和工程造价计算特征来共同完成特定的计算侧服务任务。

2. 从工程造价业务过程角度看

工程造价业务过程是按照一定的时间、空间顺序运作的次序、操作和方式来进行分布式服务计算的,全过程的分布式工程造价管理是由各个不同阶段的各项具体活动的工程造价构成的,参与方角色在各个不同阶段所组成的动态联盟体的侧重点有所不同,其定位的各个角色以一个集成化的分布式服务计算面向各个阶段提供与工程造价业务问题相关的各自计算模式框架,支持多模态计算任务处理,实现了融合处理和智能分析计算的分布式服务化,有助于各角色各自的工作内容紧密联系与交接,在定位的基础上,通过分层共识机制和智能合约解构,以各个不同阶段的工程造价业务问题场景来展开,进行各角色协同工作,引导各类工程造价业务问题进行分布式服务计算处理的匹配实现,满足了分布式全面工程造价管理业务的扩展和变化。

3. 从工程造价业务处置角度看

分布式全面工程造价管理的工程造价业务微服务处置是从微观的角度进行分布式服务计算，对建设项目的各类工程造价业务问题引导动态联盟体各个角色专业分工，根据全面工程造价管理的某类业务微服务范围场景，按照提供的一套共同认可的规则以及公开透明的要素贡献信息、各个专业角色共识的服务计算机制，把项目投资决策估价计算、项目设计方案优化计算、交易工程量清单计价编制计算、工程造价控制计算、工程造价风险识别计算、工程造价索赔计算、工程造价纠纷计算、工程造价成本分析计算、施工变更价款确定计算、建设项目竣工结算等多类工程造价业务微服务计算单独分割出来，进行动态联盟体各个专业角色定位，通过建设项目的某类业务有针对性的分布式微服务计算。基于工程造价管理模式的某类业务微服务场域，各个专业角色之间融合合作，内外部协调，建立默契平衡的信任关系，实现了运行环境中的表达、沟通、讨论、决策的业务活动流程调节处理，在合作关系、专业分工协同关系、分布式计算监管控制、工程造价数据资源配置等方面都能得到优化的安排，使分布式计算更为敏捷、更为灵活，提高了编制工程造价成果文件质量精准度和调节处理效率。

五、基于分布式服务计算的工程造价成果文件标准化模板

动态联盟体各个角色所描述的分布式服务计算的具体内容，形成聚集效应后实现各种各样工程造价成果文件的工程造价数据集，这些具有专业性和专门性的工程造价数据集需要将其完整的保存。基于分布式服务计算的全面工程造价管理活动，具有专业性、地域性、动态性的特征，以及动态联盟体各个角色在流程微服务中的各种计算微服务融合的特征，必须将工程造价数据集封装为服务，以屏蔽工程造价数据集自身的异构型和复杂性，对外呈现统一的调用接口，在分布式服务计算的环境下，基于统一开放标准保证异地分布、复杂多源的工程造价数据集具有标准的生成规范并方便管理。数据化工程造价成果文件模式就是将建设项目的工程造价数据集进行标注，把多个工程造价数据进行关联，根据工程造价成果文件的标识进行处理。只有通过全方位、全流程和全系统的工程造价数据归集，动态联盟体各个角色的分布式服务计算表现和工程造价成果文件才能够有机结合，比较好地暴露分布式服务计算资源的本质属性和原始过程凭证信息以及可视形态完整保留的功能，使动态联盟体各个角色之间能够形成统一的状态账本。为此，工程造价成果文件模板应满足分布式全面工程造价管理各个环节和各个阶段的使用，为不同工程造价专业领域内的分布式服务计算资源提供服务化封装功能，其结构主要包括 Web 服务接口、工程造价业务记录信息件和对应的工程造价业务注册表实现类。

1. Web 服务接口

Web 服务接口主要对外提供使用接口、工作流程管理接口、交流沟通接口等可扩充并实现任意需要的接口。其功能包括两方面：其一，定义对分布式服务计算资源的各种操作；其二，提供对多源的工程造价数据集的标准化生成和管理以及与其他分布式服务计算资源交互的接口。

2. 工程造价业务记录信息件

工程造价业务记录信息件是分布式服务计算资源在工程造价成果文件服务封装模板中

的表现形式，它保存分布式服务计算资源的属性信息，主要包括工程造价业务过程记录信息、工程造价数据分析、互动溯源凭证信息、计算模式凭证信息、背景条件记录信息等，工程造价管理行为人可根据分布式服务计算资源的属性信息通过高度写实统一在信息空间，可及时了解动态联盟体各个角色在分布式服务计算执行过程中的情况等。

3. 工程造价业务注册表实现类

由于不同种类的分布式服务计算资源具有不同的工程造价业务使用规则、计算微服务模型、作业需求或者不同类型的工程造价业务形成成果，因此，服务化封装功能中需要根据分布式服务计算资源的不同，建立不同的具体实现工程造价成果文件类，由它和工程造价数据集具体交涉，完成提交工程造价业务记录信息件的生成任务，工程造价业务注册表实现类相当于具体分布式服务计算资源和工程造价成果文件服务封装模板功能之间的连接器，每个分布式服务计算资源对应一个工程造价业务注册表实现类。

为了规范工程造价成果文件模板服务封装过程，可将工程造价成果文件服务封装模板分为工程造价业务注册表描述模板和工程造价业务注册表实现模板。工程造价业务注册表描述模板主要是总结同类计算资源所包含的信息类型，抽取其中共性，为同类计算资源定义一个信息描述模板，以规范工程造价数据的描述。工程造价业务注册表的属性是多种多样的，其属性划分和选择应根据建设项目的背景条件和要求来决定，对工程造价业务注册表的各种信息进行全面描述，并表示为计算机可以处理的格式，抽象出工程造价业务注册表描述工程造价成果文件模板规定所有工程造价数据集应遵循的描述规范；工程造价业务注册表实现模板能够由服务接口提供了调用分布式服务计算资源执行的统一接口，针对不同的工程造价业务使用规则、计算微服务模型、作业需求或者不同类型的工程造价业务形成成果，工程造价成果文件服务封装模板功能中需要根据计算资源的不同，建立不同的工程造价业务注册表实现类，由它和工程造价数据集具体交涉，实现工程造价成果文件的功能，完成提交工程造价业务记录信息件的生成任务。工程造价业务注册表的实现可以抽象为输入、输出和执行作业来体现，这个抽象接口就称为工程造价成果文件模板。工程造价管理行为人可根据工程造价业务注册表实现模板的修改或者扩充，形成自己的工程造价业务注册表实现类。工程造价业务注册表实现类具有统一接口，方便了工程造价业务注册表实现类和工程造价成果文件模板服务封装功能之间的交互。

第五节　基于大数据服务的工程造价生态系统运行

基于大数据服务的工程造价生态系统运行是工程造价生态系统运行机制综合作用的结果。建设市场不仅是全面工程造价管理持续发展的空间依托，而且是工程造价行业价值传递机制的有效运行，全面工程造价管理活动融入建设市场的过程中，决定了工程造价生态系统运行机制与市场经济相适应的运行模式，形成了数据驱动的工程造价生态系统运行新模式。工程造价生态系统动态联盟协同体系的每一位工程造价管理行为人都存在着一定的基本关系，通过利益关系的调节，使工程造价生态系统运行的行为场景在某种条件下达到平衡。要使基于大数据服务的工程造价生态系统运行有序，就必须建立和健全运行规则，才能规范工程造价管理行为人的工程造价管理活动执行力。基于大数据服务的工程造价生态系统实际运作过程中，运行规则扮演着工程造价业务形态与新的工程造价管理模式形成的工程造价业务微服务功能结构的各相关要素的内在联系,在工程造价生态系统运行机制中发挥对建设项目全面工程造价管理的各个环节进行服务计算的选择配置、专业分工协同关系、工程造价监管控制和优化业务流程的作用,实现了工程造价数据共享流通、分布式协同工作运行机制,保证精准的工程造价成果文件质量。

一、基于大数据服务的工程造价生态系统运行规则

基于大数据服务的工程造价生态系统运行规则是使工程造价生态系统正常运行,规范动态联盟体工程造价管理行为的基本准则。运行规则不仅约束着工程造价管理行为人的行为及其相互关系,而且规范着工程造价管理行为人与全面工程造价管理活动的关系,也构建了工程造价业务形态的规范契约,对工程造价业务微服务功能结构具有平衡控制的影响力,可以保证工程造价生态系统的协调有序运转。

1. 动态联盟体行为规则

规范动态联盟体在工程造价生态系统服务应用中的行为,是确保分布式全面工程造价管理活动健康有序、和谐共赢、高效运行的关键,制定动态联盟体行为规则是为工程造价生态系统的运行建立了基本秩序,是动态联盟体所必须共同遵循的承诺,保障了分布式全面工程造价管理活动的效果,提高了动态联盟体的各个角色协调工作的效率。所以,制定动态联盟体行为规则应包括角色活动行为规则、交流沟通规则、利益分割规则、激励施效规则、风险共担规则等。

2. 业务形态规则

基于大数据服务的工程造价生态系统与建设项目的工程造价业务形态互动关系是一项新的服务应用,工程造价管理行为人在其工程造价管理模式的规定下决定了工程造价业务微服务的构成和区域分布。业务形态规则是为了保证特定工程造价业务工作完成的效果和效率而制定的,是动态联盟体开展分布式工程造价计算微服务的一个具体规范契约,是用以缔约和履行的工具。所谓业务形态规则,是对工程造价生态系统的常规性分布式全面工程造价管理活动或非常规性工程造价管理活动中的常规性要素做出规定,是在分布式协作机制的基础上规定"谁做""如何做""做到什么程度""如何考核监管"做出进一步规定。依据工程造价生态系统的工程造价业务微服务功能结构形态,建立合适执行规则标准,其内容包括显性工程造价业务规则、专业分工协同规则、工程造价监管控制规则、市场要素价格管理规则等,这样就可组成一个共同遵循而连续的规范谱带。我们可通过一套以业务形态规则的数字形式的智能合约来解构工程造价管理业务,将工程造价业务形态规则以编码形式写入计算机可执行的代码中,实现了某种工程造价计算微服务算法的代码并自动化执行,使各个工程造价业务都能使用的条款算力。

3. 数据管理规则

分布式的工程造价数据微服务与工程造价计算微服务的协同配置,使建设项目的各种类型、不同区域、不同时间、不同角色定位、不同工程造价业务问题等微服务的选择上,需要有效的执行和保障相应工程造价数据资源,才能形成敏捷性和精细化的工程造价成果文件。所以,工程造价数据的分布式保存管理就需要有配套的数据管理办法、职责划分、绩效等数据管理规则和制度。这需要制定切实可行的数据管理制度、数据流程规则、数据隐私保护和

安全规则等认责体系，并建立好相应的支持环境。由于基于大数据服务的数据管理还涉及数据管理的技术架构体系以及本身所用到的管理工具，因而这些规则和制度还应含盖这些工具及技术的相关操作流程。

二、基于大数据服务的工程造价业务形态运行

动态联盟体的各个工程造价管理行为人在其工程造价管理模式的规定下对工程造价管理情景活动场域表现形式的描述，是基于大数据服务的工程造价生态系统与建设项目的工程造价业务形态的映射，揭示了工程造价管理行为人通过特定工程造价业务形态将服务计算资源转化为工程造价成果文件。基于大数据驱动的工程造价生态系统微服务功能结构的各个模块通过建设项目的分布式全面工程造价管理的生态属性来选择服务计算算法，动态抓取工程造价数据资源形成属于工程造价业务形态的运行模式，各个工程造价业务形态并与其工程造价生态系统微服务功能结构相联结，在工程造价生态系统内履行着协同的特定功能。

1. 工程造价业务形态功能分析模式

工程造价业务形态与工程造价生态系统结构是紧密联系、相互依存的，其构成要素与结构是工程造价业务形态存在的基础，工程造价业务形态是它们的外在表现，工程造价生态系统虚拟网络为工程造价业务形态提供了运行的空间。基于大数据服务的工程造价生态系统通过建设项目类型与分布式全面工程造价管理活动场域不同的内外部协调，对工程造价业务形态的各类本源性活动机理的内在关系赋予分布式服务计算，这正是工程造价业务形态功能的表现形式，它分别履行动态联盟体各个角色微服务计算的资源配置适应功能、业务目标实现功能、关联协调融合功能、智能合约保持功能。工程造价生态系统与工程造价业务形态互动关系的四功能框架反映了各个要素通过内在机制相互依存、相互作用的双向互动关系，无论是工程造价业务人员、工程造价监督管理者或是工程造价管理种群、工程造价管理群落，还是规范工程造价管理行为场域的工程造价数据基因本身，都受到了工程造价生态系统在市场运行机制中的约束，决定了其结构和形态互动时将有效整合分布式全面工程造价管理运行的各种资源，形成高效的具有灵活、开放、敏捷的服务计算机制和过程调节机制，从而达到持续优化的目的。

（1）资源配置适应功能

工程造价业务形态是在一定的工程造价管理环境内发生的，在工程造价合理确定与有效控制的服务计算过程中，所表现的工程造价管理模式适应性是建立在工程造价管理环境与工程造价管理资源相互配置并分配给动态联盟体各个角色进行微服务计算，从不同方面进行各类工程造价管理活动的适应组合和服务配置，必须用持久化的工程造价管理资源标配方式接入，并根据工程造价业务形态所处的工程造价管理环境产生影响和制约条件，作出一定的调适配置，使各类本源性活动机理、工程造价服务计算、工程造价监督控制持续地按工程造价管理资源配置规律健康运行。

（2）业务目标实现功能

任何工程造价业务形态的目标导向是达成工程造价成果文件及动态联盟体各个角色的工程造价管理利益最大化，当工程造价生态系统与工程造价业务形态互动时，动态联盟体各个角色的分布式微服务计算必须有能力确定自己的目标次序和调动需要用到的各种计算服

务模型和算法、方法来实现目标。在围绕工程造价业务形态场景导向目标,动态联盟体各个角色通过提供多种计算模式下的多种模型、算法进行针对性选取,使数据微服务、计算微服务的协同处理、分析和优化使用有机组合起来,标注建设项目过程的工程造价业务形态引导配置、工程造价精准定位,进行工程造价微服务算法模型与算力协调互动,达成一种有序的状态来实现工程造价业务形态的目标。

(3) 关联协调融合功能

工程造价业务形态是工程造价管理活动的存在形式或类型、状态,并且覆盖整个分布式全面工程造价管理过程,是由许多前后接续阶段和驱动各种各样具体活动过程的工程造价业务运行所构成的服务形态,这就需要动态联盟体各个角色以分布式关联协作,形成一种工程造价业务形态内部协作的范式,使内部的各个角色运行的结果都能达成一致;根据工程造价业务形态的运行环境,相互协调、信息沟通,建立默契配合关系,去支持分布式服务计算的表达、沟通、讨论、决策,避免工程造价业务形态运作的障碍;融合、聚集工程造价数据,在数据驱动工程造价管理模式画布中,协调各部分分布式服务计算的算力成为一个工程造价业务形态功能整体。

(4) 智能合约保持功能

工程造价生态系统通过智能合约预先制定的标准、规则、协议和条款,形成各个工程造价业务形态都通用的规则条款算力,可将这些契约协议以数字化形式定义,把工程造价业务形态运行时参与方需要履行这些承诺的协议写入计算机可执行的代码,实现了某种算法的代码,以事件或业务执行的方式,根据数据代码规则保持工程造价业务形态运行的驱动处理和操作。

2. 数据驱动实现工程造价业务形态运行

工程造价业务形态功能和建设项目工程造价业务形态反映了工程造价生态系统的需求和规定,工程造价管理行为人通过建设项目工程造价业务形态将工程造价管理资源转化为工程造价管理行为人价值,表明他们有效整合工程造价业务形态运行的各种要素,注重各个环节产生的聚合效应,形成具有工程造价管理环境、工程造价管理资源、工程造价管理行为人三个部分的运行体系,从而达到适宜性合理配置的目的。数据驱动全面工程造价管理模式下的工程造价生态系统是构建一个适应数字化的工程造价业务形态,能够高度支撑工程造价业务的网络化、数据化、智能化的发展,实现更加灵活、开放、敏捷的工程造价业务形态运行机制。实现工程造价业务形态运行,可根据工程造价业务形态的基本特征和属性描述的情况,对相关的要素进行抽象和归类,实际上是解决工程造价业务形态场景中测量的基础背景数据进行归类,用这些归类编制一个微服务计算算法,动态萃取工程造价数据资源属于这些归类所形成的许多微服务组件,我们可以把这些组件理解成一个个小积木块,然后把这些积木块进行优化融合并排列组合,从而构建一个工程造价业务和工程造价数据双向驱动的工程造价生态系统,推动数据驱动全面工程造价管理模式下工程造价业务形态的持续迭代的运行模式。

3. 工程造价业务形态的可持续与工程造价生态系统的关系

基于大数据服务的工程造价生态系统通过对工程造价业务微服务功能的架构和数字技术相互融合、密切协同,实现工程造价业务形态的同步推进,是面向动态联盟体各个角色分布式全面工程造价管理业务的定制实施和优化服务的需求,由于建设项目的区域性,类型的多样性,建设市场的动态性,动态联盟体随着建设项目的广度和深度不断发生变化,全面工程造价管理活动的工程造价业务形态场景也会随着不断改变,工程造价数据资源由于在工程造价管理模式的演化下,在时空变化上表现为多源、多模态工程造价数据集的动态性,在不同区域上表现为异构工程造价数据集的差异动态性,这就需要提高基于大数据服务的工程造价生态系统对工程造价业务形态运行的适应能力,就必须利用数字技术,采取重塑、再造、重构等方法,对工程造价业务形态的全生命周期工程造价管理在工程造价生态系统进行镜像,进而构建一个数字孪生的全面工程造价管理活动轨迹。数字孪生可以支持各类工程造价业务形态在工程造价生态系统中各种业务微服务场景的数据化表达,构建了建筑物空间与虚拟空间中全要素、全过程及人、材、机等要素相互映射、适时交互、高效协同的系统架构,实现系统内工程造价数据资源配置和运行的按需响应、快速迭代和动态优化,从而支撑动态联盟体的工程造价管理行为人可以及时获取和分析工程造价业务形态各阶段各环节的数据,通过算法模型构成多层次的业务流程过程的整个生命周期全面工程造价管理的集成视图,并形成完整的服务计算结果,可以反馈并存储到数字孪生的分布式全面工程造价管理中,使得数据驱动全面工程造价管理模式得到实质性和可持续的优化。数字孪生能够帮助动态联盟体各个角色在工程造价生态系统和工程造价业务形态之间全面建立互动关系,帮助所发生的各种要素依赖数字孪生形成的标注的工程造价大数据资源,进而实现工程造价业务形态的生态化可持续发展。

三、基于大数据服务的工程造价生态系统实现增值的内在机理

基于大数据服务的工程造价生态系统运行是工程造价行业适应市场环境变化、提升竞争力的必然趋势,是工程造价管理行为人融入建设市场的必然选择。面对各类工程造价管理行为人的工程造价业务需求的多元化、多样化、多层次特征,迫切要求工程造价生态系统的工程造价业务微服务系统提供多方面的服务,这就需要拓展工程造价业务空间,满足不同工程造价管理行为人的需要,并适应工程造价管理行为人需求的变化,应在原有工程造价业务形态的基础上实现工程造价业务增值服务。在数据驱动全面工程造价管理模式下,无论从技术还是运行角度看,需要全面了解工程造价行业的服务应用状态,充分挖掘和有效利用基于大数据服务的工程造价生态系统运行中产生的工程造价数据资源,利用市场化手段把它转化为工程造价数据业务,使工程造价业务实现增值服务。所以,基于大数据服务的工程造价生态系统运行的本质在于形成多式多样的工程造价数据业务增值机理,其在工程造价业务应用场景中实现增值的内在机理主要包括三个方面:

1. 工程造价数据资源融合共享增值

工程造价业务应用场景的地域性、专业性和动态性,基于大数据服务的工程造价生态系统的工程造价业务微服务各种功能中,都是在数据驱动全面工程造价管理模式下通过工程造价数据的融合共享来实现的。那么工程造价数据融合共享是如何做到给工程造价业务形态增值?以下从数据融合的量与动态联盟体的各个角色、业务流程的关系出发,来分析工程造价业务形态下工程造价数据融合共享的必要性,并从消除信息不对称所用成本角度,分析工程造价数据融合共享的价值。

(1) 控制工程造价业务形态的工程造价数据融合总量

在一定条件下，工程造价业务形态所赋予服务计算的工程造价数据融合总量是固定的，动态联盟体的各个角色在分布式微服务计算时，需要形成多种形态格式的工程造价数据标注，分配确定需要传递的工程造价数据融合数量，每个动态联盟体的角色接收到的工程造价数据包含准确数据越多，对工程造价业务形态运行过程的理解也就越深。但是，增加与这些工程造价数据相应的准确数据会带来相应的成本，所以，如果每个动态联盟体的角色的工程造价数据融合量超过一定的极限数，就会使工程造价业务微服务计算存在着不必要的工程造价数据，工程造价业务微服务计算的效率就会降低甚至失控。此外，由于工程造价业务微服务计算中全部工程造价数据所包含的内容，可能存在着冗余的和误导的甚至是错误的工程造价信息，为了减少工程造价数据的失真，即在工程造价数据融合的过程中，必须控制每个动态联盟体的角色的有用工程造价数据，这样工程造价数据的融合共享大大降低了传递渠道的数量，使重复工程造价数据几何级数减少，降低了工程造价数据融合总量，动态联盟体的各个角色在进行工程造价业务微服务计算时更容易掌握正确的工程造价数据，其价值也能得到充分地挖掘。

(2) 能够降低消除信息不对称所用成本

从分布式全面工程造价管理角度看，动态联盟体各个角色及相关工程造价专业人员的参与，并且融合了全过程、全要素的各种因素，这些因素交错在一起，使工程造价业务形态都处于信息不对称的条件下进行，动态联盟体各个角色及相关工程造价专业人员在工程造价业务微服务计算时由于信息不对称而增加了工程造价数据配置成本，承担了更多的风险；在分布式全面工程造价管理的过程中，信息不对称也有可能诱导利用不完善的监管，使动态联盟体各个角色的无序管理行为去影响工程造价业务形态的运行，无疑影响了工程造价业务微服务计算，结果可能导致工程造价成果文件的质量变差。因此，要使分布式全面工程造价管理价值增值，必须减少信息不对称，完善传播与流通渠道，减少对信息的误解，实现动态联盟体各个角色的有序管理，最终促进工程造价业务形态运行的协同监管。可以这样认为，降低信息不对称度所用单位成本会随信息不对称度的降低而逐渐增加，而获取更大的信息对称度需要支付更多的成本，所以，信息不对称与信息对称之间应当在适度区间内进行识别诊断，使降低消除信息不对称所用成本最优。工程造价数据资源融合共享后，消除信息不对称所用成本大大降低，在适度区间内，获取信息对称度所支付成本相应也就减少，因此，要针对工程造价业务形态问题进行工程造价数据资源融合，列出事实与工程造价数据适度地配置，全面、对称、精准地工程造价数据资源融合组织，确保有效工程造价数据资源融合共享能通过消除信息不对称所用成本为之增值。

2. 工程造价数据资源再利用增值

提高工程造价数据资源再利用价值，是提高工程造价数据有效性的重要原则。储存的历史工程造价数据只有再利用并转化为工程造价知识后才能显示其增值，对工程造价业务形态问题进行工程造价数据资源多次使用，是动态联盟体各个角色借鉴利用历史工程造价数据，通过相似度评价找出能配置的工程造价数据，并根据实际服务计算的情况进行修正，转化为特定的工程造价知识，从而使工程造价业务形态问题得到解决。对于建设项目的分布式全面工程造价管理而言，工程造价数据资源的价值在全生命期各个阶段的体现也有所不同，是由各个不同阶段的各项具体活动的工程造价构成的。在投资决策阶段，工程造价数据资源的价值在于清楚定义一个建设项目,并为后续阶段的各类本源性业务活动提供需要的工程造价数据;在设计阶段,工程造价数据资源的价值在于为交易阶段、施工阶段和营运维护阶段提供准确完整的建设项目数据;在交易阶段,工程造价数据资源的价值在于为各参与方提供精细的招标文件及工程量清单等相关数据,以顺利完成建设项目的招投标;在施工阶段,工程造价数据资源的价值在于控制建设项目目标并指导施工,关注其成本、质量、进度等内容数据,避免因工程造价数据的错误所带来的浪费;在营运维护阶段,工程造价数据资源的价值在于辅助设施管理以及各种设施的保值增值。全生命期工程造价数据资源再利用包括纵向和横向两个方面,即在其他各个阶段的再利用以及在其他项目上的再利用。纵向再利用表现更多的是数据属性,而横向再利用表现更多的是知识属性,尤其全生命期工程造价数据资源再利用价值在工程造价业务流程或动态联盟体融合转变时,表现更为明显。

3. 各工程造价专业角色互补增值

各工程造价专业角色互补增值是指将动态联盟体各种差异的工程造价专业角色,通过工程造价专业技术人员间取长补短而形成整体优势,以实现工程造价业务形态运行的目标。分布式全面工程造价管理需要消除一切浪费,进行实时、联动的动态优化,而专业分工越来越细,个人能力和精力都是非常有限的,个人所掌握的技术经验、计算诀窍等隐含的工程造价知识可进行转移互补,使各工程造价专业角色在工程造价业务形态运行中的集体性默契、协作能力能够得到体现,使之增值。以下从工程造价知识互补和工程造价能力互补两方面的角度进行分析,形成能利用和共享这些隐含的工程造价知识更加符合实际,以提供工程造价业务形态服务计算的支持和保障。

(1)工程造价知识互补

工程造价专业技术人员在工程造价行业的各个专业知识的领域、深度和广度上都是不同的,不同工程造价知识结构互为补充,整体的工程造价知识结构就比较全面。大量的不同种类的工程造价领域知识,需要用不同角度、不同形式来表示,以便让工程造价专业技术人员容易理解并且可以直接使用,可通过不同方法、不同阶段的工程造价知识互补机制形成适应工程造价业务形态运行的流程环节聚集,推动流程的有效运转以实现分布式全面工程造价管理目标。

(2)工程造价能力互补

在工程造价业务形态运行中,工程造价专业技术人员的各种不同工程造价能力的互补可以形成整体的能力优势,以促进工程造价生态系统更有效地运行。工程造价技术能力、工程造价认识能力基于共识互补可贯穿工程造价业务形态的工程造价确定和控制活动的各个方面,形成了分布式全面工程造价管理各类活动的各工程造价专业角色互补增值的生效场景,使工程造价业务微服务计算的一系列活动过程的共享交互、相互补充的运行操作增值链得到实现。通过工程造价专业技术人员之间能力取长补短而形成整体优势,实现工程造价业务形态运行最优化。

第七章 数据集成驱动可持续工程造价管理

数据集成驱动可持续工程造价管理不失为改变工程造价行业现状的有效途径之一,转变工程造价管理组织方式和 DT 技术的使用可极大地提高工程造价管理行为人的工程造价管理活动场域的运行效率,在尊重全面工程造价管理的独特性,以全生命期一体化工程造价数据资源共享为目标的数据集成驱动可持续工程造价管理,运用现代信息技术,为多层级工程造价管理行为人提供了一个以数据集成驱动为核心的高效率的工程造价生态的网络化协同工作环境,颠覆了传统工程造价行业的工程造价管理,重构整个工程造价管理链的生态环境,从而实现数据集成驱动全面工程造价管理可持续发展。本章在阐述数据集成驱动与工程造价生态系统可持续发展的基础上,对工程造价数据组织与集成的描述机制进行分析,进一步说明面向工程造价管理的工程造价数据资源集成的必要性,研究了工程造价业务驱动的工程造价数据集成实现方式,并在此基础上分析了工程造价数据资源评价与全面工程造价管理的可持续性,最后对数据化可持续工程造价管理的转型进行剖析。

第一节 数据集成驱动与工程造价生态系统可持续发展

工程造价生态系统发展的最终目标是满足工程造价行业随着建设市场演化的工程造价管理的需求,而工程造价管理行为人的基本需求包括价值需求与工程造价数据资源需求,数据集成驱动则是满足工程造价管理行为人的数据化工程造价管理在工程造价生态系统运行中适应建设市场的需要。基于工程造价管理活动融入建设市场的过程中,数据集成驱动其实质是为工程造价管理行为人建设良好的工程造价生态系统环境,实现工程造价管理行为人的数据化工程造价管理需求的可持续发展。

一、数据集成驱动基本概念

智能时代的到来,DT 技术的发展、新模式与新业态的涌现以及市场需求的动态发展,使各个行业面临越来越大的不确定性,生态战略在市场竞争中发挥着重要的作用,以确定性应对不确定性成为必然选择,而数据集成驱动构成了生态战略发展的主旋律,通过平台有效集成数据资源从而形成新的生态优势,在行业重构中驱动业务持续健康发展。

1. 数据集成概述

数据集成是指将某一范围内的,不同来源,格式的,多元的,特点性质的数据通过逻辑或物理的方式,按照数据之间的知识关联进行优化重组,有机地集中成一个新的整体,从而有利于组织、管理、利用和服务。一般认为,数据集成应该包含三个层面的内容:一是将不同来源、异构的、分布的数据进行聚合及融合;二是按照数据之间的知识关联构成一个合理的数据资源体系；三是实现数据资源的整体利用价值。从市场机制动态发展来看，数据集成已经变得有用，因为组织机构要想做出正确的业务决策就需要大量的数据，改进所有集成流程，以更快地满足动态业务需求。然而，拥有数据但不进行集成，就不能专注于生成业务就绪和业务可用的数据，业务质量也会持续下降。为此，组织机构需要一种全新的思维模式，运用集成的思想，把数据集成贯穿业务活动全过程的一种主导思维，使这种集成思维成为服务和支持组织机构战略的指导思想。当今的数据智能时代，数据已视为新的生产要素，并将其用于产生洞察力、推动创新和颠覆各个行业发展。组织机构所进行的业务流程、计划以及其他活动必须能够通过确保对高质量数据的一致访问，在此过程中利用这些数据发挥其作用。所以，所有的行业组织必须制定有效的战略，以集成和管理来自内外部广泛来源的不断扩大的数据流，并将这些数据之间的知识关联协调成为所在行业组织提供价值的信息。随着数据量和数据源数量的增加，如何集成和管理这些新的生产要素的问题变得更加重要。

总的来说，数据集成是将各种数据透明地、无缝地链接在一起，把无序的数据变为有序的数据，它是数据优化组合的一种存在状态，基于工程造价生态系统的数据集成将数据集成与工程造价生态系统相结合，是依据一定的工程造价行业管理需求，充分利用各种智能化技术对各个相对独立的工程造价管理信息系统中的数据对象、功能结构及其相互关系进行融合、类聚和重组，重新按照数据之间的知识关联结合为一个新的数据资源体系，实现工程造价数据、DT 技术、工程造价信息内容的集成。它使工程造价生态系统的工程造价管理行为人利用各种数据化关联数据资源进行精细、精准的工程造价业务微服务配置，实现了借助数据化去改变业务，依靠集成数据来解决问题。同时，还可根据特定角色的工程造价业务微服务需求定制具有个性化特点的数据集成和数据服务。

2. 数据驱动的价值

数据驱动是指以数据为核心，将组织机构的数据资产梳理清楚，通过科学的方法，对之进行集成、共享、挖掘，从而运用到业务活动的过程中，并不断迭代促进业务优化提高。相比以前的流程驱动，数据驱动将直接改变组织机构运行的思维方法、策略制定和衡量标准，它能够利用海量、多维的数据建立更加全面的业务服务体系，或创造直接业务模式创新，或通过不断优化业务问题环节提升运行效率，能让你明白，数据化就像一把精密的机械手术刀，能够精准切割，科学拆解，业务问题可以更好地解决，分析更透彻和深入，目标更清晰和具体。因为我们只需用数据体现出结果来说话，不用像流程驱动那样固化过程，只需用数据镜头而不是过程镜头来衡量结果，也就是说从数据视角而不是过程视角来形成解决行动方案的生效场景。所以数据驱动将这些数据沉淀后与业务问题联系起来的能力，使组织机构业务运行不仅能够变得更有效率，而且还能改变它的决策功能。

在大数据时代，挖掘数据价值，用数据驱动业务的运行、决策以及创新，已经成为组织机构制定生态型发展战略和可持续发展模式的核心价值链，在不断变化的市场环境中，利用数据迅捷的洞察来了解自己的业务，开展以价值创造为核心，并形成价值多元、业态多元的繁荣生态。数据驱动是以数据为根本要素和核心的业务服务对象及应用场景的思维模式，其本质可归纳为两层意思：索取业务数据和创造数据价值，最终的目的是帮助组织机构实现利益最大化。从提升业务管理的角度看，实现组织机构利益最大化这个最终目标出发，数据驱动的价值可归结两点，即驱动业务管理运行效率；驱动业务管理科学决策。对于驱动业务管理运行效率，是把业务管理过程沉淀成数据，提供一种合理的算法模型，通过增量数据的迭代学习,使得算法模型不断适应业务管理运行的需求,这样,业务管理就具有了学习能力,不断作出正向反馈的持续迭代,促进业务管理运行效率的优化提高。说白了业务管理运行过程强调的是如何把正确做事的效率进行优化;而从另一个角度来讲,如何把正确做事的效率进行优化,就要分析一下驱动业务管理的科学决策如何判断哪些渠道转化的效果更好,哪些功能模式更加适应消除业务管理决策的不确定性,这是构建数据驱动业务管理价值体系非常关键和核心的环节。构建驱动业务管理的科学决策应当考虑三个核心要素:数据资源集成的广、深、宽;数据分析的深度;科学决策的自适应智能服务计算。构建数据驱动业务管理的价值体系如图7-1所示。

从最终目标出发,构建数据驱动业务管理的价值体系

```
                        利益最大化

   把正确做事的      执行业务管理    智能决策       把正确做事
   效率进行优化      提升运行效率    数据支撑       转化为结果

                   驱动业务管理运行效率   驱动业务管理科学决策
                   1.沉淀数据足够多     1.数据资源集成的广深宽
                   2.合理的算法模型     2.数据分析的深度
                   3.运行效率的优化     3.科学决策的自适应智能服务计算
```

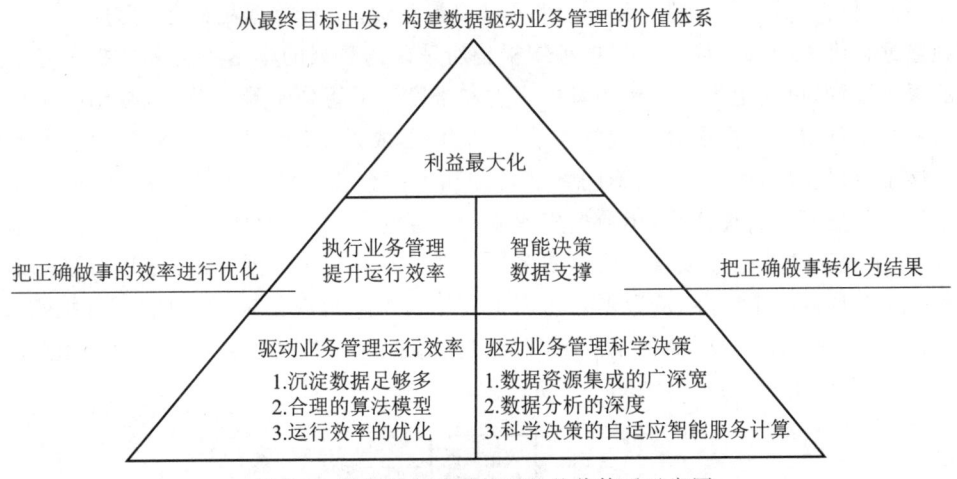

图 7-1 数据驱动业务管理的价值体系示意图

明确了构建数据驱动业务管理的价值体系的两条路径,它们之间存在什么样的关系,作为业务管理的价值体系在这里有必要分析两者之间的关系。在实际业务管理的运行过程中,这两种数据驱动的价值类型是相辅相成的,相互融合在一起的,缺一不可。驱动业务管理运行效率强调沉淀业务数据和组织机构必须索取业务数据,驱动业务管理科学决策强调消除不确定性实现创造数据价值的释放与应用。无论哪一类组织在业务管理运行过程中,都要通过一定的手段释放数据的价值,才能最终达到利益最大化的目标。所以,只有业务管理和数据发生标配,相互循环,数据驱动业务管理的价值才能真正释放。

3. 数据集成驱动力

数据集成驱动的业务决策由于感知环境和技术的发展,在数据量、数据复杂性和产生速度三个方面,均超出了传统的数据形态和现有技术手段的处理能力。然而数据集成驱动挖掘更深层次的业务应用价值需要对数据进行知识解析才能完成决策的自适应智能服务计算,多源异构数据的融合集成效率将成为制约业务运行效率和科学决策精确性的关键。由于数据资源体系在实体异构性、多源数据结构和随时间增长方式上都呈现出一系列新的特征,需要对数据资源体系拓展数据分治策略,在时空异构下,根据不同的业务管理尺度,对多层级的智能决策状态相关数据进行融合集成,伴随着这些数据的感知、集结、传输、处理和应用的是数据分析和自适应智能服务计算技术,使数据集成驱动力的品质与效率得到提升。数据集成驱动力是组织机构业务运行效率和科学决策释放数据价值的本质所在,尽管每个组织机构的业务管理及其表现各不相同,但数据集成驱动力所产生的价值效应还是存在着

重要的一致性。所谓数据集成驱动力是指通过数据资源体系,根据组织机构的业务场景需求,系统化地索取数据、创建数据分析工具并挖掘及分析数据,为业务决策提供有效支撑,不断驱动业务发展的思维和能力。落实在组织机构业务管理运行中,应当以需求驱动为目标,打造自己的数据集成驱动力,根据组织机构的文化和价值链构建自己的数据集成驱动体系,围绕数据需求所形成一致的数据共识而展开的。首先需要构建索取业务数据的能力;其次提升发现和挖掘信息的能力,以及提升总结、归纳知识的能力;最后则是形成业务智慧而创造数据价值的能力,以及运用智慧持续驱动业务发展的能力。这就说明组织机构的数据资源体系基础不同,组织机构的眼界也不同,组织机构的数据意识也不同,因此所处的数据化阶段也不同;但是,无论处于哪个阶段,都可以按需驱动,找到数据集成驱动力的切入点,立刻得到数据化带来的价值提升。根据组织机构所采用的数据的丰富程度和数据思考、挖掘、分析的深度不同,可决定组织机构的发展高度和维度。不管处于哪个阶段,数据的价值演进呈现出一个由低层次到高层次的数据集成驱动力,形成了不同的数据集成驱动业务的内在价值。这也可以看出,不同行业、不同管理机构和不同企业的业务千差万别,但都是建立从数据出发的数据资源管理体系,用数据集成驱动业务的运行,其业务的本质和目标都是相似的,所以一个完整的数据集成驱动流程或多或少都贯穿着一条数据流的思想,使数据集成驱动流程的环节形成一个闭环,从数据视角而不是从技术架构视角来看,我们可以把它分成6个环节:业务需求驱动、数据捕捉集成处理、数据挖掘模型构建、数据智能分析优化、数据驱动业务决策、业务指标可视化,如图7-2所示。

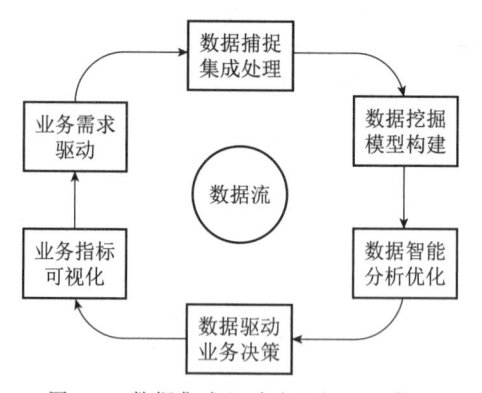

图7-2 数据集成驱动流程闭环示意图

(1)业务需求驱动

业务需求驱动是整个流程的第一步,是根据组织机构业务所需的各项活动问题,必须透彻了解业务而驱动数据的需求产生,将业务的实际问题抽象出来,为数据捕捉圈定了范围。

(2)数据捕捉集成处理

数据捕捉集成处理描述了数据捕捉内容的组织,需要将这些数据的范围、广度和深度组织和聚集起来,并依据数据类型进行清洗、转换、整理和融合集成处理。

(3)数据挖掘模型构建

一般来讲,需根据业务的各项活动问题特点,利用数据挖掘和机器学习技术模型、算法进行技术选型,从大量的数据融合集成中发现模式,通过数据挖掘算法建立挖掘模型。建模过程非常重要的操作是调整参数以获得最优的模型,通常会执行多次迭代,才会达到最终结果。构建数据挖掘模型的步骤包括选择建模技术、产生检验设计、建立模型和评估模型。

(4)数据智能分析优化

数据智能分析优化意味着从业务数据化走向业务智能化,将数据转化为可以驱动业务决策。在数据分析的完整过程中,数据是核心,是分析的对象,首先需要对其现有的业务有一定的理解,其次进一步分析数据的特点,以便协助所构建模型的选择,最后需要有分析的思路并熟练掌握技能和技巧,按照数据分析微服务化的核心理念,一个服务只专注一个分析,实现了数据融合处理和智能分析计算的服务化,以便适应数据分析业务的扩展和变化。

(5)数据驱动业务决策

数据驱动业务决策是将分析结果用最简洁、用易理解的方式来给出建议,透过现象看本质,用客观数据说话,将行动与结果挂钩,提升组织机构业务决策的准确性和科学性。数据驱动业务决策可赋予组织机构业务预测的能力,如果要采取这种行动,数据怎么说,那么根据这些数据就能得到这种结果,智能业务预测能赋予业务形态的洞察力,通过业务预测的发现和推荐,帮助决策者更快地做出决策。

(6)业务指标可视化

业务指标可视化是对业务决策行动结果的解释与展示,是帮助组织机构业务人员阅读一条或一系列信息和业务指标,使图表更直观、更令人信服,并能够有效且明确地传达核心数据驱动业务决策信息。有时也可关注想展示的信息和希望从图中吸取的信息,智能地选择可视化图表,使其既适合业务数据,又能最大限度地透出信号,方便相关人员的理解和接受。

随着数据集成体系的日益精细化,业务的数据集成驱动需要依靠一个机制化的配合体系,这就使数据流在组织机构的相关部门之间需形成数据集成驱动的业务闭环。数据集成驱动是一个动态的过程,在业务行动中需要根据实际应用,灵活把握数据集成驱动的节奏和业务微服务的侧重点。随着DT技术的发展,数据集成驱动力成为组织机构核心竞争力,其正在深刻改变各个行业的生态,驱动着业务智能的深度感知和强化决策,进行着自适应迭代优化和持续改进,自动化部署,让敏捷数据智能应用成为可能。

二、工程造价生态系统与数据集成驱动建设

工程造价生态系统的本质是数据化,基于工程造价管理模式的驱动,工程造价业务形态可持续建设必须解决具体工程造价业务怎样驱动和工程造价管理活动如何全面管理的问题,这都需要对工程造价数据资源基础建设的投入,而对工程造价数据资源的要求,不但在数量上必须大幅度的积累增加,而且对质量要求也要相应地提高。可靠的、高质量的工程造价数据是工程造价生态系统运行的重要基础,是驱动工程造价业务系统实现服务功能的具体配置描述,对多层级工程造价管理行为人在各种各样具体工程造价业务问题选择性配置上,能与工程造价数据融合集成的逻辑关系和具体属性同步操作以及协同处理的清晰表达,使数据集成驱动全面工程造价管理模式的柔性化服务、业务微服务得以实现。我们把工程造价生态系统数据化集成建设过程抽象为构建一个有智慧的数据聚集态的过程,因工程造价数据资源是工程造价生态系统运行的业务微服务形态建设的基础,没有工程造价数据资源必然就没有工程造价生态系统的可持续发展。所以有智慧的数据聚集态的建设,就是把全面工程造价管理活动存在形式或类型、状态等属性的工程造价数据进行融合、聚集,有智

慧的数据聚集态的本质在于将工程造价生态系统的数据转化为信息和知识,为工程造价管理行为人提供工程造价数据融合集成、信息展示、工程造价业务微服务计算和工程造价业务形态决策支持等服务。

工程造价生态系统运行特征是把具体的工程造价业务问题和工程造价知识驱动结合起来,充分利用工程造价数据资源,大幅度提高工程造价数据的知识含量和转换为价值链。因此,在工程造价数据集成驱动全面工程造价管理的同时,工程造价生态系统运行也得以实现。工程造价数据集成驱动业务建设在于建立工程造价生态系统的工程造价数据资源基础,工程造价数据集成驱动业务建设在于建立工程造价生态系统的工程造价管理体系。工程造价数据集成驱动业务建设的途径是发展驱动型工程造价知识和开发智能型工程造价业务,将传统的工程造价业务和流程调整为数据驱动型工程造价生态,逐步实现工程造价行业信息化向工程造价行业智能化转变,此外,还要以有智慧的数据聚集态为行动框架,满足各类工程造价管理行为人的业务需求,工程造价数据集成驱动业务建设的途径就是要建设生态型平台网络化协同体系,大力发展知识型工程造价咨询业和工程造价数据产业,加强各类工程造价数据资源与工程造价业务服务形态的高度集成力度,形成工程造价数据资源共享化、工程造价业务形态服务化以及服务智能化的新业态,提高工程造价行业的工程造价管理行为人的数据生态意识、DT 技术能力和人文素质,塑造数据文化体系的氛围,通过市场驱动工程造价业务服务形态的全面发展而促进工程造价数据集成的建设,从而为工程造价行业的各条业务线、各个业务场景、各个专业岗位源源不断地提供工程造价数据支撑。

三、数据集成驱动问题与可持续发展

DT 时代,数据技术对组织运行与管理的震撼,使得信息的形式与传递发生了根本性的变革,它改变了工程造价行业运作与工程造价管理行为人通信的方式,并贯穿到工程造价业务之中。然而其副作用也随之日益显露出来,当我们接收的数据和信息越来越多时,面临的选择就越多,如若不善于过滤、融合、集成,进行各种服务计算、驱动决策时就会造成负面影响。工程造价数据资源固有的不平衡,以及不同区域经济发展、区域环境、政策、文化条件的差异,都会造成工程造价数据集成驱动问题。在工程造价行业内,一些信息化、数据化、智能化水平较高的地区使得工程造价数据资源体系建设、资金保证、人才流入等发育程度都相对较好;而一些信息化、数据化、智能化水平较低的地区各方面的能力都相对较差,造成了数据意识淡薄,成了工程造价数据资源的流失地,资金得不到保证、人才流出,产生了数据悬殊,贫富不均,使市场驱动工程造价管理发生了不均衡和不稳定,影响了可持续发展。在工程造价生态系统运行中出现数据集成驱动业务的失衡对工程造价管理行为人配置工程造价数据资源与工程造价业务服务形态的不相容,危及业务决策驱动的形成,影响了工程造价生态系统的可持续发展。

区域性工程造价数据集成驱动问题主要是由区域内工程造价管理群体活动造成的,也可能与区域外工程造价管理群体活动造成的影响密切相关。工程造价行业具有普遍性的区域性工程造价数据集成驱动问题主要有:数据生态意识问题、数据污染问题、数据鸿沟问题、数据质量问题、数据垄断问题、数据确权问题、数据隐私安全问题、数据文化问题等。而区域性工程造价数据集成驱动问题的累积效应导致整个工程造价行业性的工程造价数据集成驱动问题。因此,我们不能以狭隘的视野片面理解工程造价数据集成驱动问题,应全面、完整

地认知整个工程造价行业性的工程造价数据集成驱动问题的战略选择，建立正确的工程造价行业工程造价数据集成思维和意识，打破各种工程造价数据集成问题的桎梏。

1. 数据生态意识问题

在工程造价行业内，与数据打交道由来已久，但拥有的数据量非常少，在解决工程造价业务问题时，要求每个数据点都是精确的，也必须极精确地、高质量地来处理并呈现它们，这都是线性价值链的直线思维方法。然而在大数据时代，某种程度还停留在原来的解决方法中，面对的大数据问题，表面上是技术问题，而核心指向的还是数据生态思维问题，在实际工程造价业务服务过程仍然存在着片面理解、狭隘的视野来认知大数据，缺少大数据思维和意识，即数据生态意识缺失，没有形成工程造价行业的数据生态意识的氛围，工程造价管理思维方式缺少用数据佐证来改变传统直线思维的方法，数据生态意识淡薄，那种被动、局部、零碎的思路还是在工程造价管理活动中存在着，缺乏以数据为基础的敏捷管理意识，有时甚至在工程造价管理场景驱动时刻意回避数据。因此，必须调整心态，在增强科学数据生态意识的过程中，促进数据集成驱动工程造价业务的服务形态健康发展。

2. 数据污染问题

DT时代由于数据收集、数据储存的成本降低，低质量数据的泛滥已经成为一种常态，数据发布内容过滤机制缺失、无限制的主体重复发布与发布渠道多样化的爆发式增长，干扰性、欺骗性和误导性以及虚假信息以多种形式和渠道充斥于整个数据生态。在工程造价行业内，多种类型的工程造价咨询企业大规模增长，全面工程造价管理活动过程的无序竞争，引发了工程造价数据量的无序激增和急速膨胀，工程造价数据真假有时难以判断，处理时误导性大，大量恶劣、冗余、失实和错误的数据严重降低了工程造价管理行为人的信息获取和使用价值，难以寻找到自己需要的工程造价数据，这就形成了由工程造价数据量的无序激增和急速膨胀导致数据污染，成为工程造价管理行为人认识全面工程造价管理活动的障碍，给工程造价数据的甄选与鉴别带来困难。

3. 数据鸿沟问题

在工程造价行业内，由于地域、数据意识和数据文化不同而对数据化技术掌握和运用存在差距现象，这种差距既存在于工程造价数据资源的开发领域，也存在于工程造价数据资源的应用领域，特别是数据化在不同工程造价管理种群之间、工程造价管理群落之间存在着差距，它的产生就是由于在数据思维方式、柔性化管理、数据处理能力等方面所形成的差异而面临机遇不等的现象。数据鸿沟表现为不同地区、不同专业的信息化发展水平和使用数字技术程度的差别，以及工程造价管理人员年龄、数据素养水平的差别。数据鸿沟不仅是工程造价管理群体对工程造价数据与技术拥有程度、工程造价应用程度和创新能力差异造成的工程造价行业内的分化问题，而且更是工程造价生态系统数据化进程中不同地区、不同专业发展程度不同所造成的DT时代的全面工程造价管理问题，其实质是DT时代的市场化共识问题。因此，要克服工程造价数据、平台生态发展背后的差距分化，尽快消除不同地区、不同专业间的数据鸿沟问题，最终实现均衡发展、协同竞争、共生共长、互惠双赢的工程造价行业数据化，从而推动工程造价行业在建设市场的运行。

4. 数据质量问题

如果说数据集成驱动决策产生价值，那么数据质量决定了数据的可用率及其结论的正确性。数据集成驱动力必须建立在质量可靠的数据之上，才能使这些数据的感知、集结、传输、处理和应用的品质与效率得到提升，促进业务运行效率和科学决策所产生的价值效应。然而，多种类、多维度、多模态、多源性工程造价数据以及工程造价数据异构性与非结构化工程造价数据复杂性，为数据集成驱动工程造价业务带来了许多挑战，数据的完整性、一致性、准确性等问题得不到数据质量的保证，必然引起数据集成驱动全面工程造价管理的风险。由于工程造价数据在获取、储存、传递和计算过程中的不完善，带来了数据错误率的问题；工程造价数据来源和形式的多样性产生内外部数据冲突、不准确和不一致等问题，分布式、异构的数据缺乏联动整合机制，导致数据形式、数据格式、数据规则等数据规范缺乏统一、不协调的问题；工程造价数据在实际业务操作中采集未能完整导致数据不全面问题和恶意篡改数据严重威胁到数据的完整性问题。当发生了数据完整性问题时，整体数据记录缺失不健全和对实际情况的描述存在着不一致的状态与不够全面，那么根据这些数据建立的数据模型就容易发生以偏概全的问题。所以，要使数据集成驱动带来更精准的效果，这需要建立在数据质量可靠的基础上，优质可用数据将是指引决策驱动的方向。

5. 数据垄断问题

在工程造价管理活动过程中，工程造价数据资源不合理的被独享或专用的状况时有发生，各种各样的工程造价数据资源被条条块块分割，各个职能部门利用工程造价管理系统的割据实现事实上的工程造价数据私有化，并且利用工程造价数据私有化保护各种部门或个人利益，形成潜在的行政割据局面，导致了全面工程造价管理不可能整体、正确地根据实际情况对各类本源性业务活动的全面功能进行运作。制约数据垄断因素有很多，所面临的阻力可能远远超过我们的想象。对于工程造价管理部门而言，其本身就缺乏工程造价数据开放的动力，可能有其合理性，因为工程造价管理部门所掌握的工程造价数据往往有一定的敏感性，这个问题如何限制地共享值得考虑；而对于工程造价数据持有者的工程造价相关企业，也不会随便开放自身拥有的有价值的工程造价数据，甚至连历史的工程造价数据都尽量隐藏起来，都是最大化地考虑自身的利益；工程造价数据服务商对工程造价数据资源进行了挖掘和分析，以获得商业利益而拒绝信息的流动，为了维护自身利益而使数据流动受限，规定了谁能接入、需要哪类工程造价数据、限制了地域性与时效性情景的工程造价数据等诸多前提性内容，使工程造价数据大量积累的同时，却出现了数据垄断的困境。针对诸多数据垄断因素，数据垄断在工程造价业务实践应用中就会产生一些社会问题，比如安全性问题的加剧、工程造价生态可持续发展问题、工程造价数据有序流动配置问题和市场壁垒问题等。

6. 数据确权问题

数据确权指的是确定数据的权利人，明确工程造价管理活动过程中工程造价数据权属关系的界定，是对工程造价管理行为人之间的工程造价数据分享、使用、利益等权利进行规定。在数据集成驱动全面工程造价管理的问题上，需要把工程造价数据收集、存储、使用、加工、传递、集成等环节进行融合处理，这些大量的工程造价数据来源于各个方面的聚集，那么，这些工程造价数据谁有权真正决定能否被使用，如何规范化被使用？这些数据的归属权没有统一的规则来确定，在工程造价数据收集、存储、使用、集成、交流等阶段产生的多种权属关系模糊不清晰或不明确，无法清晰界定工程造价数据的所有权和控制权，从工程造价数据确权、权利使用到权利维护,其内容都不能够做到可信赖、可追溯以及透明化。由于明确工程造价数据的权属关系是数据集成驱动全面工程造价管理的基础支撑和保障,目前,工程造价行业的确权服务还较为粗放,停留在工程造价数据收集和原始滥用阶段,深度挖掘、分析能力不足,而工程造价智能算法和工程造价服务计算模型等市场还处于起步阶段,工程造价数据和信息服务的多种权属关系的确权登记和验证事务几乎一片空白,因此,只有通过建立归属清晰、权责明确、严格保护、登记规范和流转顺畅的权属管理制度,才能有助于数据集成驱动可持续发展。

7. 数据隐私安全问题

在 DT 时代,每个人都在持续地使用、产生和分享数据,然而场景化工程造价管理活动试图了解和理解个性化服务形态,通过个性化服务规则,表现出个人所掌握的技术经验、计算造价诀窍、操作过程等技术性与认识性的隐性工程造价知识,让数据进行工程造价管理活动场景分析实现了价值主张。于是,这些价值主张的数据化可以进行无限复制消费,导致数据归属权主人如何被谁收集了,流向哪里、会被谁如何使用,这个过程对个人来讲就是一个无法回避的个人隐私问题,就有个人隐私权的保护问题。如果需要共享就有一个数据道德和数据素养问题,当前免费应用程序普遍存在过度收集工程造价管理行为人信息、侵犯个人隐私的问题,越来越多地被别人掌握,而每个人不知道如何阻止这种情况发生,也不知道将会产生什么样的后果,几乎没有受到任何监管和依法惩处。大数据技术给个人隐私保护带来了许多冲突,并将对数据安全问题产生影响,保护个人隐私是一项行业基本的伦理要求,是数据道德和数据素养提升的一个重要标志。大数据的发展必须完善数据隐私管理法规和数据产权的立法,同时又需要将隐私的数据找到安全、可靠、敏捷的途径和方法来促使共享,只有这样,行业大数据才能真正健康、可持续发展起来。

8. 数据文化问题

在数据集成驱动建设的过程中,如果得不到组织机构人员的认同,任何先进的数据技术都难以发挥出其应有的作用和价值。目前在工程造价行业内还没有真正营造数据文化的氛围,数据的使用一直都存在,已经成为工程造价管理行为人的热点,人人皆知。但是,知道不等于认同,工程造价管理行为人的心目中,有的人认为数据的价值和力量依然存在有待证明,也有的人对数据价值持半信半疑的态度。这就是说数据感觉是本能,数据意识却不是,在全面工程造价管理活动中根据实际情况提倡某种思维模式和行为模式时,如果工程造价管理行为人不喜欢这种思维和行为模式,那么就需要进行大量的说服教育工作与能力培养,使他们喜欢利用数据驱动,才能促进他们改变这种思维和行为模式,这就是塑造数据文化的效果。强调数据文化落地时,首先要强调数据有用,其次强调数据集成驱动业务产生价值,同时也加速了数据思维与技能的养成,促进全面工程造价管理场景数据化。

工程造价数据集成驱动问题直接给工程造价生态系统持续运行以及市场化发展带来了影响,为了解脱这些问题的困扰,工程造价生态系统的可持续发展战略应运而生。工程造价生态系统的可持续发展是一种关于市场化工程造价生态长期发展的战略和模式,它不是一般意义上的一个发展进程在时空上的连续运行,而是特别强调数据集成驱动全面工程造价管理和工程造价数据资源体系的长期承载服务能力对发展进程的重要性以及发展对工程造价业务质量的服务形态的重要性。

四、工程造价生态系统可持续发展战略

数据集成驱动的工程造价生态系统建设的实质是为工程造价管理行为人建设良好的全面的工程造价管理生态环境,实现各类工程造价管理行为人工程造价业务服务形态需求的可持续发展。工程造价生态系统可持续发展战略的执行是需要依赖工程造价管理模式演化下的工程造价生态多个要素相互融合,对工程造价管理群体、工程造价管理资源、工程造价业务服务形态、工程造价管理运作流程、DT技术要做统筹的组织和安排。工程造价生态系统所构成的网络化交互行为协同框架,是一种对工程造价行业组织多角度的综合描述,反映了在其框架上发生各种工程造价管理问题的场,并存在着各种关系或深刻的内在联系,它的基本行为在于工程造价管理群体、工程造价管理资源、工程造价业务服务形态、工程造价管理运作流程、DT技术的组织和安排,决定了工程造价生态系统市场化的发展方向和结果。根据现状,工程造价行业应该采取如下战略。

1. 增强数据意识与数据文化的塑造

在DT时代,折射着在思维层面对大数据的认知,除了先进技术外,还包括数据资源、数据思维等多方面,如果一个组织机构拥有先进技术和算法,但没有数据资源,也不会运用数据思维,那么数据驱动决策必然不能实现。只有在工程造价行业内增强大数据思维和意识,让工程造价数据服务于市场化工程造价生态运行,提升整体工程造价管理行为人的数据意识,相信工程造价数据和依靠工程造价数据,以数据作为衡量尺度,工程造价管理行为人要有数据敏感度,学会用客观数据说话。其实数据意识实际体现了一种量化管理的思维方式,通过增强数据意识,提高整体工程造价管理行为人对工程造价数据管理的执行力。

数据文化作为工程造价文化的一种形态,具有显著的时代特征,标志着思维模式和行为模式改变。而工程造价文化是指在工程造价计价活动中长期形成的共同理念、方式、操作习惯和行为模式的总和。然而在DT时代,工程造价数据资源集成思维其形成过程是一个将工程造价生态系统中各种有益的因素进行整合以发挥作用的过程。工程造价数据文化的核心是数据价值观和数据驱动力,它表明一个工程造价管理行为人对数据取向的行为模式与态度,其实质是确立工程造价数据资源观念,切实发挥数据集成驱动业务在工程造价生态系统运行、管理和发展过程中的特殊作用。因此,工程造价数据文化的功能影响着工程造价管理行为人,特别是影响着高层管理者的行为选择,从而影响着工程造价生态战略调整方向的选择及其组织实施,它对数据集成驱动工程造价业务决策有着不可剥离的影响。

2. 重视工程造价数据资源的规划与配置

工程造价数据资源的规划是对工程造价生态系统进行全面性、整体性、长期性、基本性问题的总体构思,也是设计工程造价数据资源相关活动的方案。工程造价数据资源的规划就是要在工程造价生态系统内建立一个标准、一致、通用、共享、开放的公共工程造价数据平台生态,使其既能满足工程造价业务服务形态的需求,也能够对动态联盟体交互行为协同的应用提供一个共享、开放的工程造价数据访问环境。工程造价数据资源规划承载着工程造价生态系统数据化的重要使命,其目标是实现工程造价数据的规范化、标准化、准确性和完整性,并在此基础上实现价值主张,有效支持工程造价业务问题互动反馈、关联协调、计算微服务化的网络协同体系。重视工程造价数据资源的规划是从工程造价生态系统持续发展过

程中合理利用工程造价数据资源,维护工程造价数据资源的再生能力,协调动态联盟体与工程造价业务服务形态、工程造价管理模式演化与建设项目市场运行之间的平衡关系,使工程造价生态系统结构与功能相协调,实现从工程造价业务、工程造价数据到应用之间平稳的市场化需求与紧密的关联。

工程造价数据资源要产生更大的价值,需要有一个合理布局的问题。按照工程造价行业的地域性、专业性等服务范围,需要采取分布式工程造价数据资源跨组织机构、跨时空的合理配置,用聚合的方式提高工程造价业务应用配置效率。首先,工程造价数据资源配置必须符合动态工程造价业务需求状况,只有这样才能实现多源、异构工程造价数据资源生产的目的,多层级工程造价管理行为人对工程造价数据的需求和利用是工程造价数据资源配置的最基本的依据;其次,要尽可能降低工程造价数据资源配置成本,配置成本高必然会降低工程造价数据资源配置的效益,所以,尽可能降低工程造价数据资源配置成本是工程造价生态系统配置的基本要求;最后,工程造价数据资源配置要有利于高效地共享,促进多层级工程造价管理行为人的各类本源性活动机理、工程造价服务计算、工程造价监管控制从工程造价数据资源配置按生态规律健康运行,这是工程造价数据资源配置的特有要求,也是由工程造价数据资源本身的特性所决定的。工程造价数据资源共享是动态联盟体的基本要求,工程造价数据资源有效配置就是寻找适合工程造价业务服务形态发展需要的、功能多的、效率高、结构合理的工程造价数据资源体系,以达到工程造价数据资源共享的目的。

3. "海绵化共享"拓展工程造价业务服务形态

可供利用、共享的工程造价数据资源其外延的不断延伸,就能获得更大的工程造价业务服务形态的发展空间,要打破传统工程造价数据对不对称、区域内对数据流动的限制,必须使数据能够像海绵一样吸水、储水、净水,并科学释放水使其具有作用性,受工程造价行业不同专业领域单一性的影响,工程造价数据资源只局限地产生在某一专业领域,没有相对的深度、广度,使得工程造价数据资源的使用方式是被指定的、不能够多样灵活使用,共享模式都是"垂直化"的,这些工程造价数据资源的垂直化利用也许并非工程造价生态系统动态联盟体交互协同体系的本意,因为多样化利用才能给动态联盟体交互协同体系带来更多的拓展工程造价业务服务形态空间和价值主张。而依靠区块链技术,共享工程造价数据资源的使用方式让动态联盟体交互协同体系自主决定如何共享,那么共享的领域可以十分广泛,吸纳各种模式和内容,共享变成了没有中心组织的海绵化共享,通过在区块链上简单地链接起来,实际就由被限定的单一性工程造价专业领域,走向自由扩展的多工程造价专业领域,实现了海绵化的深度共享。所以可以认为海绵化共享是自组织的共享模式,工程造价数据资源所有的使用模式和内容都可以被吸纳进来,这就是区块链技术下,海绵化共享的力量,能够把拓展工程造价业务服务形态的潜力充分激发,共享行为的丰富度和参与性都大大提升。

4. 打通数据壁垒,建立工程造价数据横向流通机制

在互联网的工程造价生态环境下,工程造价业务的信息流、服务流、价值流形态均以数据驱动的方式重建,必须打通动态联盟体各个工程造价管理行为人之间和工程造价管理行为人各内部专业管理部门间的数据壁垒,完善工程造价数据的采集、分类、融合、分析、发布、共用和共享的制度和规则标准,建立工程造价业务协同、流程优化、工程造价数据横向流通与共享等深度交互的工程造价生态系统,提高工程造价业务服务形态精准感知、精准管控、精细服务的能力,切实消除横向条块分割、互不统属的数据壁垒困境,促进各层级工程造价管理行为人、各工程造价业务系统互联互通,实现各类工程造价数据横向流通机制,并接入各种工程造价业务,实施融合计算,建设一个可持续发展、能迭代进化的数据化基础设施。

5. 建立服务计算的智能算法模型与算力的协调机制

工程造价生态系统为适应建设市场的发展需要,其路径一定是以创造价值为导向,而不是以技术先进为导向。在工程造价行业发展过程中,工程造价业务形态的服务需求是动态变化的,为了在工程造价生态系统实现业务微服务链而进行的服务计算,需要根据微服务粒度建立各类智能算法模型来支持服务类型的灵活层级性,在价值链的主导下,进行了适宜性合理配置,促进了各类本源性服务计算、工程造价监管控制、计算算法智能分工等健康运行和动态发展。在数据驱动全面工程造价管理的过程中,对动态发展的工程造价业务形态服务问题的解决离不开数据、算法和算力,而工程造价数据微服务、工程造价业务计算微服务和工程造价算力微服务需要流程微服务的协同处理,在不同的工程造价业务形态服务问题上进行不同的调配,满足了全面工程造价管理的各类业务微服务范围场景。工程造价数据为服务计算提供了智能原料;工程造价智能算法模型为服务计算提供了核心智能引擎;工程造价算力为服务计算提供了基本的智能计算能力的支撑。工程造价智能算法模型和工程造价算力通过分布式协调模式的关联协调机制,使工程造价智能算法模型和工程造价算力产生了动力的智能服务计算引擎,得到了分布式工程造价业务微服务计算能力的提升。因此,有了工程造价数据智能原料和智能服务计算引擎,就可以在不同的工程造价业务应用场景下发挥互补计算资源、算力资源的协同价值,也可设计出适应建设市场发展需要的不同应用场景。

第二节 工程造价数据组织与集成的描述机制

随着建设市场动态地发展,数据驱动工程造价管理模式已是工程造价行业的必然选择,在不同的工程造价业务形态服务问题上,毋庸置疑,工程造价数据是关键要素。然而,工程造价行业的各个组织机构收集的工程造价数据都是与待解决的工程造价业务形态服务问题相关,使得工程造价数据资源的来源往往分散于单个工程造价管理组织的内部,在这种工程造价管理场景下,市场驱动工程造价管理发生了不均衡和不稳定,影响了工程造价生态系统持续运行以及市场化可持续发展。因此,所有工程造价管理行为人都应意识到工程造价数据的组织与集成的重要性,为描述各种分布、异构和变化的工程造价数据与工程造价业务微服务链的有效利用,需要建立面向开放和分布工程造价数据的组织与集成协调机制,使各类工程造价管理群体能够灵活地无缝地组织与集成所需工程造价数据,在基于全面工程造价业务微服务化的组织与集成工程造价数据描述机制基础上形成工程造价管理行为人个性化和可动态发展的工程造价数据资源体系,支持围绕各类工程造价管理群体服务计算来组织与集成工程造价数据资源。

一、工程造价数据组织与集成的选择标准

工程造价数据的存在形式是复杂的,其组织与集成也是复杂的。从不同角度进行选择,都可以形成不同的组织与集成标准。要根据工程造价生态系统运行机制的工程造价数据资

源、市场化可持续发展和各类工程造价管理群体条件选择工程造价数据组织与集成的切入点。

1. 工程造价数据组织与集成的目标选择

构建工程造价数据组织与集成的战略目标是为了进行工程造价数据挖掘，或者说是为了挖掘其所蕴藏的价值。确定面向各类工程造价管理群体服务的工程造价数据组织与集成的选择标准是以适应工程造价生态系统运行机制及市场化可持续发展要求的基础，同时又是一项综合性协同合作的战略实施路径，如何把工程造价数据组织与集成的战略目标贯彻到全面工程造价管理的日常运作中，是让工程造价数据组织与集成的战略目标落地最为关键的问题，因此，必须定位合理，目标明确。而工程造价数据组织与集成的战略目标制定是行动选择标准的总纲，战略目标下可分为多个具体目标，在收集工程造价数据之前必须明确，战略目标与具体目标之间以及各个具体目标之间相互联系、相互制约，共同形成统一的基于工程造价生态系统运行机制及市场化可持续发展的工程造价数据组织与集成目标体系。

（1）战略目标

结合各类工程造价管理群体服务的开展以及工程造价管理资源组织的实际情况，适应工程造价生态系统运行机制及市场化可持续发展的工程造价数据组织与集成的战略目标可描述为建立多种工程造价管理行为人行为场域的采集渠道，并从两个维度建立工程造价数据组织与集成的选择标准化机制的总体模型，根据各类工程造价管理群体服务需求，在纵向轴表示为结构维来描述选择标准化机制的静态机制，在横向轴表示为过程维来描述选择标准化机制的动态机制，选择标准化机制的两个维度构成的平面总体模型，可对各类工程造价管理群体服务需求的工程造价数据进行深层组织与揭示，构建开放式工程造价数据服务环境，实施集约化共建和共用的集成各种载体、各种类型工程造价数据，将集成的工程造价数据透明地、无缝地组织成工程造价数据资源服务体系，实现平面总体模型的各类工程造价数据内容间的无缝关联和透明访问。优化工程造价管理行为人的各种工程造价业务服务计算的工程造价数据资源配置，实现工程造价数据资源广泛存取和高度共享，提高工程造价数据资源的可用性。将工程造价数据组织与集成纳入到统一的工程造价数据资源服务体系中，做到工程造价数据资源与各类工程造价管理群体服务的无缝结合，实现工程造价管理行为人与工程造价数据资源的交互以及工程造价数据资源与工程造价业务服务形态的高度集成，从而为工程造价管理行为人提供高效率、智能化的敏捷性服务。

（2）具体目标的定位视角

结合对战略目标的分析可以看出，工程造价数据组织与集成的具体目标涉及工程造价行业各个专业领域的多个层面，因而具体目标的定位也应有多个视角，不同的视角对应不同专业领域的具体目标定位，基于工程造价生态系统的全面工程造价管理定位视角，是由各类工程造价业务微服务及市场化可持续发展通过统一选择标准的表达性状态构成，具体目标的定位以以下几个方面为基础。

①来源定位

主要从工程造价管理部门、工程造价管理协会、建设单位、勘察设计单位、施工承包单位、监理公司、材料设备供应商、工程造价咨询企业、运营单位等来源角度来定位工程造价数据，各单位的工程造价管理行为人根据自身的职责范围，通过预先制定规则、协议和条款，形成一种互利共建的关系,在充分了解工程造价生态系统的工程造价数据组织与集成选择标准需求特性的基础上,有效提供和有机链接各单位工程造价管理行为人的工程造价数据,或者通过市场渠道收取需要的工程造价数据。这些工程造价数据组织与集成的选择标准与其各单位工程造价管理行为人自身的工程造价业务结合紧密,而且在各自内部已经广泛使用或储存,已成为其工程造价业务工作流程的重要环节和内容。因此,为保证工程造价数据组织与集成的选择标准的连续性,需要建立这些来源渠道索取过程中与工程造价数据组织与集成的选择标准的动态映射关系,保证不同来源、不同形态格式、异构的工程造价数据的正确性。

②内容定位

按照工程造价生态系统运行机制及市场化可持续发展的工程造价数据资源服务体系的表示内容来描述工程造价数据组织与集成的选择标准。主要包括三个方面的工程造价数据:一是工程造价数据基因。在工程造价管理模式的碱基序列中,取决于工程造价数据基因的选择性表达,即显性工程造价规则数据和隐性工程造价规则数据,显性工程造价规则数据包括行业各种计价依据和规则、标准规范规程、相关法规、制度规范等数据;隐性工程造价规则数据包括技术经验、计算诀窍、认知能力等知识。二是全面工程造价管理活动数据。在全面工程造价管理的具体活动中,是基于过程最表象的各类本源性层级活动最基本的实体特征,是由许多前后接续的阶段和驱动各种各样具体活动过程所产生的工程造价数据,即历史工程造价数据和市场工程造价数据。全面工程造价管理活动数据主要包括项目投资决策阶段、设计阶段、交易阶段、实施阶段、结算阶段、工程后评价阶段等的工程造价数据,有关工程造价指标指数及各种类型的标准专题案例工程造价数据,BIM(Building Information Modeling)工程造价数据,市场要素价格信息等。三是工程造价管理环境数据。由于工程造价管理模式随着时间的演化而发生变异,需要与工程造价管理环境进行互动,所以工程造价管理环境数据具有时间重要性和路径依赖性,使得工程造价管理环境数据具有动态变化的过程。主要包括政治法律环境、经济环境、技术环境、区域环境、工程造价文化等工程造价数据。

③微服务定位

从工程造价生态系统业务微服务功能的工程造价数据角度出发,根据工程造价业务微服务功能覆盖全面工程造价管理整体业务范围的具体配置描述,工程造价数据组织与集成的选择标准应当从不同来源汇集各种不同形式的工程造价数据,按照工程造价业务微服务粒度的标准,依据工程造价数据资源共享与交换的粒度和领域对象,以及多维度信息共享和应用微服务形态的不同,沉淀出工程造价数据组织与集成对选择标准进行描述。如过程工程造价确定范畴、过程工程造价控制范畴、全生命周期工程造价管理过程流程集成范畴等工程造价数据资源。所以,从工程造价业务微服务视角进行工程造价数据组织与集成,可定义工程造价业务微服务形态与工程造价数据资源之间的逻辑关系和具体组织与集成标准。

④属性与形态定位

主要按照工程造价数据属性的选择标准来组织与集成工程造价数据。工程造价数据属性的选择应根据使用目的和要求来定义标准,为了更好支持工程造价数据资源的智能接入,高效共享,可将工程造价数据属性的选择标准分为工程造价数据静态属性和工程造价数据动态属性。结合对工程造价生态系统的工程造价数据属性描述,将工程造价数据静态属性分为基本属性和能力属性,基本属性主要描述工程造价数据最基本的信息,如数据编号、数据名称、数据类型、数据单位、数据类别、数据价格名称、数据时间名称、区域名称、数据来源、数据用途及说明以及工程造价源数据等；能力属性包括工程造价数据的功能描述和特征描述，工程造价数据的功能描述是选择工程造价数据资源的重要标准，包括功能类型、功能描述等，而特征描述主要指性能属性的描述，不同类型的数据，其性能描述也不相同。工程造价数据动态属性主要用于描述工程造价数据在工程造价生态系统中的微服务运行状态，可以认为工程造价数据在工程造价业务微服务计算的需求情况，与工程造价数据的可用性有极大关系，对工程造价数据的状态进行定义和区分有利于工程造价数据组织与集成的分类选择，便于多层级工程造价管理行为人正确地根据实际情况对各类本源性业务活动的全面功能进行运作，如行业计价规则、市场要素价格等。

形态定位主要从工程造价数据的表现形态来描述其选择标准。其表现形态可以采用如文本、图形、表格、图像、音频、视频、数据库、XML 等多种形式的组织与集成的选择标准。

2. 工程造价数据组织与集成的选择标准维度

在工程造价数据组织与集成的层面上，工程造价行业的各个单位、部门和领域的专业概念太强了，涉及各个部门的工程造价业务领域的工程造价数据，为了使工程造价生态系统业务微服务的应用服务方式、服务计算支持和整体的与统一的工程造价数据资源管理等层面协调链持续发展，需要从顶层高度来组织与集成工程造价数据，而建立工程造价数据资源体系的选择标准必须应用科学合理的方法对工程造价生态系统的全面工程造价管理活动的工程造价业务微服务流程进行整合，必须结合工程造价行业专业性的具体情况，合理布局使选择标准具有最广泛的适用性，可以从全面工程造价管理服务范围、工程造价业务微服务内容和工程造价业务应用方式这三种维度出发，构成工程造价数据组织与集成的工程造价数据资源的基本标准体系，在此基础上，再结合工程造价业务专业领域具体情况适当扩展其他维度，以满足自身的特殊应用需求。这三个维度反映了工程造价数据组织与集成的最主要阶段，分别描述如下。

(1) 依据全面工程造价管理维度进行组织与集成

全面工程造价管理维度是基于全生命周期一体化工程造价管理，工程造价数据组织与集成来源于全过程、全要素、全方位精准量化的工程造价数据，可从基于过程的各类本源性的许多前后接续阶段和驱动各种具体活动所定位的工程造价数据，选择标准维度依据全过程、全要素、全方位、全风险的工程造价数据进行组织与集成，主要包括全面工程造价管理活动的基础工程造价数据、交易活动的工程造价数据、实施过程的工程造价数据、BIM一体化工程造价管理的工程造价数据、工程造价成果文件的工程造价数据等。

(2) 依据工程造价业务微服务内容维度进行组织与集成

按照一个工程造价业务内容问题对应一个工程造价业务对象，其每一个工程造价业务范畴作为工程造价业务微服务内容维度所产生的工程造价数据，对工程造价数据在工程造价业务微服务主题内容上进行组织与集成，选择标准维度依据每一个工程造价业务范畴的工程造价数据内容，体现了工程造价业务微服务所涉及的工程造价数据范畴，根据工程造价业务微服务限界上下文和粒度工程造价数据内容的主题选择标准，可分为过程工程造价确定与控制工程造价数据、过程风险工程造价识别工程造价数据、工程造价索赔的工程造价数据、工程造价纠纷处理的工程造价数据、专业工程造价成果文件服务计算过程的工程造价数据等。

(3)依据工程造价业务应用方式维度进行组织与集成

依据工程造价生态系统动态联盟体各工程造价业务应用方式的构成维度,可针对不同的工程造价业务应用主题的工程造价数据进行组织与集成,该维度根据动态联盟体的各个工程造价管理行为人的工程造价业务对象捕获工程造价数据,主要从动态联盟体的各个工程造价管理行为人应用主题的角度选择标准,其各工程造价业务应用对象体现了服务内容、服务方式、服务监督、工程造价数据资源管理各环节不一样的标准依据,由此来对工程造价数据的各工程造价业务应用方式类目进行划分,从而形成工程造价数据按应用方式的维度进行组织与集成。各工程造价业务应用方式的主题选择标准,可分为建设单位、工程造价管理机构、勘察设计单位、承包施工单位、材料设备供应商、运营单位的工程造价数据等。

3. 工程造价数据组织与集成实施的策略与方法

在工程造价数据组织与集成实施过程中,全面工程造价管理服务范围、工程造价业务微服务内容和工程造价业务应用方式这三种维度为必备的选择标准,也就是说,任何工程造价数据组织与集成在顶层设计层面上都应按照这三种维度进行选择标准,以便于工程造价数据的统一组织、集成、管理、共享和交换。在必备这三种维度的选择标准下,工程造价数据组织与集成也可从个性化具体情况适当的其他维度扩展选择标准,在组织机构内部的各个专业部门各环节的工程造价数据中,以属性、形态、区域、时空等维度作扩充选择标准,有效地从这些维度的工程造价数据进行组织与集成。

工程造价数据组织与集成实施的策略与方法应该从宏观的视角出发,按照必备这三种维度的选择标准顺序地从全面工程造价管理服务范围、工程造价业务微服务内容和工程造价业务应用方式进行组织与集成,即先按照全面工程造价管理服务范围把工程造价数据划分对应到各个业务服务领域,然后按其工程造价业务微服务内容进行细分工程造价数据,接下来在细分全面工程造价管理服务范围和工程造价业务微服务内容中按照工程造价业务应用方式的工程造价数据进一步细分。而对必备的三种维度与其他维度在工程造价数据选择标准中所组织与集成的使用策略与方法应该根据自身需要进行采纳和修改使用,在索取工程造价数据的选择标准进一步调整,必要时进行适当修改和补充。

二、工程造价数据组织体系构建

工程造价数据组织是指采用一定的方式和规则,将大量的、分布散乱的、优劣混杂的工程造价数据经过序化或整序,形成一个便于有效配置工程造价业务服务形态的过程。面向工程造价生态系统各个业务服务领域的工程造价数据需要予以结构化,利用一定的科学规则和方法,按照工程造价数据能够被获取的形式,识别所有类型所承载工程造价数据的内容,并把这些承载工程造价数据的内容系统化组织到工程造价数据资源体系中,才能提供高效的数据驱动全面工程造价管理有效配置服务。要实现为工程造价生态系统各个工程造价业务微服务提供工程造价数据资源功能,就要有对应的特定结构,必须对工程造价数据外在特征和内容特征的描述和序化,这就是工程造价数据组织体系的构建问题。

1. 工程造价数据组织模式的构建

工程造价数据组织模式是指以工程造价数据的外在特征和内容特征为主要依据,通过分块、分片、聚类、列类等方式将数据整理和转换所形成的工程造价数据资源体系。工程造价数据组织的本质是对工程造价数据及工程造价数据间的关联进行揭示和组织。工程造价数据组织就是通过一定的技术手段,将工程造价生态环境中的各种海量工程造价数据,按照一定的规则进行整理、提炼、抽象和表达,以科学、有效的方式准确表达工程造价生态环境的现象和内在规律,指导不同层级工程造价管理行为人对工程造价业务服务形态进行服务计算和驱动全面工程造价管理可持续的深入研究。构建工程造价数据组织模式是从工程造价数据中进行有序化整理,将内容相同或相关的工程造价数据融合在一起,将内容无关的工程造价数据区别开来,无论工程造价数据以什么样的形式出现,工程造价数据组织的关键是深入分析工程造价生态系统可能产生的各种关联,实现上是对工程造价生态系统结构各种关系的分析,并根据对关系机理的揭示来建立工程造价数据组织的模式,工程造价数据资源才能被有效地共享和利用。工程造价数据分块、分片、聚类、列类重组和提取核心的特征属性则是工程造价数据外在特征和内容特征的表达和工程造价数据元素之间关系的有序化结构再现,以及工程造价数据关系按照不同层级工程造价管理行为人需求的重新组合。图 7-3 反映了构建工程造价数据组织体系的一般途径及模式。

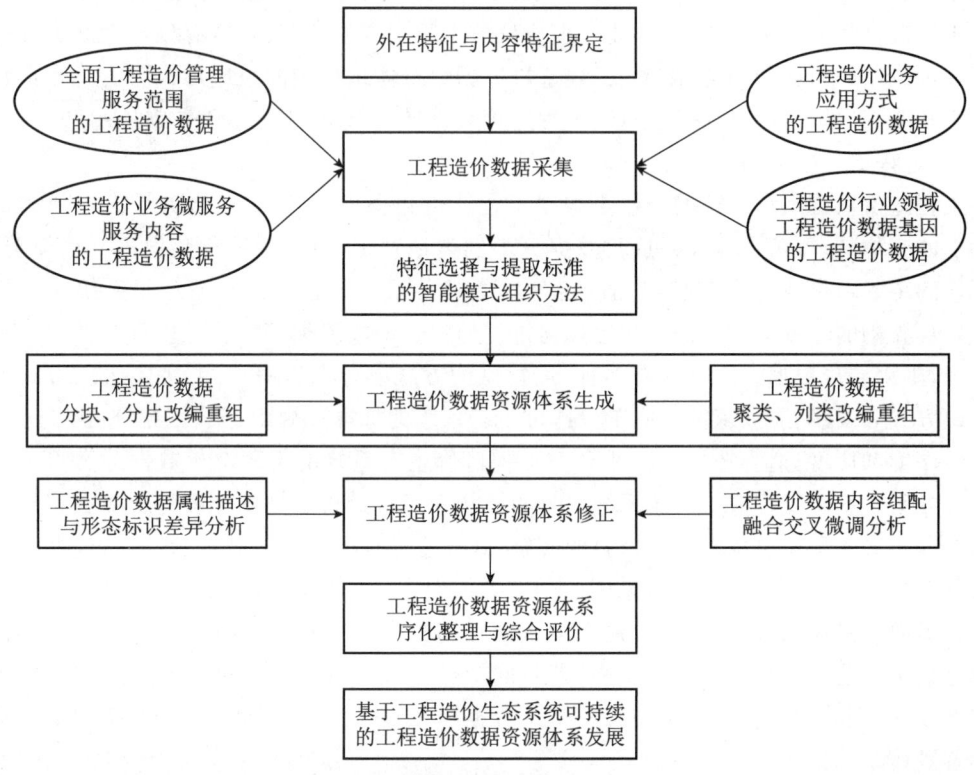

图 7-3 构建工程造价数据组织体系的一般途径及模式

工程造价数据组织模式的构建是工程造价生态系统的重要组成部分,利用工程造价数据组织模式的方法来形成工程造价数据资源体系,能较清楚地反映出工程造价数据各要素在工程造价数据资源体系结构上的分布变化及其工程造价业务服务形态的关系机理,同时也为工程造价生态系统运行机制提供了实现方式的途径,保证工程造价数据来源的一致性数据标准及规则源自工程造价生态环境,又服务于不同层级工程造价管理行为人对工程造价业务服务形态进行服务计算和驱动全面工程造价管理可持续的深入研究,它对于充分体现工程造价数据资源的内容,方便工程造价数据工程师编写工程造价元数据和建立工程造价元数据体系及对工程造价元数据的管理起到重要的作用。

2. 工程造价数据组织体系的结构

工程造价数据组织体系结构的理解是对工程造价数据的整体构成的把握,由于工程造价数据组织体系结构的形成基本上是在中台进行的,通过海量工程造价数据进行埋点采集,可把工程造价数据统一后,形成标准数据,再进行存储,并擅于利用海量、多源、异构的工程造价数据进行分块、分片、聚类、列类等整合汇聚。所以,提供给不同层级工程造价管理行为人的工程造价数据组织体系结构不是基于数据组织体系结构的可理解性和清晰性,而是基于沉淀工程造价数据组织的完备性和有效性,这样就可建立工程造价生态系统的工程造价数据资源体系。工程造价数据组织体系的结构应按照工程造价数据组织规范对工程造价数据进行预处理,从而去除明显不需要的工程造价数据及多余工程造价数据,并对组织过程进行管理。如果我们以工程造价数据的简洁清晰、可理解性以及可用性为原则,按照工程造价生态系统各个环节的工程造价数据资源构建要素,必须汇聚工程造价生态系统各个环节中设定工程造价数据采集的点,去构建工程造价数据组织体系的结构,富有创意地表述和展示工程造价数据的内容和结构,因此,工程造价数据组织体系结构的组成形式应为工程造价数据组织系统、工程造价数据标识系统、工程造价数据导航系统、工程造价数据展示系统。

(1)工程造价数据组织系统

工程造价数据组织系统的工作是根据工程造价数据内容的属性、服务形态对象和微服务功能的其他特征,负责将工程造价数据分门别类地列出,对工程造价数据进行逻辑分组,将无序的工程造价数据融合组织并确定各组之间关系。工程造价数据组织系统决定把海量、多源、异构的工程造价数据的内容如何进行分块、分片、聚类、列类,是内容分类整合汇聚的途径,工程造价数据组织方式有多种,最常见的方式有分类组织方式、主题组织方式和集成组织方式等,我们应该遵循适应工程造价生态系统的标准和规则,兼顾工程造价业务服务形态的深度和广度,适当选择一种适合于工程造价生态系统的工程造价数据分类组织方式的标准方案。基于工程造价生态系统的分布式全面工程造价管理的工程造价数据组织应当强调对分布式工程造价数据组织内容的理解,其核心通过区块链的智能合约、分层共识机制处理分布式工程造价数据内容对象间的关系,并使用工程造价元数据等标记对分布式工程造价数据内容对象属性进行描述,建立多重路径将分布式工程造价数据埋点采集的具体内容引导到工程造价数据组织系统上来,即将底层分布式工程造价数据内容与顶层主题组织空间集成在一起的组织方式,实现工程造价数据组织体系与工程造价生态系统的工程造价数据资源体系同构。

(2)工程造价数据标识系统

工程造价数据标识系统负责工程造价数据内容的表述,在工程造价数据组织体系的结构中工程造价数据标识是重要的,创立一套分类标识系统,确定工程造价数据标识的工具或技术,既可提供大量的工程造价数据,又能通过简明、清晰的合适的名称、标签来描述其所隐含的内容。定义的名称、标签要注意既符合工程造价行业的使用习惯,又要囊括该类下的所有项目的内容和能区分其他类的所有项目,避免使用那些意义模糊或者基于某内部组织系统的词汇,保证标识的一致性、含义明确无歧义、简洁清晰。

(3)工程造价数据导航系统

工程造价数据组织中的导航是数据驱动工程造价业务形态与技术的结合,既要利用先进的数据技术,又要以数据驱动工程造价业务服务形态的思维为指导。通过工程造价数据导航系统的构建,实现工程造价生态系统的工程造价数据资源快速在新的生态环境中以合适的形式进行积累沉淀和分享定位,应对不断变化的工程造价业务发展需求。工程造价数据导航系统负责工程造价数据浏览和提供高效查找相关工程造价数据,通过各种画像标签体系的路径显示,不同层级工程造价管理行为人能够知道自己需要的工程造价数据内容、自己的定位和可以进一步需要获得的工程造价数据内容,保证工程造价数据的可访问性。面对海量、多源、异构的工程造价数据,不同层级工程造价管理行为人极易产生迷航,工程造价数据组织要想更好地为其提供需求服务,更应该提供优质的导航。工程造价数据导航系统可以通过画像标签体系来表达,一般来讲,标签是某一种工程造价数据内容的组织方式,能方便地帮助不同层级工程造价管理行人找到合适的工程造价数据内容及内容分类。可形象地体现两种设计思路:一类是结构化的标签导航体系;另一类是非结构化的标签导航体系。

结构化的标签导航体系可结合具体的工程造价业务场景来确定,一般表现为一种将标签组织排布模型构建,它是按照某个分类法制定一个层次标签的类目结构体系,属于组织成较规整、分类明确的体系。结构化的标签导航体系可用树状结构来比拟,对海量、多源、异构的工程造价数据进行归属、分类、架构组织,其核心意义即为不同层级工程造价管理行为人提供一个标记,帮助确定工程造价生态系统的工程造价数据相关内容的聚集、相关链接的聚集、相关特征的聚集、相关属性的聚集、相关服务的聚集等。例如工程造价数据基因的数据,构成了工程造价数据基因对应的结构化标签的导航方式,其标签的下一级类目结构体系的导航埋点为行业业务计价规则数据、行业标准规范规程数据、工程造价相关法规数据、行业管理制度规范数据。

非结构化的标签导航体系就是各个标签就事论事,各自反应各自层级工程造价管理行为人沉淀积累的工程造价数据,彼此之间并无层级关系,也很难组织成规整的树状结构。如建设项目的工程变更类中工程量变更数据、施工条件变更数据、工程量清单缺项数据等,或工程变更类文档数据主题模型。例如合同价款调整中,不同层级工程造价管理行为人往往会构建诸如法律变化类、工程变更类、物价变化类、工程索赔类等数据主题模型,不仅涵盖已经构建的结构化的标签导航体系,如基础工程造价数据、工程造价计价定额数据、市场要素价格数据等,还能更细致地表达如对象类数据、图类数据、文本数据等语义上的分类,而且这些分类之间并没有明显的层级关系。

由于工程造价数据具有多层面的、海量的、异构的内容,引导不同层级工程造价管理行为人快速找到需要的内容是工程造价数据组织可用性的一个重要因素。因此,我们在设计工程造价数据导航系统除了给不同层级工程造价管理行为人提供清楚的、易于理解的画像标签体系,让不同层级工程造价管理行为人自由地在标签导航体系的数据空间巡航外,还必须尽可能地为不同层级工程造价管理行为人提供导航工具和巡航,明确导航的方向和路径,使工程造价数据内容可组织,准确地聚集工程造价数据的目的。

(4)工程造价数据展示系统

在确定了工程造价数据内容和组织好工程造价数据内容、建立工程造价数据导航系统后,需要考虑这些对象元素如何在数据空间中展现给不同层级工程造价管理行为人,这就要根据工程造价数据内容属性、不同层级工程造价管理行为人的属性、工程造价业务服务形态属性等确定工程造价数据的表达形式,需要借助可视化技术和交互技术来制定各类工程造价数据的服务,去组织工程造价数据的展示方式,即在功能上实现各类工程造价数据能够清晰地聚集与链接,同时又能够以工程造价数据可视化的方式直观地将这些工程造价数据内容呈现给相关工程造价管理行为人。

3. 工程造价数据组织体系的构建流程

工程造价数据组织体系的构建流程包括:工程造价数据需求分析、工程造价数据组织对象的采集、工程造价数据揭示与描述、工程造价数据的集成、用户界面设计。

(1)工程造价数据需求分析

工程造价数据需求分析是工程造价数据组织体系的基础和出发点,在整个流程环节中起着重要的作用。首先,在工程造价生态系统环境中对不同层级工程造价管理行为人需求的了解和获取是工程造价数据组织的关键,而对不同层级工程造价管理行为人的工程造价数据需求分析、获取和管理是保证工程造价数据组织及服务得以实施的基础。在工程造价生态系统中不同层级工程造价管理行为人有不同的工程造价业务服务线、不同的工程造价业务层级以及不同细粒度的业务岗位,对这些需求的收集与获取是梳理工程造价数据需求与量身定制的基础;其次,通过分析不同层级工程造价管理行为人的业务需求,需要经过一定的处理分类,才能掌握不同层级工程造价管理行为人的工程造价数据行为场景,从而为工程造价数据组织提供指导;最后,进行不同层级工程造价管理行为人的工程造价数据可按类来组织,根据不同层级工程造价管理行为人的业务需求类型情况,或者按照工程造价业务微服务主题,海量、多源、异构的工程造价数据的内容进行分块、分片、聚类、列类,参照分类法等工具,在获取不同层级工程造价管理行为人的工程造价数据行为场景需求后直接把其需求分到相应的类中,并建立工程造价数据信息库,通过需求分析形成的需求类型都是工程造价数据信息库的素材。

(2)工程造价数据组织对象的采集

工程造价数据组织对象的采集应针对不同类型不同层次以及不同主题的工程造价数据,可根据透明的行为规范契约进行跨组织机构、跨时空实现对工程造价数据的分布式采集和获取,由于不同的工程造价数据有不同的价值,那么就要基于不同的工程造价数据的价值,针对工程造价生态系统的工程造价业务服务形态的各个角度,制定不同类型不同层次以及不同主题的工程造价数据的采集和获取,不同类型不同层次的工程造价数据,可选择不同的采集、组织、整理和融合的方式。DT技术的出现进一步强化了工程造价数据采集范围、广度和深度,不同主题的工程造价数据的全面、及时、准确采集,给工程造价数据组织提供了基础。而类型繁多、结构多样、体量巨大的工程造价数据决定了其采集的复杂性和多样性,需要应用数据采集技术、区块链和人工智能等关键技术跨组织机构、跨时空的动、静态工程造价数据采集。一般情况下,可以分为四个层面进行工程造价数据采集:全面工程造价管理服务范围的工程造价数据、工程造价业务微服务内容的工程造价数据、工程造价业务应用方式的工程造价数据和工程造价行业领域工程造价数据基因的工程造价数据。

(3)工程造价数据描述与标引

在工程造价数据组织过程中,描述与标引是识别和揭示工程造价数据的过程。工程造价数据描述是按照一定的规则和标准,根据工程造价数据组织的需要对工程造价数据的形式特征和内容特征等多个层次进行分析、选择、记录的活动。工程造价数据标引是按照一定的标引规则,根据工程造价数据组织的各种要求对工程造价数据的内容属性及相关外表属性等进行分析的基础上,用特定属性标识揭示工程造价数据内容的过程。工程造价数据描述是工程造价数据标引的基础和前提,工程造价数据标引是工程造价数据描述的深化和延伸,工程造价数据描述与标引必须根据全面工程造价管理服务范围、工程造价业务微服务内容和工程造价业务应用方式的改变而变更。工程造价数据描述规范应在行业的范围内对工程造价数据描述原则、内容、格式等制定的具有一定约束力的一系列规则和标准,通过分析工程造价数据的特征,并按照一定的工程造价数据描述规范加以记录,形成工程造价数据建设规范,指导工程造价数据的集成和定制。为满足不同层级工程造价管理行为人在海量、多源、异构的工程造价数据内容中准确、全面、迅速、方便采集所需内容的各种要求,就需要依据工程造价数据的内容属性以规范的方式进行标识,其标引的方式的选择应根据工程造价生态系统的工程造价业务服务形态特点、不同层级工程造价管理行为人需求等因素综合考量。在对工程造价数据描述与标引过程中,需要进行工程造价数据组织的聚类、列类和分类,各种数据采集工具收集来的工程造价数据经常是未分类的工程造价数据集合,随着工程造价数据数目的增多,即需要进行工程造价数据聚类。工程造价数据分类模式可以为不同层级工程造价管理行为人需求提供导航作用。

(4)工程造价数据的集成

大数据视野下的工程造价生态系统的各种类型工程造价数据必须迎合工程造价行业植入市场化的要求,应该针对多种形式格式的工程造价数据进行统一的标准融合与集成,才能在工程造价数据资源体系中根据种类繁多的工程造价数据和动态变化信息、关键特征属性的标识状态的分析需求进行交会、变换和聚变。获取与采集各类型的工程造价数据后所描述与标引的工程造价数据分类模式,要根据工程造价生态系统的工程造价业务服务形态特点、不同层级工程造价管理行为人个性化特征和需要,对各个相对独立的工程造价数据组织体系中的基本属性、数据属性、分布属性、功能属性、行为属性、作业属性等数据进行多粒度融合与集成,重新结合为一个新的、以工程造价生态系统为中心的标准工程造价数据集。要汇合和集成分布的异构工程造价数据,将全面工程造价管理服务范围、工程造价业务微服务内容、工程造价业务应用方式的和工程造价行业领域工程造价数据基因的多层次工程造价数据进行抽取、清洗、规约、转换、加载和脱敏等工作,明确工程造价数据集成的过程直接关系工程造价生态系统的工程造价业务服务形态的实现程度。

(5)用户界面设计

用户界面是介于不同层级工程造价管理行为人与工程造价数据体系之间的媒介,它是向不同层级工程造价管理行为人提供利用工程造价数据的途径和方法。用户界面设计应有实用性、功能明确、操作方便,能够将工程造价数据展现的普适性和功能有机地结合起来,以易于理解的方式提供其所需的工程造价数据。可用可视化技术,可形象直观地展示工程造价数据属性特征和链接之间的复杂关系使其变得易理解和易接受,以及易于对工程造价数据进行更广泛、更深层次的抽象概括,使工程造价数据组织体系的表现形式更加人性化,提高了交互性与可用性,方便不同层级工程造价管理行人的使用。

三、工程造价数据集成构想

工程造价数据集成的核心任务是将互相关联的多源、异构工程造价数据有机地集中到一起，使工程造价生态系统的不同层级工程造价管理行为人能够以分布式的、透明的方式查看这些工程造价数据集，令工程造价数据集对不同层级工程造价管理行为人更具可操作性和价值。其目的是使数据驱动全面工程造价管理的实施过程中维护工程造价数据整体上的一致性，解决分布式工程造价数据在工程造价管理的各个环节和各个阶段需求的"信息孤岛"问题，提高了动态联盟体各个工程造价管理行为人及相关工程造价专业人员分布式协同工作的分布式工程造价数据共享和利用效率。

1. 工程造价数据集成的分类层次

工程造价数据集成的分类层次可以从基本工程造价数据集成、工程造价数据多级视图集成、工程造价数据模式集成、多粒度工程造价数据集成等角度进行描述，通过分类层次可以有效地对工程造价数据进行识别、导航和定位，以满足从不同角度去组织、揭示、识别和使用工程造价数据。

（1）基本工程造价数据集成

由于在工程造价生态系统中的全面工程造价管理涉及的工程造价业务微服务场域广而复杂，基本工程造价数据集成面临沉淀的分布式工程造价数据跨组织机构、跨时空的自由流动问题，必须采用通用标识符来集成工程造价数据，保证分布式工程造价数据依据其某种共同属性或特征区分或分组，并且指派一个唯一标识符对其进行区别，把具有相同属性或特征的实体对象集中在一起，与不具有这些属性或特征的实体对象分开，当工程造价数据的目标元素有多个来源时，可将该实体对象的各次出现合并起来。然后按照区分出来的实体对象集合的关系排列次序，并在这些类中进一步按照相同点和相异点进行区分和组织。

（2）工程造价数据多级视图集成

工程造价数据多级视图是对工程造价数据内容概念及其之间的关系进行描述与组织的机制。这种多级视图集成属于虚拟式工程造价数据集成，工程造价数据仍然保留在各个工程造价数据中，通过某种机制，实现工程造价数据语义模型的形式化，支持工程造价数据对象的标引分类，使得工程造价数据能够通过统一的视图对其进行集成。虚拟式工程造价数据集成是为工程造价生态系统的运行提供工程造价数据资源支持，在相应工程造价数据支撑下完成工程造价数据资源到工程造价业务服务形态的封装、微服务数据的存储和检索以及其他相关工程造价数据的整合处理工作，并能够为多层次工程造价管理行为人提供工程造价数据处理服务等。因此，工程造价数据多级视图一般可以分为3个层次，即基础层、中间层和表现层。工程造价数据基础层表示方式为局部或全局模型的组织、融合，分布式工程造价数据的各种工程造价数据均将在该层中进行存储与处理，不同结构的工程造价数据被组织为相同的数据格式；工程造价数据中间层数据表示为公共模式格式，主要依托工程造价数据基础层，针对多源同构与异构和时空关联的工程造价数据间的连接交换而进行的一种逻辑集成方法，需借助一些商业化智能技术或工程造价业务微服务来扩展集成范围、深化集成功能。工程造价数据中间层可以从内容上提供对分布式工程造价数据的深度交叉关联，并用更符合工程造价管理行为人的习惯的使用方式完成对不同多源同构与异构和时空关联的工程造价数据间的透明访问，从而在一定程度上解决各种工程造价数据之间存在的内容交叉、互不关联、各自孤立等问题；工程造价数据表现层高级数据表示为综合模型格式。主要的目的是为多样化、分布式存储的工程造价数据资源提供逻辑组织和导引，可利用多逻辑主线把工程造价数据串联起来，方便工程造价管理行为人快速到达目标工程造价数据。工程造价数据多级视图的集成过程为两级映射：

工程造价数据从工程造价数据基础层中，经过工程造价数据翻译、转换并集成为符合公共模式格式的工程造价数据中间层视图；进行集成、揭示工程造价数据对象内容及对象间的语义关系，实现对分布式工程造价数据的语义组织，消除工程造价数据冲突、工程造价数据智能化综合和工程造价数据导出处理，将工程造价数据中间视图集成为工程造价数据综合视图。

(3) 工程造价数据模式集成

由于工程造价数据纷繁庞杂，必须将分散在各处的工程造价数据中的分布式工程造价数据进行类聚、融合，使分散的、不一致的工程造价数据转换集成的、同构的工程造价数据，所以应按照一定标准，对分布式工程造价数据建立一定的集成模式，将这些分布异构的工程造价数据连接起来，实现了异构工程造价数据的有效集成。面向工程造价生态系统的多层次需求，工程造价数据模式集成一般采用元数据模式和中介模式。

元数据模式是工程造价数据管理的工具，为工程造价数据组织集成提供了历史工程造价数据和记录工程造价数据的变化过程。工程造价数据集成采用元数据应用规范的模式，将分散的工程造价数据通过基于统一元数据库的集成，实现工程造价数据的深层标引和分布式工程造价数据库的跨库链接。元数据模式为各种形态的工程造价数据提供了规范、普遍的描述方法和检索工具，为分布的、多元化的工程造价数据体系提供集成的工具和纽带。能对工程造价数据的潜在用途或服务对象进行判断，可针对性地满足不同地域不同专业领域的工程造价管理行为人的各种利用需求。

中介模式是实现了实体工程造价数据分散下的虚拟的逻辑的工程造价数据集成，基于工程造价数据中介模式的体系结构由工程造价数据层、工程造价数据集成中间层和用户界面层组成。工程造价数据层由各种分布、异构的工程造价数据数据库组成，是基于中间件集成系统的使用过程中的主要工程造价数据来源；工程造价数据集成中间层是以统一的格式抽取各分布式异构工程造价数据的数据模式，并转换成异构数据模式和统一数据模式的对应转换规则，将提交的异构数据模式映射为统一的全局数据模式，使得用户可以把集成工程造价数据看做一个统一整体；用户界面层是展示虚拟数据库查询界面，提供检索工具，呈现给用户一个统一的检索服务界面。这种中介模式的核心是通过一种中间媒介结构把在不同时间、用不同技术开发的、具有不同内容和不同形式的工程造价数据集成起来，保持异构工程造价数据的组织模式不变。

(4) 多粒度工程造价数据集成

面向工程造价生态系统的全面工程造价管理涉及不同层级工程造价管理行为人的多层次需求，在工程造价数据集成中粒度化的工程造价数据是重要性的关键，这是因为不同层级工程造价管理行为人在多层次需求的过程中会以不同的方式使用，而多粒度工程造价数据集成能够为工程造价业务微服务场域提供一种特殊的、有用的工程造价数据类型，通过对工程造价业务微服务对象采用不同的粒化方式使得工程造价数据能够在多层次工程造价管理行为人的多个粒度空间中进行呈现，在分布式全面工程造价管理中开展工程造价数据的多层次处理而进行微服务计算。由于互相关联的多源、异构工程造价数据集成是最难处理的颗粒度问题，要使工程造价生态系统的不同层级工程造价管理行为人能够以分布式的、透明的方式解决多粒度工程造价数据集成在工程造价管理的各个环节和各个阶段需求的利用效率,其理想的多粒度工程造价数据集成模式是自动逐步抽象与迭代。因此,应当根据多粒度工程造价数据集成的粒度细化标准,使得整个工程造价生态系统的工程造价数据为满足不同工程造价管理的各个环节和各个阶段需要而进行重构,最终才能实现工程造价数据共享和空间维度上形成跨地域分布式智能决策服务。多粒度工程造价数据集成一般分为两种形式,即工程造价数据综合程度或细化程度的级别。

工程造价数据综合集成的过程实际上是属性特征提取和归并的多粒度融合过程。在这个过程中,要对分布式工程造价数据中的互相关联的多源、异构工程造价数据进行综合,提取其主要属性特征,将高精度工程造价数据经过抽象形成精度较低、但是粒度较大的工程造价数据。其作用过程为从多个较高精度的分布式工程造价数据中,获得较低精度的适应全面工程造价管理的多层次全局工程造价数据。

工程造价数据细化集成指通过由一定精度的分布式工程造价数据获取精度较高的工程造价数据,其实现该过程的主要途径有:多尺度转换、多粒度粗糙集、多粒度相关分析或者由综合集成中数据变动的多粒度形式记录分析进行恢复。

2. 工程造价生态系统中工程造价数据的集成机制

在工程造价生态系统中工程造价数据之间存在着复杂的内在联系,具体表现为分布式全面工程造价管理活动场域的互相关联的多源、异构工程造价数据等要素间相互制约和相互联系的关系,建设项目类型在各个环节和各个阶段的多元化、多层次服务的工程造价数据需求中存在着交叉、重复、组合和互补关系,动态联盟体的工程造价管理行为人在共享方式、使用方式、使用策略和不同作业的工程造价数据需求中存在着调用与被调用、引用被引用、依赖与被依赖之间的关系。工程造价数据的内在联系在数据驱动全面工程造价管理的实现过程中不是单一或线性的,而是由计算微服务化的多层次、多粒度、多模态的不同属性的状态工程造价数据呈现出网状的复杂协同关系,因此不可能通过单一的线索或线性的机制描述整个工程造价生态系统的工程造价业务形态状况,而必然要通过多种模式、多角度、多层次地挖掘和揭示这些内在关系,通过链接、集成和嵌入实现工程造价数据之间、工程造价数据和各类本源性服务计算、工程造价数据和工程造价监管控制等的集成。

工程造价数据的集成机制是把各个互相关联的多源、异构工程造价数据的属性特征关系进行融合、类聚和重组,有机地汇聚并结合为一个新的整体,实现了在工程造价生态系统中各种工程造价数据透明的无缝链接。从工程造价数据资源的角度看,工程造价数据集成产生出工程造价知识关联的工程造价数据资源体系,消除了工程造价数据多种形态格式与互相关联的多源、异构工程造价数据之间被分布割裂的孤立状态,经过多模态特征级融合和多种类、异构属性抽取集成的工程造价数据在工程造价生态系统的全面工程造价管理活动场景中的价值得到提高。从工程造价管理行为人的角度看,动态联盟体的各工程造价管理行为人使用经过集成的工程造价数据时就不用频繁查找各种零散的、碎片化的工程造价数据,各种类型、多种形态格式的工程造价数据与互相关联的多源、异构的工程造价数据经过融合集成能够以统一数据单元呈现给各工程造价管理行为人利用。让工程造价管理行为人从协同联结网络中都可以快速地进入一个满足各种需求的数据空间,促进形成以动态联盟体的工程造价管理行为人为中心,以集成的工程造价数据资源为基础的服务计算环境。

在工程造价生态系统中工程造价数据的集成机制有:工程造价数据的无缝链接、工程造价数据的集成导航和建立开放的统一数据单元

(1)工程造价数据的无缝链接

在工程造价生态系统中,普遍存在着工程造价数据分散在不同地理位置的状况,同时,不同的工程造价管理行为人各自索取的工程造价数据也存在着多种形态格式的类型,给分布式全面工程造价管理的应用服务带来难以选择配置、实现统一管理和分布式协同工作,工程造价数据微服务与工程造价计算微服务的协同处理标配方式上产生了障碍,各个分散的工程造价数据之间缺乏有机联系,各种类型、不同区域、不同时间、不同角色引发交叉矛盾。当工程造价生态系统的各工程造价管理行为人在实现具体的建设项目协同工作过程中,需要对各种工程造价数据进行转化配置,就必须有一种机制能够在满足不同的工程造价管理行为人索取各种类型的工程造价数据进行工程造价服务计算配置的同时,通过统一的调用接口和开发链接等技术手段,把分散在不同地理位置的工程造价数据的内在联系挖掘出来。针对不同的各个互相关联的多源、异构工程造价数据的类型,揭示不同工程造价管理行为人转化配置需求和多种形态格式的工程造价数据之间的关系,并基于这种关系,建立从分散在不同地理位置的工程造价数据到各种工程造价数据进行转化配置的指引和链接。该模式适合于统一的调用接口的服务请求响应,提供指引适配工程造价数据和链接手段,为实现具体的建设项目协同工作的同时,告之不同工程造价专业角色是否有关联的工程造价数据进行标配,并通过链接指向工程造价专业角色选择的目标,使分散在不同地理位置的工程造价数据和进行工程造价服务计算配置的工程造价数据形成有机地链接,构成一个浑然一体的虚拟工程造价数据资源体系,方便工程造价生态系统的各工程造价管理行为人在不同的工程造价数据空间中切换。工程造价数据链接将分散在不同地理位置的工程造价数据编织成虚拟工程造价数据网络,使得多种形态格式的类型、不同属性特征、不同载体的工程造价数据有机地链接成一体。不同工程造价专业角色不仅可以一次性获得多个分布、多源、异构的工程造价数据或工程造价数据集合,而且可以根据工程造价服务计算需求信息点链接的指引,实现不同地理位置的异构工程造价数据转化配置。根据工程造价数据链接机制的不同,可采用两种方式来实现:静态链接和动态链接。

(2)工程造价数据的集成导航

根据工程造价生态系统的工程造价业务形态状况,工程造价数据集成必须为动态联盟体的工程造价管理行为人提供导航能力,这是因为工程造价数据集成产生出工程造价知识关联的工程造价数据资源体系,不管是结构化的还是非结构化的,都可以通过各种画像标签体系的导航路径找到适合的工程造价数据内容及内容分类。基于工程造价数据内容及内容分类的导航和指引机制旨在揭示工程造价数据整体的内在逻辑关系,按照建设项目类型在各个环节和各个阶段的多元化、多层次服务的工程造价数据需求关系划分其体系结构。这种导航和指引可以是基于画像标签体系来表达,适用于揭示工程造价数据的整体逻辑关系,也可利用集成技术达到深层和更智能的个性化巡航,解决由于多层面、异构的内容带来排布标记关系阻隔。导航的途径有多种多样,但要注意既符合工程造价行业使用工程造价数据的习惯,又要囊括所有工程造价数据内容及能区分专业内容分类的标签导航方式。有基于各种专业工程造价数据类型的导航,也有基于工程造价知识分类体系的导航,同时也可按工程项目分类画像标签体系导航等。总之,应根据全面工程造价管理的服务计算的多层次、多角度的工程造价业务形态状况,通过各种标志和路径提供的导航能力,工程造价管理行为人就能知道自己所需配置的内容,并清晰明确地表达出来。

(3) 建立开放的统一数据单元

工程造价管理行为人在工程造价生态系统的分布式全面工程造价管理中,面临的是一个分布的工程造价数据环境,需要以集成各种分布、异构和多样化工程造价数据,无论这些工程造价数据分布在什么地方,都应该动态构建满足各种工程造价管理行为人或工程造价业务服务形态需求的虚拟工程造价数据服务机制。为了支持工程造价管理行为人在分布的工程造价数据环境中随时、方便地访问、处理、共享工程造价数据,需要通过构建统一数据单元来支持不同种类属性的工程造价数据,实现工程造价服务计算的各类模型的数据配置,使工程造价数据和智能计算算法匹配性和敏捷性得到体现,并支持工程造价管理行为人协同的互操作和相应的集成管理,形成统一标准的工程造价数据资源描述架构。而这一切,又要在 DT 技术和工程造价管理行为人需要在不断发展、数据资源组织技术和体系结构不断变化的场景下建立,因此必须在按照一个统一数据单元的标准体系结构来构建相应的工程造价数据与工程造价生态系统微服务体系的同时,适应大数据智能技术与机制的发展。

3. 工程造价数据集成技术

工程造价生态系统的动态联盟体在实现建设项目的全面工程造价管理协同工作中,需要共享工程造价数据集成的转化配置,才能在业务微服务计算过程提供更灵活、更柔性的互动协调处理方式。但是,在实施共享工程造价数据集成转化配置的过程中,由于不同工程造价管理行为人提供的工程造价数据可能来自不同的途径,其工程造价数据的内容、工程造价数据格式和工程造价数据质量千差万别,有时甚至会遇到数据格式不能转换或数据转换格式后丢失信息等棘手问题,严重阻碍了工程造价数据在各个工程造价管理行为人和各工程造价管理系统中的流动与共享。因此,在进行工程造价数据集成时将面临如何适应工程造价生态系统的分布式全面工程造价管理的复杂需求问题,急切需要对已有的各工程造价数据进行整合,才能解决各种工程造价数据格式以及其分布性、异构性和进行工程造价数据交换等的问题。数据集成技术就是协调数据之间不匹配问题,将各种数据格式以及分布、异构、自治的数据集成在一起,运用某种机制,使得用户可以通过统一的视图透明地访问这些数据。而数据集成技术和方法是工程造价数据交换的基础,工程造价生态系统的工程造价数据集成可分为物理式数据集成、虚拟式数据集成两类,而这两类工程造价数据集成就是利用数据集成技术把不同来源、格式、特点、性质的工程造价数据在逻辑上或物理上有机地集中,从而为动态联盟体的工程造价管理行为人提供全面的工程造价数据共享。工程造价数据集成技术和方法是工程造价生态系统运行过程中工程造价数据交换的基础,数据驱动全面工程造价管理过程业务的工程造价数据交换虽然面临不同的需求、规模、体量和各工程造价管理行为人的应用场景,但工程造价数据集成的基础框架同样适应。目前,数据集成技术通常采用联邦式、基于中间件模型、数据仓库和主数据集成模式等方法来构造集成的系统,这些技术在不同的着重点和应用上解决工程造价数据共享和为工程造价生态系统的数据驱动工程造价业务而进行服务计算提供工程造价数据支持,工程造价管理行为人在不同的工程造价业务服务计算处理场景下,应该选用不同的应用模式。下面简单介绍这几种数据集成技术:

(1) 联邦数据库集成模式

联邦数据库技术就是为了实现对相互独立运行的多个数据库的互操作。联邦数据库集成模式是最简单的数据集成模式,它需要在每对数据之间创建映射和转换,联盟各数据之间相互提供访问接口,向用户提供统一的视图。工程造价生态系统的工程造价数据具有异构性和分布性,可利用联邦数据库集成模式创建一个数据库架构,提供统一和同时对多个异构工程造价数据访问,动态联盟体的各个工程造价管理行为人的工程造价数据库类型通过联邦视图来统一地访问任何工程造价信息存储中以任何格式表示的任何工程造价数据,为各个工程造价管理行为人进行全面工程造价管理的工程造价数据配置提供了很好的方便性,并且工程造价数据是实时的。

(2) 中间件数据集成模式

中间件数据集成模式是指支持不同来源、格式和性质的数据进行逻辑上或物理上的有机集成,为分布、自治、异构的数据提供可靠转换、加载与统一访问服务的中间件,实现各种异构数据的共享。中间件数据集成模式提供一个统一的数据逻辑视图来隐藏底层的数据细节,使得用户可以把集成数据看为一个统一整体。在工程造价生态系统的全面工程造价管理的服务计算过程中,中间件数据集成模式实现了实体工程造价数据分散下的虚拟逻辑视图的工程造价数据集成,以统一的格式抽取各分布异构工程造价数据的数据模式,通过一些规则,实现工程造价管理行为人索取工程造价数据到针对各个工程造价数据的查询的转换,使异构工程造价数据系统和全面工程造价管理的服务计算之间提供一个工程造价数据访问服务。

(3) 数据仓库模式

数据仓库是一个为决策支持系统提供支撑的数据集合,这些数据具有面向对象性、集成性、与时间相关性等特点。数据仓库的集成方式通常是采用数据集成工具将数据源的数据以全量或增量的方式,定期从不同异构数据源抽取到数据仓库中。对工程造价生态系统来说,工程造价数据仓库中的数据是从各个分散的工程造价数据抽取、清理、加工、汇总和整理得到的,可以容纳其长期的大量的工程造价数据,并对这些工程造价数据进行有效组织,能够为它提供集中的、丰富的工程造价数据,增强工程造价数据的完整性和安全性。数据仓库模式是在全面工程造价管理和工程造价业务服务计算中面向主题的、集成的、与时间相关的和不可修改的数据集合,它是针对全面工程造价管理活动场景的某个服务计算应用的一种数据集成方法。

(4) 主数据集成模式

主数据集成模式本质上是一种数据交换共享模式,旨在解决各异构系统之间核心数据一致性、正确性、完整性和及时性。主数据是具有共享性的基础数据,可以在工程造价生态系统内跨越各个工程造价管理行为人被重用的,因此用于多个工程造价业务系统。它是工程造价生态系统基准工程造价数据,是各个工程造价管理行为人执行工程造价业务服务计算操作和决策分析的数据标准。主数据集成模式强调的是单一数据视图,通过整合多个工程造价数据,形成主数据的单一视图,保证工程造价数据视图的一致性、正确性和完整性,从而提供工程造价数据的质量。运用主数据集成模式在工程造价生态系统的全面工程造价管理的服务计算过程中,统一建设项目工程造价业务各个环节实体的定义,改进工程造价业务流程并提升工程造价业务的响应速度。

4. 工程造价数据集成的解决方式

工程造价数据集成在内容、格式、结构、质量等方面往往存在不同程度的差异,需要按照一定的逻辑或物理标准将这些分布性和差异性的数据有机集成在一起,通过一定的方式表达工程造价数据全方位、全流程和全系统的工程造价数据归集,从而在工程造价生态系统内实现工程造价数据共享,使各工程造价管理行为人的各种各样具体工程造价业务服务计算表现和工程造价数据资源能更好地配置,这不仅是对工程造价管理活动场景了解的深化和细化,更重要的是提升了获得工程造价生态系统全面工程造价数据资源的能力,让更多的工程造价管理行为人通过在这样一个统一的工程造价信息空间,参与到全面工程造价管理和建设项目市场运行中来。基于平台生态所形成的动态联盟体网络化协同体系,工程造价数据集成的解决方式应根据不同层级工程造价管理行为人的工程造价数据行为场景,把海量、多源、异构的工程造价数据的内容进行分块、分片、聚类、列类,具体有基于数据分类方式的工程造价数据集成、基于块数据方式的工程造价数据集成、基于统一元数据方式的工程造价数据集成。

(1)基于数据分类方式的工程造价数据集成

基于数据分类方式的工程造价数据集成很多,每种方式都有特别的作用。在工程造价生态系统的工程造价管理情景活动场域中不同角色往往需要理解和掌握不同的分类方式,以便更好地组织、管理、分析和应用工程造价数据。数据分类方式的工程造价数据集成基于两个目的,一个是便于不同层级工程造价管理行为人浏览查找和根据不同的工程造价业务服务形态提供识别、导航、定位的各种利用需求,另一个是便于对工程造价数据属性和形态认知。在我们利用数据分类方式的工程造价数据集成的过程中,应遵循需求驱动的原则,根据全面工程造价管理生态环境及不同层级工程造价管理行为人需求特点选择多级数据分类方法的工程造价数据集成机制。由于工程造价数据作为不同层级工程造价管理行为人在工程造价管理情景平台上实践活动的行为场域,承担着建设项目工程造价管理在许多前后接续的阶段和驱动各种各样具体活动过程中层级所赋予的特定功能,其本身是动态联盟合作体系之间互动运行的操作模式,所以在同一工程造价管理模式的演化下,实现了动态联盟合作体系的各个角色自由搜寻、抽取、编辑、服务计算以及关联应用等。运用多级数据分类方法需要从顶层高度综合考虑来建立统一的分类标签导航体系,体现了两种分类方法,即结构化分类标签导航体系和非结构化分类标签导航体系。基于大数据服务的工程造价生态系统在时空维度上对不同层级工程造价管理行为人形成各类活动的行为场域应强调业务协调和统一,不仅要涉及行业领域的划分,而且也要结合工程造价数据的应用服务方式、服务支持和分布式工程造价数据管理等集成问题,我们可以从工程造价数据的行业服务范围、技术专业应用方式和服务内容范畴这三个维度构成工程造价数据集成的基本分类导航体系。这三个维度为工程造价生态系统必备的分类维度,在必备分类维度的基础上,可结合具体情况适当增加其他维度作扩展分类,以满足动态联盟合作体系的各个角色的应用需求。分类导航体系中的基本维度与扩展维度示意图如图7-4所示,主要对工程造价生态系统动态联盟体如何在具体的工程造价数据集成分类实施过程中实现这种分类方式进行说明。

在工程造价生态系统的分类导航体系中的基本维度是按照行业领域的服务范围维度、技术专业的应用方式维度和服务主题的服务内容维度的顺序进行划分,即先按照服务范围把工程造价数据划分对应到各行业领域,然后按其应用方式进行进一步细分,接下来在细分的各个行业领域和技术专业应用方式按照工程造价数据的服务内容类别进行进一步细分。根据图7-4所示的工程造价数据集成分类导航体系的有关基本维度和扩展维度说明如下:

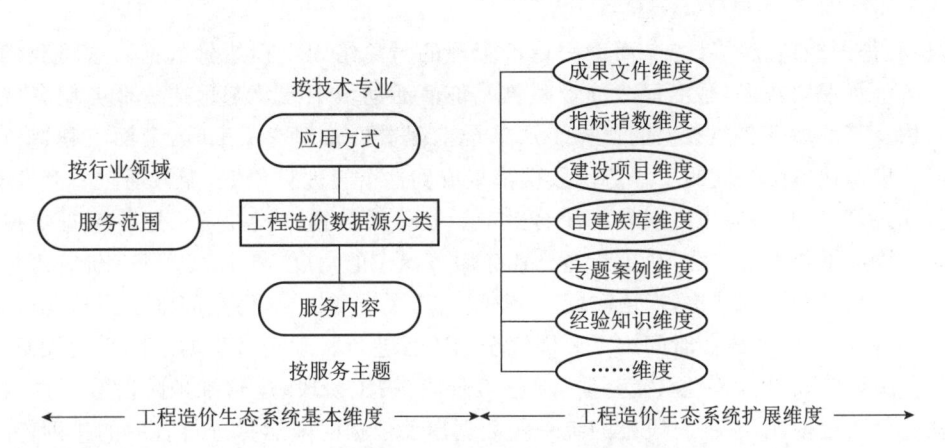

图 7-4 工程造价数据集成分类导航体系示意图

① 基本维度

行业领域的服务范围维度为第一层级，针对各行业领域的全面工程造价管理服务范围所利用的工程造价数据，例如房屋建筑、装饰装修、市政、园林绿化、城市轨道交通、水利、电力、公路等行业。

技术专业的应用方式维度为第二层级，体现工程造价数据所涉及专业应用范畴。

服务主题的服务内容维度为第三层级，主要从全面工程造价管理的各个不同阶段的各项具体活动的工程造价数据使用的角度体现多层级工程造价管理行为人所进行准确性的标注和服务计算。

基于多级数据分类方法的工程造价数据集成主要从三大类体现：一是工程造价数据基因；二是全面工程造价管理活动数据；三是工程造价管理环境数据。

② 扩展维度

扩展维度是结合具体情况适当增加来满足分布变化及其工程造价业务服务形态的关系机理，这里列出了成果文件维度、指标指数维度、建设项目维度、专题案例维度、经验知识维度等。例如建设项目维度的工程变更类就有工程量变更数据、施工条件变更数据、工程量清单缺项变更数据等，可进一步从分类导航体系中所需要使用的基础工程造价数据、工程造价计价定额数据、市场要素价格数据等。

(2) 基于块数据方式的工程造价数据集成

块数据相对于点数据、条数据的概念，它们各自从不同维度来看待大数据资源组织，点数据是指单个节点的数据，呈现离散的孤立数据。在工程造价生态系统中，点数据表现为个体工程造价管理行为人创造工程造价价值过程的数据。条数据是指在某个行业和领域内数据纵深维度的集合。条数据是点数据的指向性集聚，这种集聚一定程度上实现了同类数据的关联，有利于对某个行业和领域的把握和预判。而块数据则是按照对象对条数据进行集构。所以全面工程造价管理块数据是以全面工程造价管理行为场域为载体构建的行业块数据，全面工程造价管理行为场域着重强调管理对象以反映全面工程造价管理价值活动为目的而形成的集合，这里的管理对象可以是一个工程造价管理群体、一个物理区域或一个管理单元，例如在工程造价生态系统中的动态联盟体按照建设项目的全面工程造价管理数据就要集合工程造价计价定额、工程造价知识、工程造价数据基因、市场要素价格资源等多方面数据，核心是围绕建设项目的全面工程造价管理的对象组织工程造价数据。这里我们所说的工程造价管理块数据，是工程造价管理单元价值活动域中涉及工程造价业务服务状态的人、事、物及其活动等各类数据的集构。从单个工程造价管理对象来看，全面工程造价管理块数据的集构让各个维度的工程造价数据都集成到这个管理对象上，能够通过一个共享、开放、连接的形成机制与应用机制发挥聚合效应。基于块数据方式的工程造价数据集成主要运用统一块数据单元的方法，从工程造价业务服务状态的角度，将全面工程造价管理块数据划分为时空构成的四维结构，即由时间维、空间维两大维度构成，而空间维由服务范围块、基础块、业务块等集构而成。时间维主要围绕全面工程造价管理全过程的不同时间段组成，一般由投资决策阶段、设计阶段、交易阶段、施工阶段、竣工阶段、运营维护阶段等不同时段进行工程造价数据构建，各种时段维的统一块数据单元依据时间运行进行有序的排列，在建设项目活动的行为场域中是由各个不同阶段的各项具体活动按时间方向呈现序时排列的，必须对各项活动所消耗的统一块数据单元进行驱动，才能实现对不同阶段的各项具体活动的工程造价进行数据关联融合，形成有机综合体。因此，由于时间的不可逆，使得全面工程造价管理的统一块数据单元成为重要的关联维度。空间维的服务范围块明确了全面工程造价管理单元的范围；基础块则是从各行业领域的全面工程造价管理数据使用的角度出发，将工程造价业务服务状态开展过程中具有共性的、使用范围广、使用频率高的基础工程造价数据进行关联融合集构，通过统一块数据单元的部署，以整体数据块的形式提供给多层级工程造价管理行为人来使用；而业务块是从具体工程造价业务应用角度出发，根据个性化实际需要定制组织和融合工程造价业务事项工程造价管理数据，提供给特定工程造价业务场景使用。

（3）基于统一元数据方式的工程造价数据集成

基于统一元数据方式的工程造价数据集成是指建立统一元数据库，通过分布式跨库集成导航达到更高层次的集成。基于统一元数据方式的工程造价数据集成可以记录分布式工程造价数据在不同的地理位置随时、方便地访问与处理、共享工程造价信息，能使工程造价生态系统结构形态、相互操作、无缝交换、组成之间的相互协调关系进行全面的协同管理，同时对各个环节的服务过程实现了分布式协同工作，避免各种工程造价业务流和工作流引发的交叉矛盾。为此，构建一个逻辑的集成工程造价数据服务机制，并按工程造价数据的逻辑关系组织成相互联系的工程造价数据资源导航系统，实现了多层级工程造价管理行为人的各类本源性活动机理、工程造价服务计算、工程造价监管控制等分布式全面工程造价管理从多维度、多粒度、多种形态格式等集成工程造价数据中按生态规律健康运行。工程造价数据集成运用统一元数据方式，将分散的工程造价数据基于统一元数据库的跨库集成，通过统一的导航视图，实现了工程造价数据的深层标引和组织，可以对分布式工程造价数据库的跨库链接，保证工程造价生态系统下对这些工程造价数据的准确识别和选择，满足了不同地域不同专业领域的工程造价管理行为人的各种利用需求。

四、工程造价数据类型识别分析

作为工程造价生态系统中的核心信息——工程造价，就是量、工、料、费等数据进行服务计算而成的工程造价信息。建设项目的工程造价问题的特性对应的工程造价数据需求有所不同，但工程量清单作为建设项目在工程造价生态系统中的起源，必须依赖工程造价管理行为人根据工程造价管理模式去识别各种各样类型的工程造价数据，并运用一系列技能和知识组合,借助工程造价业务能力,去实现各个工程造价管理行为人的价值主张。工程造价数据类型识别是工程造价业务活动的基础,动态联盟体的各个工程造价管理行为人在获取、处理和使用各种各样类型工程造价数据时,有必要运用各种方法对各种各样类型的工程造价数据进行系统的归纳和判断,去了解并寻找工程造价业务活动中所有可能需要的各种各样类型工程造价数据。只有全面、正确地识别工程造价业务活动中所需配置的工程造价数据各种类型,才能保证确定工程造价的质量,进而获得满意的价值主张。在建设项目的工程造价管理活动中,工程造价数据类型识别首先要确定各种各样类型的工程造价数据的需求,然后根据实际应用目标,加上分析判断来考虑工程造价数据各种类型识别的途径。

1. 工程造价业务活动中工程造价数据类型识别的构成

工程造价业务活动中工程造价数据类型识别的构成主要是对工程造价数据和工程造价业务活动有哪些期望和要求,这是动态联盟体各个工程造价管理行为人在全面工程造价管理活动中经常要遇到的问题。基于全面工程造价管理活动过程的各类服务计算模式,联结着建设项目各种各样具体活动过程和工程造价管理行为人两个方面,决定了在数据驱动的不同工程造价业务运行环境下,工程造价数据类型需求呈现出不同的运动状态,这表明了全面工程造价管理活动过程的各类服务计算中工程造价数据类型识别的各种基本状态以及由此构成的不同表现形式的复杂性。这种复杂性主要从两个角度考虑:一是工程造价数据类型识别的内容构成,二是工程造价数据类型识别的层次构成。

(1)工程造价业务活动中工程造价数据类型识别的内容构成

工程造价业务活动中工程造价数据类型识别最终目标就是根据全面工程造价管理活动过程的各类服务计算模式所需要解决具体工程造价问题的要求,期望得到所需要解决具体工程造价问题的结果,使价值主张得以精准的实现。工程造价管理行为人为了解决所遇到的工程造价问题,就需要了解场景诸要素在一定工程造价管理环境条件下的现实情况,通过对各种各样类型的工程造价数据、搜集方法及其途径等方面的选择和识别,从许多工程造价数据类型中识别所需要的工程造价数据,及时进行各类服务计算而做出有效的价值主张。因此,工程造价业务活动中工程造价数据类型识别的内容构成至少包括对工程造价数据类型的要求、对获取工程造价数据类型的方式和方法的要求。

①对工程造价数据类型的要求

对工程造价数据类型的要求,主要包括工程造价数据类型的内容、工程造价数据类型的形式和工程造价数据类型的来源范围。工程造价数据类型的内容要求反映了工程造价领域的专业或工程造价业务活动的业务范围;工程造价数据类型的形式要求反映了工程造价数据的表面类型,比如市场要素价格数据、工程造价计价依据数据、工程造价服务计算模式、工程造价相关法律法规数据等;工程造价数据类型的来源范围要求反映了其属于工程造价管理行为人内部还是外部的。

②对获取工程造价数据类型方式的要求

对获取工程造价数据类型方式的要求,主要包括正式途径、非正式途径和半非正式途径。工程造价管理行为人为了解决全面工程造价管理活动中各种不同的工程造价问题,需要从不同角度来获取各种各样的工程造价数据,所以,工程造价管理行为人会因所需工程造价数据类型的不同而选择不同的途径。正式途径有有关工程造价管理的法律法规数据、建设项目数据、工程造价行业发布的相关数据、行业计价依据数据等,利用工程造价信息资源网或工程造价生态系统寻求服务；非正式途径有市场要素数据、面对面交流讨论、会议记录、参观访问、微信、邮件等数据；半非正式途径有工程造价信息交流会、内部工程造价数据资料、行业协会内部出版物等数据。

③对获取工程造价数据类型方法的要求

对获取工程造价数据类型方法的要求，主要包括检索工具和检索方法。对检索工具的要求包括具体的类型，由于工程造价管理行为人的要求不同，相应地也就出现了许多不同的数据检索的类型，反映了工程造价管理行为人对工程造价数据类型的及时、完备、层次和深度等各方面要求，数据检索的类型要解决的问题是如何在海量的工程造价数据中找到工程造价管理行为人关注的特定类型。因此，数据检索的类型简单地可分成两大类：一类是工程造价数据匹配算法，另一类是排序算法。每个类型的检索算法都有大量不同类型的相关算法进行支持；而检索方法有大数据技术检索、传统引擎工具检索、智能工具检索等。

（2）工程造价业务活动中工程造价数据类型识别的层次构成

当我们在工程造价业务活动中遇到实际问题，需要获得工程造价数据资源来支持该问题的解决时，我们就说他有了工程造价数据需求。由于各种各样的原因，工程造价数据类型有的被表达出来，有的没有被表达出来，这就说明了工程造价数据类型需求是由潜在需求和现实需求的两个层次构成的。潜在工程造价数据类型需求是指工程造价管理行为人已意识到了这种工程造价数据类型需求，但还没有表达出来。现实工程造价数据类型需求是指工程造价管理行为人不仅意识到了这种工程造价数据类型需求，而且明确表达出来。所以，明确工程造价数据类型需求的识别层次，弄清工程造价管理行为人解决工程造价业务问题反映其工程造价数据类型需要的确切程度，对于认识工程造价数据类型识别的层次构成是非常重要的，它可以面向许多工程造价数据，以自己方便的形式及时获取工程造价业务实际问题解决所需要的完整可靠的工程造价数据类型的要求。

工程造价管理行为人能够认识到工程造价数据类型识别的层次构成是非常重要的。因为在工程造价业务活动过程中，潜在工程造价数据类型需求和尚未认识到的工程造价数据类型需求是经常存在的。如果工程造价管理行为人不能意识到，就不会有足够的动力在工程造价数据市场中进行摄取或设法寻找，那么在工程造价业务活动中遇到的实际问题就不会得到解决。在建设市场所碰到的许多工程造价业务问题的情况下，工程造价管理行为人对存在的这些问题没有表达出对工程造价数据类型的需求，或根本没有想到如何去解决，就是没有认识到这两个层次的工程造价数据类型需求。

2. 工程造价数据类型识别

由于工程造价管理行为人所处地位、工作性质、职责等不同，工程造价数据类型的识别也不尽相同。工程造价管理行为人在工程造价生态系统协同网络平台上应针对各自的特点，加强工程造价数据类型的识别整理工作，使工程造价业务活动的工程造价数据沟通更为及时、准确和有效，从而使工程造价业务问题在实现过程中的决策错误、质量返工等各种无效活动与不必要的资源消耗和能力占用减少到最小，最终成为解决工程造价业务问题的重要依据。这里我们从市场的角度，着重从全面工程造价管理方面考虑工程造价数据类型识别的类型。

（1）在全面工程造价管理活动中识别的基础内容

在全面工程造价管理活动中及时识别从建设市场上反馈的各类基础性工程造价数据类

型,加工整理后制定出符合多层级工程造价管理行为人的规则以及共同实施全面工程造价管理的基础性工程造价数据,对于每个工程造价管理行为人都是非常必要的。基于工程造价生态系统的基础性工程造价数据,是数据驱动工程造价标配的生态基石,是链接多层级工程造价管理行为人的生态基石。因为全面工程造价管理的本源结构取决于基础性工程造价数据类型的选择性表达,在工程造价管理模式的演化下,是全面工程造价管理活动或解决工程造价问题的行为基础。所以生态基石是实现数据驱动全面工程造价管理共同遵守的关联规则、行为契约和共识机制的基础。基础性工程造价数据类型主要是工程造价数据基因类,其识别内容包括行业工程造价定额类型、行业工程造价计价规则类型、行业标准规范规程类型、工程造价相关法律法规类型、行业管理制度规范类型等一些基础性工程造价数据类型。还有一些共性的技术经验、计算诀窍、算法等知识类型。在特定时空条件约束下,每一阶段的各类工程造价管理活动都会根据这些基础性工程造价数据类型选择性地形成合适的作业导图来指引工程造价管理行为人的运作或行事方式。

(2)在全面工程造价管理活动中识别的过程内容

在全面工程造价管理的具体活动中,是按照整个管理过程进行全过程、全要素、全方位和全风险的集成管理,它由许多前后接续的阶段和驱动各种各样具体活动过程所需要的工程造价数据类型;每个过程的各类本源性层级活动也受到造价、工期、质量、HSE 的影响而需要的活动工程造价数据类型;整个工程造价的管理过程是由多个工程造价管理行为人共同合作完成的,需要个性化的工程造价数据类型。这些工程造价数据类型包括历史工程造价数据类型和市场工程造价数据类型。而前后接续的阶段数据类型主要基于过程的项目投资决策阶段、设计阶段、交易阶段、实施阶段、结算阶段、工程后评价阶段等的工程造价数据,有关工程造价指标指数及各种类型的标准专题案例工程造价数据,BIM (Building Information Modeling)工程造价数据,市场要素价格信息等。比如在工程项目的实施过程中识别的工程造价数据类型牵涉的工程造价数据量大、面广,工程项目的特殊性决定了识别工程造价数据类型的特殊性,所以,工程造价管理行为人有必要根据工程项目的实际情况了解将要识别哪些工程造价数据类型,识别的过程内容应该直接与所选择的工程项目相关联、相协调,目的是在工程项目实施过程中使数据流能够做到服务计算的工程造价数据相配置及快速反应,进而能使动态联盟体的各个工程造价管理行为人准确地判断问题和分析问题,共同合作完成工程项目实施过程中的工程造价问题,一般情况下应识别以下工程造价数据类型的过程内容:一般的工程造价数据类型、工程项目概况数据类型、工程项目施工数据类型、工程项目管理数据类型、工程项目有关成本数据类型、有关工程项目索赔数据类型等。

(3)在全面工程造价管理活动中识别的环境内容

工程造价管理活动总是在一定的环境内发生的,是一个结构复杂、功能多样化的环境综合体。由于全面工程造价管理模式随着时间的演化而发生变异,经常与多个工程造价管理环境因素交织在一起,相互作用、相互影响和相互制约,共同形成一个整体的互动效应,所以工程造价管理环境数据具有时间重要性和路径依赖性,使得工程造价管理环境数据具有动态变化的过程,工程造价管理行为人需要审视当下的工程造价管理环境数据类型。全面工程造价管理的许多前后接续的阶段和驱动各种各样具体工程造价业务过程,都受到工程造价管理环境数据的动态影响,其识别的环境内容主要包括政治法律数据类型、经济数据类型、技术数据类型、区域数据类型、工程造价文化数据类型等工程造价数据类型。在选择驱动全面工程造价管理的各类业务服务计算过程中,工程造价管理行为人必须识别现实的工程造价管理环境数据类型,从而达到精准的配置。

(4)在全面工程造价管理活动中识别的纠纷内容

全面工程造价管理活动中的工程造价纠纷一般发生在决策和设计阶段的合同、交易阶段的和实施阶段、现场签证、设计变更、工程结算等方面,而实施阶段具有涉及主体较多、资金较大和问题较复杂等特点,对工程造价影响更直接、更明显、产生的纠纷更多。在工程造价纠纷中工程造价数据类型的识别对于处理案件来说是非常重要的,证据数据类型的作用更是举足轻重。要做到全面接纳证据数据类型,必须识别工程造价纠纷依据的基础工程造价数据类型,如施工图纸、设计变更、现场勘验记录、案情调查会议记录等工程造价数据。工程造价纠纷的类型纷繁复杂、多种多样,其内容相当广泛,为了更好地认识和处理,就必须根据工程造价纠纷的类型来识别证据数据类型,其识别的纠纷内容主要包括书证数据类型、物证数据类型、视听材料数据类型、证人证言数据类型、当事人的陈述数据类型、鉴定结论数据类型、勘验笔录数据类型、其他方面数据类型等。

3. 工程造价数据类型识别方法

由于工程造价数据环境的无序性、分布性和变化性,要求工程造价管理行为人应不断探索与研究如何将不同来源、格式、多元、异构、特点性质的工程造价数据进行有机地集成,来满足工程造价业务问题的需要,这就必须应用自己掌握的专业知识来处理工程造价数据,管理与规划各项工作,把各种工程造价数据按照类型集成在一起。为此,每一个工程造价管理行为人需要理解并领会工程造价数据类型识别过程,分析工程造价数据类型的相关性,以最大限度满足工程造价业务问题的需要。

(1)工程造价数据类型识别的目的

工程造价数据类型识别应该使工程造价管理行为人了解到自身已经拥有哪些工程造价数据,在全面工程造价管理活动中如何增值,还需要采取什么措施,使工程造价数据更好地被利用与增值。因此,我们不但要知道工程造价数据价值的含量,还要知道工程造价数据利用价值的含量,以便在全面工程造价管理活动过程中能正确的运筹。存在于全面工程造价管理活动过程中的工程造价数据多种多样、错综复杂,有的是静态的,有的是动态的;有的是实际存在的,有的是潜在的。不同层级的工程造价管理行为人集成的工程造价数据类型有所侧重,必须根据各个角度的工程造价业务问题的服务形态,制定出不同类型不同层次以及不同主题的工程造价数据。一般情况下,工程造价生态系统的各种工程造价数据类型必须满足不同地域不同专业领域的不同层级的工程造价管理行为人的各种利用需求,因此,工程造价数据类型识别主要包括识别工程造价数据类型内容及工程造价数据类型层次。要正确地识别工程造价数据类型,首先要具备全面真实的相关工程造价数据资料,并认真、细致地对这些工程造价数据资料进行分析研究。所以一般来说,工程造价数据类型识别的目的应该包括三方面的内容:

①识别出可能对工程造价生态系统有影响的工程造价数据类型

工程造价数据横跨着整个工程造价生态系统运动状态,适用于全面工程造价管理活动的方方面面,无论对工程造价生态系统计算模式、动态联盟体的各个工程造价管理行为人,还是工程造价业务和活动流程,它必将产生着影响,工程造价数据类型无论作为单体因素,还是集成因素,在全面工程造价管理活动过程中,共同组成一个平衡的工程造价系统,从它适应的内涵、结构到形式,在时间、空间上都是一种动态的有序状态、平衡状态。作为工程造价管理行为人识别出可能对工程造价业务问题有影响的工程造价数据类型,就是使工程造价系统结构上的稳定,形成一个协同、共赢、互动的柔性化和数据化服务体系,其自组能力表现为全面工程造价管理活动的一系列重要环节得到了合理安排。工程造价业务流程为在工程造价生态系统运行的过程中创造价值的逻辑相关的一系列活动,是有影响的工程造价数据流的转化,按照一定的时间、空间顺序运作的次序、步骤和方式对工程造价业务问题的适应,其有序性和自组能力共同体现为结构和功能的相互交织在一起,使之相互契合,维持着有向、协调、高效的循环。

②记录具体工程造价业务问题的特征,并提供最适当的工程造价数据类型来配置

所谓适当性,是指工程造价数据类型对于工程造价生态系统可资利用的程度。真实的工程造价数据类型是可靠性是客观的,其先进性是相对稳定的,而适当性则在很大程度上是随机的,受到工程造价管理行为人的心理状态、利用工程造价数据类型的自觉性和能力、工程造价管理环境、工程项目所在区域环境、自然资源、专业技术水平、经济能力等因素的影响和限制。衡量工程造价数据类型的适当性,就是要把集成来的工程造价数据类型与具体工程造价业务问题的各方面特征加以比较,鉴别其内容有哪些是可以配置的,哪些是不可以配置的。判断其类别有哪些是可用的工程造价数据范围,哪些是不可用的工程造价数据范围。识别出最适当的工程造价数据类型来配置,这就要求工程造价管理行为人在确定工程造价业务问题目标过程中对工程造价数据类型作出准确的判断、审慎的分析思考。

③识别工程造价数据类型可能对工程造价业务问题引起质量的后果

识别工程造价数据类型可能对工程造价业务问题引起质量的后果,并不是对工程造价数据的诸因素都采取迁就的态度,有时必须根据全面工程造价管理活动的具体问题,分析工程造价数据诸因素影响质量的情况,在某些因素方面有时候可以采取必要的抗衡措施,甄别它们之间引起质量后果的冲突原因,打破现有的不理想状态,从而实现全面工程造价管理活动与工程造价数据类型在新的基础上的平衡。要使全面工程造价管理活动每个阶段的工程造价问题满足需要,应当在所处的工程造价数据环境中动态地识别不起作用的因素,果断选择对全面工程造价管理活动有作用的因素,在具体的时空上,具有哪些工程造价数据类型需求,受到哪些工程造价数据环境约束,有哪些工程造价数据与之相适应,工程造价管理行为人始终是起关键作用的,识别的范围及可能性多少是依据工程造价业务问题的状况决定的,可以自主地从不同的方面和层次,以不同的观念掌握和评价工程造价数据类型,作出不同的价值判断并将其运用到工程造价业务问题中去。

(2)工程造价数据类型识别的主要方法

对工程造价业务问题所识别的工程造价数据类型应先进行鉴别,这是保证工程造价服务计算质量的关键。如果使用了不正确的工程造价数据类型,使工程造价管理行为人对解决工程造价业务问题发生差错的判断,导致工程造价结论错误,那么对各个工程造价管理行为人所造成的损失是不可估量的。识别工程造价数据类型就是判断工程造价数据类型的真伪,其目的是将工程造价数据类型在其内容的真实性和可靠性两方面进行分析判断,从而决定其能否进入下一个工程造价业务程序的过程。对一个目的明确但缺乏经验的工程造价管理行为人来说,其传统做法通常是对工程造价数据类型的识别采用观察法,但对一个有经验的工程造价管理行为人员来说,会根据自己的经验来缩小工程造价数据类型识别的范围,从

而大大加快工程造价数据类型识别的速度。因此,在工程造价数据类型识别这个问题上,识别者自身的目的性、经验和知识是至关重要的。目前,随着技术的进步和发展,我们可以采用许多先进的技术来帮助工程造价管理行为人完成对工程造价数据类型的识别。但在全面工程造价管理活动中,工程造价数据类型识别最基本的就是对工程造价数据类型的真实性和可靠性进行分析判断,这里我们从判断的角度来考虑工程造价数据类型识别可采用的几种方法。

①从工程造价数据类型的来源进行判断

从工程造价数据类型的来源对其价值进行判断,可以考虑以下几种方法:

第一种,可以通过查看工程造价数据类型来源,判断工程造价数据类型要素是否齐全,运用逻辑推理资料和查阅的方法进行考证和进行深入的调查,来判断工程造价数据类型中涉及的事物是否客观存在,构成工程造价数据类型的各个要素是否真实。

第二种,可以通过把识别的工程造价数据类型与同类工程造价数据类型作相互比较,考察工程造价数据类型来源是否具有权威性,考察其研究方法是否科学,研究此工程造价数据类型是否具有代表性、普遍性。

第三种,在使用各类工程造价数据类型时要学会分析和鉴别,去其糟粕,取其精华,要善于动脑,善于学习,多掌握一些信息知识,谨防上当受骗。同时要及时揭露和制止某些工程造价数据"陷阱",以免造成不必要的失误和更大的损失。

②从多渠道地识别工程造价数据类型进行判断

将通过各种途径得到的工程造价数据类型加以比较和分析,如果各种渠道获取工程造价数据类型与所识别的工程造价数据类型相左,就需要进一步核查。通过比较可以将多渠道获取的工程造价数据类型具有含量大、时差小的特点的工程造价数据类型选择出来,把虚假的、过时的、重复雷同的、缺少实际内容的工程造价数据类型剔除掉。

③从工程造价数据类型的时效性进行判断。

某些工程造价数据类型具有很强的时效性,如市场要素价格信息类型,工程造价管理行为人在识别这类工程造价数据类型时,通过判定其时效来确定工程造价数据类型的价值。判断工程造价数据类型的时效性的方法可以归结为:在交易阶段的招投标过程中,某些工程造价数据类型具有很强的时效性,就必须对其时效性进行判断;渐进式的事实,应在事实变动中找到一个最新、最近的时间点来判断时效性;过去发生的事实,新近才发现或披露出来的,它可以通过说明自己得到工程造价数据类型的最新时间和来源的办法加以补救。

④根据原有经验判断

经验判断就是根据工程造价管理行为人已有经验,判断工程造价数据类型的真实、准确。经验判断虽然不完全准确,但速度较快,有时能够迅速识别工程造价数据类型的价值。

⑤向权威机构核实

存在疑问或影响重大的工程造价数据类型在应用前有必要向权威部门核实其可靠性。

五、工程造价数据组织与集成实施过程中应注意的问题

在工程造价数据组织与集成体系中,完成了一种将各方面工程造价数据组织成为工程造价数据类型后,能够对工程造价生态系统的各种工程造价业务服务状态进行多种形式的工程造价数据类型接入配置,所以这些工程造价数据类型所汇集的多种形态格式的工程造

价数据，必须满足不同层次工程造价管理行为人的各类工程造价业务问题的服务计算、各类工程造价控制计算、各类工程造价风险识别计算、各类工程造价纠纷计算和工程造价成本分析计算等多种模式计算框架与多类计算模型的数据驱动。同时，基于工程造价生态系统所建立的协同工作体系的动态联盟体要互联互通，能完成各种分布式服务计算，而且这些工程造价数据类型按照行为契约规则进行流动，来适应不同区域、不同专业的协同服务计算。数据驱动全面工程造价管理的运用中，需要大量的工程造价数据按照业务问题进行组织与集成，因此，在工程造价数据组织与集成实施过程中应注意以下几个方面的问题，而且都是一些非常具体的技术和管理层面问题。

1. 工程造价数据组织与集成的标准问题

工程造价数据类型标准是工程造价数据格式、规范的统一表示和应用协议，用于描述如何规范工程造价数据类型以确保不同层次工程造价管理行为人的一致性使用。面向工程造价生态系统的工程造价数据组织与集成需要建立和遵循关于工程造价数据描述、组织、融合、数据互操作和数据服务等方面的标准和规范，才能保证所组织与聚集的工程造价数据类型的可用性、互操作性和可持续性。因此，为了支撑数据驱动全面工程造价管理的运作，需要制定相关工程造价数据组织与集成的标准，以保证工程造价业务的各种服务计算具有统一的规范和技术标准要求。

2. 工程造价数据组织与集成的内容问题

面向数据驱动全面工程造价管理的运用中，首先关注的就是工程造价数据类型的内容问题。不同层次工程造价管理行为人的各类工程造价业务问题要求工程造价数据组织与集成内容揭示更加深入，通过多层次、多方位的全局视角构建，实现不同类型、不同级次工程造价数据间的链接，在深度和广度上的结构功能分布能满足各类工程造价管理行为人的需要。工程造价数据组织与集成后的工程造价数据类型能够保持体系的整体性和关联性，同时要求其内容清晰、可理解，又有专业的针对性。一个能够达到工程造价生态系统要求的工程造价数据类型体系应该拥有广泛而又充足的工程造价数据内容，并能反映全面工程造价管理的内在联系。因此，工程造价数据组织与集成的内容始终是最关键的，是衡量分布式工程造价数据管理水平的决定因素。

3. 工程造价数据组织与集成的契约问题

由于工程造价生态系统的动态联盟体所构筑的协同工作体系，在工程造价数据组织与集成实施过程中必须建立合适执行规则，使不同区域、不同时间的分布式工程造价数据能够按照一个具体规范的契约来履行，这种预先制定的规则、协议和条款，在分布式工程造价数据中保持各个工程造价管理行为人独立安全的前提下，以一定的行为契约规则进行共享组织与集成，基于高度互信的工程造价数据能保障工程造价数据类型体系的广泛而又丰裕的内容。

4. 工程造价数据组织与集成的质量问题

工程造价数据组织与集成的质量问题是保证数据驱动全面工程造价管理的必要前提，在工程造价数据组织与集成实施过程中只重视数量忽视质量，就会对工程造价业务目标的完成造成很大的影响。为了提高工程造价数据组织与集成的质量，应该对分布式工程造价数据的适用性给以更多的关注，首先需要从管理和机制入手，建立合理的工程造价数据管理团队,制定工程造价数据质量管理机制,落实人员执行责任,保障各个工程造价管理行为人间的高效沟通,通过工程造价数据持续监控与一整套质量效验的业务和技术规则,形成常态化持续化的闭环,才能确保工程造价数据的准确、完整、一致和及时性。

5. 工程造价数据组织与集成的技术问题

工程造价数据组织与集成必须重视相关技术的研究与开发,为工程造价数据集成提供技术支持与保障。由于工程造价数据采集、甄别、编辑、转换、融合等一系列工作都带有很强的技术性,没有技术的应用是不可能把这些多种形式、格式不一、异构工程造价数据组织与集成为一体化的工程造价数据类型,没有集成技术也不可能实现工程造价管理行为人之间的共享协同操作。要考虑适宜的集成技术介入途径,一方面关注工程造价数据集成技术基础,另一方面要考虑和重视新的数据资源集成工具。在工程造价数据组织与集成实施过程中,不盲目求新,适时适度有选择地进行引进和使用,形成适应工程造价生态系统需求的工程造价数据组织与集成的适用技术体系。

第三节 面向工程造价管理的工程造价数据资源集成的必要性

在不断变化的建设市场环境中,工程造价生态系统的工程造价管理就必须聚集各式各样的工程造价数据资源来优化运作,工程造价管理行为人的业务流程、服务计算、工程造价监管等需要将各个内外工程造价数据资源都集成到工程造价生态系统中来指导工程造价业务活动,围绕工程造价数据展开协同工作,使柔性化和数据化的工程造价业务服务得以实现,用数据集成驱动工程造价业务的运行,对各种各样具体工程造价业务问题选择协同优化配置,从而达到提高工程造价成果文件一体化编制质量。所以,为适应工程造价管理各种场景需要,需要进行面向工程造价管理的工程造价数据资源组织,把分布式工程造价数据资源根据不同层次的工程造价管理行为人的要求进行集成,同时也考虑工程造价管理活动的一系列场景需要进行集成,这是工程造价生态系统动态联盟体协同工作体系的必要性,又是解决工程造价业务问题的必然性。

一、传统工程造价数据资源组织的缺陷与不足

海量、多源、异构工程造价数据分散于各个工程造价管理行为人之中,不同区域、不同时间、不同角色掌握的工程造价数据是零散的、碎片化的,这巨量的工程造价数据并非工程造价管理人员都能获取相关需要的工程造价数据的能力。虽然从建设市场总体来看工程造价数据是大量的、取之不竭的,但是针对工程造价生态系统动态联盟体的每一个工程造价管理行为人的特定需求工程造价数据资源却是相对稀缺的。工程造价管理行为人在解决工程造价业务问题中期望的都是针对自己的工程造价数据资源,形成工程造价生态系统的工程造价管理行为场域正是这种工程造价数据资源组织的需求反映。传统工程造价数据资源组织由于多方面的原因,使工程造价数据组织与集成无法做到共享协调、个性定制的服务,不能针对特定的对象提供特定的服务,尤其在分布式全面工程造价管理运行中,传统的工程造价数据组织及其处理模式暴露出扩展能力有限,存在着很大的差异性,不能够实现工程造价数据共享流通、分布式协同工作。DT 技术的发展为工程造价行业实现工程造价生态系统的全面工程造价管理服务形态提供了技术支撑,使工程造价数据组织与集成顺应了不同层级工

程造价管理行为人的多样化工程造价数据需求,提供了解决工程造价业务问题的各种类型服务。而传统工程造价数据资源组织形式存在以下缺陷。

1. 工程造价数据资源组织与描述上的不足

目前工程造价数据资源组织的各种方式中,不同地区、不同专业对工程造价数据资源描述的详简程度参差不一,对工程造价数据形式特征和内容特征揭示不充分,不能为不同层级工程造价管理行为人提供可进行选择、判断的信息与线索。而且工程造价数据来源和工程造价数据资源结构各异,工程造价数据资源组织方式及其广度和深度在地区、专业上有所不同,相互交错。同时建设市场的信息数量急剧增加和流速加快,远远超过了工程造价管理行为人的承受能力,无法快捷准确地获取所需工程造价数据。

2. 分类体系与方法不尽合理

由于数据分类方式很多,不同地区、不同专业都会根据自己的需要情况来理解和掌握其分类的方式,所以在工程造价行业内不能形成统一的标准分类体系,缺少从顶层高度综合考虑来建立统一的分类标签导航体系,在时空维度上不能够对不同层次工程造价管理行为人所形成各类活动的工程造价数据资源分类得到提示,存在设置欠缺科学性、类名不够规范、层次不合理、扩展维度差等问题。

3. 工程造价数据资源导航能力差

面对海量、多源、异构的工程造价数据资源的各种表现形态,由于受技术的障碍,其工程造价数据组织方式存在着数据浏览和查找的缺陷,不同层级工程造价管理行为人极易产生迷航,很难找到自己需要的工程造价数据资源内容,不能很好地提供需求服务。工程造价数据资源导航能力差主要表现有以下几种情况:不能通过各种画像标签路径找到工程造价数据资源内容及内容分类;很难准确而迅速地定位于真正需要的信息位置;导航标签设计有时产生歧义不明确,不能囊括其类下的所有项目的内容和区分其他类的所有项目;提供导航工具能力差,数据空间巡航方向和路径达不到工程造价管理的要求。这些都会影响不同层级工程造价管理行为人获取所需工程造价数据资源。

4. 工程造价数据组织不能适应共享流通与协同运行

传统的工程造价数据资源服务系统仍然是从区域性、专业性的角度进行工程造价数据组织,没有从工程造价生态系统动态联盟体的角度进行工程造价数据组织,没有从共享流通、分布式协同工作运行机制的数据环境角度考虑能为工程造价管理行为人提供什么工程造价数据资源。现阶段的工程造价数据都是从区域性、专业性的角度集中式组织存储,对工程造价专业人员都是一种模式,很容易被割裂在工程造价管理行为人手中,无法准确地实现分布式协同工作,暴露出扩展能力有限、单点障碍隐患大、交叉矛盾突出、运维成本高等缺陷,使同时、不同的地理位置随时、方便地访问、共享工程造价数据资源差,各个节点又没能统一管理调度,获取分布式计算资源的渠道就不能畅通。

5. 没有有效的分布式工程造价数据组织方式

工程造价数据组织是全面工程造价管理活动或解决工程造价问题的行为基础,是工程造价行业演化为工程造价生态系统运行的必然要求。但目前还没有全面建立面向开放和分布工程造价数据的组织协同机制,形成工程造价管理行为人个性化和可动态发展的工程造价数据资源体系存在着很多问题，所有的全面工程造价管理服务形态中的分布式工程造价数据组织仍是利用传统的普通环境下的工程造价数据组织方式，有效的分布式工程造价数据组织方式还没有形成。随着智能时代的到来，DT技术的发展，数据驱动全面工程造价管理是传统模式向新型模式转变的必然选择，在技术与服务方式上，应扬弃传统的工程造价数据组织方式，建立相适应的分布式工程造价数据组织方式，是面向分布式全面工程造价管理服务形态所进行分布式工程造价数据组织的关键问题。

二、面向工程造价管理的工程造价数据资源集成的必要性与要求

面向工程造价管理的工程造价数据资源集成程度关系到工程造价数据资源能否被合理利用及关联协调，特别是工程造价数据资源组织发展到数据驱动阶段，在工程造价数据资源组织体系中，存在着结构、形态、来源各异的分布式工程造价数据资源，工程造价生态系统的不同层级工程造价管理行为人所面临的一个落地问题。即如何把由不同的工程造价管理行为人，在不同区域和时间，用不同的技术开发的、不同内容和不同形式的工程造价数据集成起来，使分布式工程造价数据能为工程造价生态系统的不同层级工程造价管理行为人提供个性化协同共享服务。基于数据驱动的工程造价生态系统的工程造价数据资源集成有助于解决管理执行层面临需要解决的运行问题，是全面工程造价管理的必然选择。

1. 面向工程造价管理的工程造价数据资源集成的必要性

面向工程造价管理的工程造价数据资源种类繁多、形式多样，多源、异构的巨量工程造价数据，实际上加重工程造价管理行为人获取有价值工程造价数据负担，带来很多数据方面的困扰，但面向工程造价管理又必须借助于工程造价数据资源，依赖于工程造价数据资源来解决工程造价业务问题，所以如何有效应用数据技术服务于工程造价业务，能不能用上工程造价数据资源，用好工程造价数据资源，已经成为不同层级工程造价管理行为人的重要问题。而解决困扰的问题的方式之一就是工程造价数据资源集成，将分布式工程造价数据资源通过分类、分块、聚类等方式进行工程造价数据资源集成，形成清晰的面向工程造价管理的工程造价数据资源体系蓝图，从而在一定程度上帮助工程造价管理行为人获得的工程造价数据资源是可靠的、容易的和方便的。工程造价数据资源集成势在必行，其必要性体现在以下方面。

（1）分布式工程造价数据资源需要集成

由于面向工程造价管理区域性、专业性的性质，决定了工程造价数据来源的分散性、异构性，并存在于单个工程造价管理行为人的内部，本质上还是单个工程造价管理行为人围绕自己的工程造价业务的工程造价数据资源管理展开，当数据驱动全面工程造价管理在实施工程造价业务活动过程中，促使工程造价生态系统的动态联盟体必须跨组织机构、跨时空把分布式工程造价数据资源以聚合的方式集成相互协同关系的工程造价数据资源体系，这样才能使不同层级工程造价管理行为人在不同的地理位置随时、方便地访问、共享处理工程造价数据资源，推动了网络化协同工作体系的形成。

（2）协同全面工程造价管理需要集成

协同全面工程造价管理其本质是实现服务计算的分布式工程造价数据在各个计算机节点上的流动，反映了工程造价生态系统内工程造价专业分工的服务状态、工程造价管理行为人服务计算的执行式协作，动态联盟体性状的分布式协作方式，是面向工程造价业务服务的

各项技术的汇集,所以,要满足分布式全面工程造价管理业务的扩展和变化,就需要对工程造价数据进行划分、组合、集聚,集成共享与互通的工程造价数据资源,在场景上能达到专业分工的各个角色的分布式工程造价业务服务计算,同时又能进行多模态计算任务的分布式处理。

(3)工程造价业务服务内容与模式需要集成

工程造价业务服务内容与数据驱动全面工程造价管理模式是实现服务功能的具体配置描述,说明了工程造价数据资源与服务功能之间的逻辑关系和具体属性,是各种工程造价业务服务内容进行服务计算的一种清晰的表达方式和使用的关联联系。工程造价生态系统在工程造价业务服务内容方面更加重视和强调多层级工程造价管理行为人在各类本源性实践活动中行为场域与全面工程造价管理情景互动的存在状态,在工程造价确定、工程造价控制、工程造价风险识别、工程造价纠纷与索赔、成本分析、工程造价监管等多模式服务计算和多类型计算模型中,必须根据这些业务问题进行索取各种工程造价数据资源同步标配操作,才能建立默契平衡关系,实现工程造价成果文件的质量。因此,需要汇集各方面的工程造价数据进行分类集成,来满足这些工程造价业务服务内容的需求配置。

(4)工程造价数据资源关联需要集成

工程造价数据资源关联是工程造价数据资源集成的深化,对蕴涵在工程造价数据资源集合中的分布、异构工程造价数据实体间的关联再进一步予以揭示。在传统的工程造价管理向数据驱动工程造价生态系统运作的改变中,多层级工程造价管理行为人的各类工程造价业务实践活动,必须通过集成化的方法把原有的分布、异构工程造价数据集成在一起,才能够有针对性地把相关工程造价数据资源集成为一个有机整体,使各类工程造价业务问题能很好地配置。工程造价数据资源关联集成的目标就是采用一定的方式和手段,将被分布、异构工程造价数据割裂的状态属性的关系联系起来,组成一个广泛的、有序的和完整的工程造价数据资源关联体系。对于工程造价生态系统来说,则是对大量的、不同来源的、多种形态格式的分布式工程造价数据进行关联集成,该集成实现了不同层级工程造价管理行为人快速地根据需求提取相关联的工程造价数据资源。

(5)普适个性化服务需要集成

全面工程造价管理活动的过程中,工程造价管理行为人的种类和角色不同,工程造价数据资源需求也不同且复杂多变,这对于工程造价管理活动环境中的工程造价管理行为人使用问题提出了挑战。针对各种角色的工程造价管理行为人在工程造价业务中所需的工程造价数据资源,需要一种更为普适化、虚拟化、智能化、个性化的方式来支持全面工程造价管理许多前后接续的阶段和驱动各种各样具体活动过程、不同角色的交互环境,提高工程造价管理行为人业务效率。因此,各种不同角色工程造价管理行为人的专业背景和文化程度各异,其普遍性决定了他们所需的用户界面的普适性与自然性,这就需要把分布的、零碎的、不同区域的工程造价数据进行分类集成,对各层次工程造价业务序列、活动过程中不同阶段的工程造价数据和交互环境进行描述,把工程造价数据资源的诸要素根据其个性化的需求有机地分类集成,为其提供灵活的定制能力,使一般工程造价专业人员在一个简单、友好的和方便地选择界面类型、定制自己所需的界面呈现内容、选择适合于自己的交互方式。

2. 面向工程造价管理的工程造价数据资源集成的要求

前面已对工程造价数据组织与集成描述机制进行了阐述,其内容可以看出,DT时代的工程造价生态系统内在的全面工程造价管理的工程造价数据资源集成表现为服务的个性化、运作的网络化和驱动的协作化，原有的工程造价数据资源组织方式已经不适应数据驱动工程造价业务服务形态的要求，面向工程造价管理的工程造价数据资源组织与集成是数据驱动工程造价业务服务形态的必然要求。数据驱动全面工程造价管理的工程造价数据资源服务对工程造价数据资源体系的工程造价数据资源内容、工程造价数据的组织和呈现方式、工程造价数据资源可视化和交流方式以及系统设计等提供了一系列要求，从工程造价数据资源的简单组织到强调数据驱动的工程造价数据资源重组。

（1）工程造价数据资源内容

按照工程造价生态系统运行机制的要求，工程造价数据资源集成内容揭示更加深入，以便向动态联盟体的各个工程造价管理行为人提供便于利用的、可以帮助解决工程造价业务问题的序化的工程造价数据基因、工程造价管理活动的数据资源和工程造价管理环境数据资源，通过多层次、多方位的描述与分析来揭示与集成工程造价数据资源，以便实现数据驱动全面工程造价管理的合理利用。应能根据专业、问题对象组织与集成工程造价数据资源，实现不同类型、不同层次数据资源间的链接，使之能够保持工程造价数据资源的整体性和关联性。同时，工程造价数据资源揭示也要兼具广度，实现工程造价数据资源在深度和广度的结构型分布，以满足各种角色的工程造价管理行为人的需求。面向工程造价管理的工程造价数据资源集成的内容要求清晰、可理解为衡量标准，能使各种角色的工程造价管理行为人准确定位，而且要以简单、清晰的形式提供给各种类型的工程造价管理行为人，使他们容易理解。工程造价数据资源集成的内容也要考虑满足不同角色独特的个性化需求，提供有针对性的服务计算，使各种不同角色工程造价管理行为人的定制能力得到体现。

（2）工程造价数据的组织和呈现方式

工程造价数据的组织方式在工程造价生态系统的工程造价数据资源集成体系中是数据驱动全面工程造价管理必须注意的环节，要有选择地根据多层级工程造价管理行为人的各类工程造价业务问题显示某些工程造价数据资源，并且按照行为规范契约的规则屏蔽掉当前工程造价管理行为人没有权限访问的工程造价数据资源。从某种意义来讲，工程造价数据资源集成体系既解决了工程造价数据过载问题，又解决了工程造价数据安全问题。工程造价数据组织系统应能集成多种来源渠道、多种形式格式的工程造价数据资源，其形态包括文本、图形、表格、图像、音频、视频、数据库、XML等不同载体、不同形式的工程造价数据资源。要求系统中必须设计定制功能，各种角色的工程造价管理行为人就能完全地定制出符合自己需要的工程造价数据资源内容和布局，不仅可以定制自己页面上显示的内容，还可以决定以怎样的方式显示各种信息。工程造价数据的组织和呈现方式要求应具有对数据空间巡航标识、基于分布式工程造价数据资源内容跨平台无缝链接、根据全面工程造价管理生态环境和不同工程造价管理行为人需求特点进行细致有效的多级数据分类、方便快捷的检索查询等。

（3）工程造价数据资源可视化和交流方式

工程造价数据资源可视化是工程造价管理行为人与工程造价数据资源直接对话的桥梁，是工程造价数据挖掘强有力的辅助。为了满足工程造价生态系统的动态联盟体协同工作、工程造价业务服务方式的个性化和分布式全面工程造价管理服务内容的相互交流分析，在数据驱动全面工程造价管理活动过程中，工程造价数据内容更加复杂，不同工程造价管理行为人的服务计算需要以简单直观的方式展现出来,才能最终为工程造价管理行为人相互交流分析所理解和使用,通过对工程造价业务交流分析的需要,可借助数据可视化技术方法把服务计算的结果加以解释,可清晰有效地交流与沟通信息。工程造价数据资源可视化的应用,极大地增强了工程造价数据资源分析的自主性、灵活性和实时交互性,其适用工程造价业务交流分析的场景一般分为两种类型:一类是用于服务计算结果的呈现,主要是对工程造价数据分析探索以及结果进行友好展现,增加分析结果的可理解性;另一类是面向工程造价管理行为人交互分析过程,将工程造价管理专业人员的技术经验、计算造价诀窍、操作过程等通过交互界面融入分析过程中,提高了工程造价数据分析效果和准确性,更容易发现规律。

三、工程造价数据资源贯穿工程造价管理活动

前面第二章已阐述了全面工程造价管理融合了建设工程全生命周期、全过程、全要素、全方位和全风险的集成综合管理,有机地构成了工程造价管理活动的整体解决方案,而工程造价数据资源在全面集成管理的许多前后接续的阶段和驱动各种各样具体活动过程中的合理利用,可结合不同层次的应用场景和对应技术的解决方案,实现了数据驱动工程造价业务的运行,并以一种及时的方式获取、处理和使用各种各样的工程造价数据资源来洞见工程造价管理活动的所有问题,通过一定的手段释放工程造价数据资源的价值,最终达到利益最大化的目标。由于建设项目不同阶段具有不同的目标,所产生和需求的工程造价数据资源不同,同时工程造价数据资源也具有明显的不同特征,而工程造价数据资源集成体系的许多工程造价数据可以为全面工程造价管理的多个阶段、多个过程、不同的工程造价管理行为人的协同工作所采用,因此应以建设项目全面集成管理的视角分析工程造价管理活动的工程造价数据资源的供给和需求以及在实体异构性、多源数据结构上和随时空增长变化方式上都呈现一系列新的特征,这些工程造价数据资源特征对工程造价管理活动具有重要的影响。

1. 工程造价数据资源特点描述

全面工程造价管理活动场景涉及工程造价数据流、工程造价业务流、工程造价管理行为人的关联融合,而工程造价生态系统是由数据驱动工程造价业务服务功能所描述的具体配置,其工程造价数据资源的表现形式、工程造价数据资源的内容属性、建设项目实施的主要业务环节以及组织来源,所产生的方式有所不同,分布式存储也有所不同,甚至分类标准也有所不同。由此可见,工程造价数据资源的存在形式、协同方式和使用方式等方面,具有分布多源异构集成性、按需动态化的属性特征、多尺度与多粒度特性、协同互操作性等一系列新特点,具体表现如下:

(1)分布多源异构集成性

工程造价数据资源具有非常多的种类和结构形态,地域分散,部分技术经验、计算诀窍模式和工程造价知识资源也由于数据产权的因素分布在持有人手中保管,即为分布性;不同层级工程造价管理行为人参与、专业与工作内容紧密联系与交接等元素,这些不同来源的工程造价数据资源无论是从结构上、组织方式上,还是维度尺度与粒度上都会存在差异,即不同类型工程造价数据资源之间的异构,也指同类型工程造价数据资源之间的异构。同时,这些工程造价数据资源源自不同的数据库、不同水平的工程造价管理专业人员经验知识等,工程造价数据实体因不同特征属性和关系而具有异构性。

全面工程造价管理活动应用要求将这些分布多源异构工程造价数据资源进行有机融合集成,通过挖掘工程造价数据间的相关性与相互方式来标配之间的逻辑关系和具体属性的类型工程造价数据资源。

(2)按需动态化的属性特征

基于工程造价管理活动融入建设市场的过程中,分布式全面工程造价管理是引导工程造价管理行为人各个角色专业分工和价值连接,根据多角色不同的服务计算任务需求,应动态地组合不同类型的工程造价数据资源,由于工程造价数据资源的时间序列和空间特征具有多种形式,对于相关分布式全面工程造价管理要素属性的表达而言,具有大量的活动和特殊事件而面临的时间约束,就需要以时间因素为主要参考依据进行及时动态的工程造价数据资源配置安排,工程造价数据资源的时间变化表现为按需动态性;以多角色不同的服务计算任务需求路径为基础的空间结构是工程造价数据资源的一种组织方式,动态地生成、优选和绑定工程造价数据资源,空间变化表现为组织方式动态性。因此,时空动态性构建出分布式全面工程造价管理任务执行环境,即工程造价数据资源具有与时间相关的变化和分布,同时工程造价数据资源具有不同尺度的空间跨度。一方面它具有时间和空间两个维度的工程造价数据资源演化特性,另一方面还具有时空维度上的工程造价数据资源关联关系。

(3)多尺度与多粒度特性

工程造价数据资源根据全面工程造价管理活动的特点,具有特定的时间与空间的维度外,还具有工程造价数据尺度和工程造价数据粒度对全面工程造价管理的多个阶段、多个过程、不同的工程造价管理行为人的影响。一方面,在规模尺度上,不同工程造价数据规模的工程造价数据影响着服务计算模式选择、工程造价数据资源消耗等,工程造价数据尺度选择就是选择出使工程造价业务问题处理达到最优效果的适宜尺度,因此,在时空尺度上,属性值在不同时空范围内,不同的工程造价管理行为人需要选择不同尺度的特征量,以进行预期的状态服务计算。此外,全面工程造价管理的多个阶段、多个过程的不同工程造价业务问题可能还有其他相关尺度需要考虑,以建设项目市场需求为例,还需要考虑发包方式、合同类型、业主管理方式结构尺度,其需求结构随着这些方式或类型会发生尺度维度的转变。另一方面,在时空粒度上,根据多粒度工程造价数据类型自动逐步抽象与迭代,使得工程造价数据在多层次工程造价管理行为人的多个粒度时空中呈现,能够在分布式工程造价管理中开展工程造价数据的多层次处理而进行服务计算。在时空多维度的条件下,高效处理多尺度与多粒度的海量工程造价数据,是满足不同工程造价管理的各个环节和各个阶段需求而进行工程造价数据资源重构,最终实现工程造价数据资源共享和空间跨区域分布式智能服务计算的配置。

(4)协同互操作性

全面工程造价管理活动的工程造价业务状态服务之间具有协同互操作的特性,这是由工程造价生态系统动态联盟体的全过程工程造价管理存在各类本源性的许多前后接续阶段和驱动各种具体活动所定位的工程造价数据资源特征所决定的,协同互操作意味着工程造价业务状态服务之间具有工程造价数据资源共享交互关系、时序逻辑关系甚至时空同步要求。能通过智能合约制定的规则、协议和条款,形成彼此间可灵活、互联、互操作的工程造价数据资源,为工程造价管理行为人的动态协同管理提供全面支持,具有按需动态满足各个专业角色的协同工作以及工程造价业务运作中的有机融合与无缝集成。

2. 贯穿工程造价管理活动的工程造价数据资源接入

在工程造价生态系统架构中，需要以某种方式将各类工程造价数据资源接入到工程造价管理服务平台，实现工程造价管理模式中工程造价数据资源的全面互联和共享，并且为工程造价管理活动过程的许多前后接续阶段和驱动各种具体业务的虚拟工程造价数据资源封装和工程造价数据资源调用提供接口支持。贯穿工程造价管理活动的工程造价数据资源接入是实现动态联盟体充分共享、无缝协同的调度与优化配置，从而以动态定位的形式提升工程造价数据资源的利用率和适配率，并且还能够跨地域空间进行服务计算布局。由于工程造价管理行为人的各个角色接入的工程造价数据资源有的是不一样的，面对不同工程造价业务问题的服务计算需求各不相同，具体业务活动过程中工程造价数据资源的种类繁多，需要接入的各种针对具体的工程造价业务问题的服务计算复杂多样，必然造成接入的方式不同。如何针对不同的接入需求选择合理高效的接入技术与数据调度方式是需要关注的问题。

(1) 工程造价数据资源接入技术

根据不同工程造价管理活动运作状态的特点与工程造价数据资源接入需求，就必须把各种各样的工程造价数据变为工程造价管理行为人的各个角色想要的工程造价数据。工程造价数据资源接入就是将各种分布式、各种类型的工程造价数据集成，纳入统一的工程造价管理服务平台。工程造价数据资源接入技术达到的目的主要有两个：一是能实现在各个区域的各个节点接入的方便性；二是接入线路能够提供尽量高的带宽。因此，从目前情况看工程造价数据资源接入技术可采用有线接入技术和无线接入技术。工程造价数据资源在整个工程造价管理活动过程中主要包括工程造价服务类资源和工程造价数据类资源。工程造价服务类资源的接入可实现工程造价服务的发布与共享，通过工程造价数据融合公共支撑平台的服务化工具，可实现工程造价管理行为人的各个角色服务功能。工程造价数据类资源接入可作为最终的服务提供给工程造价管理行为人的各个角色使用，也可作为发布资源与服务时提供参考，还可以为分布式工程造价管理的各个角色在发布需求、需求分解、服务组合与匹配过程中提供依据。

工程造价服务类资源种类有许多，大体上可分为工程造价应用系统服务类、工程造价服务计算类。这些工程造价服务类资源可以采用本地接入与基于远程调用接入。

工程造价数据类资源涉及的类型繁多，归纳起来有五大类型，即基础工程造价数据体系类、工程造价数据基因体系类、工程计价定额体系类、工程造价知识体系类、市场要素价格体系类。这些工程造价数据类资源可以采用从数据库接入、文件的方式接入和应用分布式的方式接入。

(2) 接入工程造价数据信息的描述

针对工程造价数据资源的特点，工程造价管理行为人的各个角色可根据自己的工程造价业务问题进行智能分析与预处理，充分利用已接入的工程造价数据资源的多维度状态信息，可采用信息融合方式构建多层融合模型，从而进行分析各类信息的关联性以及各类信息属性之间的关系，为各个角色所处的工程造价业务活动环境中有效使用提供支撑。工程造价管理行为人的各个角色根据自己的工程造价业务问题的所有工程造价数据内容的个性化需求，均以一个共同的领域本体为基础，运用工程造价数据资源本体模型，对工程造价数据内容进行描述，通过建立工程造价数据资源在结构、功能、属性等方面的关系和知识关联，使分布式工程造价数据源或是工程造价管理行为人的信息之间保持语义上的一致性,从而使理解和交流成为可能,同时,通过不同的独立领域本体之间的映射,实现了工程造价数据的交换与信息共享,也可利用领域本体的规范描述,为有效的工程造价数据资源智能检索、匹配提供工程造价数据和信息支持,从而提高检索的效率和精确度。此外可采用中间件技术对工程造价数据资源的服务进行封装发布,实现工程造价数据资源不同地域不同平台结构的信息共享。

3. 工程造价数据资源的部署调度

工程造价数据资源的部署调度是通过分布式部署流程将工程造价数据资源交付给容器应用的过程。根据贯穿工程造价管理活动的各个具体业务提炼不同的工程造价数据资源服务,每个工程造价数据资源服务的粒度能够通过容器技术进行快速自动化部署和动态管理。基于容器服务调度自治和敏捷交付技术路线,选择工程造价管理行为人的各个角色相应需要的工程造价数据资源支撑具体业务问题,实现了工程造价数据资源的动态配置。按照全面工程造价管理的多个阶段、多个过程、不同的工程造价管理行为人的专业性的工程造价数据资源部署在容器中,根据每个阶段、过程、专业的粒度基于业务能力大小进行构建,使构建的服务链能够满足个性化业务的调度需要。所以,容器能实现比传统虚拟化技术更轻量级的虚拟化,而且完全使用沙箱机制,相互之间没有接口,可并行对多个具体业务进行服务,大大方便工程造价数据资源的独立部署和维护。

4. 在工程造价管理活动中适配服务

根据上面工程造价数据资源特点的描述,贯穿工程造价管理活动的每个阶段、过程、专业的业务性质以及工程造价管理行为人的各个角色的计算风格与思维方式是不一样的,基于数据驱动的工程造价生态系统,需要动态联盟体对建设项目的各类工程造价业务问题进行全面的协同管理,在建设项目全面工程造价管理的各个环节的服务过程中应实现分布式协同工作,才能避免各种业务流和工作流引发交叉矛盾。所以,对于分布式全面工程造价管理的分布式工程造价数据资源必须动态的按需适配,使流动在各个计算机节点上能以某种方式访问这些适配的工程造价数据资源进行批处理,最后把各节点的计算结果合并起来得到解决建设项目的各类工程造价业务问题的最终结果。为满足数据驱动的工程造价生态系统对工程造价数据资源部署调度的高效管理及工程造价管理行为人的各个角色的个性化业务的调度需要,构建完善的工程造价计算资源配置模型至关重要。而工程造价计算资源大致归纳可为两大类,即工程造价应用系统服务类和工程造价服务计算类。这些工程造价应用系统服务类、工程造价服务计算类通过容器技术形成的各类工程造价计算资源配置模型接入服务平台,直接控制着各种服务计算的共享与分配。由于服务平台面向的是全面工程造价管理活动的每个阶段、过程、专业的业务以及工程造价管理行为人的各个角色的问题求解任务,其各任务间协调性强,对服务计算及工程造价数据类资源需求各不同相同,这就强调各类工程造价业务问题对计算资源及工程造价数据类资源的个性化需求,需要配置合适的资源组合支撑各类工程造价业务问题求解任务的运行。在全面工程造价管理活动的适配服务中,把计算资源模型和工程造价数据类资源对接起来,运用分布式协作方式合理地调度和分配计算,在不同作业任务之间或者不同的服务节点上,对工程造价数据资源的控制和使用才能达成一致。首先针对角色配置其工程造价数据类资源以及所需的服务计算模型;其次可依据选择映射归约模式进行计算资源构件的配置、任务类别的配置以及服务内容的配置等,依据这些服务内容即可进行各个子计算服务任务的工程造价数据资源的选择和配置,并且控制工程造价数据资源的使用级别、是否启用等信息;最后可根据工程造价业务问题的实际情况来配置业务流程,并且配置流程中所需的工程造价数据资源,启用流程模型后,按照流程模型即可实现精准的工程造价成果文件。

第四节 数据化转型的可持续工程造价管理

面对当前数据智能时代的来临,传统工程造价管理既遭受互联网的巨大冲击,又面临原有工程造价管理模式的持续转型,随着DT技术的蓬勃发展和应用,正以前所未有的广度与深度加快推进建设行业和工程造价行业的生产方式和发展模式的深刻变革。工程造价行业使用信息的方式已经发生了极大的改变,数据化的信息表达和数据存储更加灵活,大数据分析和人工智能能使我们可以从海量的数据中获取洞见,进而实现工程造价管理的智能分析和决策优化,促进全专业的协同管理。面向未来,什么样的工程造价管理模式,才能实现可持续发展,伴随着新技术的迅速发展,工程造价行业的数据化转型是进行工程造价管理模式创新的方法。任何一种发展模式若想具备可持续性,顶层设计至为重要,技术架构是这样,商业模式也是这样,工程造价管理模式亦然。同时,工程造价管理模式的演变往往也会驱动工程造价行业治理模式的改进。以工程造价管理行为人提供一个以数据驱动为核心的工程造价生态系统的协同工作环境,正是工程造价管理可持续发展所必需的,我们希望认同工程造价管理模式创新理念的工程造价行业组织和个人,将其应用到构建新型工程造价行业治理模式的实践中,智筑一种更有弹性、更具备可持续发展特征的新型业态,推动工程造价管理领域走上新的台阶。

一、互联网时代与数据化转型

互联网时代,对人类社会的组织、活动、管理方式与行为方式产生了深刻变化,为人们提供了全新的交流空间和共享知识的新途径,对于任何一个组织来说,都必须把自己放在一个高度互联网化的市场合作和生态体系上来看待,基于大数据工程造价生态系统的融合联盟和协同运行已成为工程造价行业每一个工程造价管理行为人共同面对的转型要求。而在数据化转型的进程中,应以全面工程造价管理作为转型主体,从工程造价管理场景出发,使技术服务于工程造价业务,提升工程造价管理行为人运作的效率,支撑着工程造价生态系统的运行机制,把所有的人和物都互联,所有的工程造价管理活动都被记录,建立工程造价数据远景,拥抱数据技术,迅速地应用于工程造价管理服务,并且转化为自身的生产力。

1. 互联网时代

互联网随着技术的发展而不断进化,从PC互联到移动互联到万物互联,从信息互联网到商业互联网到物联网,不断前行与变革的互联网也正在影响和改变着产业形态、经济社会与人类的活动方式、工作方式和生活方式以及思维习惯方式。然而,世界正在快速改变,今天,已从IT转到了DT,不管是哪个行业,都将要被互联网改变,都会有"互联网+"这样一个方式,它已不再是简单的工具,从提供方法、提高效率、建立平台到筑造生态,已经演化为经济社会与人类的组成部分。在这个时代里,互联网将用连接一切的方式改造各类行业,用聚合的方式提高各类行业的运行效率,顺势而为是新的战略选择,快速反应、及时调整是生存的根本。在互联网环境下,每个行业的价值链都将被重构和改变,工程造价行业也是如此,数据驱动的全面工程造价管理转型已摆在我们面前,我们要么运用互联网、物联网、大数据、云计算、人工智能、区块链这些新技术构筑过去未曾有的工程造价生态,要么给传统工程造价行业运用数据智能持续地改变自身的运作模式。除此之外,我们很难看到工程造价行业还有其他出路。前者是构建一个垂直整合的工程造价生态系统模式,后者是在原有工程造价管理模式的演化过程中持续转型。总之,面对互联网时代,正面临建设市场新常态对思维模式、管理模式、商业模式、资本模式的触知能力和适应能力及改变能力的新拷问,工程造价行业能否实现转型升级和动能转换,这是我们今天必须面对的现实。

2. 数据化转型

伴随着互联网时代的演化,新常态下,我们已经生活在一个数据化的空间里,面对复杂多变的市场环境,不管你愿意不愿意,各个行业要持续发展都必须融入这个市场环境里,才是唯一出路。同时,各个行业在适应市场环境的变化中需要转型成一个数据驱动的信息化行业,只有顺应时代的要求,积极主动地推进行业转型,在转型中善于抓住机遇,找准市场切入点,顺势而为,才能有机会取得成功。因此,必须扬弃固守传统的思维模式和方法,不能将互联网作为工具,真正把握互联网转型的本质和规律,将业务模式、管理模式与互联网模式深度融合。工程造价行业也是如此,工程造价管理行为人数据化转型是工程造价行业数据化的基石,通过推动工程造价行业战略思维、组织架构、业务流程、管理模式、人力资源培养等全方位转型,使之应当全面进入新常态,打造数据化转型的全新模式,这是适应数据智能时代发展的必然选择。

(1)工程造价行业需要数据化转型

一个开放的、竞争的建筑市场,互联网时代的管理模式已发生了根本性的变化,智能建造的实施标志着现代信息技术与先进的建造技术深度融合的新型模式,2022年11月住房和城乡建设部已公布智能建造24个城市试点名单,这是建筑业转型升级和高质量发展的必由之路,是未来建设行业发展的方向,是融合集群发展、实施创新驱动发展、实现更高水平的新兴产业。智能建造推动了建筑业向工业化、数据化、智能化、总承包一体化转型,实现了数据及知识驱动的建设项目建造全生命周期一体化协同工作与智能化辅助决策,促进建筑业发展数字经济新业态。行业转型已经成为时代的趋势,工程造价行业也都需要数据化转型,工程造价行业数据化转型目前已经不是做不做的问题,而是如何做的问题,应该把握这个机遇。工程造价行业数据化转型不仅仅是全面工程造价管理引进更多的新技术,更意味着工程造价管理模式演化的场景下全面工程造价管理要持续地改变以往的运作模式,如果还沿用过去工程造价管理信息化的建设模式,肯定是不合时的。因此,工程造价行业应该融入建筑业转型升级的智能建造框架,构建建设项目全生命周期一体化的全面工程造价管理服务体系,用数据驱动力促进工程造价行业转型,整合工程造价管理信息系统孤岛中的数据,用数据化重构工程造价业务流程,采用基于工程造价生态系统的全面工程造价管理应用场景整体解决方案以确保数据化转型的成功。

(2)开启工程造价行业数据化转型之路

工程造价行业数据化转型核心是工程造价数据,集中体现在工程造价业务对象数据化、全面工程造价管理体系生态化、工程造价业务内容服务化和手段方法智能化等方面。在IT向DT技术泛型转换过程中,数据构成了人类生活的基本要素,不断影响人们的思维决策方式和行为模式,也必然会成为各种行业资源配置的决定性要素,突出表现为数据无处不在地在生产、经营、管理等方面的配置中扮演着先导作用。数据技术创造了机会,对于工程造价管理领域的任何一个工程造价管理行为人来说,都必须通过更加开放和灵活的机制结合自身发展要求走上数据化转型之路,通过提高获取和分析工程造价数据的能力,使工程造价管理行为人能够有效挖掘与分析工程造价数据,最终帮助工程造价管理人员深度洞察工程造价中所包含的价值信息和关键知识,从而提升工程造价数据在工程造价业务中的利用效率与决策精度。因此,工程造价行业数据化转型已经成为数据智能时代的趋势,而且在建筑业开启智能建造的背景下已显得越来越紧迫。建设市场环境的变化,工程造价管理模式的演化,基于价值观、全面工程造价管理活动、时空的场景转型过程中,工程造价数据基于场景产生,通过数据化思想、数据化技术、数据化管理等,创建一种新的或者对已有的工程造价管理模式进行重塑,以此来满足数据智能时代发展下不断变化的建设市场格局和建设项目要求。在推进工程造价行业数据化转型过程中,应改变思维方式,将要开启数据化规划之路时则要以工程造价数据为核心,以工程造价数据管理为内核,以工程造价数据开发和数据集成驱动工程造价业务为内容,以工程造价数据分析和挖掘为手段,采用数据化重构工程造价业务流程,才能服务于建设项目各环节的一系列工程造价业务运作,进而提高工程造价生态系统服务架构模式的互操作、精准量化和敏捷性。

二、技术驱动、数据驱动与业务驱动之间的关系

互联网随着技术的发展而不断激荡着各个行业的进化,大数据的形成、理论算法的革新、计算能力的提升及网络设施的引进驱动行业数据化转型,而前面所讲的数据化转型本身就是技术驱动,传统信息技术和具有创新技术来满足业务发展需求多是从技术驱动路径出发的,是基于核心技术能力,而不是基于经过验证的业务需求来推动业务的开发管理理念。技术驱动是从技术的视野看清技术的发展方向,预测未来的路径会变成什么样,然后提前全局思考,让未来提前到来。而业务驱动就是通过业务领域的管理范围来推动项目使用信息化,是为了解决某方面问题才去使用某种技术,而不是先掌握技术再去找问题。业务驱动主要是把业务用深、用精,不追求系统怎么完美、怎么完备,只求系统能解决实际业务的有效应用。再者数据智能时代,数据技术的应用普及,加速改变人们的生活方式、出行方式、社交方式、沟通方式、管理方式以及各个行业的组织形式、社会经济模式、企业的商业模式,各个行业的数据化从传统的管理活动、业务流程和业务服务信息化,向数据驱动的、全面以数据为基础的闭环发展。数据驱动的核心目标是应用大数据智能化,解决具体的问题,使得数据会呈现真实信息,利用数据所展现给我们的精细、精准、关联与智能,能展现规律,预见未来。

在传统工程造价管理模式下,信息技术服务于工程造价管理的业务流程,其业务流程比人工的效率可以大幅度提升,记录了业务流程各个环节各个活动点的工程造价数据,能够做到随时可看、可查,方便管理,而数据技术的发展,可对这些工程造价数据进行深度分析和挖掘,为认知管理活动、分析和判断以及追溯决策效果提供数据基础。而数据技术则从工程造价数据采集、工程造价数据管理、工程造价数据开发和工程造价数据应用的视角来考虑。但

是，不同的工程造价业务问题需要不同方向的理论、技术和工具的支持，多个维度的工程造价数据采集需要各种采集工具支持；工程造价数据存储需要分布式存储的技术、云工程造价数据资源管理等支持；工程造价服务计算需要根据各类工程造价业务情况选择计算模式、算法、模型和方法等计算工具支持；工程造价服务应用需要可视化、区块链、交流的普适方式、工程造价知识库、事实决策评价等支持。所以，只有工程造价业务场景决定技术，而不是根据技术来考虑业务。它们三者之间的关系应该是基于工程造价业务场景运用核心技术加工程造价数据来解决各类工程造价业务的闭环应用问题，这就凸显了工程造价数据驱动、技术驱动和数据化流程的优势。而有"技术＋业务"驱动的条件，没有积累足够多的海量工程造价数据也不行，因此，目前工程造价行业要解决的关键问题主线是工程造价数据＞工程造价知识＞工程造价业务服务，工程造价数据收集与融合集成以及管理、将规模的工程造价数据分类挖掘分析以获取工程造价知识、用各专业的工程造价知识规律进行决策支持和应用并转化为持续工程造价业务服务。要解决这个问题，技术驱动也不可少的，特别要注意各种工程造价服务计算的算法和模型的迭代与组件集的构建，持续升级和随市场需求进行优化，解决工程造价数据增量更新和算法及模型动态调整问题。

三、工程造价数据资源评价与全面工程造价管理的可持续性

可持续性是指一种可以长久维持的过程或状态。全面工程造价管理的可持续性就是采用可持续发展的思想对工程造价行业数据化进行系统部署和敏捷管理，全面的、长远的规划，使工程造价数据资源能永续利用和构建良好的工程造价数据环境，实现从工程造价业务、工程造价数据到工程造价服务应用之间紧密的关联与生态平衡，从而综合全面地推进工程造价数据化进程。我们知道，工程造价管理模式演化下的全面工程造价管理的最终目标是满足工程造价管理行为人的需求，而工程造价数据资源体系建设的最高目标则是满足工程造价管理行为人的工程造价数据服务需求。正因为如此，工程造价行业才有了永不停止的发展、进化的动力。可持续性是数据智能时代数据管理的核心价值，工程造价数据化建设的实质是为工程造价管理行为人建设工程造价生态系统的数据资源环境，实现动态联盟体工程造价信息需求的可持续性发展。

在实施全面工程造价管理可持续发展过程中，工程造价管理行为人必须对各种行动的工程造价数据资源影响作评价，才能在工程造价业务服务计算以及监管的持续过程中不断做出各种决策。工程造价数据资源评价是对工程造价数据资源的质量、动因、适宜以及配置过程中的价值表现等进行全面分析和客观的评价，从而为全面工程造价管理的持续配置服务进行判断的活动。工程造价数据资源评价始终贯穿整个工程造价生态系统的工程造价数据规划过程中，它既要对数据来源和集成分类进行评价，找出准确性、可靠性的差异和原因，也要对多模式计算框架和多类计算模型的数据转化结果进行评价，使之符合各类工程造价业务服务形态。通过工程造价数据资源评价，有助于从工程造价生态系统的全面工程造价管理角度，全面认识数据、算法、算力之间的相互关系及其工程造价业务服务演化的发展规律，为业务驱动、技术驱动、数据驱动合理使用准确、可靠的工程造价数据建立之间协调的结构与功能提供依据，从而提高工程造价数据的可信度和有效度，为数据驱动全面工程造价管理决策提供更有利的基础。从功能上看，工程造价数据资源评价主要内容有工程造价数据的质量、工程造价数据资源动因和工程造价数据资源配置服务的价值等。

1. 工程造价数据的质量

通常工程造价管理行为人在工程造价业务的服务计算中所进行的数据分析、挖掘的目的是企图发现工程造价数据中隐含的知识和信息，从而对实际工程造价业务的服务计算进行优化。如果工程造价数据本身质量不佳，有问题，就会导致工程造价业务分析的结果不准确，很难得出有用的结论，甚至得到错误的结果。所以，进行科学、客观的工程造价数据评估是非常必要且十分重要的，提升工程造价数据质量，是工程造价数据发挥价值的基础，没有质量的工程造价数据，还不如没有工程造价数据。工程造价数据质量好或者工程造价数据质量差，只有通过评价工程造价数据质量，才能知道工程造价数据质量的好坏，才能找出它的原因。工程造价数据的质量评价主要围绕完整性、唯一性、有效性、一致性、准确性、及时性这几个方面进行。工程造价数据的完整性主要评价工程造价数据是否能涵盖所有的工程造价业务，就是说工程造价数据全不全；工程造价数据的唯一性主要评价工程造价数据是否有重复的；工程造价数据的有效性主要评价工程造价数据是否符合工程造价业务服务的真实情况；工程造价数据的一致性主要评价通过不同方式取出来的工程造价数据，不能有冲突的；工程造价数据的准确性主要评价工程造价数据是否与所在的区域一致；工程造价数据的及时性主要评价工程造价数据的时效性。

2. 工程造价数据资源动因

工程造价数据资源动因是指工程造价数据资源被各工程造价业务服务计算消耗的方式和原因，反映了工程造价业务服务计算对工程造价数据资源的消耗情况。工程造价数据资源动因被用来计量各项工程造价业务服务计算对工程造价数据资源的耗用，它联系着工程造价数据资源和工程造价业务服务计算，反映建设项目各项工程造价业务服务计算的工程量与工程造价数据资源的因果关系。所以，建设项目工程造价动因是导致工程造价数据资源消耗变化、影响质量和工程造价管理行为人行为导向的情形。工程造价数据资源动因反映了建设项目各项工程造价业务服务计算的工程量对工程造价数据资源的耗费情况。对工程造价数据资源动因的评价目的在于提高工程造价数据资源的有效性，有利于反映和改进工程造价数据资源配置效率。由于建设项目工程造价动因是根据各项工程造价业务服务计算的工程量与工程造价数据资源一项一项分配汇集而成的，所以对工程造价数据资源动因进行评价首先可以揭示工程造价业务服务计算的工程量的工程造价数据资源项目，即工程造价业务服务计算的工程量需要的恰当要素；再通过相关关系的分析，揭示哪些工程造价数据资源是必需的，哪些需要减少，哪些工程造价数据资源需要重新配置，最终确定如何降低工程造价业务服务计算消耗工程造价数据资源的数量，进一步优化建设项目工程造价，提高配置效率。

3. 工程造价数据资源配置服务的价值

推进各类工程造价专业的工程造价数据资源配置服务，是价值链服务环节合理布局而符合动态工程造价业务的需要，根据种类繁多的工程造价数据资源标识状况，可随时随地精准圈定各类本源性活动环节、工程造价服务计算、工程造价监管等，使工程造价数据资源配置服务按要求健康运行。但是，多层级工程造价管理行为人对工程造价数据的需求和利用是工程造价数据资源配置服务的价值体现，这就需要对这些种类繁多的工程造价数据资源标识进行评价，评价工程造价数据资源有效配置是否适合工程造价业务形态需要的、功能多的、效率高、结构合理的服务价值主张,同时又能够降低工程造价数据资源配置成本。由于各个工程造价管理行为人每一种价值活动的工程造价数据资源配置服务方式和成本不同,需要评价工程造价数据资源配置服务是否能够向建设项目的全面工程造价管理提供精准的价值主张,能够有效地保证他们之间相互协作、相互协调,有利于高效的共享,减少全面工程造价管理活动的运作风险,使工程造价数据资源配置服务对工程造价管理的环境能够适应。

四、工程造价管理模式下的工程造价行业数据化版图

随着工程造价数据化战略的推进,工程造价生态系统在工程造价管理模式转型下持续的演进,以一定的结构方式把相关的工程造价管理行为人组成的动态联盟集群共生体,使全面工程造价管理各类服务应用、集成种类繁多的工程造价数据资源而建立的协同工作体系,施效着工程造价数据循环流动,把同属于各个工程造价专业而分布于不同区域的工程造价数据资源进行互动,达到生态协调效应,促进了可持续工程造价管理的全面发展。那么,应该如何从责任定位和职能范围向工程造价业务和战略层面以宏观和微观的视角去审视各种工程造价数据的融合,将各个工程造价专业的数据利用 DT 技术来进行有效的管理利用。这就需要我们从工程造价数据的角度去全景式地掌握工程造价行业的各个工程造价专业的数据,才能准确地从工程造价行业数据化转型要求和自身发展的角度,做到工程造价数据资源的合理分配,政策的合理制定,重点聚焦工程造价数据规划和管理这些核心战略问题。工程造价管理模式下的工程造价行业相关工程造价数据包括行业层和企业层的各种工程造价数据来源,而且工程造价数据的类型和产生速度都不一样,如何解决各种工程造价数据源的融合,将相关工程造价数据利用数据集成技术来进行有效管理利用,是需要解决的问题。

1. 工程造价行业数据化版图的推出

工程造价行业数据化转型是适应建筑业转型升级和高质量发展的建设市场需要,决定了工程造价运行机制与建设市场相适应的持续地改变运作模式,必然从传统的工程造价管理模式向数据驱动工程造价管理模式的工程造价生态系统演进,得益于大数据的全面性、完整性,基于大数据服务的工程造价生态系统需要利用数据集成技术对工程造价行业的各个工程造价专业的数据多维度采集、存储、分析、挖掘、可视化的全流程处理,展现一个实时更新、覆盖面广、参考价值高的全景式版图,可对不同维度相关性工程造价数据融合,利用算法,分析得出各个工程造价专业的数据指数来整体反映不同工程造价专业在省份、城市及区域之间的活跃度,可为政府、企业、投资等决策提供综合参考依据。为了确保工程造价行业可以自主可控地完成数据化转型工作,列出工程造价行业数据化版图进行全方位的数据化赋能,可作为各个工程造价管理行为人制定具体数据化工程造价管理模式所涉及的数据化战略规划和管理参考,如图 7-5 所示。

2. 工程造价行业数据化版图可持续发展的意义

工程造价行业数据化版图通过展现各个工程造价专业的工程造价数据要素的情况,让工程造价管理行为人能深入剖析各个工程造价专业和区域建设项目在建设市场的分布趋势,洞见设计、咨询、施工、材料设备需求等业务活动布局,为政府和企业决策提供重要的参

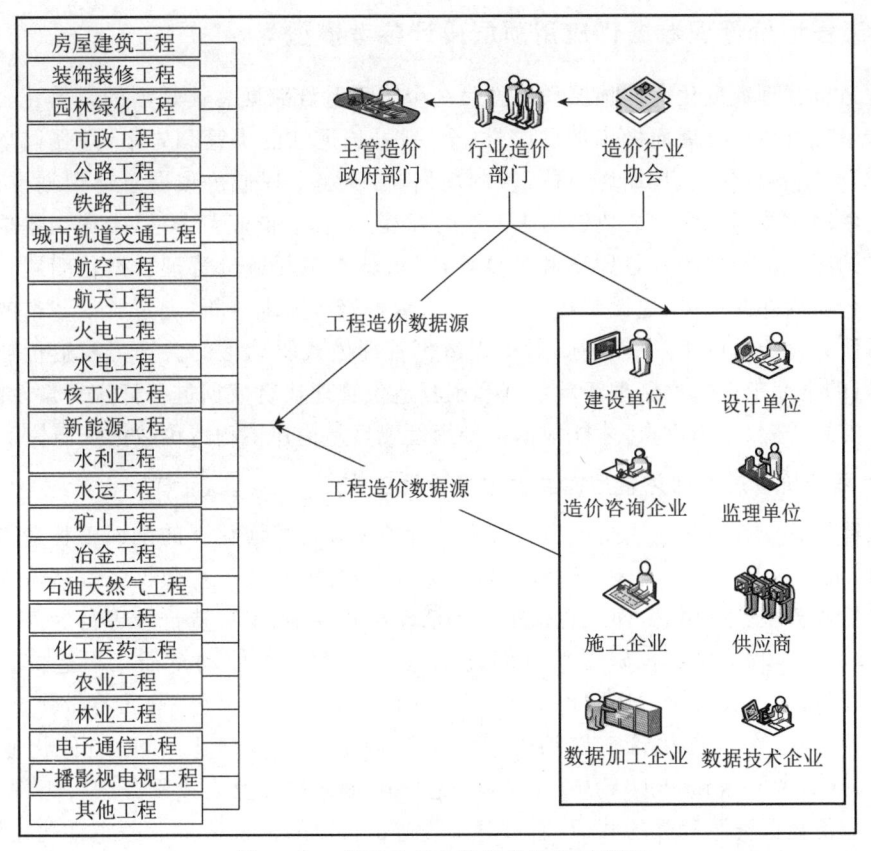

图 7-5　工程造价行业数据化版图示意图

考依据。发布工程造价行业数据化版图可为工程造价管理模式持续演化下的全面工程造价管理活动提供了多个维度的全景式协同工作层面,把工程造价数据融合、工程造价数据资源调度、工程造价业务部署运维、计算模型以及协作处理流程等多个应用层面的一个集中展示,成为工程造价管理行为人所进行运行的基本指南。工程造价行业数据化版图动态的可持续发展,可为政府、工程造价管理部门、工程造价咨询企业、施工企业等提供全面的价值参考,帮助实现工程造价数据价值的转化,对于工程造价行业适应智能建造、优化决策提供了良好的工程造价数据环境,从而带来数据驱动全面工程造价管理的可持续性。通过工程造价行业数据化版图,使工程造价管理行为人可以时刻关注各个工程造价专业的动态,从版图中发现价值机会和投资机遇,以及合理制定工程造价管理政策。工程造价行业数据化版图的利用,使数据驱动工程造价生态系统能进行系统部署和敏捷管理,工程造价数据资源能够可持续地利用,合理分配,优化调度,实现工程造价管理行为人在全面工程造价管理活动中从工程造价业务、工程造价数据到工程造价服务应用之间紧密的关联与生态平衡,以及建设工程造价生态系统的数据资源环境为实现动态联盟体工程造价数据需求的可持续性发展提供了全景式的价值依据,使专业分工协同关系、各专业角色之间融合合作、分布式计算监管控制和工程造价数据资源专业配置等方面都能得到优化的安排。

五、工程造价管理数据化应用顶层设计参考模型

工程造价管理数据化应用顶层设计就是一个工程造价数据总体规划的具体化。它谋求工程造价管理可持续发展而做出的前瞻性、全局性、长远性的决策和方案,其强调整体理念的具体化,必须有总体性、长期性、可行性的规划,在确定工程造价数据总体规划设计时,必须运用互联网大数据思维和区块链思维的交合赋能、工程造价业务方法、全面工程造价管理应用场景的服务机制去统筹各层次和各要素,寻求解决工程造价管理数据化问题。基于对工程造价行业内外部环境、建设市场的工程造价数据资源需求分析,通过智能建造的实施而进行分析研究设定可持续发展目标,对工程造价管理模式驱动下的关键工程造价数据基因要素、重点的全面工程造价管理活动数据和工程造价管理环境数据进行详细分解,并明确战略的具体实施步骤、实施重点,才能根据可持续发展目标构建工程造价数据资源体系。

1. 工程造价管理数据化转型需要做顶层设计工作

工程造价管理数据化应用是产生工程造价管理模式持续演化下的全面工程造价管理活动的价值,工程造价行业所构建的工程造价数据资源体系,是基于大数据工程造价生态系统的工程造价业务服务应用、全面工程造价管理活动配置变现、工程造价管理行为人协同工作等活动,以形成工程造价数据资源的价值链,有效地支撑数据驱动全面工程造价管理的数据、算法和算力达到最大化的协同价值。所以,我们要通过价值链分析,回答做什么、谁来做和怎样做的问题,在数据化价值链顶层设计的基础上进一步细化,借助组件化业务模型(Component Business model,CBM),对工程造价行业及其专业业务服务进行组件划分,达到对工程造价数据资源分类的共识,通过对工程造价行业的工程造价业务组件化建模,形成工程造价生态系统业务架构的顶层视图,用来创造顺应工程造价管理行为人战略的指导方向。同时工程造价管理行为人也可以通过CBM建立基于MSA(Microservices Architecture)的规划的方向,为实施MSA奠定基础。工程造价管理数据化应用顶层设计工作需要通过各个工程造价管理行为人的互动,让各方工程造价管理行为人都参与进来,建立对可持续发展的共识。从这个层面看,工程造价数据架构就是工程造价管理数据化应用顶层设计成果得到直观呈现和有效沟通的工程造价行业共识建构方法,能把工程造价行业原来分割而零碎的工程造价数据融合为一个整体的生态综合体系。

2. 工程造价管理数据化应用顶层设计的 CBM 具体安排

CBM通过设计工程造价管理数据化应用的数据架构蓝图,将其细化成具体的数据化业务能力,推动了工程造价行业的全面工程造价管理向数据化转型发展,制定的数据化战略是运用CBM模板具体承接业务能力来推行的,正是这些要素通过组织所开展的各项业务活动完成具体的工作任务而体现出来的组织合力,而组织的目标也通过各项业务活动转化为数据驱动全面工程造价管理的价值成果。CBM的顶层架构是一个二维结构,横向是业务能力,即创造价值的能力。通过明确每一列的业务功能、划分边界、确定关系,确保具备相同价值目标和业务特点的一类活动。纵向是责任层级,分为决策引导层、管理控制层、操作执行层,按照各业务模块活动成果影响的范围进行划分。工程造价数据组件化业务模型如图7-6所示。决策引导层代表本组件的整体方向和政策的业务,聚集于明确战略发展方向,负责做战略层面的决策,调配资源、管理和指导各个业务板块。管理控制层代表本组件的监控活

动,管理检查,负责做具体业务活动过程中战术层面的决策。操作执行层代表本组件具体的业务执行来实现的业务功能,处理业务活动的执行环节,注重作业效率和处理能力。

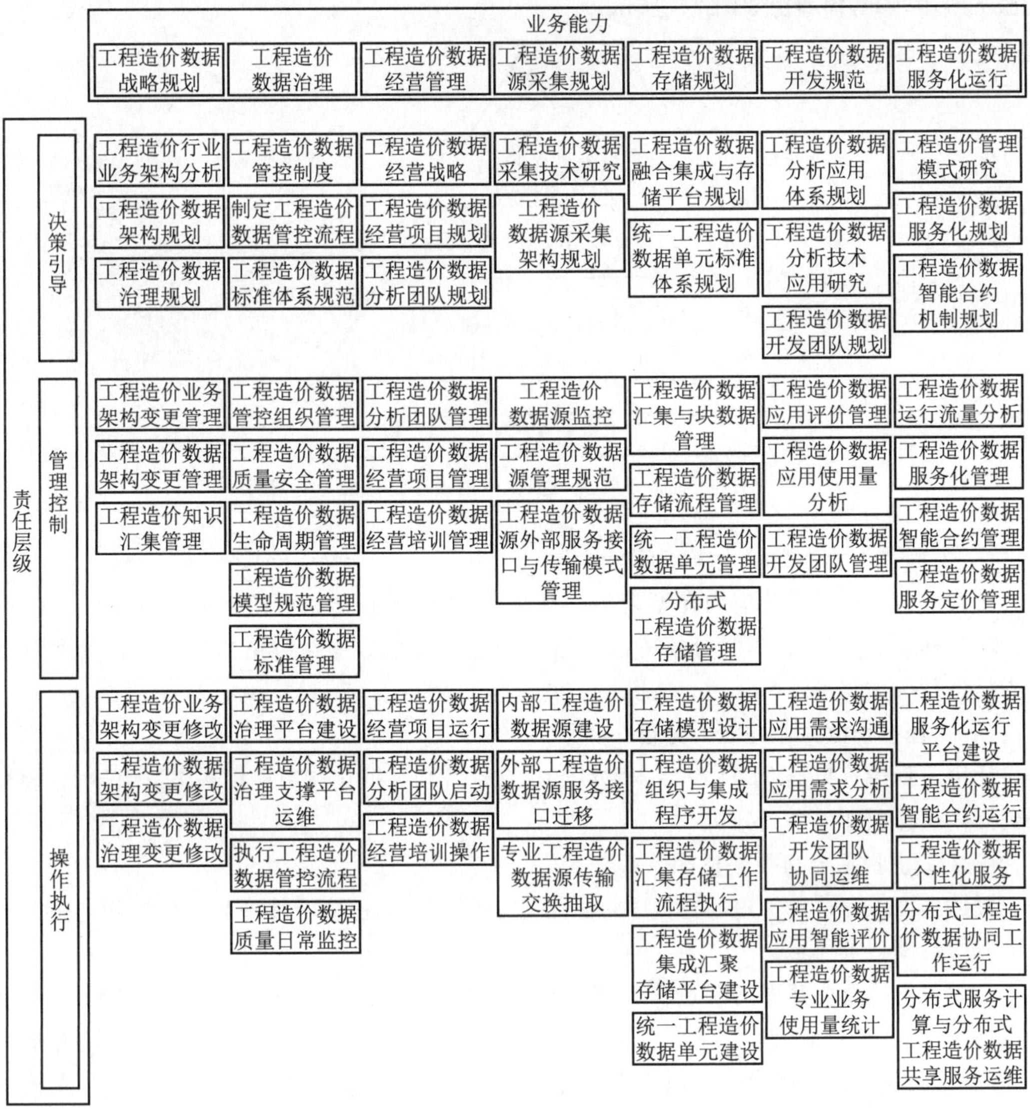

图 7-6 工程造价数据组件化业务模型示意图

CBM通过横向业务能力和纵向责任层级对工程造价管理数据化应用的所有业务进行矩阵式定义,所体现的是某种数据化应用整合能力,其划分并没有固定的方法,可能由于关注点不同而呈现完全不同的结果。业务能力的划分需要与工程造价管理行为人价值链保持一致,在设计自己的CBM图时,需要根据自身的特点加以调整。

3. 工程造价管理数据化应用顶层设计参考模型图

一般每个行业都有该行业的顶层设计参考模型图模板,工程造价行业在设计自身的工程造价管理数据化应用顶层设计模型图的过程中可以将行业模板作为参考,并结合自身的工程造价管理数据化应用范围与专业业务特点进行调整。因此,我们在工程造价管理数化应用顶层设计时应当充分考虑工程造价生态系统整体的工程造价数据资源最大化的价值链的基本原则,使它能符合动态联盟各个工程造价管理行为人的各种工程造价业务类型的服务应用,参考模型图如图7-7所示。

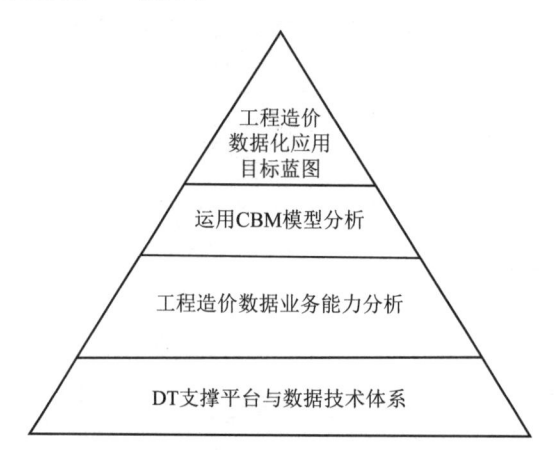

图 7-7 工程造价管理数据化应用顶层设计参考模型图

(1)工程造价管理数据化应用目标

工程造价管理数据化应用类型繁多并且复杂,解决工程造价管理数据化应用需要一张完整的目标蓝图,通过价值链分析方法来对工程造价管理数据化应用的发展目标及所需能力支撑进行分类解读。

(2)工程造价数据业务能力分析

使用工程造价数据CBM模型体系对工程造价管理数据化应用提供从决策引导、管理控制到操作执行层面的全景分析。

(3)DT支撑平台与数据技术体系

根据全面工程造价管理的特点来综合考虑如何构建工程造价管理数据化应用的DT支撑平台与数据技术体系.

工程造价行业要开展工程造价管理数据化应用顶层设计工作时,可采用CBM作为参考,按照全面工程造价管理及其工程造价管理行为人特点的业务能力划分各种活动并形成组件,使我们能够从较高层面掌握工程造价数据组件化业务提供价值,从而实现工程造价行业的最大化工程造价管理数据资源价值目标的落地。根据工程造价管理数据化发展水平和工程造价数据资源利用水平现状,进行差距分析,从而识别工程造价管理数据化建设重点,并形成设计和实现这些工程造价数据组件化业务的优先次序图,规划出重点的内容。工程造价管理数据化应用顶层设计是一个总体的规划,当在实施具体工作时,这种总体的规划就可以有效指导各个工程造价管理行为人如何分步实施。总体规划所体现的是一种全面、长远的发展计划,通过分步实施来达到一种逐步见效的目标,进而形成一种迭代、循序渐进发展的持续过程。

工程造价管理数据化应用顶层设计参考模型图只是帮助工程造价管理行为人完成工程造价数据服务应用和数据化转型的战略规划,供设计工程造价管理数据资源制度、组织与人员、流程和建设相应技术平台的规划参考。在工程造价行业中,不同的工程造价专业以及不同的工程造价管理行为人在构建工程造价管理数据化应用顶层设计模型时会采取不同的做法，但无论如何，其最后成果还要根据自身实际情况进行具体的设计，才能得到最佳的工程造价管理数据化应用顶层设计方案。

六、工程造价管理数据化可持续发展生态建设

在工程造价行业中，工程造价数据资源数量巨大、种类繁多、格式不一等，尤其各个地域、各个专业的分布式工程造价数据，给我们对工程造价数据的组织与集成带来了一定的困惑，在工程造价管理数据化可持续发展和工程造价业务服务的过程中，有必要逐步构建一个完整的生态圈，围绕工程造价行业建立工程造价数据采集、加工处理、分析挖掘和服务见效的整个生态链条。工程造价管理数据化可持续发展的生态建设，就是以工程造价业务为核心来展开，首先需要顶层规划，全面分析，总体设计；其次具体应用，实际实施，迭代完善；最终根据整个生态链条的市场业务演进需求进行补充改进。

1. 工程造价管理数据化可持续发展生态圈的建设

按照工程造价行业数据化版图所形成的整个生态链条，在面对工程造价行业数据化转型环境中建设市场需求的不断演进，只有工程造价生态系统这种新型的组织形态才能将分散的核心工程造价数据资源和工程造价业务能力进行快速有效的整合，各工程造价管理行为人通过相互支持、互为补充，来满足建设市场可持续发展的需要。整个生态链条中的各个工程造价管理行为人在相互签订契约的共同管理、约束和协同下，保证了全面工程造价管理活动的工程造价数据资源流动的持续性和可靠性。工程造价生态系统是介于工程造价管理行为人与建设市场之间的制度安排，它超越了传统组织的有形界限，是工程造价管理数据化可持续发展的要求，是数据驱动工程造价业务的必然需要，要建立生态链条的环境，重要的是理清生态圈中各方各专业在工程造价管理模式的演进下工程造价数据服务应用和数据化转型所需要考量的因素。工程造价行业如果要建设这种工程造价管理数据化可持续发展生态圈，可参考如图7-8所示的工程造价管理数据化生态链全景图。

目前，工程造价行业最大的瓶颈就是如何构建这种各方都能受益的可持续发展生态圈，这也是建设行业推行智能建造一系列条件下所要考虑的问题。只有建立完善的生态圈，在工程造价行业数据化转型的过程中实现利益共赢。而工程造价行业受制于目前的数据生态意识、数据垄断和管理模式等问题，更重要的是没有进行横向联系的改进机制，在工程造价数据资源开发机制上各自为政，没有形成统一的大数据生态链。所以，工程造价行业当务之急是开放工程造价数据平台并打造开发环境，构建工程造价数据产业生态环境，吸引全行业的工程造价管理行为人加入这个生态链中来，实现共享工程造价数据资源转换配置的局面，基于建设项目的时间、地点和需求差异化进行精准匹配，最大限度发挥工程造价数据资源的效用。开放、融合、构建跨平台的工程造价生态体系是实施智能建造的典型特征，能够整合更多的优秀人才、技术和资源，聚合相关专业的工程造价数据资源，基于DT技术为供需两端提供准确匹配，提升工程造价数据资源流通效率，使各种信息透明化，让更多的闲置资源得到最大化利用。

2. 融合工程造价管理模式构建工程造价数据资源应用落地方案

建设行业中实施智能建造，必然使工程造价管理模式发生改变，数据驱动全面工程造价

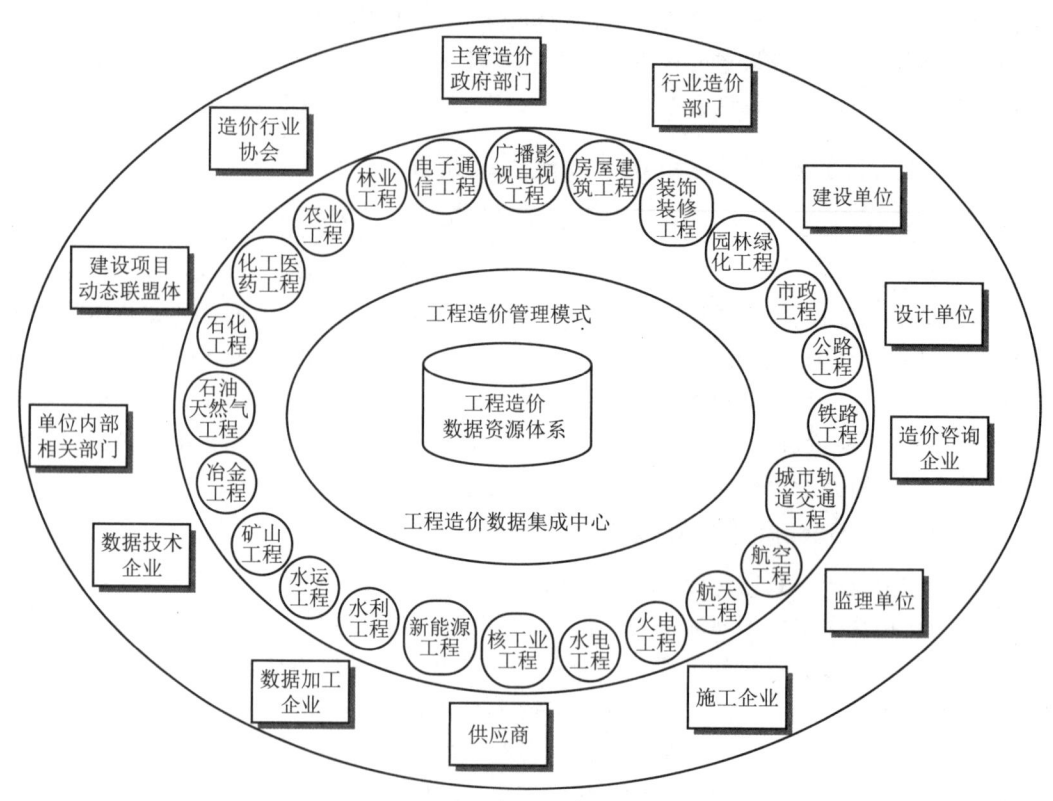

图 7-8　工程造价管理数据化生态链全景图

管理模式能够适应工程造价业务服务形态迭代运行,而工程造价行业数据化所形成的工程造价生态系统注重各个环节产生的聚合效应,使工程造价管理环境、工程造价数据资源、工程造价管理行为人组成一个运行体系,通过对工程造价业务功能的架构和数据技术相互融合、密切协同,实现更加灵活、开放、敏捷的各种业务场景的数据化表达。所以,工程造价管理数据化可持续发展生态建设首先应该围绕共同愿景,通过一系列的契约,在生态链条建立起链接机制和运行机制;其次构建工程造价管理数据化治理蓝图;再次对工程造价数据进行投资;最后工程造价数据资源应用与数据驱动全面工程造价管理模式要素的解决方案。

(1)工程造价管理数据化可持续发展战略

工程造价管理数据化可持续发展战略的执行需要多个要素相互配合,对人、资金、流程、技术等必须做统筹的组织和安排。工程造价生态系统的架构实际上是一种把各个工程造价管理行为人的多维度生态进行综合描述,围绕共同愿景的发展战略目标,实现工程造价数据资源互补和核心业务能力的重组,决定了工程造价管理数据化可持续发展方向和结果,并通过一系列的契约,在各方共同认同的基础上所遵守的规则和承诺,包括运行规则、利益分配原则、进入与退出条件、工程造价数据文化和团队精神等,同时,要保证工程造价生态系统的有效运作,不仅要有合理的网络结构,而且还要在生态链条建立起链接机制和运行机制,实现整个工程造价生态系统的工程造价业务链、动态联盟体链、工程造价信息链、资金链的不断增值,达到思想和行动的统一。

（2）工程造价管理数据化治理蓝图

工程造价管理数据化内在动力也是工程造价业务服务形态的动机，而工程造价业务服务形态的动机也是由不同性质的工程造价业务服务需要所组成，决定着工程造价管理行为人在实施智能建造和数据化转型过程中发展的境界和程度。工程造价管理数据化治理既离不开对工程造价管理数据化内在动力背后的工程造价业务服务形态的动机，也离不开对不同性质的工程造价业务服务需要的满足。因此，工程造价管理数据化治理架构必然也是覆盖动态联盟体各个工程造价管理行为人的各个层次的基本需求。因此，随着工程造价行业数据化转型，智能建造的全面实施，工程造价管理模式的不断演化，这就必须在良好的可持续发展战略规划之下，按照工程造价生态系统架构的原则，建立一个完善的工程造价管理数据化治理体系，工程造价管理数据化治理组织架构建设是工程造价数据治理能够得以贯彻的团队资源和组织保障，也是工程造价数据治理工作能够持续开展的基础，这样才能有的放矢地制定相关的政策和措施。

（3）工程造价数据进行投资的重要性

工程造价数据已成为一种资产，应按照工程造价业务需要和可持续发展要求，建立工程造价数据资产投资的总体规划，制定帮助所有的生态圈的工程造价管理行为人运行和可持续发展的服务战略。我们应当扬弃重硬轻软的思维模式，把投入基础设施、应用系统、数据的投资比例进行评估，重视工程造价数据的投入，明确工程造价数据资产投资的重要性，从工程造价业务角度看，工程造价数据资产是工程造价管理数据化建设的核心，能有效支撑工程造价管理行为人内部工程造价知识系统和工程造价业务能力管理建设，工程造价业务技术人员能更快捷、有序、便利地提供工程造价数据资产使用的方式和途径，支撑工程造价数据分析、开发、运维的自治。加大力度投资工程造价数据，使工程造价数据资产化，就能实现成果和经验的共享和积累，将有助于多角度、全方位实现工程造价数据资产变现。

（4）工程造价数据资源应用与数据驱动全面工程造价管理模式要素的解决方案

工程造价数据的治理是工程造价管理数据化的一项核心基础性工作，其目标是保证工程造价数据的有效性、可访问性、高质量、一致性、安全性和可评估性。需要从标准、组织、技术3个层面全面展开，工程造价数据资源应用必须结合不同层次的工程造价管理行为人的工程造价业务服务行为动机创设的应用场景和技术解决方案。数据驱动全面工程造价管理的应用场景不同所使用的技术解决方案就不同，工程造价数据的转化配置也不同，在实施工程造价业务活动过程中，不同的业务应用场景把动态联盟体各个工程造价管理行为人组成一个完整的生态圈，在工程造价管理模式的演化下，将数据驱动业务应用场景的各种要素与工程造价数据资源配置对应起来，智能选择各种工程造价服务计算的数据模型和工具，共同去解决工程造价业务的服务问题。工程造价数据资源应用与数据驱动全面工程造价管理模式要素的对应关系，形成面向建设项目的合同策划、估算评价计算、招投标风险分析、工程造价确定计算模式、项目计算模式识别匹配、基于过程造价控制计算、各类风险识别计算模式的针对性服务计算模型、纠纷索赔案件处理分析、结算筹划计算和工程造价监管等。同时，全面工程造价管理业务服务与工程造价服务计算之间智能匹配，融合多方面的经验、知识、技术、方法和算法，为数据驱动建设项目工程造价应用场景提供了多功能的全生命期一体化数据技术与方法，为数据驱动建设项目工程造价应用场景的动态变化以及在前后接续阶段和各种各样具体活动过程及各种工程造价数据资源配置中提供了有效的具体技术与方法，让数据驱动实现全面工程造价管理的服务计算自动化处理。

3. 拓宽工程造价管理数据化可持续发展建设的途径

工程造价管理数据化可持续发展的工程造价数据资源建设涉及全面工程造价管理的工程造价数据资源采集形成、融合整合、处理存储、导航检索、数据管理、配置利用等整个活动过程，必然要以统一的标准和规范为基础来建设工程造价数据资源，形成全面系统的数据化工程造价数据信息，分布于海量数据库中，从而为工程造价管理行为人提供共享性、个性化、高效率、智能化的敏捷性服务。

（1）分布式专业工程造价数据分类集成建设

工程造价行业的多专业性，其工程造价数据资源涵盖面广，形式多样，又分布于各个专业领域，形成分布式专业工程造价数据的管理，在实施智能建造和数据化转型过程中，工程造价管理数据化可持续发展必须构建建筑共同体，形成共生形态，充分整合利用现有工程造价数据资源，打造数据驱动工程造价生态系统的工程造价应用场景的开放平台，实现工程造价数据资源和技术协同分享，工程造价业务互补合作。因此，分布于各个专业领域的工程造价数据资源在各自采集的基础上，按照标准规范进一步分类，在各方共同认同所遵守的规则和承诺，形成智能合约，把各个专业的工程造价数据资源融合集成，进行全面系统的数据化工程造价数据资源并分级管理，使工程造价数据资源形成完整的生态链条。在全面工程造价管理过程中，达成分层共识机制，以工程造价事件或工程造价业务执行的方式，使每一个环节的工程造价数据记录都可以被交流，达到工程造价数据、工程造价业务能力和场景应用价值的协同共享。

（2）拓展工程造价成果文件挖掘利用管理

工程造价成果文件主要反映工程造价管理行为人在实施全面工程造价管理活动过程中的一系列工程造价确定与控制、各种阶段性工程造价服务计算的成果文件，包括投资估算书、设计概算、施工图预算书、竣工结算书、工程量清单、工程计量与支付、工程索赔、工程造价纠纷鉴定书等形成的所有记录的工程造价数据文件，其中有中间成果、专业成果文件及最终成果文件。这些存储的工程造价成果文件非常碎片化，每一个工程造价管理行为人里面都有它去关注工程造价数据的痕迹，挖掘这些工程造价成果文件有用的、有价值的数据资源。因此，必须依据工程类别、专业形式的分类标准，把所形成的各类业务注册凭证、业务过程记录、服务计算模式记录、背景条件记录等一系列工程造价数据进行全面、准确地挖掘各类内容特征源数据，针对这些类型繁多、结构多样和碎片化、离散化的工程造价数据价值标引，融合整合处理，摒弃一切无用、没有价值的东西，通过轻量级机制的部署建设，提供灵活的、柔性的利用划分、服务组合、动态配置、统一管理，最终形成建设市场可持续利用的生态链。

（3）造价业务能力描述整理与组织的建设

造价业务能力是工程造价管理专业技术人员的工程造价知识和技能在长期工程造价管理活动过程中形成的，它包含了全面工程造价管理生命周期的一系列各类业务能力，如工程造价认知能力、工程造价技术能力、工程造价服务计算能力、工程造价数据的转化配置能力、工程造价业务分析能力、工程造价管理能力、工程造价操作经验、计算造价诀窍等。在工程造价各个专业的生态圈运行中，都有它固有的造价业务能力描述和外界环境的不断变化对造价业务能力的动态描述，所以，应当根据工程造价各个专业的实际需求，对造价业务能力进行整理与组织，按照层次结构、使用方式、组成形式等分类，构建完善的造价业务能力描述模型，由于对不同类型的造价业务能力，其描述模型存在一定的差异，在建设的过程中，必须针对不同造价业务能力和工程造价业务的特征构建具有差异化的描述模型。一般造价业务能力描述模型由三组要素构成，即能力名称类型、使用特征描述、技能关联关系划分。在造价业务能力描述模型的构成要素中，能力名称类型描述了各种类型能力的基本信息；使用特征描述表达了能力固有属性及使用场景；技能关联关系划分反映了显性与隐性技能知识内容方式，如各种工程造价知识、经验、算法模型、方案及数据等。造价业务能力描述整理建设需要选择合适的方法对其进行组织和管理，进而为工程造价管理行为人高效的检索和使用提供支持。因此，需要构建工程造价生态圈按需使用的造价业务能力知识平台，主要包括知识库、案例库、规则库和模型库等，为实现造价业务能力服务的智能匹配与按需动态组合而进行全面工程造价管理活动提供支持。

(4) 工程造价服务计算模型与算法汇集建设

在数据驱动工程造价管理模式中，GPU计算设备的普及，为工程造价业务服务形态深度学习提供了强有力的计算资源，而工程造价数据、工程造价服务计算模型与算法、工程造价算力三要素是我们进行全面工程造价管理应用场景关键支撑，工程造价服务计算模型与算法作为解决工程造价业务服务问题的核心引擎，如何拓展这方面的处理能力是关键。工程造价管理数据化后，工程造价业务智能应用应遵从数据驱动智能这一技术路线，建设行业推行智能建造使工程造价行业必须围绕工程造价管理数据化所形成的生态圈，有助于工程造价管理行为人协同全面工程造价管理的运行，推动了工程造价数据资源、工程造价服务计算模型与算法的共治与共享。因此，在工程造价数据资源建设的同时，也必须对工程造价服务计算模型与算法进行汇集建设，将各个工程造价专业衍生的一系列工程造价服务计算模型与算法分类汇集为群体的生态计算资源。对于业务技术与方法、计算模型、分析工具、算法整理分类，特别是工程造价确定计算、工程造价控制计算、工程造价风险识别计算、工程造价索赔计算、工程造价纠纷计算、工程造价成本分析计算与其他工程造价计算等所形成的多模式计算框架和多类型计算模型进行梳理，在开展工程造价服务计算模型与算法建设的过程中，构建一个框架体系和规范运行的共识机制，从整体的视角萃取多方面的计算资源，构建工程造价服务计算类、工程造价算法类和工程造价分析工具类等各种针对性应用类型。

第八章 基于工程造价生态系统的工程造价数据管理与治理

工程造价数据管理与工程造价数据治理相互依存又相互影响,同时也存在着相互区别,它们都围绕工程造价数据而展开的。工程造价数据资源是工程造价生态系统的核心要素,在工程造价业务服务过程中,将起着至关重要作用,因而工程造价数据资源就是工程造价管理行为人的根基。如果不能对工程造价数据进行有效的管理和治理,即便拥有再多的工程造价数据,没有成为资产,只会是垃圾和负担。所以,建立和完善工程造价数据管理和治理体系,是工程造价生态系统亟待解决的问题。

第一节 建立数据驱动的管理体系

随着工程造价数据资源体系的建设和完善,以及工程造价服务计算模型与算法等计算工具的不断汇集,基于工程造价生态系统的数据驱动工程造价业务服务体系,能够提供即时的工程造价数据分析和挖掘,为工程造价业务服务决策做出快速的反馈,效率得到大幅度提升。尤其各类工程造价专业业务问题的协调管理,进行了分布式的协同工作,各种业务流和工作流在分布式工程造价数据的支配下,建立高效的沟通及价值配置,极大地促进多层级工程造价管理行为人达成共识,使分布式工程造价业务的服务计算能力得到提升。工程造价管理行为人在向数据驱动的运行模式转型的时候,随着工程造价数据资源的日益增长,暴露出来的监管问题也越来越突出,这就要对工程造价数据管理进行明确的规定。首先建立工程造价数据管理组织机构和团队是必需和必要的;其次健全工程造价数据管理规章和制度;最后建立分布式工程造价数据的协同管理。

一、建立工程造价数据管理组织机构和团队

即便拥有丰富的工程造价数据资源管理规范和指导,还需要有这些规范的执行者,就是说需要设立专门负责工程造价数据架构和管理的部门及团队,明确其职责,其形式可以是实体或者虚拟的管理组织,但一定是横跨不同业务部门和分布式动态联盟体各个角色的。这个工程造价数据管理组织机构需要不断完善工程造价数据管理和治理的架构、标准及流程,提升工程造价数据资源体系规划、设计和交付的质量,负责工程造价数据资源全生命周期维护,并保障工程造价数据资源的安全和隐私。结合工程造价生态系统的管理体系,在架构上一般可由一个个灵活管控的敏捷小团体组成的分布式结构,从而产生工程造价数据管理组织机构的协同作用。工程造价数据管理组织机构可分为工程造价数据源管理组、工程造价数据治理组、工程造价数据质量安全管理组、工程造价数据分析管理组、工程造价数据配置

维护管理组等多个运转机制透明的分布式敏捷管理工作小团体,敏捷管理模式的组织架构有利于让高效敏捷的小团体自我运行,进行自治,小团体之间在需要时能及时沟通交流信息,协同合作,彼此高度联结,相互影响,构成网状的工程造价数据管理组织结构,使数据驱动在工程造价生态系统的工程造价数据管理中持续不断地提升管理效率,更敏捷地应对市场变化。

二、建全工程造价数据管理规章和制度

当设立了工程造价数据管理执行组织架构后,对分布式敏捷管理工作团体所制定的工程造价数据资源管理目标蓝图需要得到有效的执行和保障,这就必须有配套的工程造价数据资源管理办法、岗位设置、职责划分、绩效等一系列工程造价数据资源管理规章和制度。因此,需要结合基于工程造价生态系统的数据驱动工程造价业务服务体系实际,为工程造价数据资源管理战略及策略的开展和执行制定切实可行的管理办法、业务流程、人员角色和岗位职责、绩效考核体系,并建立相应的支持环境。由于工程造价数据资源管理还涉及工程造价数据资源管理的技术架构体系,以及其本身所用到的管理工具、管理平台、管理软件等,因而这一系列工程造价数据资源管理规章和制度还必须涵盖这些工具及技术的相关操作流程。

对分布式敏捷管理工作团体应按照运行机制的要求,负责监督、管理、实施和执行与工程造价数据资源管理及治理相关的一切流程与环节,合理的工程造价数据资源管理规章和制度能够引导、控制、协调工程造价数据资源的价值取向,其内容结构是由工程造价数据资源管理活动和分布式敏捷管理工作团体范围两个基本方面组成。分布式敏捷管理工作团体的规章和制度范围需要根据各个小团体来制定,受这些小团体的工程造价数据资源管理规章和制度支配的工程造价数据资源管理活动怎样进行,必然都要涉及数据驱动工程造价业务服务体系的某些基本管理方面,由此构成了总体工程造价数据资源管理规章和制度和各个小团体的基本内容。这些内容主要包括制定并审核工程造价数据源制度、标准和质量;对工程造价数据架构规划的审阅和批准;计划工程造价数据资源配置服务分析;评估工程造价数据资源价值和相关的配置成本;工程造价数据资源管理监督和控制;监督分布式敏捷管理工作团体和相关技术人员;协调工程造价数据治理活动;管理和解决工程造价数据及各个小团体协同的相关问题;监控和确保工程造价数据资源必须符合相关的法律法规、标准和架构;交流和宣传是执行活动不可缺少的有机组成部分,是促使和引导工程造价管理行为人遵守这些规章制度。由此,应结合不同的实际情况进行具体化,制订详细计划来作为工程造价数据资源管理执行活动的依据,在制定工程造价数据资源管理规章和制度执行计划过程中,不同层次和不同职能的执行管理工作小团体及执行人员,要根据特定的工程造价数据资源管理规章和制度对象以及自身条件,围绕共同的管理目标蓝图相互配合、相互协调,形成完整的计划系统,用以组织和控制基于工程造价生态系统的数据驱动工程造价业务服务体系的执行活动。

三、建立分布式工程造价数据的协同管理

工程造价生态系统的动态联盟体在平台生态模式的驱动下,形成完整的价值链协同工作体系,工程造价管理行为人又因为各自不同的价值取向而表现不同的形态,在处理多重工

程造价数据源、服务计算环境等工程造价业务活动上,存在着一定的差异性,使工程造价数据资源的来源往往是分散的,局限于工程造价管理行为人内部的存储方式,这种分布式工程造价数据的分布式保存管理,强调的是工程造价数据的自主和自治,而动态联盟体成员之间可按照预先设定透明的行为规范契约进行工程造价数据的共享与互通,发挥工程造价数据资源的协同价值。所以,基于工程造价生态系统的数据驱动全面工程造价管理活动必须对分布式工程造价数据进行协同管理,在这样的工程造价数据生态环境中,各方各自对工程造价数据存储管理,其内部有各自的运行规则,当标注建设项目过程的分布式管理时,通过结合区块链的智能合约、分层共识机制和合理安全的透明模式进行智能协同管理,从而建立默契平衡的分布式联盟,并用智能算法协调各个工程造价管理行为人之间的关系,在合适的程度上将涌现出交换工程造价数据资源而构建深入合作场景。

第二节　工程造价数据治理

工程造价数据治理就是一个指导、管理和控制工程造价数据的方式,包括起指导作用的策略和规则。工程造价数据治理不同于工程造价数据管理。工程造价数据治理规划需要制定什么决策,而工程造价数据管理是制定和实施决策的管理过程。工程造价数据治理的目的就是保证工程造价数据资源的正确、可靠、安全、可用,在工程造价生态系统中发挥价值链的作用。工程造价数据治理体系建设是实施工程造价生态系统的数据驱动全面工程造价管理的重要保障,是发挥工程造价数据资源价值作用的关键基础。

一、基于工程造价生态系统工程造价数据治理的必要性

工程造价数据治理是用好工程造价数据资源,充分发挥工程造价数据资源价值的重要手段。实际上,不同工程造价管理行为人根据不同的工程造价业务应用场景所使用的工程造价数据的价值是不同的,不同工程造价数据在全面工程造价管理的不同应用环境下,其意义也是不一样的。基于工程造价生态系统的工程造价数据治理是工程造价管理行为人网络协同体系管理好和使用好工程造价数据资源,并作为共识,普遍都认可工程造价数据资源成为战略资产的一个规范和政策的集合。如果说工程造价数据资源的价值最后体现在数据驱动工程造价业务服务体系的各种场景应用上,它就是一种智能原料,使工程造价智能算法和工程造价算力产生了协同价值;那么工程造价数据治理就是形成这些价值的基础。在开展工程造价行业数据化的工作中,工程造价管理数据化战略的推进,基于工程造价生态系统的整个生态链条,不仅要涉及工程造价管理行为人自身的工程造价数据资源,同时也涉及跨专业、跨部门的协同共享的可持续利用的工程造价数据资源,以及分布式工程造价数据资源。在这个过程中,工程造价数据治理工作的重要性位置尤其凸显。只有通过工程造价数据治理来提升工程造价数据资源质量、建立工程造价数据标准,保障工程造价数据安全和隐私等方面,才可以实现数据化驱动的管理和可持续发展,从而实现工程造价业务服务体系的精益与敏捷管理,并为拓宽工程造价管理数据化可持续发展建设提供支持。服务于工程造价生态系统运行的工程造价数据资源,如果无法保证数据质量,没有正确的、完整的、真实的、可靠的和及时的工程造价数据资源,在数据驱动工程造价业务服务体系的各种场景应用上不仅不能充分发挥价值链的作用,而且可能给工程造价管理行为人带来意想不到的严重后果。

因此，工程造价数据治理体系建设势在必行。基于工程造价生态系统工程造价数据治理的必要性在于：

1. 在工程造价生态系统中共享与交换的需要

在数据驱动工程造价生态系统运行机制的服务过程中，工程造价数据资源给多层级工程造价管理行为人在各类工程造价业务本源性实践活动中与全面工程造价管理场景互动标配起了支持作用，但是由于工程造价数据的分布性，各个专业、各个地域缺乏统一的工程造价数据定义和分类，因此在工程造价数据资源使用上存在标准性、一致性和完整性等问题，工程造价数据资源往往被割裂、分散，导致数据关联性被忽视，使价值没有充分显露出来。同时工程造价数据资源的分布式保存管理也有一个协调交换的问题。所以，基于工程造价生态系统必须对工程造价数据源及工程造价数据资产进行统一的工程造价数据治理，实现工程造价数据资源在不同工程造价管理行为人和数据驱动工程造价业务服务场景的交换与共享，将工程造价数据资源交换给合适的人，以透明的模式进行智能协同，工程造价数据资源在工程造价生态系统中良性循环，使维度不断丰富，数量不断增加，彼此间的联结更加紧密，其贡献的价值链让各个工程造价管理行为人在诸多应用场景都能享受到。

2. 提升工程造价数据资源质量的需要

基于工程造价生态系统的数据驱动力必须建立在工程造价数据质量可靠之上，才能使这些工程造价数据资源可用率、处理和应用的品质以及结论的正确性得到提升。因此，如果没有工程造价数据治理，工程造价数据质量就无法保证，工程造价数据资源难以成为工程造价行业的资产。工程造价数据治理是保证工程造价数据质量的必需手段，工程造价数据治理的价值贡献在于确保工程造价数据的准确性、可获取性、安全性、适度分享和合规使用。

3. 数据驱动全面工程造价管理的需要

数据驱动全面工程造价管理是实施智能建造的必要手段，是实现建设项目全生命周期一体化全面工程造价管理协同工作与智能化辅助决策的必由之路，集中体现了工程造价业务对象数据化、工程造价业务内容服务化、手段方法智能化和工程造价专业生态化等方面。这就需要对工程造价数据进行治理，才能发挥数据驱动全面工程造价管理价值链的作用。工程造价数据治理能使工程造价管理行为人清楚地认识获取工程造价数据资源的针对性和选择性，有利于提供解决工程造价业务问题的合理性，体会到数据驱动全面工程造价管理对工程造价数据资源智能处理带来了意想不到的益处，能够让工程造价管理行为人的画像更为完整。

4. 融合工程造价数据标配工程造价业务的需要

基于工程造价生态系统的工程造价业务场域广而复杂，数据驱动全面工程造价管理融合了全过程、全要素、全方位的具体技术和方法，需要工程造价数据支撑全方位、全过程服务，精准量化融合过程技术和方法的需求，用标配的工程造价数据流将动态联盟体各个角色链接而形成生态链，去共同解决工程造价业务服务问题，实现工程造价在许多前后接续阶段和驱动各种各样具体活动过程中的全面管理。所以，需要对多源的、异构的、格式不一的工程造价数据资源进行融合集成，使工程造价服务计算在建设项目的各种类型、不同地域、不同时间、不同角色定位、不同工程造价业务问题的选择标配机制上，实现精准的工程造价成果文件。数据驱动不仅是技术的更新，还有工程造价管理模式的改变，工程造价数据治理能改善各个工程造价管理行为人对标配工程造价业务的关系,以互利互惠的原则和融合工程造价数据,使数据驱动全面工程造价管理变得更加敏捷和高效;工程造价数据治理更注重工程造价管理行为人体验的提升和需求的满足,有利于提高工程造价数据配置的合理性。

二、工程造价数据治理的概念

按照工程造价管理数据化生态链全景图(图 7-8),工程造价数据资源广泛存在于各个工程造价专业、各个区域、各个工程造价管理行为人等涉及工程造价业务服务体系的生态圈,对拥有这些工程造价数据资源处理能力的机构来讲,这些工程造价数据无疑是一种战略资源和生产要素。所以要有效利用工程造价数据资源,要看是否能进行有效分析、辅助决策和价值变现。那工程造价数据资源为什么要治理呢?这是由工程造价生态系统特征决定的,工程造价数据资源来源广泛,质量和标准问题错综复杂,管控分散归口不一,核心工程造价业务数据存在着利益因素。所以说,基于工程造价生态系统的工程造价数据治理的关键不在于技术,而在于管理。工程造价数据治理就是将工程造价数据资源作为数据资产来管理,在工程造价行业内,协调和制定政策、流程、技术、标准和人员职能,保证工程造价数据标准性、一致性、完整性、安全性以及正确性、及时性、可用性和可控性,为工程造价生态系统的可持续发展创造更加安全可靠的工程造价数据环境。工程造价数据治理是构建在数据技术之上的治理架构,以合适的方法来管理,以满足工程造价业务需求和法律合规等要求,它能够帮助工程造价行业规范工程造价数据采集、管理、存储、交换和使用过程中的行为和规章制度,从而保证工程造价数据可信度和可用性,进一步制定更好的工程造价业务决策服务,降低风险并改善工程造价业务流程。工程造价数据治理的目标是提高组织与集成工程造价数据的质量,保证工程造价数据的完整性及可用性,推进工程造价管理数据化在工程造价生态系统各个工程造价管理行为人间的智能融合、链接和共享,从而提升工程造价管理数据化生态链整体水平,充分发挥数据资产价值。针对工程造价数据治理的目标,其概念具体描述如下:

1. 数据资产管理需要工程造价数据治理

工程造价生态系统拥有丰富的工程造价数据资源,可以为工程造价管理行为人提供精准的价值主张,并认为是一种数据资产,需要有效地管理。所以,数据资产管理为了保障工程造价数据资产质量就必须进行治理,工程造价数据治理是数据资产管理的高层计划与控制活动,而对工程造价数据资产的治理过程中需要从数据思维、行业职能、数据集成技术、DT 技术等维度进行,需要多层级工程造价管理行为人都重视,遵从工程造价数据管理的标准,建立一系列工程造价数据治理的制度和流程;需要建立工程造价数据治理团队,统筹谋划工程造价数据治理方面的工作,监督相关工作的落实和执行,盘点工程造价数据资产管理状况;需要考虑工程造价数据清洗、工程造价数据融合集成、工程造价数据安全以及开发应用的规范性。工程造价数据资产的治理是一个综合性、一项持续的工作,是一个持续管理的过程。

2. 工程造价数据治理要制定相关的政策规范

这些政策规范要明确规定工程造价数据采集、管理、存储、交换和使用的行为机制,而且这些政策规范必须符合工程造价生态系统的规章制度要求。

3. 工程造价数据的完整性与可用性

工程造价数据治理要帮助工程造价管理行为人优化和提升工程造价数据的质量，包括从顶层高度制定分类标准，建立统一数据单元，方便工程造价数据的管理和使用；定期审视和维护工程造价数据，确保工程造价质量；实施工程造价数据生命周期的管理，及时整理清除工程造价数据垃圾。

4. 工程造价数据的安全与隐私保护

工程造价数据治理要帮助工程造价生态系统的动态联盟体建立保护工程造价数据的安全与隐私的规章制度措施，特别是分布式工程造价数据需要尊重隐私性与共享性之间的关系，必须制定透明的行为规范契约来规范各方的行为，利用智能合约的透明、不可篡改的特性，自动执行工程造价数据过程与结果的真实性，保障了工程造价数据的安全。

5. 协调各工程造价管理行为人之间的目标

工程造价生态系统的动态联盟体的各个工程造价管理行为人对如何使用工程造价数据资源的规定和要求可能存在一定的差异，分布式工程造价数据的自身管理规定也不一样，甚至为在数据驱动全面工程造价管理活动中会出现配置的矛盾，工程造价数据治理能够协调和统一这些工程造价数据资源的规定和要求，为工程造价生态系统的可持续发展建立平衡而安全可靠的工程造价数据环境。

6. 工程造价生态系统运行机制合规

在工程造价生态系统内应建立符合法律、规范和行业准则的工程造价数据合规管理体系，并通过工程造价数据采集、管理、存储、交换和使用过程中的评估、审核和优化改进等一系列流程，保证工程造价数据合规性，促进工程造价生态系统的整个生态链条在工程造价业务服务体系中价值主张的实现。

三、基于工程造价生态系统的工程造价数据治理体系

工程造价数据治理体系的构建为工程造价生态系统的工程造价数据管理工作提供强有力的系统支撑。建立一个完整的工程造价数据治理体系应当从动态联盟体架构、标准、质量、系统功能等方面进行数据宏观管控的制度安排，在微观上实现精细化管理。基于工程造价生态系统的工程造价数据治理体系的核心内容主要包括统一工程造价数据单元管理、工程造价数据标准管理、工程造价数据质量管理、工程造价数据安全管理、工程造价数据资产全生命周期管理、工程造价数据治理的组织架构、协调各工程造价管理行为人不同目标与需求。这些内容协同运行管理，确保工程造价数据规范、一致、可信、安全、合规。

1. 统一工程造价数据单元管理

基于工程造价生态系统的统一工程造价数据单元是支持多模态特征级融合和多种类、结构数据集的工程造价数据资源融合，能够根据种类繁多的工程造价数据和动态变化信息、关键特征属性的标识状态的分析需求进行交合和交换配置，是进行工程造价服务计算的各类模型的工程造价数据资源标配，使工程造价数据分析模型和智能计算算法匹配性和敏捷性得到体现。对于尺度融合的工程造价数据单元、分类识别工程造价数据单元、服务计算工程造价数据单元、分析预测工程造价数据单元、成果文件工程造价数据单元等一些基本组织

和处理单元，必须进行有效的组织和管理，统一工程造价数据单元管理的建设贯穿工程造价生态系统的建设、使用、运行、维护的全过程，其目的是厘清工程造价数据单元之间的关系与脉络，规范各类工程造价数据单元设计，建立工程造价业务与技术之间的衔接，为动态联盟体的各个工程造价管理行为人的工程造价业务操作、全面工程造价管理分析提供重要的保障。统一工程造价数据单元管理提高了工程造价数据资源融合的透明度、有效性、一致性及可用性，对于不同工程造价管理行为人、工程造价专业人员、角色，都能根据工程造价数据单元管理的规章制度，按照智能合约，对应的权限，自动工程造价业务问题定位获取工程造价数据进行分析判断。

2. 工程造价数据标准管理

制定和维护工程造价数据标准对于工程造价生态系统的工程造价数据资源管理至关重要。工程造价数据标准是工程造价数据格式、规范的统一表示和应用协议，需要建立和遵循一套符合工程造价行业实际应用的关于工程造价数据描述、组织、融合、互操作和服务计算等多层次的标准化体系，因此，为了支撑数据驱动全面工程造价管理运作，工程造价数据治理对工程造价数据标准的制定可划分为三层维度，即行业服务范围的工程造价数据标准、技术专业的工程造价数据标准和服务内容范畴的工程造价数据标准。在这三层维度的基础上，结合具体实际情况适当扩展，如工程造价成果文件类、工程造价指标指数类、工程造价专业经验知识类等数据标准。工程造价数据标准的实施管理主要包括工程造价数据标准的制定、执行、维护和监控。所以，需要梳理好各种维度的工程造价数据，形成相应规范化的工程造价数据框架和模型，然后做好执行、监控和维护，同时整个工程造价数据标准化的管理流程也需要规范化。

3. 工程造价数据质量管理

工程造价数据质量不仅仅是工程造价数据准确性的问题，也是一个综合性的指标要求，它是开发工程造价数据资源、提供工程造价数据服务、发挥工程造价数据在工程造价业务服务体系中价值的必要前提，是工程造价数据治理的关键因素。工程造价数据治理要考察工程造价生态系统内维护工程造价数据质量的制度与措施，而对工程造价数据质量的关注度不同所采取的工程造价数据质量管理措施也不同，因此，需要从管理和机制上着手，建立合理的工程造价数据管理团队，制定工程造价数据质量管理机制，落实相关人员执行责任，保持有效的相互沟通，持续监控工程造价数据在工程造价业务服务体系中的应用过程。工程造价数据质量管理的过程包括规则制定、工程造价数据质量的度量标准、工程造价数据质量的评估验证的技术与措施、维护工程造价数据质量的规章和方法、工程造价数据质量持续监控等环节，同时还需结合动态联盟体的实践进行定制和优化。

4. 工程造价数据资产全生命周期管理

工程造价数据治理应关注工程造价数据资产全生命周期的管理制度和措施，工程造价数据资产管理过程要求从资产全生命周期出发，在全生命周期的各个环节上进行过程管理。工程造价数据资产管理的核心是工程造价数据资产化，在于合理评估、规范和治理，构建完善、统一的管控架构对其进行管理，这就说明基于工程造价生态系统是以工程造价数据资产作为管理对象，从整体目标出发，多角度、全方位开展工程造价数据管理的建设，统筹考虑工程造价数据资产的规划、架构、运行、维护、监管、更新、清洗等的全过程，明确工程造价数据安全级别,落实工程造价数据资产责任管理。通过对工程造价数据资产全生命周期管理的治理,方便实现工程造价业务服务应用和工程造价数据的生命周期的自动化管理,能有效管理与监控工程造价数据资产的组织和使用情况,不断优化工程造价数据资产质量,最终使工程造价管理行为人能快捷、有效、方便地提供工程造价数据资产使用的方式和途径,实现工程造价数据资产业务价值。

5. 工程造价数据治理的组织架构

工程造价数据治理的组织架构建设是工程造价数据治理得以贯彻角色责任的组织保障,也是工程造价数据治理工作能够持续开展的基础。因此,工程造价数据治理需要组织结构的支撑,首先必须建立一支满足治理工作需要的专业团队;其次需要建立明确的工程造价数据认责管理制度以及建立工程造价数据质量考核评价体系,才能落实相应的认责制定和质量控制机制;最后构建良好的工程造价数据文化,强化数据驱动意识,使每个工程造价管理人员都能够了解数据、使用数据和管理数据,形成工程造价数据治理的长效机制。

6. 协调各工程造价管理行为人不同目标与需求

工程造价数据治理需要关注各工程造价管理行为人之间以及工程造价管理行为人内部相关部门之间使用工程造价数据的规定和要求不一致的时候,甚至不同目标与需求出现矛盾状况时,能够协调处理和统一这些工程造价数据资源的规定和要求,特别是分布式工程造价数据的分布式保存管理,在工程造价数据的自主和自治的情况下,工程造价数据治理能够基于工程造价生态系统的数据驱动全面工程造价管理活动中根据运行规则进行智能协同管理,协调各个工程造价管理行为人之间以及工程造价管理行为人内部相关部门之间的关系,包括工程造价数据隐私泄露和法律风险的处理。

第三节 工程造价数据技术管理

工程造价数据的技术管理体系是和工程造价数据治理体系有着紧密结合关系,数据技术是一种帮助数据实现价值的技术手段,从技术资源管理的角度,就是把物理可见的基础设施资源经虚拟化技术形成的计算资源、存储资源、网络资源、软件资源以服务的方式进行综合管理,并以灵活方便的方式提供给使用者。技术资源管理的目标是实现资源管理自动化、资源优化,有效整合虚拟资源和物理资源等。基于工程造价生态系统需要对这些技术资源进行管理,这就要打造工程造价数据的基础工程造价数据治理地基,有效的资源管理方式能提高资源的利用率,合理的资源分配能够有效地均衡负载,减少资源浪费,保障工程造价生态系统的正常运行。工程造价数据的技术管理体系应包括数据的基础设施支持以及工程造价数据采集、存储、处理、普适界面与可视化、服务应用、运行管理、安全管理等,同时还涉及工程造价数据流程管理、事务管理等方面。工程造价数据治理体系则是对工程造价行业完成架构、组织、模式、标准、技术等全方位的数据化转型和数据驱动全面工程造价管理升级。工程造价数据技术管理范畴很多,这里重点讨论工程造价数据存储管理、工程造价数据计算管理和工程造价数据可视化与交互。

一、工程造价数据存储管理

工程造价数据类型繁多、结构多样、多种形态格式以及分布性、多维度等特点,这种复杂的工程造价数据环境给数据驱动工程造价生态系统带来某些方面的难度，又因为足够的工程造价数据量是工程造价生态系统建设的基础，因此对多源异构、类型繁杂的工程造价数据的管理是挖掘工程造价数据价值及数据驱动业务运行的重要一环，智慧持续驱动工程造价业务发展的工程造价数据分析与挖掘等方面都是建立在其基础上的。针对类型繁多、结构多样、多种形态格式的工程造价数据，可以采取不同的存储和管理方式。一般情况下，工程造价数据存储系统主要提供工程造价数据采集、清洗建模、大规模数据存储管理、数据操作等功能。由于工程造价数据处理的多源异构工程造价数据源、结构形式多样、多种形态格式、分布式计算环境等特点，其存储系统的设计较传统的关系型数据库系统复杂，常用有分布式文件系统、结构化存储 SQL 数据库、非结构化存储 NoSQL 数据库、内存数据库等。

支持多源异构工程造价数据的分布式存储是工程造价数据智能分析的核心基础，分布式文件系统提供了工程造价数据的物理存储架构，它是被设计成适合运行在通用硬件上的分布式文件系统，基于 Hadoop 的 HDFS 的分布式、高可用数据存储，提供吞吐量的数据访问，适合于大规模数据集上的应用，采用一次写多次读取的操作模式，可以让工程造价管理行为人便捷地处理海量工程造价数据，并能管理 PB 级数据，能够很好处理非结构化数据，在云存储架构中对数据的查询、挖掘、分析、关联、汇集、清洗、转换等功能都是基于 MapReduce 来实现的。云存储将存储作为服务，把不同位置的各异的存储设备通过集群应用、网络技术和分布式文件系统等集合起来协同工作，通过工程造价生态系统进行工程造价业务管理，并运用统一的接口提供工程造价数据存储和工程造价业务服务功能。

基于工程造价生态系统的数据驱动全面工程造价管理活动中，面临着许多非结构化工程造价数据，需要满足处理各类工程造价数据的需求，非结构化存储 NoSQL 数据库的处理能力能够派上用场，NoSQL 数据存储不需要固定的表结构，可根据具体的工程造价数据存储和处理类型进行细化的存储选型，大体上分为键值存储、面向文档存储、列存储、图存储，面对各类工程造价数据的需求应根据其存储模型和特点采取不同的分类方式，在管理存储多渠道来源的各类工程造价数据时，需要融合这些存储方案才能满足工程造价数据处理需求。

内存数据库有别于传统的磁盘数据库，它是把数据直接存储在内存中进行操作，抛弃了磁盘数据管理的传统方式，读写速度比传统数据库要快很多。除此之外内存数据库在数据缓存、快速算法、并行操作等方面都从根本上进行了相应的改进，作为一个存储载体的优势越发明显，按照信息的组织形式可分为结构化内存 SQL 数据库、非结构化内存 NoSQL 数据库。内存数据库提供了并发控制、恢复、完整性和安全性的数据控制功能，因此，库内各个应用程序所使用的数据由数据库统一规定，按照一定的数据模型组织和建立，由系统统一管理和集中控制。利用内存工程造价数据库来存储各种工程造价业务问题的工程造价数据、工程造价服务计算模型处理的工程造价数据、频繁访问的工程造价数据基因，这样就可明显地提升解决各种工程造价业务问题速度和使用感知。

二、工程造价数据计算管理

如上所述，基于 Hadoop 的 HDFS 的分布式、高可用工程造价数据存储管理方式，在其上的计算框架则采用 MapReduce 并行处理，进行高性能数据密集型运算。当 MapReduce 使用并行处理来执行编写的例程，以这种方式部署在 HDFS 上层时，可访问由 HDFS 集群管理的大量的文件和数据存储库，成为一个高性能分析应用程序。而对于多维工程造价数据的分析则可基于文件和数据存储库的架构之上，使用工程造价数据的深度分析和利用则需要依赖数据智能计算算法的处理和分析手段，数据挖掘算法主要实现在云环境下对各种工程造价数据的基于 MapReduce 并行计算框架的智能挖掘处理，而复杂算法主要完成一些复杂的各种工程造价数据环境下的基于各种工程造价业务模型而对应的各种算法，利用海量、异构的工程造价数据的特点，通过服务计算，得出相应的工程造价业务问题依据。

数据驱动全面工程造价管理应用场景，在处理前后阶段和各种各样具体活动过程中所具有的特点，其应用程序越来越注重对内存的访问效率，必须最大限度地利用处理器缓存，将可能被用到的工程造价数据缓存在多层次的缓存中，采用内存工程造价数据库来处理实时性强的工程造价业务逻辑，运用针对性工程造价服务计算模型处理工程造价数据。所以，由于采用内存存储，具有数据访问提速的优势，这就要求在内存工程造价数据库的管理中，其工程造价数据放置的位置对于缓存的利用优化尤其重要。另外，在流处理的工程造价数据存储环节，特别是建设项目工程造价确定的服务计算涉及工程量清单和定额数据、计算规则等数据信息，可使用内存工程造价数据库。目前，Spark 流式处理平台正在成为大数据实时计算的主流平台，它是一个运行在集群架构上的高性能分布式计算平台，具有多样灵活的运行模式。在建设行业实施智能建造的过程中，数据驱动全面工程造价管理的工程造价业务服务迭代运行，可利用 Spark 管理各种类型的工程造价数据集，支持在工程造价业务服务迭代运行场景中的批处理、流数据处理、图数据处理、机器学习等计算需求。同时，复杂事件处理 CEP(Complex Event Processing)机制作为处理多数据流的和多数据源关联的关键技术，在工程造价业务服务的各类风险管理中也得到广泛的应用。

三、工程造价数据可视化与交互

由于工程造价管理行为人的各种类型和专业角色的特点，其需求各式各样，这些都对工程造价生态系统的全面工程造价管理应用场景服务内容和交互环境的使用提出了问题，数据可视化技术能够直观地展现服务内容数据，提供人机交互能力，可以帮助工程造价管理行为人对工程造价数据组织、观察、理解、探索和发现。为了让各个角色有效掌握所需要的各种服务，实现管理上的透明化与可视化，这就要求利用自然智能的界面来无缝地实现工程造价数据服务的获取，完成各类操作。针对各种工程造价管理行为人在工程造价业务服务中所需的工程造价数据以及覆盖数据驱动全面工程造价管理全生命周期各个环节的使用需求，可将探索式工程造价数据分析和可视化结合的敏捷可视化进行管理，用一目了然的方式来体现，而敏捷可视化允许将多种工程造价数据结合分布式存储及内存存储，工程造价管理行为人可自由灵活地对工程造价数据进行组合关联，根据工程造价业务服务需求，通过表达、建模，然后选择可视化方法完成实时分析和解释呈现，这样就可让人与计算机环境更好地融合在一起，以各种灵活的方式享受服务计算和系统资源，实现任何地点、任何时间、任何角色都能访问任何数据信息的交互，大大增强了工程造价数据分析的自主性、灵活性和实时交互性。工程造价数据可视化技术的应用，一方面能将工程造价数据赋予沉浸式的体验；另一方面增加了工程造价数据的理解和灵活的服务定制。数据可视化分析工具的适用场景一般可分为两种类型，即分析结果展现类和交互分析类。基于工程造价生态系统的这两类数据可视化分析过程的步骤应包括工程造价数据的过滤、映射、渲染和观察等，在各个角色的数据驱动工程造价业务服务中,工程造价数据进行可视化在于概括性以及利用自然智能的交互能力,其达成目标的关键是映射和交互两个环节。所以,必须注重加强这方面的管理与治理,对数据驱动工程造价业务服务流程的每一步骤进行优化,使每一过程都能获得满意的可视化效果。

第四节 工程造价数据安全管理

工程造价数据管理与治理的目的是全有效地管理工程造价数据,工程造价生态系统整合了各种类型的工程造价数据,结构形式多样、多种形态格式和种类繁多的工程造价数据,其服务对象涉及各种专业角色与管理人员,因此,工程造价数据的安全管控与治理就变得尤为重要。而在工程造价数据服务应用体系架构中,工程造价数据采集、工程造价数据融合处理、工程造价数据存储和工程造价数据分析挖掘与利用的不同阶段,其安全管理的关注点有所不同,这就要建立完善、体系化的工程造价数据安全策略,全方位进行安全管控,执行工程造价数据安全管理制度和措施,以及需要制定敏感工程造价数据访问和隐私数据保护的管理措施和技术防护措施,明确和加强工程造价数据安全管理的规范性。工程造价数据安全需要针对工程造价数据治理过程中与数据相关安全保障技术所制定相应的管理办法。所以,工程造价生态系统运行平台要建立配套的管理规则,敏感工程造价数据需制定保护办法,工程造价数据的安全管控的关键因素应包括工程造价数据访问权限控制管理、工程造价数据存储安全管理、工程造价数据服务安全管理、工程造价数据交互安全管理以及基础设施安全管理等方面,这些工程造价数据的安全管控为工程造价数据治理各环节提供安全保障机制及技术手段。

一、工程造价数据访问权限控制管理

对工程造价数据访问权限进行细粒度的控制管理,制定工程造价数据访问控制权限及管理机制,确定哪些角色可以进入,哪些角色在工程造价数据资源体系上能做什么数据驱动操作,哪些角色可以在工程造价业务服务过程中使用多大范围的工程造价数据处理能力等,这些都必须在工程造价生态系统运行中进行工程造价管理行为人认证、工程造价管理行为人管理和授权管理以及授权控制。建立访问权限统一管理,侧重管理员权限、角色管理、工程造价数据流向管理等审核管理手段,明确工程造价数据访问权限的规定性,关注工程造价数据治理过程中工程造价数据访问策略及工程造价数据流向的安全保障。

二、工程造价数据存储安全管理

工程造价数据存储安全是保证工程造价数据不会被窃取,工程造价生态系统的工程造价数据加密应严格的管理,加强对各类工程造价数据存储和备份的管理,应根据不同类型工程造价数据的更新频率、数据量、重要程度、保存时间,制定相应备份、恢复策略和操作规范。制定详细的工程造价数据维护工作制度,明确工程造价数据维护的权限、职责,严格按照工作制度进行工程造价数据维护。在工程造价生态系统中存储的工程造价数据,应身份识别、权限控制、访问控制操作审计。所使用的工程造价数据不得擅自修改,包括基础工程造价数据的保存、工程造价数据规则等,以及这些工程造价数据访问和权限管理。分布式工程造价

数据采用集群存储架构,集群存储应提供一种集中的、简便易用的管理方式,采用统一的标准访问协议访问集群存储,分布式工程造价数据须安全审计,为分布式工程造价数据修改、使用等环节设置审计方法,保障分布式工程造价数据存储的准确性、一致性。

三、工程造价数据服务安全管理

工程造价数据服务是以工程造价数据为支持,面向多层级工程造价管理行为人提供的各种类别的服务,是按需提交作业与操作计算服务进行表达,将查询结果和按照匹配与组合服务展现、服务聚合调用、接口智能数据推送、自助搜索服务等方式提供给不同的工程造价管理行为人。该环节是工程造价管理行为人与工程造价数据在提交任务以及交互、协同和全面工程造价管理活动中的触点,因此也成为工程造价数据治理和工程造价数据安全管理的重点。建立工程造价数据安全管理办法、工程造价数据隐私管理办法及相应的工程造价业务应用系统规范,以及建立分级权限管理和审计管理办法,增加数字水印等技术在工程造价业务应用系统的使用。对某些涉及工程造价管理行为人隐私的敏感工程造价数据,通过数据脱敏规则进行管理,实现隐私工程造价数据的可靠保护。

四、工程造价数据交互安全管理

工程造价生态系统的动态联盟体在实现数据驱动全面工程造价管理而构筑一个协同工作体系中,需要完善解决各类工程造价业务问题的协同运行机制,工程造价管理行为人之间的协同互操作旨在各种各样过程管理的信息流、工程造价服务流、工程造价价值流的交互关系,工程造价数据交互汇集、动态联盟体各个成员的互动行为、定制服务内容的交互传递关系都需要运用交互的手段和方法来交流、沟通。因此,工程造价数据互操作需要制定统一的交互标准,以方便相关工程造价数据在不同的工程造价管理行为人及其内部无缝流动,通过共识机制运用加密技术并使用安全互动协议确保工程造价数据在不同应用场景之间实现可靠的交互活动。工程造价数据互操作通过分布式治理和交互管理,从而体现了工程造价管理活动的各个环节交互的安全可靠性。当然,工程造价数据的交互标准在不同层级的工程造价业务问题服务有不同的要求,

五、基础设施安全管理

工程造价数据基础设施由基础设施层和数据管理层组成,而基础设施层包括存储、计算、网络等硬件设施,数据管理层由操作系统、中间件、数据库系统等组成,构成支撑数据存储及数据全生命周期管理的软件设施。工程造价数据基础设施需要面向工程造价数据构建全方位的安全体系,保障工程造价数据端到端的安全和隐私合规,同时也支撑着工程造价生态系统运行的全过程中工程造价数据不丢失、不泄露、不被篡改和完整性、一致性。所以,管理与治理是工程造价数据安全最重要的部分,要保证相关系统安全可靠,包括硬件设备的安全,操作系统、数据库以及网络、协议的安全,必须建立设备访问控制、网络安全保护措施,才能够抵御内外部的各种攻击行为。对集群设备进行维护管理,通过容错、故障恢复、系统灾难备份、网络性能监测、设备运行状态监测等管理措施,确保系统整体的正常、稳定运行。

第五节　工程造价数据工作流管理

在数据驱动工程造价生态系统的全面工程造价管理活动过程中，开展各种各样的工程造价业务服务的过程管理非常重要。而过程管理与工程造价业务流程的管理是在动态联盟体的工程造价管理行为人参与下，利用工程造价数据资源，按照工程造价管理模式确定的规则，在工程造价管理行为人之间进行工作任务、工程造价资料、工程造价信息的沟通传递、处理和服务计算，从而实现工程造价业务服务或完成整个工程造价业务服务计算目标。这就要求将工程造价业务分解成定义好的工作任务、角色，按照一定的规则和过程来执行这些工作任务并对它们进行监控，达到提高全面工程造价管理水平和运行的效率的目标。在数据驱动工程造价生态系统的应用实际中，虽然工作流概念相对于数据流、信息流、价值流等概念要抽象一些，但是工作流从更高的层次上提供了数据流、信息流、价值流以及涉及的相关过程与业务应用的集成机制，从而使得工程造价管理行为人能够实现工程造价业务流程集成、工程造价业务流程自动化与工程造价业务流程的管理。因此，工作流常与工程造价业务流程再造相联系，它完成对工程造价生态系统中工程造价业务流程的建模、评价分析和操作的实施，实现对工程造价业务流程的集成管理，有效地把工程造价管理行为人、工程造价数据资源和应用工具合理地组织在一起，发挥整个系统的效能。

一、工作流管理

工作流管理是将离散流程数字化并管理结果的过程。工作流技术是实现流程执行和控制管理的一种途径，它可以被有效地应用于工程造价生态系统的全面工程造价管理过程重构中的数据化过程建模。而工作流管理技术应用的主要目的是将工程造价管理场域的工作任务细化分解成为多个已经定义好的任务模块，并按照工程造价行业的标准契约规则与服务过程模式，对任务进行监管，最终达到合理确定和有效控制工程造价、提高数据驱动协同处理效率、增强工程造价成果文件一体化管理的目标。

1. 工作流概念

智能时代的工程造价行业数据化转型，是从传统的工程造价管理活动、工程造价业务流程和工程造价业务服务信息化，向数据驱动、全面以工程造价数据为基础的闭环发展。而推进工程造价业务服务的工程造价数据配置，可根据分解的业务过程任务圈定各类本源性活动环节、工程造价服务计算、工程造价监管等一系列工作流程来执行。这样就可以用工程造价管理活动及工程造价管理活动之间变化的过程来表示的业务流程，这个业务流程过程就是工作流。对于工作流的概念的提出，源于生产组织和办公自动化领域，主要针对日常工作中具有固定程序的活动而普及推广的。在计算机网络技术和分布式数据库技术迅速发展、协同化技术和云计算、自动化技术等日臻完善的基础上的工作流技术为各类组织实现过程管理和流程优化工作提供了手段，提高了组织机构的管理水平和办事效率。工作流是对业务管理的工作流程的抽象，是对具有固定程序的活动提出的一个概念。所以，工作流是一类能够完全或者部分自动执行的管理过程，它根据一系列过程规则、文档、信息或任务能够在不同的管理者之间进行传递与执行，并最终完成整个业务目标。这说明工作流是一种反映组织管理过程高效执行并监控其执行过程的计算机软件系统。它不是组织的一个具体业务系统,而是为组织的业务系统的运行提供一个软件支撑环境,它具有广泛应用价值的计算机软件技术,通常更多的与业务流程发生关联,可应用于业务流程的不同阶段。一个工作流主要包括了工作任务所对应的活动项目以及它们的相互顺序关系,还包括过程及活动的启动与终止的条件以及对每个活动的描述。

2. 工作流管理技术

工作流管理是指将工程造价生态系统中的工程造价业务流程转化为一组有序的常规任务,用来控制和协调工程造价数据资源的自动化过程的一种手段。它可以帮助工程造价管理行为人实现全面的工程造价业务流程可视化以及自动化处理,以便实现工程造价业务服务管理的有效性和准确性。工作流管理技术应用的主要目的是将全面工程造价管理活动的服务计算任务细化分解成为多个已经定义好的工作模块,并按照工程造价管理模式的发展规则与过程模式,对服务计算任务进行监管,最终达到工程造价数据优化配置、提高协同工作效率、增强数据驱动决策的智能应用目标。如前所述,工作流主要是用来描述业务流程的,因此,工作流技术可以支持工程造价管理行为人实现对全面工程造价管理和工程造价业务服务的过程控制以及敏捷决策支持,它是实现工程造价业务流程执行和控制管理的一条途径,可以有效地应用于工程造价生态系统的全面工程造价管理活动过程重构中的数据化建模。

3. 工作流管理系统

基于工程造价生态系统的全面工程造价管理活动在实施数据驱动工程造价业务时,可能有多个工作流同时在运行,如各类本源性服务计算流程、工程造价监管控制流程、分布式工程造价管理活动协同工作流程等,这就需要工作流之间的工程造价数据资源约束关系。这些业务流程可以被处理为多个相关的工作流,从而利用工作流技术对其进行建模和管理。所以,工作流是业务流程的一个计算机实现,必须使用工作流的基本元素,即任务或活动来统一进行描述,作为全面工程造价管理活动过程的实现技术,工作流管理系统是这一实现技术的软件环境。工作流管理系统把工程造价生态系统的功能通过工程造价业务流程连接在一起,跨越各功能模块,共同完成一个任务。在实际运行与管理阶段,工作流管理可以和工程造价管理行为人进行交互,从而推进数据驱动工程造价业务服务顺利进行,同时对工作流的运行状态进行监管。使用工作流来作为工程造价业务流程的实现技术首先要求工作流管理系统能够反映全面工程造价管理活动过程的如下几个方面的问题,即数据驱动工程造价业务过程是什么,由哪些活动、任务组成;怎么做,活动间的执行条件、规则以及工程造价数据约束关系;由谁来做,工程造价专业人员或计算机应用程序,即工程造价管理行为人的各类角色;做得怎样,通过工作流管理系统对执行过程进行监控。数据驱动全面工程造价管理活动中业务服务过程管理非常重要,而工程造价业务服务过程管理是某类业务流程为了实现某类业务目标的一个过程,这个过程通常描述一组活动及其之间相互连接关系的过程模型可用计算机来进行解释和执行。在工作流管理系统的支撑下,通过集成具体的数据驱动工程造价业务应用系统,才能更好地完成对全面工程造价管理过程运行的支持,在更广的范围内、不同的时间跨度上做好全面工程造价管理,提供工程造价生态系统的整体水平和协同工作效力。

二、工程造价数据工作流管理系统

工程造价数据工作流管理系统是利用计算机技术和数据技术作支持,使工程造价生态系统的工程造价业务流程实现自动化。它与工程造价生态系统的工程造价业务流程重组紧密结合在一起,通过把工程造价业务服务逻辑和数据驱动全面工程造价管理过程逻辑分离,把全面工程造价管理过程数据化建模和工程造价数据、功能分离,这样就可以不修改具体工程造价业务应用功能实现而只修改全面工程造价管理过程模型来改变工程造价生态系统功能。这就说明工程造价数据工作流管理阶段的功能主要是完成工程造价业务流程的过程建模的工作,完成实际的工程造价业务流程到计算机能够理解的工作流过程的转化,才能实现工程造价生态系统的工程造价业务流程的工作流管理。基于工程造价生态系统的全面工程造价管理过程进行数据化建模的目的是实现由工程造价管理人员、服务应用、工程造价数据动态等组成的工程造价业务流程管理、控制和优化,并对工程造价业务流程的执行情况进行有效的监控。工程造价数据工作流管理系统在工程造价生态系统中的应用一般分为三个阶段:模型建立阶段、模型实例化阶段和模型执行阶段。

1. 工程造价数据工作流管理系统的三个阶段

按上述说明,工程造价数据工作流管理系统的阶段表示为模型建立阶段、模型实例化阶段和模型执行阶段。在模型建立阶段,通过利用一个或多个建模方法及其相应的建模工具,完成数据驱动全面工程造价管理过程模型的建立,将工程造价管理行为人的实际工程造价业务服务过程转化为计算机可处理的工作流模型;模型实例化阶段完成为每个工程造价业务服务过程设定运行所需的过程规则或参数,并分配每个活动执行所需要的资源;模型执行阶段完成实际工程造价业务服务过程的执行,在这一过程中,重要的任务是完成一系列敏捷可视化业务映射和交互应用的执行。

2. 工程造价数据工作流管理系统的模型

如前介绍,工作流就是将一组任务组织起来完成某个业务流程,所以,工程造价数据工作流整个模型就是为了说明工程造价业务流程的目的,其最基本的元素是活动和活动之间的连接关系。活动对于工程造价业务流程中的任务,主要反映工程造价业务流程中的执行动作或操作;活动之间的连接关系代表工程造价业务流程规则和工程造价业务流程。当然描述一个工程造价业务流程还需要涉及参与操作的工程造价专业人员、工程造价管理行为人、所操作的工程造价数据、所使用的计算机应用软件系统等。由于工作流是描述各类工程造价业务流程如何进行的,因此,其工作流模型必须从过程的描述入手,创建一个计算机可以处理的形式的过程描述,通过定义活动的工程造价专业角色和工程造价管理行为人来描述工程造价业务流程是由谁来完成的,以及过程的开始和结束条件、组成活动、在活动间进行导航的规则、执行的任务、相关的数据资源、可能调用的应用程序等所需详细信息。一个工程造价数据工作流管理系统的模型所执行的服务应包括过程建模工具、工程造价业务服务过程的定义、角色模型数据、工作流引擎、相关数据和应用数据、执行交互的任务表、任务表管理器、管理功能监控操作、内外部组件接口等。

3. 工程造价数据工作流管理系统构成

工程造价数据工作流管理系统在设计上根据数据驱动全面工程造价管理的工程造价业务服务过程本身的特点、系统建模方式等设计思路和技术,其管理系统完成工程造价业务服务过程工作量的定义和管理,协调工程造价业务工作流执行过程中工作之间以及工程造价管理行为人之间的信息交互,并按照在管理系统中所定义好的工程造价业务工作流逻辑进行工作流实例的执行。一个完整的工程造价数据工作流管理系统体系结构分为设计环境、运行环境、存储环境三部分,其体系结构如图8-1所示。

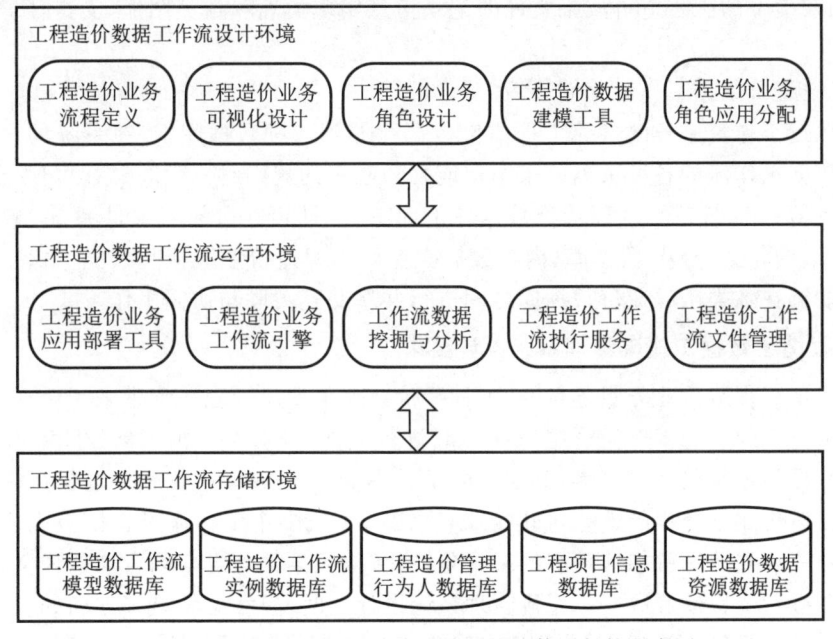

图 8-1 工程造价数据工作流管理系统体系架构示意图

(1) 工程造价数据工作流设计环境

通过工程造价业务流程定义工具定义工作流程,建立工作流程模型,包括组成工程造价业务服务过程的各个活动、活动之间的逻辑关系,以及定义工程造价业务流程中的数据、文档、表单等。利用可视化设计工具设计交互界面,是使用工程造价数据工作流的接口,包括管理员和角色,管理员完成对工作流程的配置和工作流实例的监控,角色通过该交互界面获得工作任务、提交工作成果;对工程造价业务角色按照类别进行组织管理、授权,直接将各类人员信息纳入工程造价数据工作流管理系统内管理,其自动应用管理负责工程造价业务角色应用分配的工作流程中需要自动激活和调用的应用程序。

(2) 工程造价数据工作流运行环境

将定义好的工程造价业务流程上传至分布式工作流机,首先通过工程造价业务应用部署工具进行部署,然后执行工作流服务,运用工作流引擎为工程造价业务流程提供了根据角色、分工和条件等不同决定信息的流转处理规则和路径,对使用工作流模型描述的过程进行初始化、调度和监控过程中每个活动的执行,分析工作流定义文件,根据工程造价业务交互逻辑执行工程造价业务流程。在工程造价数据工作流运行过程中进行文件管理,管理工作流执行服务过程涉及的文件,为任务执行角色提供完成工作任务所需要的文件,并接收工程项目提交给工作流管理系统的文件。而执行服务过程记录了大量工作流日志,它记录了工程造价业务过程的执行轨迹,其轨迹包括工程造价业务过程活动的执行情况以及任务执行角色、工程造价数据的使用情况等,这些是评价工程造价业务一系列质量和执行管理功能不可缺少的信息。同时也为多维度进行评价工程造价业务一系列质量过程分析提供了事件结构。工程造价数据工作流运行是基于数据库技术的工作流数据挖掘与分析,就是将工程造价数据工作流管理系统的工程造价数据经过工程造价业务流程的提取、转换、服务计算等操作后写入数据库,完成任务执行中工程造价数据的重组,并利用分布式处理技术来生成不同维度、不同粒度下的工程造价成果文件的记录信息实现类表和各类图形,支持任务执行角色的决策交互。

(3)工程造价数据工作流存储环境

可把执行工作流服务的各类工程造价数据存储到各种数据库中,在系统的设计中通过工程造价数据工作流的各种数据库采用智能合约制定的规则、协议和条款,可保证分布式工作流服务计算平台对各类工程造价数据库的无关性,即可在分布式文件系统、结构化 SQL 数据库、非结构化 NoSQL 数据库、内存数据库存储工程造价业务流程数据。保证各类任务执行角色能够在各类工程造价数据库之间进行共享交互关联与协同工作。

4. 工程造价数据工作流管理系统设计要求

为了实现工程造价业务服务目的,工程造价数据工作流管理系统带来了协作、自动化和单个或多个过程同步的工作流程组织在一起进行描述,并对每个活动的逻辑和规则在计算机以恰当的模型进行关联,然后对其实施计算。基于工程造价业务服务过程在多个角色之间完成工程造价业务流程的计算机化定义,利用一个或多个工作流过程模板完成实际的工程造价业务流程到计算机能够理解的形式化转化,按照某种预定规则自动传递文档、信息或者任务。在进行工程造价数据工作流管理系统设计之时,应考虑满足多方面的要求,利用工作流技术对其进行集成管理,有效地把多个角色、信息和服务过程及其数据资源合理地组织在一起,提高了工程造价数据工作流管理系统的重用率。因此,必须综合地制定以下具体要求:

(1)满足各种复杂的工程造价业务服务流程

工程造价数据工作流管理系统应能实现各种复杂的工程造价业务服务过程的各种不同的流转控制。设计的工程造价数据工作流模型在简单化的同时,能够制定可能发生的各种复杂流程,必须要求模型提供相应的描述能力,能定义过程中可能出现更复杂的逻辑关系,包括组成过程的各个活动、活动之间的逻辑关联以及定义工程造价业务服务流程中需要的工程造价数据、文件、表单等。

(2)应支持各类格式的表单设计解决方案

工程造价数据工作流管理系统的表单设计解决方案应采用通用格式表单与各种子表类型相结合,通用格式表单运用表单设计工具自行设计表单,在部署工程造价业务服务流程时,表单设计工具会自动生成需要的表单页面。同时应设计支持过程的各个活动的子表在内的多种工程造价数据类型,以统一的数据单元出现,需要工作流引擎内置支持子表类型,在工程造价业务服务流程定义时,可使用视图化的定制工具来设计各个活动的子表,让工程造价数据工作流管理系统在适当的各个活动去调用这些统一管理的工作表单,通过对子表类型的支持,可实现各种复杂的工程造价业务服务流程的衔接性。

(3)支持各类工程造价管理行为人的任务分配

在工程造价数据工作流管理系统中,工程造价业务服务流程活动的工作任务分配是很重要的一个方面,工作任务分配同系统的人员、资源、权限等多个组成部分都有密切的关系,需要多种方式进行流转。因此,工程造价数据工作流管理系统应设计多种任务分配机制,通过工程造价业务服务使用需要来满足各种各样的工作任务分配需求。对工程造价业务服流程中的活动,工作流引擎应能解析执行此活动的权限角色及其工程造价专业人员,然后把此任务分配给进行工程造价业务服务流程活动所对应权限的角色。

(4)要求用智能合约执行工程造价业务流程管理

当对执行某工程造价业务流程的工作单进行编辑、修改、审核时,必须运用触发事件来驱动智能合约自动执行预先定义好的规则、协议和条款,解决流程过程对工作任务分配达成共识的机制,有助于执行此活动的权限角色紧密协作,协调和约束智能合约的执行引擎,允许权限角色及其工程造价专业人员对工程造价业务服务流程中的触发工作任务单表达、编辑、修改、审核等进行管理。

(5)适应工程造价业务流程的动态指定

大部分工程造价业务流程是按照角色分配工作任务的,但也有些工程造价业务需要前一步活动的工程造价专业人员动态指定下一步工作的工程造价专业人员协调执行,工作流引擎需要根据动态指定的工程造价专业人员分配工作任务。当运用动态指定的方式,可通过多级视图人机交互界面导航,触动工作流引擎执行工作分配。如果一个工作任务不能简单地采用固定角色来完成时,就必须运用临时角色参与到这一工作任务中,而动态指定就是能解决此类问题的一种手段,可通过业务形态规则的数字形式的智能合约来解构,可对工程造价业务流程定义、工程造价业务流程、工程造价业务流程的相关数据以及必要的额外编码计算出临时角色,再由工作流引擎将工作任务分配给此角色。当有特殊原因,分配工作任务的工程造价专业人员无法处理自身业务时,需要其他工程造价专业人员代理处理业务,可通过控制台动态地为其指定临时替代的工程造价专业人员,来完成相关的工作任务。此时被分配工作任务的角色相关的工作列表就出现在临时替代的工程造价专业人员的工作列表中,临时替代的工程造价专业人员执行工作任务过程中,各种日志、数据等都记录临时替代的工程造价专业人员的信息,实现融合共享的协调沟通交流之间的有机结合。

(6)要求满足工程造价数据工作流信息记录和查询

部署在工程造价数据工作流管理系统之中的工程造价业务服务流程是自动执行的,在执行过程中,其系统要求对每一步都能进行详细的日志信息记录,如果某一环节出现问题或者进行审核工作时,必须能溯源各种历史记录进行查询并修改处理,做出满足要求的正确决策。相关的角色通过智能合约预先制定的标准、规则、协议和条款,设计形成各个易用的查询人机界面,可以在工程造价业务流程、活动过程级等查询,也可通过权限查询到具体工作单的每一项数据,同时可使用各项数据的组合构成查询条件。

(7)能支持动态联盟体分布式协同工作

工程造价数据工作流管理系统要求设计为支持分布式协同工作的模式,当部署在工程造价数据工作流管理系统之中的工程造价业务服务流程需要分布式协同工作时,工作流引擎引导动态联盟体各个角色将工作任务分配,并进行全面的协同管理,实现分布式协同工作的智能分工,把子工作任务交给各个节点处理,使动态联盟体各个角色之间建立默契配合关系,有助于各种业务流和工作流按照一定的行为契约规则进行分布式执行,可在多台计算机上实现角色定位。

第九章　基于大数据工程造价生态之应用案例

　　基于大数据工程造价生态的应用,是数据驱动工程造价管理模式的转变,使工程造价管理行为人组成生态协同共生体,把同属于各个工程造价专业而分布于不同区域的或不同机构的工程造价数据资源进行互动,达到生态协调效应,带来工作效率的提升。本章通过几个不同类型应用案例,基于大数据、云计算、人工智能技术等互联网的基本特性背景,通过汇集不同工程项目节点动态和静态数据信息,采用全方面与全流程相结合的数据信息共享,建立工程造价要素归集,实现多方责任主体协同的全生命周期的工程造价全要素生态管理,汇聚工程造价行业数据,打造一个多主体协同、工程造价数据共享的一体化工程造价智慧信息服务平台。对于工程造价管理行为人,可以围绕工程造价数据展开协同工作,采用成熟的流程引擎连接各个工程造价业务个体、各个专业、各个工程造价管理行为人协同管理,使工程造价数据驱动力的品质与效率得到提升,形成了不同的数据驱动工程造价业务服务的内在价值。这里分别介绍财政投融资项目智能辅助审核模式、市政项目投资管控平台、轨道交通工程造价指标投资管控模式、地下综合管廊投资管控平台、智慧工程造价监管服务平台、机场工程BIM计量计价服务应用的几个应用案例,目的是使工程造价管理行为人能在工程造价生态系统下组成的动态联盟,实现工程造价资源共享和跨区域分布式智能服务,来满足工程造价管理的各个环节和各个阶段的业务需求,达到各个专业角色的协同工作。

第一节　财政投融资项目智能辅助审核模式

　　随着我国建筑业的持续快速发展,××市财政投融资建设项目的数量和规模也日益增长,使送审建设项目的审核量逐渐超出负荷,审核工作面临项目工程规模大、评审时间紧、缺乏有效数据支撑等难题。而建设项目工程造价审核主要依靠审核人员业务经验人工审核,审核过程存在评审工作量大、标准尺度参差、材料设备价格数据孤岛、历史数据较难重用等问题,影响审核质量及时效。此外,随着工程造价行业的数字化和智能化发展,××市财政审核中心对工程造价的数据积累和应用也有了更高的要求。为推动我国财政性投融资项目审核业务实践发展,在相关政策及先进技术推动之下,利用数据智慧化延伸财政性投融资项目评审业务应用将迎来最佳时机。

　　因此,××市财政审核中心迫切希望以信息化平台为基础,加强工程造价数据积累,积极推动工程造价数据分析应用,通过智能化辅助审核等手段统一标准、提质增效,加快审核项目结转、实现数据重用价值,有效推动财政性投融资项目审核方式改革。

一、财政投融资项目智能审核模式

财政投融资项目智能审核模式是利用大数据思维与智能思维的理念和互联网技术工具,以工程造价数据化与信息化服务平台为基础,通过建立历史及日常审核工程造价数据自动采集机制,构建工程造价指标手自一体的分析体系,搭建工程材料价格管理中心,内置工程审核过程中涉及的各种政策法规、工程量清单规范、预算定额、费用定额等基础的工程造价数据基因,最终形成集工程造价数据、工程造价指标、工程材料设备价信息、审核业务数据于一体的智能审核大数据库。并结合工程审核业务,依托大数据、云计算、人工智能技术,深入挖掘数据价值、统一审核标准,引入智能辅助审核手段,以取费、工程量清单、定额、材料设备、费用、指标等多维度,实现智能化审查、精准化预警和数字化决策支持,从而提高项目管理成效,减轻审核人员负担,达到规范评审流程、提高审核质效、共享信息资源、促进数据复用的良好态势,进一步提升财政投融资项目审核智能化应用水平。财政投融资项目一体化智能审核的生态体系建立的具体步骤如下。

1. 建立财政投融资项目管控平台

财政投融资项目管控平台,主要运用大数据技术,整合工程审核业务和内部办公管理应用,建立一体化智能审核生态体系,实现了省、市、区县各级财政评审(审核)中心的各类工程造价专业服务计算、满足分布式工程造价业务差异化需求。采集积累了不同工程项目全生命周期的工程造价数据资料,工程造价数据囊括了投融资项目管控的工程造价管理全生命周期所有数据,通过报审端、助审端、评审端,多端协同实现报审、收派件、评审等中心业务功能,落实建设项目评审管理的流程化,助审管理的简单化,评审文档的数字化,提高评审工作的连贯性和评审信息的可溯性,并建立财政审核知识库,存储财政审核相关数据和知识,为后续扩展智能辅助审核提供大数据基础。同时,跟踪及监督投融资项目管理,促使财政评审中心整体的审核时效,让整个审核过程不掉链、不脱节,做到完美无缝衔接、同时对异常情况及时监督预警,便于财政评审中心及时掌握动态予以纠正。

2. 利用数据技术进行智能检查与审查

运用大数据、云计算、人工智能等技术,基于审核工程造价大数据库,采用系统预检、专家核审、审核留痕的模式,对报审项目的计价成果文件提供包括计价基础、政策文件、信息价、计价条件、清单、定额、材料、费用等多维度的工程造价数据智能化审查。系统支持快速审查和全面审查两种方式,多方位子目信息检查,实时异常统计分析,同步输出检查报告,多重保障审核成果质量。

3. 建立财政投融资项目生态联盟体

财政投融资项目智能审核模式突破了各级财政评审(审核)中心、施工企业、建设单位和工程造价数据资源的限制,通过报审端、助审端、评审端,多端协同真正实证了报审、收派件、评审等人机一体化,建立财政投融资项目生态联盟体,创新了一种将财政投融资建设项目评审需求和工程造价评审人员高效、快速结合的评审模式,这种模式将各级财政评审(审核)中心和施工企业、建设单位置于一个平台上,用数据驱动满足建设项目评审管理的流程化,助审管理的简单化,评审文档的数字化,打破了传统的管理模式,大大降低了评审流程和评审效率成本。在整个评审的过程中,各类工程造价管理行为人只需与财政评审(审核)中心构建的工程造价数据化和财政职能化平台对接，使工程造价评审人员和施工企业、建设单位的工程造价技术人员实现在线链接，保障了评审工作的流程化、评审信息的可溯性和评审工作的连贯性，形成评审生态的联盟体。这样的模式不仅使工程造价数据资源得到了有效的利用和配置，还提升了评审的质效。在财政投融资项目智能审核模式中，数据驱动生态联盟体结构，使工程造价各专业角色有针对性、目的性明确，优化了工程造价评审人员与被评审的工程造价各专业角色的边界，也优化了评审的工作效率。

4. 实现分布式工程材料设备价格管理

汇聚不同区域、各类行业工程材料设备信息价，建立集信息价、基价、园林苗木参考价、品牌价、市场询价、工程材价、标准材价、供应商材价八大类别的材料设备价格数据于一体的综合性工程造价材料设备价格数据管理中心，提供分布式数据采集、数据存储、材价管理、跨源查询及综合测算等服务，有效辅助工程造价审核业务。

5. 建立工程造价指标分析体系

平台目前围绕房屋建筑工程和园林绿化工程两个专业，建立统一的专业指标分析模板及统计规则，采用自动分析为主、手动校核为辅的指标分析模式，以流程化方式逐步引导审核工程造价指标分析。依托平台的文件解析功能和预置的指标分析规则，实现工程造价数据的采集、加工、识别、抽取、汇总、统计，自动输出单项工程指标和造价分析指标成果。并结合图表可视化展现、指标异常提醒、指标溯源查看、指标归属调整等功能，有效辅助工程造价数据合理性的宏观审核。

支持同项目或不同项目、同工程或不同工程、同文件或不同文件的指标数据比对，横向对比包括单项工程指标和造价分析指标中的各个分项指标明细，逐项进行指标数据对比和差异分析，重点区分、突出显示关键指标差异项。针对指标数值差异，可设置差异比例区间，动态识别差异内容，灵活圈定差异范围。借助指标对比筛查，快速聚焦异常指标，助力工程审核质量和效率的提升。

面向各类工程专业指标提供多维度指标统计应用，汇总统计各工程专业指标、单项工程指标、工程造价指标、材料消耗量指标等的数据分布，借助可视化图表技术，将关键数据集中叠加到一张图上，实现各类项目数据的集中呈现和直观对比。同时，系统提供多维度、多内容的智能化数据检索功能，针对专业特性分别设定丰富的检索条件，借助搜索引擎功能，可将所需信息进行快速采集提取、组织，满足指标统计范围的自由筛选检索。

6. 可视化的综合数据分析

利用可视化技术，可形象直观地动态展示投融资项目综合性数据情况，能够将投融资项目数据展现的普适性和功能有机地结合起来，实现工程类型、项目数量、项目分布、项目规模、工程状态等多维数据的提取、统计及展示。投融资项目数据可视化技术的应用，一方面能将投融资项目数据赋予沉浸式的体验；另一方面增加了投融资项目数据的理解和灵活的动态展现，使每一过程都能获得满意的可视化效果。

7. 评审文档的数字化管理

完成电子化线上归档，一键归档打包及后期档案借阅、档案检索等功能。

二、财政投融资项目智能审核案例解说

××市财政审核中心以财政投融资项目审核系统为依托,建立财政投融资审核项目投资工程造价指标工程项目数据库,基于该数据库建设工程造价指标智能化分析系统,实现多种类型投资工程造价指标数据的数字化管理及分析应用,为相关监督检查提供技术支撑,解决人工处理过程弊端,实现财政投资项目审核过程数字化转型。

财政投融资项目管控平台,面向省、市、区县各级财政评审(审核)中心,整合工程审核业务和内部办公管理应用,建立一体化投融资项目智能审核生态体系,采集工程项目全生命周期的信息资料,建立估算、概算、预算、合同价、结算、决算全生命周期项目信息库,实现项目管理的信息化,评审管理的流程化,助审管理的简单化,评审文档的数字化,提高评审工作的连贯性和评审信息的可溯性。不断健全评审管理生态机制,创新评审管理手段,强化服务保障,使工程造价评审人员能协同工作,最大限度地减少工程造价评审人员的自由裁量权,促使工作量和审核结果的误差达到最低,确保评审公平、公正,提高审核工作效率,进一步优化营运生态环境。同时推动财政投融资项目评审历史数据应用挖掘分析,积累各类工程造价专业知识、工程信息和材料设备价格信息,实现大数据和人工智能时代下的评审智慧化应用,助力财政投资项目智慧评审。

三、财政投融资项目智能审核应用状况

项目自 2019 年 6 月启动建设,2020 年 8 月上线试运行,2020 年 9 月通过组织的专家验收。系统目前运行稳定,各方反应良好。项目作为××财政审核中心评审业务系统的二期项目延伸,在一期业务管理基础上进一步推进了财政投融资项目审核大数据分析应用,实现基于历史项目工程造价数据、工程造价指标数据、工程材料信息价、行业业务数据为驱动的智能化审核模式。

四、财政投融资项目智能审核效果效益

截至验收,系统用户数有 1383 家,导入历史项目数 2498 个,历史工程 4846 个,解析历史审定工程文件 5501 个,共采集 1263821 条清单数据、2439058 条定额数据、1462105 条材料价格数据。此外,整理典型房建工程指标数据 65 个,典型园林绿化工程指标数据 117 个,材料价格信息报告期与品牌价导入 708 期,报告期、信息价数据近 650 万条。已经形成了庞大的审核大数据库,为智能化审核提供稳定的数据支撑。

通过项目建设和高效运行,依托数据汇聚、采集和挖掘,完成工程造价大数据体系和指标体系构建,有效促进××市财政审核中心业务数据的沉淀增值应用,推动中心的工程造价数据资产化、规范化、循环化管理,实现了财政投融资项目评审业务的审核模式由基于经验的审核管理模式转变为数据驱动的审核管控新方式的跨越升级。同时,运用智能化、标准化审核机制,为一线审核工作提质增效、减轻负担,为领导宏观决策提供更为科学的依据,有效解决因财政审核工作量大、审核质量要求高、审核人员标准统一难等问题所导致的项目审核项目管控难、审核结果校验难、数据应用难等难题,成功打造数据驱动、一体协同、智能辅审的智慧化审核平台。

第二节　智慧市政项目投资管控平台

××市政建设开发有限公司代建的工程数量多、投资规模大、时间跨度长、社会影响大，在工程项目管理的过程中牵涉多个公司和部门，参与项目的人员众多，传统的管理方法已经不能满足当前的管理需求。为了便捷高效、统一规范地对所有的工程项目进行精细化过程管控，提升管理效率、提高生产效益、节约运营成本，急需研发面向代建单位使用的工程项目管理系统，针对工程项目全生命期管理的应用需求，构建"全过程在线，多主体协同"的"项目全生命期管理平台"，实现工程项目信息共享、过程可控、高效协同、溯源可查，提升企业项目管理水平，助力提升工程项目质量，建立企业建筑信息资产，赋能智慧城市建设。

一、智慧市政项目投资管控模式

智慧市政项目投资管控模式是以多主体协作及多层次协同的互联网生态圈为核心，采用全方面与全流程相结合的设计理念，以市政项目为主线，资金控制管理为中心，核算和监督为依托，构建企业内部及与各方责任主体在规划设计、工程施工、竣工验收等各环节协作与协同管理，各环节充分利用生态中市政项目数据资源流动循环的特点相互融合，打造多主体协作及多层次协同的生态化布局，并向智慧化运维管理延伸，构建互联互通、实时准确、协同运作、自治高效的全过程市政工程项目投资管理平台，实现市政项目闭环管理和投资监管。智慧市政项目投资管控平台建立的具体功能如下。

1. 计划管理

通过对计划编制、计划跟踪、实际进度填报、计划调整、计划更新的循环过程，准确预警进度延期，包括前期审批计划、建设实施计划、验收移交计划等，实时呈现工程进度状况，并通过工程各个阶段进度的控制，保证总体工程进度。对工程进度延期予以警示，及时提醒采取必要措施。

2. 投资管控

以合同为主线，建立从项目的设计概算、合同清单、过程变更、财政拨款金额、实际支付金额、审结确认额直至项目结算、决算等涵盖工程建设投资全过程的投资控制关键数据点，完整记录项目资金执行轨迹，形成项目资金流向闭环。并提供电子签章服务，实现多方主体对合同变更签证、资金拨付等进行多方协同在线签批。

3. 进度管理

进度管理通过强化投资进度过程管理，推进对年度投资进度计划、投资完成情况、形象进度、项目简报进行实时采集、验证，并根据过程信息快速形成简报，关键信息相互佐证，确保计划执行实时有效。

4. 质安管理

质安管理主要以质量"零缺陷"、安全"零事故"为目标，围绕企业质量安全生产管理内容，与项目安全生产现场及企业质量管理过程融合交互，实现安全生产、质量信息全程感知、获取。便于提前发现风险问题，快速统筹关键信息，进行指挥调度，推动企业质量安全监管由结果性监管向过程与结果并重的监管模式转变。

5. 账务决算

实时统计业务和财务数据，一键汇总竣工财务决算所需资料，智能生成财务决算报告。

6. 领导驾驶舱

以可视化看板展示企业项目情况，针对投资控制、安全控制、质量控制、进度控制等提供多维度可视化服务。

二、智慧市政项目投资管控平台案例解说

智慧市政项目投资管控平台推进云计算、BIM、GIS、移动互联等技术在市政项目建设中的深度融合应用，以建设单位、代建单位管理视角，围绕建设项目成本、进度、质量、安全、资料等管理的各个环节，统筹考虑施工及监理等其他参建方管理需求，进行深度的一体化工程项目投资管控平台改造，使数据流、信息流、资金流相互结合，在互联网智慧市政项目投资管控平台的战略布局下，充分利用大数据进行市政项目的生态运作，优化建设项目成本、进度、质量、安全、资料等各个环节，提高管理效率与体验。平台将多主体协作及多层次协同充分数据化，运用 BIM、GIS 和 DT 技术方法实现市政项目数字化、服务计算、管理智能化的全过程在线，进行多主体协同的市政项目全生命期管理，最终打造一个以多主体、多层次的数据驱动市政项目的生态系统，并在此过程中给予投资管控平台足够的数据资源环境与市政建设项目协同服务计算，驱动投资管控业务的各个环节优化提升。

三、智慧市政项目投资管控平台应用状况

2020 年，××市政建设开发有限公司根据自身企业管理的需要以及行业发展的需要，提出系统建设的需求。2021 年 1 月一期项目系统正式启动，2021 年 11 月经业主验收通过。二期项目，于 2021 年 12 月启动，在一期的基础上，逐步加强工程建设项目管理应用深度，并将工程建设其他相关主体纳入平台管理之中，真正实现基于多方主体在线协同的工程项目管理平台；2022 年 9 月完成验收。目前系统运行稳定，共有 700 多个项目纳入系统管理，实现了从策划到前期，再到建设实施，最终到验收移交的全过程在线管理。

四、智慧市政项目投资管控平台效果效益

通过系统建设有效实现了公司代建管理项目在前期策划、工程实施、竣工验收等阶段关键管理要素的线上内部协同作业，提升了项目管理水平及效率。并以数据为抓手，循序推进业务数字化、能力平台化、数字业务化的"三步走"能力进阶转型，使项目从立项、规划、设计、施工到竣工、运维的建设工程全过程业务始终处于清晰、可控状态，各岗位落实工程管理环节责任、共享工程管理信息、强化工程整体进度、资金、质量的控制，规范建设管理行为，提升项目建设与管理效益。

第三节　轨道交通工程造价指标投资管控模式

近年来，中国城市轨道交通建设迅猛发展，××市轨道交通也进入快速发展的黄金时代。城市轨道交通工程投资金额大、建设周期长、管控难、风险高，且受工程方案及外部条件

影响大，传统以经验为主的投资决策方式难以满足轨道交通工程大规模、高要求的建设需求。而历史工程造价指标受限于数据多源分散不全面、缺乏数字化处理手段、人工分析标准不统一、指标提取低效不及时等局限，难以充分发挥数据辅助决策的有效价值。

随着国家提出全面实施大数据战略、加快新型基础设施建设、建设智慧城市的总基调，××轨道交通集团积极响应国家大数据战略及工程造价改革要求，全力推进轨道交通工程造价指标体系建设，希望利用大数据技术转化工程造价指标数据资产，为项目前期咨询计价、编制项目建议书、可行性研究报告、多方案比选、局部优化设计等投资工程造价估算以及成本控制、报价审查等资金监管提供强有力支撑，以数字化手段构建轨道交通项目投资管控新模式。

一、工程造价指标投资管控模式

××市轨道交通集团有限公司工程造价指标平台结合多年地铁建设经验，对工程造价进行量化、标准化、规范化，制定集工程费用、工程建设其他费用、预备费、专项费用于一体的6级轨道交通工程造价指标架构体系。工程造价指标平台以项目为主线、以项目概算结构为基准，针对轨道线路建设过程的工程造价概算、预算、控制价、结算等各阶段投资指标数据进行智能分析提取，通过轨道交通多工程项目形态的构建，打造全方位工程项目数据流，汇集到工程造价指标平台，然后进行各阶段工程造价文件的数据采集、加工、汇总、统计，建立由工程级驱动项目级指标级联分析的联动分析机制，实现涵盖概算、预算、控制价、中标价、结算价全过程项目级、工程级的指标智能分析，逐步形成项目全生命周期的指标数据中心，构建起自己的内部生态指标。并利用工程造价指标数据有效复用至后续项目建设过程，提升针对车站、区间等工程建设投资精准管控能力。同时，工程造价指标数据支持项目、阶段、车站、区间、项目结构等不同维度的灵活切换及组合，进而满足不同业务场景下的项目指标比对分析，并辅以指标偏离分析智能异常预警，有效辅助业务决策，产生生态效应。轨道交通工程造价指标投资管控模式通过大数据思维和技术，在轨道交通工程造价领域不断尝试和创新，开展工程造价指标与多层级工程项目的深度对接，来强化其内部生态指标，使工程造价指标平台能够与工程项目业务之间的全链条的相互融合、相互发展，打造轨道交通工程造价指标体系全方位服务于工程项目投资管控，更加快捷、高效地实现价值。轨道交通工程造价指标投资管控模式构建大体上包括工程项目指标结构管理、工程项目指标设置、工程造价数据采集、工程造价指标编制、工程造价指标分析、工程项目造价指标比对等内容。

1. 项目指标结构管理

以地铁项目概算批复文件明确的项目概算结构为指标架构依据，在导入概算文件数据结构时，同步建立概算、预算、控制价、中标价、结算价的项目指标架构，实现项目全过程的项目指标同口径分析和同口径比对。

基于概算文件数据结构，提供项目概算结构的增加、插入、修改、移动、删除、查询等结构维护管理，并实时触发预算、控制价、中标价、结算价的项目指标结构的同步联动，同时支持项目各阶段的项目特征独立描述，灵活应对项目执行过程中出现的各种项目变更调整，减少项目各阶段指标及口径偏差。

2. 项目指标规则设置

以项目概算结构为基准的各个项目阶段的项目指标结构,各层级指标节点均可根据实际指标分析需要设定指标统计规则,预设3种指标统计方式和49个专业指标分析模板,全方位满足不同层级、不同类型、不同专业的指标分析需求。

3. 工程造价数据采集

项目以地铁项目建设过程中不同发包工程为单位进行指标编制、分析及汇总,系统全面兼容各个发包工程在不同项目阶段的各类计价成果文件的工程造价数据采集,精准纳入工程造价、甲供材料设备、工程新增变更调整、审核结算等多类造价数据,为工程造价指标编制提供数据基础。

4. 工程造价指标编制

根据项目指标结构设定的指标统计规则,对项目工程计价成果文件采集的工程造价数据,进行各层级数据的指标归属及统计方式设置,包括:单位工程、分部分项清单、措施项目清单、分部分项设备、备品备件及其他费用、费用、甲供材料、甲供设备、新增变更调整等多类造价数据。

5. 工程造价指标分析

结合项目指标结构设定的指标统计规则和工程造价指标编制的指标归属设置,根据内置指标分析细则,提取项目工程计价成果文件的工程造价相关数据并计算,最终形成工程级的指标数据,并同步汇总实时生成项目级的指标数据。

6. 项目造价指标比对

提供多维的项目造价指标比对分析模式,支持同项目或不同项目、同阶段或不同阶段、同节点或不同节点的任意组合比对分析,并全方位横向对比包括指标设置、项目特征、数量指标、造价指标、费用指标等各个项目指标组成内容,数据偏差一目了然。

二、工程造价指标投资管控模式案例解说

轨道交通工程造价指标投资管控模式依托轨道交通工程造价指标平台以项目为主线、以项目概算结构为基准构建地铁领域的内部服务生态体系,适合于轨道交通企业的生态布局,形成了以项目全生命周期的工程造价指标数据为中心的不同维度的灵活切换及组合的交叉互动形态。

轨道交通工程造价指标投资管控模式在互联网技术的支撑下相比传统以经验为主的投资决策方式具有更方便、更准确、参与度更高、成本更低的优势,使分散多源的工程造价数据能汇聚于工程造价指标平台,在挖掘工程造价数据过程中,围绕轨道交通多工程项目形态的工程造价概算、预算、控制价、结算等各阶段投资工程造价指标数据进行智能分析提取,并提供一体化解决方案的内部生态构建,充分发挥数据辅助决策的有效价值。平台以多工程项目的各阶段业务来积累工程造价数据,随着轨道交通工程造价指标平台中工程造价资源的不断增多,建立起自己的工程造价数据体系,推进了工程造价数据资源资产化,为轨道交通投资、建设与运营决策提供了基础保证,利用工程造价数据指标,驱动轨道交通投资项目全生命周期工程造价管控生态进化,使平台的内部生态服务体系能够创造价值。

三、工程造价指标投资管控模式应用状况

项目自 2019 年开始前期规划及指标架构梳理,并于 2020 年 9 月启动建设,2020 年 11 月上线试运行,2021 年 11 月正式运行。系统目前运行稳定,各方反应良好。项目历经 3 年的升级优化,已建立较为成熟的轨道交通工程造价指标分析平台,实现轨道交通工程造价数据采集、工程造价指标智能分析、项目指标数字化输出以及多维比对分析,完全满足××市轨道交通集团指标业务开展需求。

四、工程造价指标投资管控模式效果效益

截至目前,系统已完成 4 条线路、近 500 个工程的全过程工程造价数据采集,形成 4 个项目、4 类费用、16 个专业、102 个车站等项目工程造价指标数据,以及近 500 个项目计价工程造价指标数据。系统兼容轨道、房建、电力等多个专业计价文件,并对各种文件格式的报价进行智能解析,统一转换数据格式,解决轨道交通工程数据多源、数据量大、数据格式不一等数据难以归集的业务痛点。通过全面归集历史项目全生命周期的投资及工程造价数据,采用大数据技术进行归集、存储、整理、沉淀、提取、分析,有效提升工程造价指标分析水平和效率,形成一个有序的、标准的、科学的、统一的造价指标数据中心,推进××市轨道交通集团的工程造价数据资产化管理。结合数据分析模型,提升轨道交通投资、建设与运营决策的时效性和科学性,实现轨道交通工程全生命周期工程造价管控。

第四节　地下综合管廊投资管控平台

当前地下综合管廊建设已逐步在全球加速推进,由于地下综合管廊在城市可持续发展中的不可替代作用,根据数据统计,截至 2019 年底,我们国家的地下管廊建设已达 4679.58 千米,未来地下管廊建设将超 3 万千米,同时建设省份及直辖市已遍布 34 个省份,总体配建率也已经到 2%,我国地下管廊建设将从早期概念阶段逐步演进至有序推进阶段,并将迎来发展爆发期。当前针对地下管廊建设项目的投资管控工作已成为迫切需要,如何进一步提升项目的投资效益、提升项目的投资管控能力,是我们必须加大发力去解决的问题。2020 年 12 月,住建部印发《关于加强城市地下基础设施建设的指导意见》,指导意见从开展普查,掌握设施实情;加强统筹,完善协调机制;补齐短板,提升安全韧性;压实责任,加强设施养护;完善保障措施等 5 个方面明确了具体措施。其中,明确要求建立和完善综合管理信息平台,推动综合管理信息平台采用统一数据标准,消除信息孤岛,促进城市"生命线"高效协同管理;有条件的地区要将综合管理信息平台与城市信息模型(CIM)基础平台深度融合,与国土空间基础信息平台充分衔接,扩展完善实时监控、模拟仿真、事故预警等功能,逐步实现管理精细化、智能化、科学化。为此,必须以数据作为平台底座,以业务串联管理过程,解决目前地下综合管廊投资管控所面临的困境,强调投资管控平台的支撑作用,强化项目投资数据平台化,以数据驱动投资管控业务流转,并面向项目建设各个阶段,打造"全程管控、数据共享、协同高效、智能动态"的新型投资管控模式。

一、地下综合管廊投资管控模式

基于地下综合管廊投资管控应用需要,运用顶层设计来谋求总体规划的具体化,并明确具体实施步骤、实施重点,基于大数据技术,汇集不同工程项目、资金及项目节点的动态和静态信息数据,把原来分割而零碎的工程项目投资管控业务融合为一个整体的生态综合体系,构建全生命期的投资管控平台,全面覆盖地下综合管廊投资管控关键业务场景,来提升数据的数字化管理以及提升业务的数字化能力,进行工程造价大数据分析和挖掘,实现对投资管控及科学决策。为此,地下综合管廊投资管控模式是构建 1 个基础支撑平台＋多个基础应用＋N 个增值应用服务＋1 个核心运营中心。其中 1 个基础支撑平台采用大数据底座思维,将融合数据仓库的数据处理方式引进基础平台之中,推进基础支撑底座建设;多个基础应用是聚焦地下综合管廊项目及投资等业务创新管理诉求,构建多个应用支撑专题;N 个增值应用服务主要依托造价大数据＋AI 实现项目投资智能分析与管控,提升投资效益;1 个核心运营中心是建立智能运营中心体系,快速全面感知项目状态,驱动业务高效运行。

1. 基础支撑平台

基础支撑平台主要面向投资管控业务需要,采用大数据思维,融合计算机科学、人工智能和机器学习、专业领域知识、统计学和数学等多个领域的方法学,经过数据处理,打造统一、完整、一致的基础支撑底座。针对数据管理,采用融合数据仓库的形式,采集海量工程造价成果数据,涉及工程总包、分包、各参建方及各阶段数据,通过对原始数据进行数据挖掘、清洗、提炼、沉淀、探索、预测建模、模型验证等,形成各类主题数据成果,有效将项目建设过程的量、价、费等相关造价数据进行提炼,建立工程造价大数据知识库(包括工程造价指标指数、不同时间不同区域的主要材料设备价格及价格变化趋势、工程量清单及典型清单包括清单、特征、定额、人材机等完整组价信息等),形成面向各应用场景的投资数据模型,为项目投资管控各个领域智慧化应用提供数据能力支撑。

2. 智慧流程引擎

优化项目管理业务流程,通过表单及业务流引擎,推进投资管控业务实现全线上联接,打通业务流程,推进多层级、多主体、多阶段协同在线,并加强业务流转过程数据汇聚,提高管理效率和质量,推进业务标准化水平。

3. 智能运营中心

将投资管控平台接入智能运营中心,实时呈现地下综合管廊项目建设投资运行业务,实现态势感知、全局掌控,实现业务可视、可管、可控。在宏观总控方面,以打造可视、可控、可管的智能地下综合管廊投资运营中心为核心,将各平台统一接入,并通过不同维度展示视角,满足不同层级的智慧投资业务管控需要。在可视化管理方面,将地下综合管廊项目投资状态通过可视化图表形式进行快速展示,方便直观、全面感知整体项目投资态势情况。在项目调度指挥方面,也可依据整体项目建设情况、投资情况进行有效实时监控,方便了解异常、偏差情况,为联动指挥提供平台支撑。同时依据所采集海量项目投资信息数据,并进行有效分析,为项目投资决策提供有效支撑。

二、地下综合管廊投资管控平台应用场景

基于顶层设计理念,依据现有投资业务管理需要,通过深挖业务场景,挖掘数据价值,打

通业务断点,以数据驱动业务,打造智慧投资管控服务。

1. 项目聚合管理

在项目管理方面,面向不同管理层面的投资管控需要,划分为宏观项目视角及微观项目视角,其中宏观视角主要面向项目关键决策管理人员,提供项目全领域、全类型的项目统计维度信息,为决策提供辅助。在微观管理视角方面,更多面向项目一线管理人员,通过投资任务执行式维度,提供直观、快速、精准的工作台管理模式。

结合 GIS+BIM 技术应用,实现项目实时大小空间模型展示,提升工程项目实时性和可视性。

整个数字项目管理维度可面向任一项目打造其专属项目画像,实现更直观的、更汇聚的、更智能的项目管理方式。将项目全过程投资离散数据通过项目维度进行汇聚,为项目投资管控打造数据底座,助力投资管控数字化、智能化。将项目数据进行业务化,使项目过程投资数据形成链条化管理模式,可满足通过单一节点资金状态信息,快速获取项目全程任一节点投资信息。

2. 投资造价编制

在项目全过程投资造价编制服务方面,平台将实现针对企业内工程造价成果文件数据统一管理为核心,通过平台融合数据仓库能力,实现快速汇聚企业内部工程造价文件、材料设备价数据、指标分析等工程造价数据,辅助完成企业内部概预算、招采、进度支付、竣工结算等全过程成本编制及核算,促进项目成本管控精细化,同时也有效解决因预算定额取消带来的投资造价编制难题。

3. 投资计划管理

在项目建设过程之中,针对项目投资计划及实时进行在线编制,同时将投资计划与项目建设计划、管廊建设 BIM 模型数据、工程量清单、进度支付及投资概算等进行一体关联管理,突破传统方式弊端,实现施工进度与投资进度的动态统一,实现精准计划跟踪。

4. 动态投资管控

项目过程投资的整体流向及管控,平台建立以发改源概算为基础,项目实施过程中逐阶段细化,实现与项目投资预算、合同价、过程结算款项、竣工结算等信息进行强关联,加强资金动态实时控制,完整记录项目资金执行轨迹,形成项目资金流向闭环,有效实现投资管控的估算、概算、合同价、拨款金额、结(决)算逐级嵌套式控制,从根本上杜绝"三超"问题的发生,达到横向到边、纵向到底、环环相扣、层层把关。

5. 项目成本控制

针对项目目标成本管理控制方面,将项目全过程资金流向跟进为关键管控要素,采取以目标管控型的成本管控模式。根据管理需求,实现以建安费核算为管控核心,以目标成本为预设目标,并作为项目建设成本管控基础,并采集过程合约规划、招标采购、合同、资金支付等资金数据,有效推动目标成本及概算执行的动态管控,跟踪成本从计划到招标再到实际消耗的全周期过程,实时比对,实时分析,以到达"投资可控"的管理目标。

在目标成本管理方面:针对目标成本管控要求,按照目标成本中涉及一类及二类费用进行拆解,并与合约规划的类型进行关联,确保目标成本项目可与合约规划一一关联,也为后续项目招采、合同签订、支付提供支撑；

在项目招采、施工合同签订、项目计量支付中根据合约规划内容予以动态管理及阶段性考核；

在合同管理过程中，除了实现与合约规划内容关联外，也可实现与目标成本中各类成本费用进行一一对应，并将目标成本以及合同金额进行进一步对应分解，为总包方明确每一笔资金使用流向、使用情况、与目标成本偏离情况提供动态管控支撑。

同时通过平台管理项目签订后的合同价款变更，将相关变更类型、变更涉及金额进行一一调整，待审核通过后，相关变更情况将及时汇总至项目合同金额及对应目标成本，为成本核算提供精准辅助；

合同各阶段支付形式采取计量支付形式，进行逐笔明确、逐笔支付，相关支付情况同步更新项目合同整体支付状态，辅助了解项目各合同累计支付比例、支付金额以及各月度支付情况。

最终，通过项目成本管控全过程数据动态汇总，形成目标成本动态分析数据，针对目标成本的执行情况、偏离情况提供数据支撑，有效辅助各单位提供目标偏差原因分析和责任追溯及项目开发管理后评估。

6. 工程造价分析比对

以关键投资管控工程造价指标数据为核心，通过多类型统计分析及可视化图表展现，面向不同项目、同一项目不同工程、同工程不同阶段等多维度提供在线工程造价数据智慧比对功能，快速反馈项目投资成本差异，有效辅助工程造价人员从业务数据的全局视角发现业务风险点、改进点、规律点和机会点，提升业务决策的高效性和科学性，辅助建设单位完成全过程投资工程造价管控。

7. 领导决策分析

突破传统制式表格查询等数据运用瓶颈，根据个性化管理需求进行任意时间段、项目名称、代建单位、支付金额等组合式查询，通过积累，建立起一套类型多样、指标齐全、数据精确的"数据库"。在此基础上，拓展系统数据应用，加强分析比对，为政府投资项目计划编制、概算评审、工程造价分析等提供科学合理的研判依据。

8. 投资态势分析

为了有效分析项目投资状态进程及态势，平台将传统的基于经验式的投资测算模式，转化为基于数据为核心的智能感知，采用智能化手段赋能的综合性投资态势感知模式，实现针对全过程全维度的投资数据智能分析，并根据投资数据精准分析，预测项目投资趋势。

三、地下综合管廊投资管控平台案例解说

地下综合管廊投资管控平台有效解决了地下综合管廊在规划、招投标、施工、竣工各环节全过程、多主体、在线化的投资管控。在以平台为起点的地下综合管廊投资管控生态的构架过程中，从单一投资管控过程过渡到全过程投资管控，再到大数据平台的建立以及多主体、在线化的投资管控的布局，逐步拓展地下综合管廊投资项目的业务，形成全程管控、数据共享、协同业务的服务计算的生态综合体系。同时，围绕多主体建立一套良好的规则体系，使地下综合管廊投资项目的业务流程协同高效地运转，最终打造一个数据驱动业务的生态

系统。但是，由于各企业单位的信息化程度不同，对项目建设管理的制度和投资管控的要求，以及管控颗粒度的不同，投资管控平台的接受度不一。我们相信随着政府部门的决策部署，在加强城市地下市政基础设施体系化建设的基础上，在互联网地下综合管廊投资管控平台的智慧化支撑下，企业必将融入DT时代的潮流重新审视信息化的环境调整自己，适应数据驱动地下综合管廊投资项目的业务数字化管理以及提升业务的数字化能力，基于工程造价大数据的地下综合管廊投资管控平台必将为地下综合管廊行业信息化发展做出巨大的贡献。

第五节　智慧工程造价监管服务平台

工程造价监管是一个动态的过程，而工程造价管理模式是随着市场经济形态、投资体制、政治文化环境等因素的改变，表现为一个相匹配的不断演化过程。而工程造价监管必须依据工程造价管理的客观规律和现实需求，运用工程造价管理模式进行全面的过程管理。面对当前数据智能时代，一个开放的、竞争的建设市场，智能建造的实施标志着DT与先进的建造技术深度融合的新模式，推动了建筑业向工业化、数字化、智能化、总承包一体化转型，实现了数据及知识驱动的建设项目建造全生命周期一体化协同工作与智能化辅助决策，使得工程造价监管服务必须数据化转型，需要融入建筑业转型升级的智能建造框架，构建工程造价监管服务一体化的工程造价行业服务生态体系，用数据化重构工程造价监管服务流程，采用基于互联网平台为基础，利用先进的大数据、云计算以及AI等信息化工具，通过数据化思想、数据化技术、数据化监管等，将工程造价业务模式、工程造价监管模式与互联网模式深度融合，创建一种新的、或者对已有的工程造价监管模式进行重塑，以此来满足数据智能时代发展下不断变化的建设市场格局和建设项目要求，进而推进工程造价行业数据化转型，打造数据化转型的全新模式，这是适应数据智能时代发展的必然选择。

一、智慧工程造价监管服务平台模式

智慧工程造价监管服务平台模式是以建设项目全生命周期工程造价监管与服务为目标，打造一个多跨协同、数据共享的一体化的智慧工程造价监管服务生态体系。智慧工程造价监管服务生态体系面向省、市二级建设工程造价管理部门，提升工程造价管理部门工作效率和工作质量，为工程造价各方从业工程造价管理人员和主体提供专业服务及数据。智慧工程造价监管服务生态体系建立的具体步骤如下。

1. 智慧工程造价监管服务平台的建立

智慧工程造价管理服务平台利用先进的大数据、云计算以及AI等信息化工具，汇聚工程造价行业数据，深入挖掘、分析产业数据，引入新技术和方法，致力于打造集标准定额动态管理、建筑市场信息发布、工程造价指标指数发布、信用信息管理和计价依据管理于一体的工程造价监管服务平台（如图9-1）。

2. 智慧工程造价监管服务平台的功能模块

（1）定额动态管理

通过建立标准计价定额数据库、标准工料机数据库，采用在线协同的方式，组织专家对

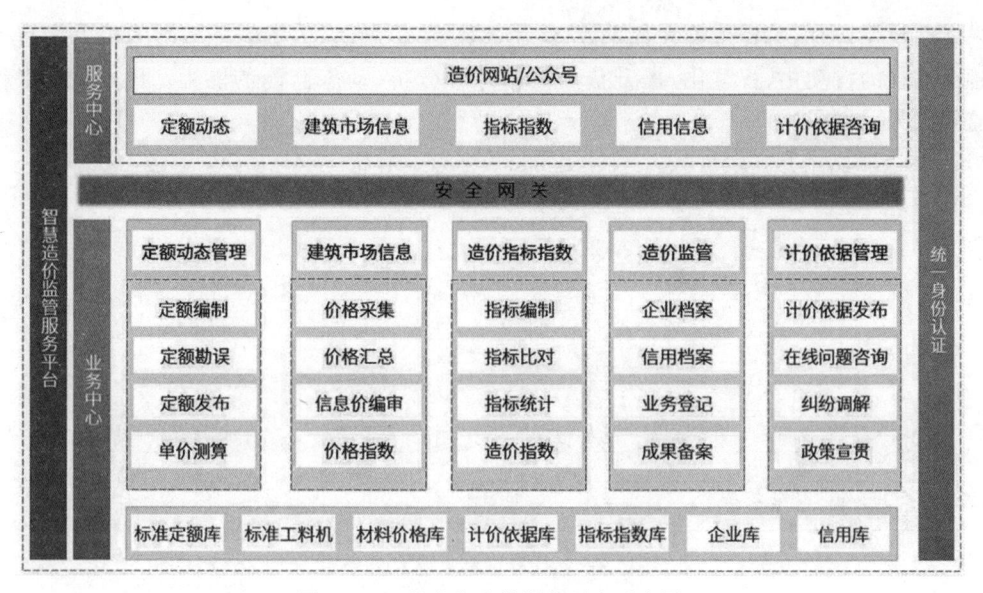

图 9-1 工程造价监管服务平台示意图

计价定额进行编制和调整,实现计价定额动态管理,并通过系统发布计价定额勘误及解释,确保计价依据的正确性及合理性。

(2)建筑市场信息

建立一套包含从价格数据采集、汇总、分析到信息价编制、审核、发布的全流程管理系统。通过系统实现自动推送采集任务、自动汇总分析信息员报价,以提升工作效率及价格信息的准确性和时效性。

(3)工程造价计价依据管理

建立计价依据集中管理体系,通过门户网站、公众号等形式发布计价依据,并提供计价依据在线问题咨询、纠纷调解预约能力,更好地维护参加各方单位的合法权益,促进建筑市场健康发展。

(4)工程造价行业监管

建立工程造价咨询企业及从业人员信息数据库,加快信用档案建设,促进政府部门之间工程造价信用信息共建共享。通过业务登记、成果备案等方式收集企业信用数据,同时收集工程造价成果文件数据。

(5)工程造价指标指数

通过对收集的工程造价成果文件进行分析来提取工程造价指标指数数据,形成工程造价指标指数数据库,通过工程造价指标指数建立建筑市场信息监测,提升工程造价管理部门对工程造价咨询行业整体数字化管理能力。

3. 工程造价行业监管服务示例图

工程造价监管是建设市场监管的重要内容。加强和改善工程造价监管是维护市场公平竞争、规范市场秩序的重要保障。工程造价行业监管主要从工程造价咨询服务信用体系完善、计价行为规范、计价监督机制进行落实管理。在工程造价监管服务过程中,为提高智慧监管能力,平台必须通过业务登记、成果备案等方式收集企业信用数据,同时收集工程造价成果文件数据，形成工程造价大数据库，运用大数据、区块链、人工智能等技术提升工程造价监管全过程的自动化、智慧化，提升信用数据综合分析、动态监测的能力。图 9-2 是工程造价监管服务示例图。

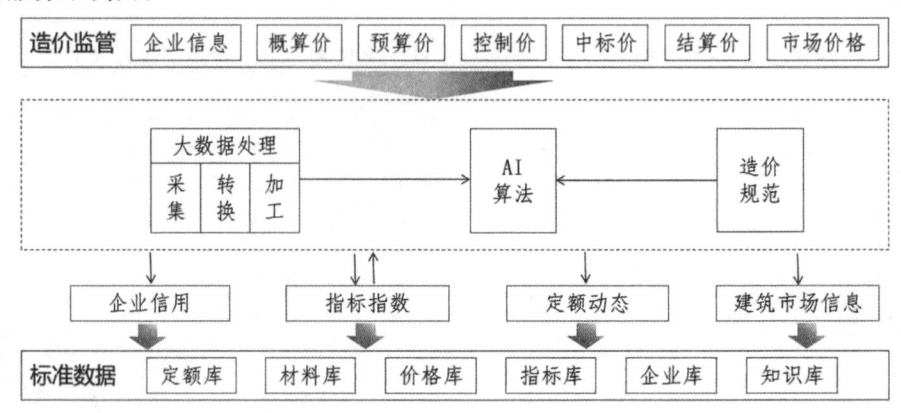

图 9-2　工程造价监管服务示例图

二、智慧工程造价监管服务平台案例解说

智慧工程造价监管服务平台构建的是工程造价行业的服务生态，适合于工程造价管理行为人的监管服务生态布局，是一个多跨协同、数据共享的一体化的智慧工程造价监管服务生态体系，形成了以工程造价管理行为人为中心的计价依据咨询与定额解释、在线协同计价定额编制与动态管理、材料设备价格信息全流程自动推送分析、工程造价业务登记及成果备案等和汇聚工程造价行业的数据资源的交叉互动形态。

智慧工程造价监管服务平台在 DT 的支撑下相比传统工程造价监管服务具有更透明、更方便、参与度更高、成本更低与效果更好的价值优势。基于智慧工程造价监管服务场景一体化的解决方案的多跨协同、数据共享是智能建造生态化构建的关键之一。因此，各级的工程造价管理部门要自行解决工程造价监管服务场景的流程设计，进行横向与纵向的扩展去构建全行业的内外部生态，构筑一种更有弹性、更具可持续发展特征的工程造价监管服务新业态，推动数据驱动工程造价监管服务与智能建造一体化协同工作和智能化辅助决策。

在智慧工程造价监管服务平台构建中还应注意以下几方面：

1. 融入智能建造框架，工程造价监管服务重构与升级

由于智能建造推动了建筑业向工业化、数字化、智能化、总承包一体化转型，实现了数据及知识驱动建设项目建造全生命周期一体化协同工作与智能化辅助决策，所以工程造价监管服务应该融入建筑业转型升级的智能建造框架，构建建设项目全生命周期一体化的全面工程造价监管服务生态体系，用数据化重构整个工程造价监管服务流程，或者升级改造工程造价监管服务场景整体解决方案。

2. 数据跨领域的充分收集与利用

工程造价管理部门应充分利用智能建造框架驱动的建设项目建造全生命周期一体化的数据及知识，进行跨领域的分类收集，提取有用的数据及知识，同时在本领域中注重各种专业的各种类型的工程造价数据、各种基础性的工程造价数据、建设项目各阶段的工程造价成果文件数据以及工程造价管理环境数据的采集汇聚。然后通过构建的数据化和智慧工程造价监管服务平台去提供专题数据服务,使工程造价管理行为人实现有目的、有效果的价值体现,这样的模式不仅使工程造价大数据资源得到了有效的利用和配置,还提升了数据驱动工程造价监管服务各个环节的服务效率与服务体验。

3. 各个工程造价管理部门相互融合、相互协作、共促发展

智慧工程造价监管服务平台应将工程造价行业的各工程造价专业、各区域的工程造价管理部门进行横向与纵向的相互融合扩展和工程造价业务之间相互协作,能通过智能合约制定的规则、协议和条款,形成彼此间可灵活、互联、互操作的工程造价监管服务的工程造价业务资源,为各工程造价专业、各区域的工程造价管理部门的动态协同监管服务提供全面支持,同时可实现工程造价数据资源全面互联和共享,使驱动工程造价业务服务状态之间具有协同互操作关系、共享交互关系、时序逻辑关系,按需动态满足各个专业角色、各区域的工程造价管理部门的协同工作,最终实现跨区域分布式智能监管服务。

4. 平台保持开放与共享

智慧工程造价监管服务平台的构建保持开放是关键,平台开放接受各种各样工程造价业务资源,在工程造价管理模式的不断演化过程中,可以创新工程造价监管服务模式,最终发展成为模式形式多样的开放平台。随着平台开放服务生态体系的建立,工程造价管理行为人的数量及监管服务需求量的增多,智慧工程造价监管服务平台从单一的工程造价监管服务模式转变为形式多样的工程造价监管服务模式。工程造价监管服务对平台的管理模式和运营模式不断进行探索,从内部控制到充分分权,让平台上互操作双方充分接触,设计一个良好的交互协同模式,从单一平台到开放共享平台,从工程造价业务监管匹配难到高效精准的工程造价业务监管匹配,不断改善成为更加人性化的服务平台。同时,在开放平台也可通过智能合约的规则体系设计来驱动工程造价业务监管服务,平台只需做好平台的流程优化、监管服务业务模式设计与提供、平台的安全维护、形式多样的工程造价业务监管服务模式一体化运营等工作,不断提升平台的服务效率。工程造价监管数据资源的共享,有利于整个智慧工程造价监管服务生态体系的进化。这里特别要提到的是在以平台为起点的工程造价业务监管服务一体化的工程造价服务生态体系的构架过程中,要将智慧工程造价监管服务平台开放与共享的理念融入于工程造价文化之中,才能拓展工程造价监管服务业务,使其长期稳定发展。

第六节　机场工程 BIM 计量计价服务应用

2023 年 2 月,中共中央、国务院印发了《质量强国建设纲要》,要求加大先进建造技术前瞻性研究力度和研发投入,加快建筑信息模型(BIM)等数字化技术研发和集成应用,创新开展工程建设工法研发、评审、推广。机场工程实施要求高、技术难度大,国内 BIM 技术在工程造价管理方面的应用不够深入,尤其在算量计价及质量验评等成本管控环节,缺少 BIM 工程造价管理方面标准规范,导致效果不佳;存在无法基于 BIM 模型直接统计工程量以及进行后续计量及进度款支付的问题,无法实现"一模多用";机场涉及多专业且各专业间模型数据交换及管理难度大,BIM 平台及软件各自独立,相互之间信息不共享互换,导致参建各方协同效率低。机场建设过程期间产生大量数据若无规范管理,在竣工后基于BIM的运维将极难开展,且BIM竣工运维阶段尚无可借鉴成功经验,全过程应用难度大。所以项目积极实践工程建设数字化,突破当前BIM技术在工程造价方面运用的瓶颈,以"全过程、全专业、精细化、动态化"的理念,通过BIM5D全过程管理平台实现模型轻量化与计量支付,并与数字化施工、智慧工地管理、建设资料信息化管理深度融合的生态协同体系,围绕工程质量与成本管控,探索出一条民航机场工程建设BIM全过程应用的新模式。

一、机场建设项目BIM全过程应用模式

结合机场"项目体量大、专业多、交叉工程多、过程复杂、界面复杂、参建单位多、实施管理难度大"等特点,构建从实物量到预算量、从标前标后阶段到全过程多算对比、从横向到纵向比对等相融合的BIM+大数据技术支撑体系的应用模式,实现"实体机场"和"数字机场"孪生同生长,为后期构建"智慧机场"提供基础载体。

1. 机场项目建设总体思路

机场项目建设总体思路是以协同共享为目标,BIM技术为纽带,工程造价动态管理为基础,基于BIM5D全过程管控,实现设计、建造阶段成果的数字化移交和智慧运维。具体内容如下:

(1)以协同共享为目标,构建民航机场BIM算量计价数据标准体系

结合民航机场工程造价管理需求,因地制宜强化数据标准体系建设,建立民航BIM相关标准、各专业软件算量计算规则、计价计算规则、构件工程造价属性关联规则等基础软件数据标准。

(2)以BIM技术为纽带,构建量价一体的工程造价工作模式。

重新梳理现有工程造价模式,改变传统算量、计价过程中大量重复计算的工作模式,强化以BIM模型为基础,攻克BIM模型轻量化技术,实现"图、模、量、价"一体化的工作模式,提升工程造价工作效率。

(3)以工程造价动态管理为基础,重点推动工程变更及进度支付的精准管控

以"一模多用"为重点应用目标,打通设计、招投标、施工、竣工多个阶段的量价计算环节,实现变更同步,量价同步,核算快速,支付有据的动态管控。

(4)基于BIM5D全过程管控,实现精细化管控,数字化移交和智慧运维

打造BIM5D全过程管理平台,规范机场工程BIM实施过程中的所有技术行为、业务行为和管理行为,推动机场建设项目进度、成本、质量、安全等全要素全过程精细化管控,实现设计、建造阶段成果的数字化移交和智慧运维。

2. 数字孪生机场示例图

实现"实体机场"和"数字机场"孪生同生长,为后期构建"智慧机场"提供基础载体。数字孪生机场示例图如图9-3所示。

3. 制定机场项目基础数据标准

编制全专业建模标准、数据标准,制定各项BIM应用流程,高效实现模型审查、精准计量、快速组价、一模复用,满足项目工期要求。构建项目到构件级的工程造价数据模型,为后续多标段机场项目预结算控制提供支撑。

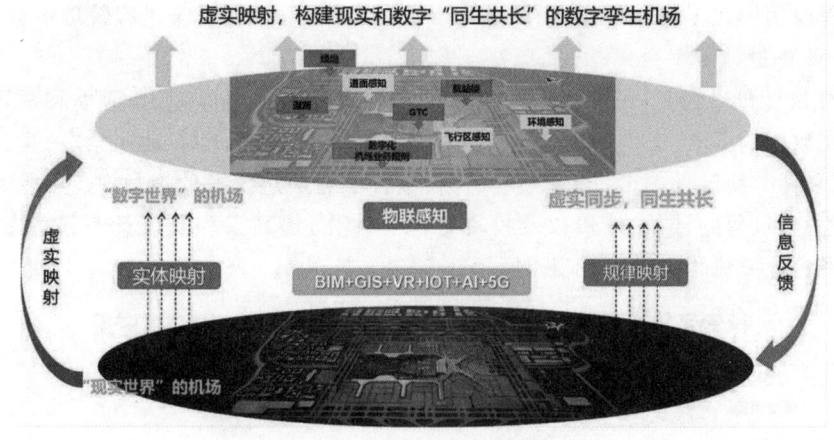

图 9-3 数字孪生机场示例图

(1)标准体系建设

建立《BIM算量计价应用建模及交付标准》。为解决机场BIM工作的成本、质量等管理需求,指导参建单位的BIM建模工作,采用统一的建模方法、操作流程、技术措施,达到BIM算量计价服务模型标准、数据信息要求,支撑工程全过程BIM管理的应用。

建立《BIM算量计价模型建模实施细则》。根据项目特点分标段分专业制定算量构建建模要求及建模方案。内容包括团队的组成、准备阶段的工作安排、项目开始的建模要求、建模深度和建模方案。

(2)BIM模型轻量化

通过自主研发的模型轻量化算法,在不影响BIM模型展现的情况下,能有效减少模型体量,采用CPU、GUP多通道同步分析技术,在导入数据过程中动态分离出多级LOD相应的精、简模信息,最大程度实现在GIS平台中将BIM模型无缝接入及高效渲染,用高性能渲染算法,能够支持15亿+三角面片(3000万+构件数量)流畅渲染以及各种动画交互。模型在浏览器阅读时加载响应速度快、运行流畅,具备分步加载功能,在大场景下粗略显示,无须等到全部加载完成。全部加载完成后,或加载状态中进一步展开小场景时,再精细显示。以10G的Revit工程为例,通过轻量化处理可以由原来10G变成不足200M,从而满足机场等大型工程的承载力及模型加载速度。

(3)企业样板和企业族库

企业样板。土建、机电、装饰、市政BIM模型样板,内嵌企业族库及标准构件库,并对视图组织、项目参数、线型、字体、系统分类进行详细设置。

企业族库。对项目各专业涉及构件进行统一管理,族材质及样式符合设计要求,部分族设置实例参数适应不同部位,以云平台方式发放各总承包。

4. 机场项目建设全过程应用模式

通过BIM算量计价平台和BIM5D建设全过程管理平台建设,打造机场项目建设全过程生态平台,实现海量异构数据汇集与数据建模分析、全过程计量计价以及投资管控一体化、模型轻量化与模型支付、各类应用的数字化管理开发与深度融合运行,进而支撑数据资源配置、各专业业务模式全过程一站式BIM量价应用、不同业务类型成本管控。机场项目建设全过程应用模式平台包括BIM算量计价平台和BIM5D建设全过程管理平台。

(1)BIM算量计价平台

BIM算量计价平台是一款基于BIM算量体系开发内置国标2013清单和福建2017预算定额标准数据的BIM量价一体化软件。软件以标准为准绳,创新地探索"一模到底、一模多用、一模多算",使设计图纸、BIM模型、计价软件三者通过统一的规则规范产生有机联动,推进多专业、全过程的计量、计价以及投资管控一体化,提高工程量统计及核对效率。BIM算量计价平台业务流程设计如图9-4所示。

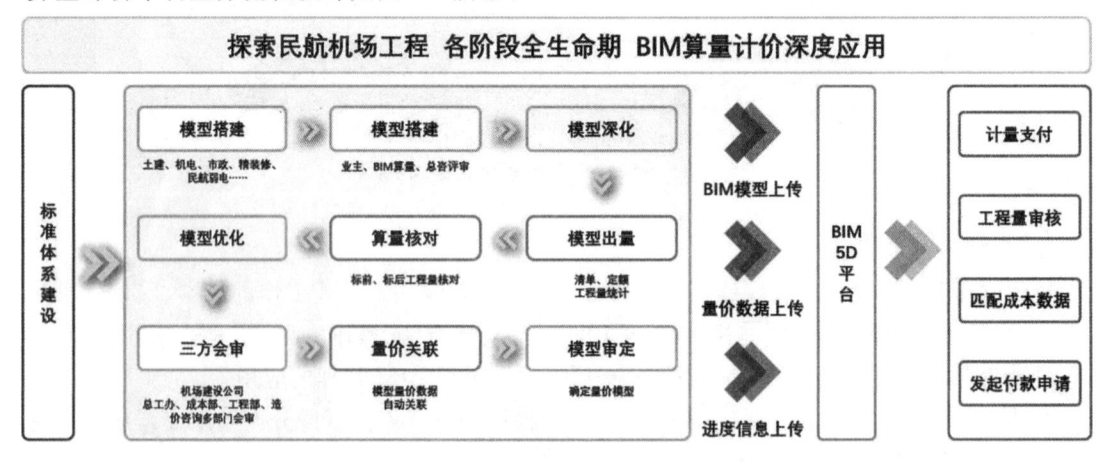

图9-4 BIM算量计价平台业务流程设计示意图

(2)BIM5D建设全过程管理平台

通过打造面向民航机场的BIM5D建设全过程管理平台,平台作为建设过程管理的数字化底座,以BIM模型为数据基础,实现模型轻量化与模型支付、并与数字化施工、智慧工地管理、建设资料信息化管理深度融合,围绕工程质量与成本管控,打造民航机场工程建设BIM全过程应用模式。BIM5D建设全过程管理平台由BIM管理系统、进度管理系统、质量管理系统、质检评定系统、工序报验系统、安全管理系统和计量支付系统组成,并对接数字化施工、智慧工地等系统。BIM5D建设全过程管理平台业务流程设计如图9-5所示。

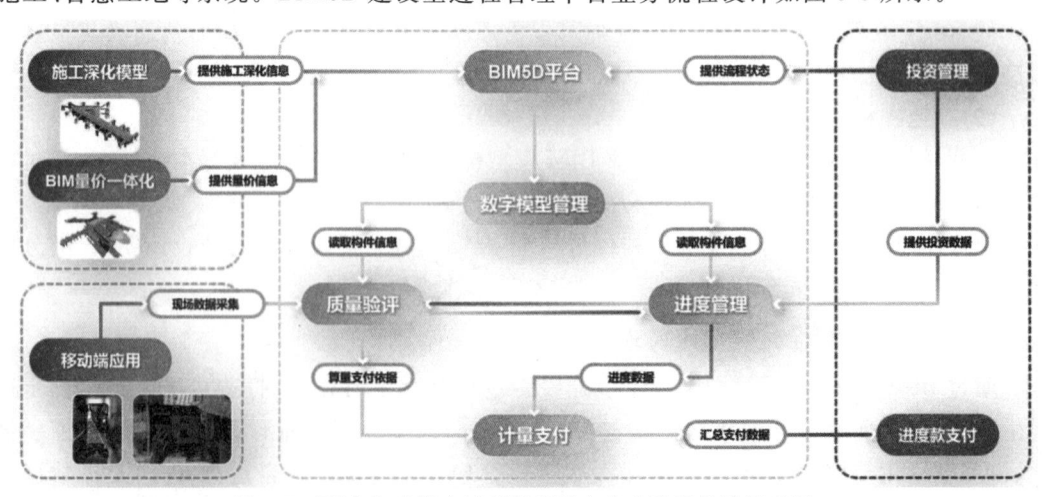

图9-5 BIM5D建设全过程管理平台业务流程设计示意图

二、机场工程 BIM 计量价服务项目案例解说

机场工程 BIM 计量计价服务项目在以 BIM 算量计价平台和 BIM5D 建设全过程管理平台为起点的生态协同体系的架构过程中，突破当前 BIM 技术在工程造价方面运用的瓶颈，运用全过程、全专业、精细化、动态化的理念，基于 BIM 算量体系，把设计图纸、BIM 模型、计价软件三者通过统一的规则规范进行有机联动，使多专业、全过程的计量、计价以及投资管控一体化，解决了 BIM 模型在估算和概算、招投标预算、施工进度结算、竣工决算等不同阶段全专业算量、提量、核量的业务需求。而 BIM5D 全过程管理平台作为建设过程管理的数字化底座，以 BIM 模型为数据基础，实现模型轻量化与计量支付，并与数字化施工、智慧工地管理、建设资料信息化管理深度融合，形成了 BIM 管理系统、进度管理系统、质量管理系统、质检评定系统、工序报验系统、安全管理系统和计量支付系统一体化解决方案，实现了"实体机场"和"数字机场"孪生同生长，为后期构建"智慧机场"提供基础载体。

BIM 算量计价平台内置国标清单计价规范、全国各地定额、钢筋标准图集等计算规范，通过二次开发集成了本地化清单定额规则，支持清单工程量、定额工程量的自动计算，同时支持多种维度的汇总计算，满足工程量核对的需要；可快速读取信息并与模型构件进行匹配关联，实现钢筋信息快速录入；内置了清单库和定额库，供用户进行选择操作，同时提供做法配置功能，用户可自定义常用的做法配置，在不同的项目进行复用，提供工作效率。可根据清单定额计算规则进行工程量自动计算汇总，自动按清单定额分部分项及构件类型维度进行汇总，通过汇总之后的特征描述与清单定额条目进行匹配关联，便于进行组价工作；从基础信息到业务信息，建立全方面构件信息分析机制，满足进度支付、变更成本控制、精确核量、查量需求，为不同业务类型成本管控提供数据支撑。BIM 算量计价平台的数据可直接与 BIM5D 建设全过程管理平台进行对接使用，实现一站式 BIM 量价应用。

BIM5D 建设全过程管理平台以 BIM 模型为数据基础，形成了 BIM 管理系统、进度管理系统、质量管理系统、质检评定系统、工序报验系统、安全管理系统和计量支付系统一体化解决方案。

1. BIM 管理系统

以机场建设全过程中的模型变动为主线，基于三维图形进行项目管理，网页端流畅加载、浏览与管理模型，支持漫游、剖切、属性、过滤等多种操作，支持 PC 端和移动端流程审批中各审批节点对轻量化模型中特定（与流程事项对应或相关联的构件）的构件进行调用和查看。与工程 WBS 工作分解结构关联，实现业务数据与 BIM 模型的有效结合，将建筑全生命期中所有参建的信息保存在模型之中，做到一模多用。

2. 进度管理系统

对工程项目进行全方位、全过程的进度追踪、进度监控、动态分析、预警报警，保证工程项目工期可控，在控工程项目以进度计划为基准，通过动态控制项目实施过程，加强项目的进度控制，确保工程项目在规定时间内高质量交付。系统兼容多种进度计划数据格式，支持在线编制，可同步生成甘特图，与 BIM 模型结合，三维可视化展示项目进展，直观反映项目进度偏差，并预警提醒。自动实现统计分析，做到企业级项目管控。

3. 质量管理系统

相比传统线下质量管理方式，线上质量管理更加规范化、信息集成化、质量检查流程化、

交底透明化、资料简约化、资源最大利用化等优势,通过协助项目质量管理人员创建完善组织体系和管理制度,从任务责任落实到技术交底、排查质量隐患,使得管理数据化,为整个项目工程质量提供数据支撑,全方位保证工程质量。支持对现场巡检发现的问题发起质量整改流程,对项目的质量检查工作进行把关,对隐患问题进行排查,巡检任务进行制定和下发,生成相应的整改记录,对质量检查工作进行全过程留痕。

4. 质检评定系统

以"文档驱动项目管理"为创新理念,以"精细至工序级的工程结构划分"为管理核心,实现工程数据可追溯、内业资料无返工、文件资料三同步的信息化文档管理。结合移动端APP快速完成数据填报及审批,打破操作空间和工作环境的限制。支持无IT背景的人员通过引用表单库快速生成需要填报的质量验评表单,在线填报质量验评表单,并通过电子签名签章进行线上审批,支持表单审批流节点及表单版本可视化留存,形成质量验评表单完整信息及全过程完整留痕记录。

5. 工序报验系统

以WBS为挂接载体,将各类构件的施工工序根据施工方案进行拆分,确保报验的真实性、及时性。支持通过表单引擎和流程引擎,驱动质量验评表单线上实人、实地、实测的填报与审核处理,将验评表单全过程记录留痕。

6. 安全管理系统

从多方面切入安全管理,包括安全体系、人机管理、安全检查、危险源、危大工程及技术交底等项目安全重点关注内容,支持危大工程与WBS关联、与模型挂接,支持对危大工程的日常检查记录进行统计,支持对危大工程接入视频监控,方便管理人员查看。在BIM模型三维视图中可以进行安全隐患的定位、查看、删除、修改、放置标注以新增安全隐患点;安全隐患具有新发现、待回复、待解决、已解决、已删除等状态,支持各个单独的安全隐患条目在BIM模型中有不同颜色的标注。

7. 计量支付系统

对接BIM算量计价平台,支持多专业多类型计量模式,读取写入BIM模型的造价编码数据文件,可结合相关报表,支持导入合同量、清单量,并与计量单元关联,实现计量的量超清单量时系统自动提醒。基于构件与合同工程量建立关联关系,因此,已经质量验评通过的构件,且该构件满足不存在质量安全问题、已有造价数据等其他条件时,软件可根据BIM模型生成相关的工程量计算书汇总及明细报表,支持用户手动调整计算书,审批通过后生效。在中间计量发起过程中,系统自动判断工程质量检验完成情况,当质检未完成时审批流程自动提醒,解决超计量和质检资料滞后的工程管理难题。

三、机场工程BIM计量价服务应用状况

本项目是全国四型机场试点项目之一,也是BIM试点重点工程,利用机场建设契机,研发的《BIM5D建设全过程管理平台(国标清单版)》,引入"全过程、全专业、精细化、动态化"的理念,探索民航机场各阶段全生命期BIM深度应用,实现基于工程信息BIM模型及深化出图进行数字化施工、质量验评和计量支付管理工作,竣工时实现基于工程信息模型的数字化移交。本项目成果参展第四届中国机场发展大会、第四届中国民航未来机场高峰论坛,受

到业界普遍认可和同行关注。

四、机场工程 BIM 计量价服务效果效益

本项目采用 BIM5D 技术解决机场项目体量大、工期紧、平面管理难度大、工程量大等重点难点问题,并通过管线综合、一模多用、可视化交底、进度管理和施工模拟等实际应用,提高工作效率,缩短工期、节省成本、提高质量,为后期运营管理提供保障。尤其是通过基于机场项目开发的符合清单定额规范的 BIM 算量计价技术的应用,大大消减算量、计价过程重复计算工作,缩短工程量清单编制时间,提升招标工程量清单及控制价、工程进度款计算、设计变更费用计算、工程结算效率,减少人为错误,提高工作效能,同时可有效解决因构件之间的扣减关系等问题所导致施工过程工程量计量的误差问题。根据测算,本项目实施在以下方面取得了显著效果:

1. 在算量模型搭建方面

借助建模辅助插件,通过智能识图,完成算量模型快速搭建,整体模型搭建效率提升约 60%;建立基于 BIM5D 的施工成本精细化控制模型,整合安装、土建模型,借此检视土建模型和安装模型的合理性,优化计量模型,响应实际现场情况,提升工程造价模型精准度,为后续进度报量、结算审核提供精准的模型支持,以及签证变更方案的选取和施工指导起到真实的模型参考。

2. 在提高标后核对准确性方面

通过算量模型搭建,针对设计图纸进行详细再论证,有效减少图纸错误,根据统计,实施过程累计反馈设计图纸专业问题共计 900 余个;经多方会审后的 BIM 算量计价模型统计的工程量更加准确,平台支持多维度工程量统计方式,能更加准确进行工程量核对。

3. 在提升工程造价测算效率方面

本项目实现基于模型的快速算量,更加便捷的提取工程量信息,提供客观正确的数据,压缩了工程量计算环节所占用的时间,改变传统算量、计价过程中大量重复计算的工作模式,并以 BIM 模型为基础,实现"图、模、量、价"一体化的工作模式,缩短约 80% 工程造价测算的耗费时间。

4. 在提升算量结果准确性方面

采用 BIM 技术的参数信息和业务信息丰富的特点,可以对施工各个阶段进行成本分析,分析过程结合了造价工程量、流水过程、施工方案等多维度信息,分析所耗时间较少,且更全面更高效,以项目标前标后核对为例,累计发现传统算量过程存在算量模型搭建错误、规则引用错误、范围归属引用错误、套价错误等问题共计 200 余个,显著提升项目工程量计算准确性与质量。

5. 在计量支付效率方面

通过整合的施工过程各专业 BIM 算量计价模型,将施工过程设计变更和施工变更反馈至模型之上,同时根据现行建设工程工程量清单计价规范及清单计量规则对构件按规范扣减,真实准确地提供施工过程计价支付所需的工程量信息,提升施工过程计量支付速度。

6. 在数据资产积累方面

共享数据积累对于项目经营成本管控来说是非常重要的,项目完全结束后,结合机场项

目施工过程及竣工后的现场情况,完善了项目的 BIM 全专业模型,并将项目相关信息计入 BIM 构件数据库中,如企业物资采购准入名单、项目各项成本指标等。同时利用 BIM 模型可对机场项目数据信息进行处理并积累,有助于企业建立核心数据库,提高业主对同类项目造价管理的效率和精确性,也为今后建设其他类似工程项目提供了数据参考依据,为项目的运行及维护工作打下了坚实基础。

7. 在整体经济效益方面

建设实践表明,本项目占总体支出成本的比例约为 2%,但是对整体工程项目的影响在 70% 以上,对于工程项目精细化管控,发挥着不可替代的作用。管理人员在实际应用过程中需整合图纸和相关的数据信息,采用 BIM5D 管控平台针对这些信息进行科学的管控,搭建基于工程信息 BIM 模型及深化出图,进行数字化施工、质量验评和计量支付管理工作,竣工时实现基于工程信息模型的数字化移交。

参考文献

[1] 覃雄派,陈跃国,杜小勇.数据科学概论[M].北京:中国人民大学出版社,2018.
[2] 张桂刚,李超,邢春晓.大数据背后的核心技术[M].北京:电子工业出版社,2017.
[3] 叶开.Token经济设计模式[M].北京:机械工业出版社,2018.
[4] 陈维贤.区块链社区运营与生态建设[M].北京:机械工业出版社,2018.
[5] 董超.一本书搞懂区块链技术应用[M].北京:化学工业出版社,2018.
[6] 中国建设工程造价管理协会,吴佐民.中国工程造价管理体系研究报告[M].北京:中国建筑工业出版社,2014.
[7] 刘伊生.建设工程全面造价管理:模式・制度・组织・队伍[M].北京:中国建筑工业出版社,2010.
[8] 姜晓萍,陈昌岑.环境社会学[M].成都:四川人民出版社,2000.
[9] 思二勋.新环境下的企业生存法则[M].北京:电子工业出版社,2017.
[10] 张真继,张润彤等.网络社会生态学[M].北京:电子工业出版社,2008.
[11] 杜圣东.大数据智能核心技术入门:从大数据到人工智能[M].北京:电子工业出版社,2019.
[12] 任钢.微服务体系建设和实践[M].北京:电子工业出版社,2019.
[13] 杨洁.服务计算:服务管理与服务组合流程[M].北京:清华大学出版社,2017.
[14] 马智涛等.分布式商业[M].北京:中信出版集团股份有限公司,2020.
[15] 安德森著.数据驱动力:企业数据分析实战[M].张奎,郭鹏程,管晨译.北京:人民邮电出版社,2021.
[16] 赵兴峰.数据蝶变:企业数字化转型之道[M].北京:电子工业出版社,2020.
[17] 桑文锋.数据驱动:从方法到实践[M].北京:电子工业出版社,2020.
[18] 张旭等.数据中台架构:企业数据化最佳实践[M].北京:电子工业出版社,2020.
[19] 张靖笙,刘小文.智造:用大数据思维实现智能企业[M].北京:电子工业出版社,2019.
[20] 陆晟等.大数据理论与工程实践[M].北京:人民邮电出版社,2018.
[21] 段云峰.大数据和大分析[M].北京:人民邮电出版社,2015.
[22] 赵眸光,赵勇.大数据:数据管理与数据工程[M].北京:清华大学出版社,2017.